国家科学技术学术著作出版基金资助出版

再生水作为河湖生态用水的环境影响与控制

李云开　郎　琪　郑凡东　李炳华　杨培岭　毛晓敏 等　著

科学出版社

北　京

内 容 简 介

本书针对再生水补给河湖生态用水的需要,以永定河和北运河两个再生水回用区为研究区,综合利用多学科理论与多元方法开展研究,识别再生水回用区主要风险因子,揭示再生水中主要污染物在河湖沉积物中的环境行为与屏蔽作用;摸清再生水回用河道的自净能力,提出协调地下水水质安全和地下水补给需求的再生水控制指标阈值、减渗控制目标,揭示再生水补给型河道河床介质堵塞机理,探究再生水回用对水生态系统健康及邻近区域人居环境的影响,并建立再生水回用于生态用水的水质控制技术。本书内容可为再生水补给河湖生态用水提供数据基础与技术支撑。

本书适合从事非常规水资源利用研究工作的科研人员及水文水资源、水利、水生态等专业的高校师生阅读,也适合对此领域感兴趣的大众读者参阅。

图书在版编目(CIP)数据

再生水作为河湖生态用水的环境影响与控制 / 李云开等著 . —北京:科学出版社,2023.6

ISBN 978-7-03-064281-3

Ⅰ.①再… Ⅱ.①李… Ⅲ.①河流—再生水—水资源利用—关系—水环境—生态环境—环境影响—研究②湖泊—再生水—水资源利用—关系—水环境—生态环境—环境影响—研究 Ⅳ.①TV213②X824

中国版本图书馆 CIP 数据核字(2020)第 018012 号

责任编辑:周 炜 梁广平 罗 娟 / 责任校对:王萌萌
责任印制:吴兆东 / 封面设计:陈 敬

科 学 出 版 社 出版
北京东黄城根北街 16 号
邮政编码:100717
http://www.sciencep.com

北京中科印刷有限公司 印刷
科学出版社发行 各地新华书店经销

*

2023 年 6 月第 一 版 开本:787×1092 1/16
2023 年 6 月第一次印刷 印张:25
字数:593 000

定价:258.00 元
(如有印装质量问题,我社负责调换)

前　言

利用再生水等非常规水资源回补河湖生态用水,已成为缓解城市河湖生态危机问题的有力措施之一。再生水具有环保、来源广泛、经济高效等优点,可有效改善河道干涸、断流以及水质污染等水问题,已在北京、天津、郑州、济南等诸多大中型城市得以广泛应用。再生水来源于生活污水、工业废水与农业排水,虽达到相应的排放标准,但其中仍存在一些营养盐分、微量有机污染物、固体悬浮微粒和微生物,这使得再生水回用河湖生态环境面临一定的污染风险,已成为再生水回用为河湖生态用水亟待解决的重要问题。

自 20 世纪中期再生水回用在西方发达国家得到大量研究和推广以来,相关研究者曾试图从再生水处理工艺、人工湿地净化技术以及再生水对地下水环境影响等多方面来解决再生水回用河湖生态用水的水质污染、渗滤系统堵塞等问题,但整体效果并不理想,关键在于对再生水在回用过程中的环境行为认识不清,再生水回用的环境影响与控制依然是再生水研究领域的国际性难题。水质是影响再生水回用安全性最主要和最直接的原因,再生水中的关键风险因子在地表河湖-河床包气带-地下水系统的迁移转化规律是认识再生水环境影响的关键,需要开展深入系统的研究,也需要在此基础上提出适宜的回用区减渗净污控制模式与水质改善技术。

自 2008 年开始,作者研究团队先后承担了北京市科技计划项目"再生水作为永定河生态用水的可行性及其环境影响研究(编号:D090409004009004)"、水利部公益性行业科研专项经费项目"再生水作为河湖生态用水对地下水环境的影响(编号:201001067)"、水利部公益性行业科研专项经费项目"北运河典型污染河段对地下水环境的影响行为研究(编号:201401054)"、水体污染控制与治理科技重大专项项目"永定河流域水质目标综合管理示范研究(编号:2018ZX07111)"等,重点围绕再生水作为河湖生态用水的环境影响与控制的机理及技术开展系统深入研究,辨识了再生水回用河湖生态用水的主要风险因子,基本摸清了典型污染物在河湖沉积、水生植物等多介质表面的环境行为以及地表河湖-河床包气带系统中的净化效应与机理,明确了再生水补给型河道河床介质堵塞机理与控水净污效应的持续性特征,构建了协调地下水水质安全和地下水补给需求的河湖减渗控制目标与应用技术模式,提出了再生水回用河湖水生态系统健康评价方法及水质改善技术,本专著就是上述研究成果的精华集成。全书包括 11 章,第 1 章阐述北京市面临的主要水问题与再生水回用河湖生态用水的国内外研究现状,并提出再生水回用河湖生态用水拟解决的关键性科学问题;第 2 章介绍再生水回用区环境影响监测网络的构建,提出特征风险因子,以后各章节均围绕第 2 章所提出的关键风险因子在环境中的影响及其控制技术展开;第 3~5 章阐述再生水中主要污染物在河湖沉积物中的环境行为,系统研究再生水回用河湖河床介质对污染物的截留、净化效应与机理,分析回用对邻近区域地下水环境的污染风险;第 6 章研究再生水补给河湖生态用水对地表水生态健康与人居环境的影响,提出基于生物膜法的地表水生态健康评价方法;第 7 章描述膨润土-黏土混配控渗净污机制,并提出再生水回用河湖生态用水河床生态减渗技术及应用模式;第8章深入揭示河湖包气带介质的物理-生物堵塞的形成机理及发展过程,明确河床包气带介质控水、净污效应的可持续性;第9章和第10章分别从水生植物、微生物及其联合配置模式阐述水生态修复与水质改善技术,提出臭氧-生物活性炭(O_3-BAC)与高效土壤生物过滤器两种水质强化处理技术,并对再生水水质强化处理的新技术、新方法、新工艺进行介绍,系统阐述再生水回用河湖水生态系统健康的水质改善技术。第11章在以上研究的基础上进行总结并提出进一步研究建议。

参与研究的有:中国农业大学李云开教授、杨培岭教授、任树梅教授、唐泽军教授、毛晓敏教授、许廷武教授、刘志丹教授、李淑芹副教授、徐飞鹏副研究员、周春发副教授、苏艳平副教授等,以及胡海珠、刘澄澄、路璐、赵伟、李鹏翔、梁名超、樊晓璇、刘易、宁慈功、刘中伟、王佳、胡洁蕴、王天志、施泽、肖洋等博士研究生和硕士研究生;北京市水科学技术研究院郑凡东教授,李炳华、刘立才、梁籍、郭敏丽等研究员;北京市水文地质工程地质大队林健、杨庆、杨巧凤、陈忠荣、刘记来、孙成、寇文杰、赵薇、刘宗明、江岳、倪天翔等研究员;北京市生态环境保护科学研究院李建民、王绍堂、李烨、杜义鹏、苑文颖、马鸣超、董志英、傅海霞等研究员;中国环境科学研究院郎琪、雷坤、孟翠婷、李秀、吕旭波等研究人员。本书的资料来自项目组全体成员,是对团队近10年研究成果的总结。全书由李云开、杨培岭策划,李云开、郎琪负责统稿。

在本书成稿之际,向所有为本书出版提供帮助的同仁表示衷心感谢。感谢水利部国际合作与科技司、北京市科学技术委员会的持续支持和为研究工作的开展提供的经费保障。再生水回用河湖生态用水的环境影响与控制是一门发展快速、跨学科交叉和相对艰深的学问,受作者学识所限,本书难免存在不足之处,恳请读者批评指正。

作　者
2022 年 7 月

目　　录

第1章 绪 论

1.1 北京市面临的主要水问题

城市滨水而建,因水而兴。北京地处海河流域,早在3000余年前北京建城即选择在古永定河渡口(高巍等,2005),现已建成集政治、文化、经济为一体的国际特大型都市。水作为城市建设与发展的基础性、战略性资源,是保证城乡社会经济发展的基石,是保护及提升城市生态环境质量的关键因素。随着北京市社会经济的高速发展,受城市规模的不断扩大、高强度的人类活动不断增加等因素的影响,北京市水资源的可持续利用正面临严峻的挑战:水资源严重短缺,长期的水资源过度开发导致地表水和地下水环境恶化、战略储备水量减少、水资源供需矛盾加剧等(李会安,2007),严重影响了城市功能的完善和人们生活水平的提高,成为制约经济社会发展的重要因素。

北京市经济持续快速增长、人口规模的扩大以及建设国际特大社会经济中心城市的需求,对北京市水资源数量和质量都提出了更高的要求,原本缺水的北京市面临更加突出的供水矛盾与水资源可持续利用挑战(马东春,2008)。近十年来,北京市年人均水资源供水量仅为161m^3(北京市水务局,2016),约为全国平均水平的1/10,世界水平的1/40,属于极度缺水地区(李其军,2013)。合理开发和利用水资源是缓解水资源短缺的重要措施,北京市通过调整产业结构,提高水资源重复利用率;实施南水北调工程进行跨区域调水,已具备外调10亿 m^3 优质水资源的条件(岳冰等,2011);加强中水和雨洪水资源利用,再生水利用量将达到12亿 m^3(贾雪梅等,2013)。

水体污染、水环境遭到严重破坏,影响北京市河湖水生态系统健康,同时也对城市人居环境造成较大影响。城市水体污染的主要源头是城市污水,包括生活污水和未达标排放的工业废水,这些废污水富含金属、重金属、有机污染物、放射性污染物、细菌、病毒等,排放进入地表径流会污染水体,并且其中的污染物随水流下渗进入地下水,进而影响地下水环境质量。依据《北京市水资源公报》(2016),河道水体监测结果表明,符合Ⅳ类水质标准河长121.4km,占评价河长5.2%;符合Ⅴ类水质标准河长102.9km,占评价河长4.4%;劣于Ⅴ类水质标准河长883.7km,占评价河长37.9%。湖泊水质符合Ⅳ-Ⅴ类水质标准的面积为192.0km^2,占评价面积的26.7%。地下水监测结果表明,浅层地下水符合Ⅳ-Ⅴ类水质标准的面积达2769km^2,占平原区总面积的43.3%,主要超标指标为总硬度、氨氮、硝态氮;深层地下水符合Ⅳ-Ⅴ类水质标准的面积达713km^2,占评价区面积的20.8%,主要超标指标为氨氮、氟化物、锰等。总体而言,北京市地表水、湖泊及地下水有1/5~1/2区域处于劣质水状态,尤其是浅层地下水受污染状况严重。

水资源可持续利用是关系到北京市社会经济长远健康发展的战略性问题,水资源短缺、水环境日趋恶化和水生态系统日趋衰退是水资源可持续利用面临的主要问题,是"大北京"时代建设发展的当务之急。强化水资源的开发利用,探索安全高效的水体污染控制技术,提高水资源的利用效率,努力打造一个环境优美、人与自然和谐的"大北京"时代是水利工作者的职责所在。

1.2　再生水补给北京市河湖生态用水的重要性与需求

近年来,北京市城市河湖水系逐渐萎缩、内湖富营养化不断加重、水环境质量日益恶化、城市水生态系统日趋衰退、水生态系统服务功能日渐丧失(王超等,2005)。水是城市河湖水系生态与环境治理的核心和关键,给河湖生态用水补充足够的水源是亟须解决的问题。但在水资源本已匮乏的城区,河湖生态用水很大程度上需要通过充分挖掘再生水等非常规水资源来解决。城市再生水具有不受气候影响、不与邻近地区争水、就地可取、稳定可靠等优点,将处理过的污水再生回用为河湖生态用水已经成为缓解城市河湖生态危机问题的有力措施之一。根据《北京市水资源公报》(2016),2016 年北京市污水排放总量为 17.0 亿 m^3,污水处理量 15.3 亿 m^3,污水处理率 90%;其中城六区污水排放总量为 11.2 亿 m^3,污水处理量 10.9 亿 m^3,污水处理率 97%。北京市污水处理能力为再生水回用提供了基础保证。

北京市共有再生水厂 60 余座,每天可提供约 300 万 m^3 再生水,再生水已经成为北京城市河湖主要补水水源。同时,研究再生水作为河湖生态用水的可行性及其环境影响,并对再生水回用区的水生态系统健康进行实时监测具有重要的理论价值和现实意义。

1.3　国内外相关研究发展历程与现状

1.3.1　国内外再生水回用作为景观生态用水的应用现状

城市污水经过处理后再生利用已成为缓解全球水资源紧缺、水生态系统破坏等水问题的重要途径之一。在美国,再生水回用于景观生态环境用水工程实践较多。1932 年美国加利福尼亚州旧金山建设了世界上第一个将污水处理厂出水回用为公园湖泊观赏用水的工程,到 1947 年为公园湖泊和景观灌溉供水已达 3.8 万 m^3/d,开始了真正意义上的再生水回用于城市景观环境;2004 年,美国加利福尼亚州再生水年利用量达到 6.48 亿 m^3,其中景观用水年利用量达 2 亿 m^3,并且每年以 15% 的增长率增加,预计到 2030 年,美国再生水利用总量将占污水处理量的 23%(Metcalf & Eddy et al.,2007)。日本于 1962 年开始了污水再利用,于 20 世纪 70 年代初见规模,80 年代东京市利用 Tamajyo 污水处理厂的再生水重新恢复了东京郊外的 Nobidome 河,完全达到景观环境再利用的要求,经多年运行 Nobidome 河已恢复了原有生态。澳大利亚 Adelaide 市也将污水和屋顶雨水收集起来经过处理再生利用于湖泊补给水、水景、景观灌溉,以缓解该市用水紧张的局面。南非的 Hartbeespoort 水库接纳了该区约 50% 的再生水回用作为观赏性湖泊用水和饮用水水源。

我国城市污水回用于景观水体的研究起步较晚,最早始于"七五"国家科技攻关计划。"十五"期间,先后在天津、石家庄、合肥和西安等城市建成了一系列再生水用于景观水体的示范工程(黄金屏等,2008)。天津市补充生态居住区景观水体的工程将大约 2 万 m^3 的再生水补充到人工湖中;石家庄市桥西污水处理厂将再生水用于民心河和沿河公园,再生水生产量一般为 3 万 m^3/d,最大生产量为 10 万 m^3/d;合肥市再生水回用工程一期规模 10 万 m^3/d,主要用于包河、银河、雨花塘、黑池坝补充水;西安市北石桥污水再生利用工程,为西安丰庆公园提供景观用水及绿化喷灌用水,湖中换水一次就可节约 30 万 m^3 自来水。从上述工程实例来看,再生水的利用可有效改善城市景观环境,恢复城市河道、湖泊应有的景观水体功能。预计到 2030 年,全国再生水可利用量将达到 767 亿 m^3(李五勤等,2011)。

为配合开展城市污水再生利用工作,我国先后颁布了若干与景观水体有关的水质标准,如《地表水环境质量标准》(GB 3838—2002)中的Ⅲ、Ⅳ、Ⅴ类水体考虑了景观娱乐水体的水质要求。从该标准可以看到,天然景观水体的水质标准中对重铬酸盐指数(COD_{Cr})、五日生化需氧量(BOD_5)、溶解氧(DO)以及 N、P 等指标控制极为严格。中华人民共和国国家质量监督检验检疫总局发布的《城市污水再生利用 景观环境用水水质》(GB/T 18921—2002)(现行标准为 GB/T 18921—2019),与《地表水环境质量标准》(GB 3838—2002)中的景观娱乐用水的标准相比,主要的水质指标要求偏低,其中 N、P指标要求更低。另外,也有城市颁布了一些地方性标准,如 2005 年北京市颁布了《水污染物排放标准》(DB 11/307—2005)(现行标准为《水污染物综合排放标准》(DB 11/307—2013)),规定排入Ⅲ类、Ⅳ类水体及其汇水范围的污水执行二级限值,但此标准的要求也远远低于《地表水环境质量标准》(GB 3838—2002)中的水质标准。

总体而言,景观及生态环境回用水在我国起步晚,再生水水质标准的制定还处在研究探索阶段,在沉积物、地表水和地下水的环境影响方面更缺乏足够的研究支持。实现地下水入渗补给需求和地下水水质安全等问题是亟须解决的问题。我国地域辽阔,环境条件复杂,只有使用标准的研究方法,持之以恒地对再生水回用型河道的水体水质、底泥等污染问题进行跟踪研究,才能获得令人信服的数据,及时发现再生水回用中的问题,进一步完善景观及生态环境回用标准的准则体系,为以后的深入研究提供基础资料。

1.3.2 再生水补给河湖生态用水主要环境行为

1. 河湖渗滤系统对污染物的去除效应与机制

河流渗滤系统是一种典型的多孔介质,其对水分入渗与污染物迁移转化起到主导作用。近年来国内外学者对沉积物、包气带的孔隙状况进行了大量的研究工作,从常规物理参数及数学分形特征两个方面对其进行表征。研究土壤孔隙结构特征的常见方法有直接法和间接法两种。关于孔隙结构特征的研究,过去多采用填充土柱或在野外挖取的非扰动土柱,通过染色示踪法、穿透曲线法等间接方法探究孔隙度、连通性等指标,这些方法只能得出孔隙的宏观特征,无法确定孔隙的微观特征及分布情况,属于间接法。切片法、X射线CT扫描摄像等方法能够确定孔隙的大小及分布(秦耀东等,2000),属于直接法。近年来,工业 CT 扫描成像技术较多地应用于多孔介质孔隙特征的研究。CT 扫描图像由一定数量的图形元素组成,每一个图形元素对应扫描物体的一个位置,依据物体各个位置的 X 射线衰减系数把亮度值赋给图像中的每个图形元素,扫描物体不同密度区可在图像中以不同亮度表示,孔隙就可清晰地显示出来。

再生水通过河湖渗滤系统非饱和带渗滤到饱和带(含水层),在此过程中再生水中的污染物可以得到净化,该处理过程称为土壤渗滤(soil aquifer treatment,SAT)。SAT 是再生水回用河湖生态用水低投资、低能耗、高净化效率、运行简单的处理技术(Quanrud et al.,1996;Westerhoff et al.,2000)。SAT 系统净化机理包括过滤、沉淀、氧化、还原、吸附、离子交换、生物降解、硝化与反硝化、消毒以及地下水的分散和稀释等作用,其主要处理机制是生物降解(Tanja et al.,2006)。当回灌水通过土壤时,土壤颗粒所截留的有机物质使微生物快速繁殖,这些微生物又进一步吸附水中的有机物质,逐渐形成生物膜(Lance et al.,1980)。对于不同的回用水质和不同的包气带厚度,生物膜上微生物的数量和种类也不相同(Fierer et al.,2003)。在有机物被微生物降解的同时,土壤颗粒表面的生物膜由于新陈代谢而不断更新,因此能长期保持对污染物质的去除作用(成徐洲等,1999)。

针对 SAT 系统对污染物的迁移转化规律,研究最常采用的方法是构建人工土柱模拟系统(郑彦强,2010)。人工土柱模拟系统主要包括供水系统、模拟土柱、采集系统、排水系统、数据采集及控制系统,可实现不同包气带层厚度、不同减渗处理条件、不同水力负荷条件下的包气带中水分与污染物迁移转化规律研究。郑艳侠等(2008)在三家店水库下游的京永引水渠旁建立了人工渗滤系统,开展了不同季节和不同水力停留时间下三家店水库微污染水净化效果的试验研究。结果表明,随着温度降低,人工渗滤系统去除污染物的效果下降主要是由于微生物活性随温度的降低而下降。在达到要求的出水效果的前提下,可以适当缩短水力停留时间,减小人工渗滤系统规模,以提高效益。陈俊敏等(2009)采用人工试验土柱模拟人工快速渗滤系统,通过监测不同高度出水中的氨氮(NH_4^+-N)、硝态氮(NO_3^--N)和总氮(TN)的浓度,得到其随高度的变化规律。试验结果表明:人工试验土柱中填料层 0~1200mm 段氨氮的去除率很高,约占总去除率 95%,深度越小氨氮降解效率越高,深度越大氨氮降解效率越低;出水总氮浓度为 16.50~21.85mg/L,去除率为 28.35%~29.78%。阮晓红等(1996)通过室内土柱试验,研究了氮在包气带不同土质层中饱水条件下迁移转化的特征,结果表明:氮对地下水的污染因子是硝酸根,土质是影响土壤氮迁移的重要因素之一;在迁移转化环境条件相同的情况下,随着土壤颗粒中黏粒含量的增加,土层的净化容量增加,其中土层的反硝化反应速率的增加是硝酸根去除的决定性因素。

2. 再生水补给河湖生态用水对地下水环境的影响

河湖渗漏是地下水的重要来源(Sophocleous,2002)。再生水回用河湖在向下渗漏的过程中,再生水及其携带的污染物对地下水环境的影响引起广泛关注。北京市环境科学研究院等(2000)开展了污水淋滤 2m 厚不同岩性土层的模拟渗漏试验,结果表明,污水经过渗滤介质硝态氮和总硬度升高,对地层中的无机盐类有一定的溶解作用,使淋出液中

TDS升高。刘凌等(2002)研究发现由于再生水中NO_3^-含量较高,虽然通过渗滤系统的反硝化作用可以降解部分NO_3^-,但大部分NO_3^-会通过淋溶作用进入地下水引起地下水污染并长期存在于地下水中。齐学斌等(2007)发现由于城市污水中含有较多的Na^+,随着水流入渗,可把包气带和含水层中吸附的Ca^{2+}、Mg^{2+}置换出来,促使地下水中总硬度和溶解性总固体浓度升高。杨军等(2005)发现利用再生水灌溉,水中含有的细菌和病毒会对地下水水质产生影响,试验表明一些肠道病毒能穿透包气带进入含水层。由于病毒体积较小,不容易被土壤过滤吸附,随水分进入地下水系统的可能性较大,近年来病毒污染已引起高度关注。

采样分析是直观准确了解河道渗漏对地下水影响的方法。例如,袁瑞强等(2012)采用同位素$\delta^{18}O$标记的方法获得了白洋淀湖水渗漏影响的浅层地下水范围,并通过采集分析地表水和地下水水样,发现浅层地下水受地表水渗漏影响导致水质变差。

地下水流和溶质运移模拟可以通过设定河道污染源位置、输入强度和输入模式进行预测。例如,Yassin等(2002)通过改进MODFLOW中的河流子程序包,模拟了冲积平原河道渗漏对地下水的补给。高鹏(2013)模拟了北京市大兴区南红门地区的河道再生水入渗过程以及再生水灌溉对地下水中NH_4^+和NO_3^-的迁移距离及对污染物渗漏量的影响,结果表明,地下水中的NH_4^+和NO_3^-浓度呈逐年升高趋势。张岩松等(2008)利用MODFLOW与MT3D建立了北京市典型平原区-潮白河冲积平原的地下水水流和溶质运移模型,研究了地表水源中COD对顺义地区地下水环境的影响。武强等(2005a,2005b)利用一维明渠非恒定流模型与地下水三维非稳定流模型集成,应用于评价黑河流域下游的水资源开发利用。胡立堂(2008)利用一维明渠流水量模型、三维非饱和水流模型以及三维饱和地下水流模型,建立了干旱内陆河地区的地表水和地下水集成模型,该模型的构建基于水动力学,而且在时空尺度上进行了紧密耦合,但是没有考虑包气带的分层特性。由此可见,要建立一个准确描述适用于我国华北地区的地表水-地下水耦合模型,既要考虑包气带中的水分和溶质运移动力学过程,还要兼顾包气带的异质性。

3. 再生水补给河湖河床渗滤系统生态减渗技术研究

河湖减渗措施是维持河湖上覆水体要求的有效措施,在很多输水工程、储水工程、水景观工程或有地下水位限制需求区的水利工程中,需要对渠道、河道、坑塘进行减渗或防渗处理。现在常用的减渗、防渗手段主要有硬化处理(董哲仁,2003)、土工膜、膨润土防水毯(Darwish et al.,1998)、黏土、生态减渗等方法。每种方法都有优势和不足,不同地区地质构造及周边环境的不同,对减渗的需求不同,因此需要因地制宜,综合利用多种减渗及防渗措施,用于追求更好的社会效益、经济效益和生态效益。硬化处理、土工膜、膨润土防水毯等三种防渗措施,均具有较好的防渗效果。但是若在天然河道上大面积实施这样的减渗处理,无疑是在河道中人为添加了一层隔绝河道地上、地下的连通性的异物层,对河道生态系统的多样性和安全带来负面效应(马唐宽,1998),阻断了地下水补给源。因此,为了减渗施工后与河道浑然一体,达到良好的生态、经济和社会效应,以膨润土为减渗材料的生态减渗成为当今世界各国普遍采用的适宜减渗措施。膨润土的主要成分是天然黏土矿物,其特点是遇水膨胀,其结构和性能不受反复干湿和冻融等外界因素改变的影响(白世强等,2006)。

河床包气带是河湖上覆水体与地下水相互转化的必经通道,更是保障地下水免受污染的重要屏障。包气带作为河流渗滤(river bank filtration,RBF)系统的重要组成部分,是一种典型的多孔介质,具有吸收、保持和传递水分的能力,其孔隙在水分入渗和溶质运移的同时能够有效拦截和过滤水体中颗粒态的污染物;除此之外,包气带中以生物膜形式存在大量微生物,其中的反硝化细菌、聚磷菌等微生物在 N、P、COD_{Cr}、BOD_5 去除过程中扮演重要角色,能够通过发生一系列生化反应将入渗水体中的污染物去除,从而达到水体净化的目的。因此,在地表水下渗补给地下水的过程中,包气带起到净化器的作用(Liu et al.,2009)。研究表明,经过包气带的过滤、微生物降解、吸附以及和地下水混合稀释等作用,河流河水中的污染物浓度减小或者被去除(王鹤立等,2002)。河床渗滤系统,污染物在沉积物和含水层中发生一系列的生物化学作用,显著改善渗滤水的质量。斯洛伐克、匈牙利、荷兰等许多国家利用河岸渗滤系统,沿河岸布设取水井,开采地下水资源作为饮用水(Wolfgang et al.,2000)。德国早在 1898 年就开始了河流渗滤系统的研究,特别是在 1986 年利用河流渗滤系统进行 Rhine 河污染事故处理,并取得了丰硕成果。美国、匈牙利、韩国、瑞士等许多国家相继开展河流渗滤过程中环境行为及应用研究(Dukes et al.,2002)。我国将河流渗滤作用运用于水处理的时间更早,但由于我国对环境水文地质的研究起步较晚,开展河流渗滤过程中污染物环境化学行为及净化作用的研究时间并不长,以前多研究海洋和湖泊水体中的沉积物-地表水界面作用对上覆地表水体的影响,很少研究河流沉积层-地表水界面作用对地下水体的环境影响(Zhang et al.,2010)。

钠基膨润土是一种以蒙脱石为主要成分的天然黏土矿,其微观结构成层片状,在这些层与层的表面带有负电荷,在负电荷作用下,每个薄层的表面都吸附钠离子,从而形成天然的钠基膨润土。其主要特征是遇水膨胀,并且其结构和性能不受干湿和冻融反复循环的影响。膨润土是国内外开发最早、应用最广的非金属矿物之一。由于矿物的表面吸附作用、层间阳离子的交换作用、孔道的过滤作用及特殊的纳米结构效应等,膨润土在环境污染控制中得到广泛关注。钠基膨润土减渗施工不必对河流进行河流形态直线化和河道断面几何规则化,避免了河床硬质化,形成了河流形态天然化、河道断面多样化、河床减渗自然化、地表地下联通化、生态干扰最小化。凹凸棒黏土(简称凹土,ACM),是一种层链状过渡结构的以含水富镁硅酸盐为主的非金属黏土矿物,具有滑感、质轻、吸水性强、遇水不膨胀、湿时具有黏性和可塑性等特性。凹土的理论化学式为 $Mg_5Si_8O_{20}(OH)_2(OH_2)_4 \cdot 4H_2O$(李安等,2004),凹凸棒石的晶体结构属 2:1 型过渡性层链状结构,上下两层是 Si-O 四面体,中间一层是(Al、Mg、Fe)-O-(OH)八面体。单晶内部是孔道结构,内部拥有巨大的比表面积,属于多孔材料,独特的微观结构、外观形貌以及荷电性质,使凹土具有强吸附性(陈冠熠,2010),因此凹土改性方面的研究也受到很多研究人员的关注。王爱勤等研究通过引入凹土等无机矿物,采用水溶液分散聚合法一步制备的有机-无机凹凸棒黏土颗粒状三维网络型复合吸附剂,对污染物具有吸附容量大和吸附速率快等优点,近年来在染料和重金属的吸附方面备受关注,在去除废水中氮磷等方面也已有探索性的报道。研究表明,改性后的凹土可以显著提高对污水中有机物的去除率,该吸附材料对氨氮的吸附量是活性炭的 3 倍以上,15min 内即达吸附平衡(齐治国等,2007)。

大量研究显示,包气带中污染物的去除作用可分为生物和非生物机制(Rauch et al.,2005;Tanja et al.,2006)。非生物机制主要是包气带介质以过滤、沉淀、吸附、分解、离子交换、氧化还原反应去除污染物(Quanrud et al.,2003;Cha et al.,2004)。污染物的去除机制主要是生物降解作用(Quanrud et al.,2003;Tanja et al.,2006)。当污染物随水流迁移进入包气带时,包气带介质对污染物、微生物的截留过滤作用为微生物来源及营养保证创造了优越环境,使得微生物很快繁殖起来,这些微生物又进一步吸附水中的有机和无机污染物,逐渐形成生物膜(Lance et al.,1980)。微生物利用这些污染物作为营养物质,在包气带介质中通过新陈代谢或者聚集作用持续去除水中污染物,同时进行微生物自身的不断更新,能长期保持对污染物质的去除作用(成徐洲等,1999)。但是对于不同的入渗水流水质和不同的土壤层深度,包气带介质中的微生物数量和种类也不相同(成徐洲等,1999;Fierer et al.,2003)。减渗措施可能会影响包气带中的微生物生长,进而影响再生水回用河湖、沟渠区包气带的净污效应,微生物减渗层清除后沉积物渗滤河床介质中水分及污染物去除受到很大的影响。

4. 再生水回用河湖河床渗滤介质堵塞规律研究

地下水回灌通常是利用渠道、平原水库、旧河道、深井等将地表水自留或加压注入地下含水层,一般根据回补地下水的类型主要可分为地面渗水补给和地下灌注渗水(杜新强等,2009;梁藉等,2011)。回灌系统的堵塞与多种因素密切相关,主要影响因素包括回灌水质量、入渗水头、入渗介质的矿物组成及颗粒物组成等,通常根据堵塞的成因可分为物理堵塞、化学堵塞与生物堵塞。

物理堵塞是回灌区发生的最为主要的堵塞方式,其中颗粒物堵塞是物理堵塞中最常见的情况(路莹等,2011;王子佳等,2012)。造成堵塞的颗粒物一方面来自回灌水携带的悬浮颗粒物,另一方面来自在水流水动力或水化学作用影响下含水层内部产生的固体颗粒物(McDowell-Boyer et al.,1986;Rehg et al.,2005)。根据颗粒物的粒径大小,大致可分为分子($<$10nm)、胶体($<$1μm)、悬浮颗粒($\geqslant$1μm)(图1.1);根据颗粒物性质与类型,大致可分为无机颗粒、有机颗粒及生物颗粒等(杜新强等,2009)。对物理堵塞的研究多集中于大粒径的悬浮颗粒物,悬浮颗粒物粒径较大,受重力作用会发生物理沉淀,称为物理沉淀作用;当粒径大于入渗介质孔隙直径时,悬浮颗粒就会与孔隙壁发生碰撞并被滤除,称为过滤作用,主要发生在入渗层的表面,也有可能发生在入渗区内部,这种现象的发生主要与渗滤介质的特征与类型、颗粒物大小、水流物理化学性质以及入渗时间等有关。悬浮颗粒物通过过滤作用与物理沉淀作用,聚集在入渗区表面形成表面淤堵,并且随着入渗时间的增加形成厚厚的表面淤积层,河道沉积层的形成机理便是如此(黄大英,1993;Page et al.,2014)。另一种发生在地表回灌系统的堵塞方式为压密堵塞,一般与入渗水头、水力坡度等有关;当入渗介质表面发生颗粒物或藻类等沉积时,介质表面的入渗能力会相对降低,如果在这种情况下不适当地增大水头提高水位,会造成沉积层被压实,导致入渗能力降低(Bouwer et al.,1989;Idelovitch et al.,2003)。

当回灌水质与回用区原生水质化学组成、回用介质矿物成分不同时,极易发生化学堵塞。化学堵塞最早是由法国科学家爱尔勃提出的,当人工回灌水域含水层地下水之间

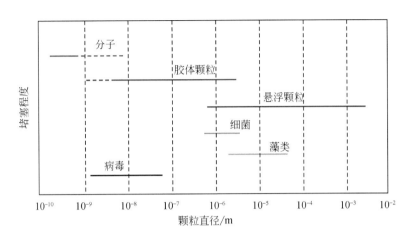

图 1.1　颗粒物直径范围

的化学相及可溶性盐类浓度相异时,其化学亲和力较差,极易产生堵塞和水质变化(Regnery et al.,2017)。同时,水相与固相介质之间的离子交换作用引起黏土分散作用与膨胀作用,水中的钠离子破坏土的细分散相的颗粒物粒径,也极易引起化学堵塞(Johnson et al.,1999;Eusuff et al.,2004)。由矿物沉淀形成的堵塞通常发生在地下水与外来水的混合地带;由氧化沉淀如氢氧化铁等所形成的化学沉淀主要发生在入渗区表面。化学堵塞形成机理复杂,影响因素较多,演化过程漫长而复杂,其主要影响因素包括回灌水与地下水的化学成分、含水层矿物组分以及控制矿物溶解与沉淀的物理条件(压力、温度等)。理论上讲,化学堵塞从回灌水进入含水层就已经开始,但要达到慢反应的平衡状态,则可能需经数万年之久。关于化学堵塞的研究,由于反应时间长,机理十分复杂,室内试验只能针对某种化学反应过程进行简单模拟。

　　回灌水体中的主要生物种类包括细菌、藻类等微生物群落,这些微生物可以利用回灌水与渗滤介质中的氮、磷、有机物等营养物质,在适宜的温度、酸碱性等环境条件下迅速生长繁殖,其生物体与代谢产物附着或者堆积在渗滤介质表面形成生物膜,当生物膜生长量达到一定程度,将导致生物堵塞,造成渗滤系统的渗流能力降低(Schwager et al.,1997;Ham et al.,2007;Zhong et al.,2013)。引起生物堵塞的影响因素主要包括回灌水体中的溶解性有机碳(DOC)、总有机碳(TOC),氮、磷等营养物质含量以及回灌区温度、pH及氧化还原条件等。关于微生物的研究主要集中于细菌方面,对藻类的堵塞作用研究较少(Okubo et al.,1979,1983;Chapelle,1992;Albrechtsen et al.,1992)。细菌造成生物堵塞的作用机理包括:细胞体生长繁殖在渗滤介质中的累积作用;细胞所生产的胞外聚合物(主要是多糖聚合物)的累积效应;微生物活动所产生的气体在渗滤介质中的滞留效应,如细菌呼吸作用所产生的 CO_2、反硝化作用产生的 N_2 等;微生物产生胞外聚合物吸附颗粒物、颗粒物提供附着位点供细胞体生长,继续增加对颗粒物的吸附等循环产生的沉淀累积效应(Baveye et al.,1998)。研究表明,生物堵塞主要发生在地表回灌系统的入渗区表面(Rodgers et al.,2004),生物堵塞发生的速度相较于物理堵塞较慢,一般在回灌开始后的几天或者几个星期之后(Rinckpfeiffer et al.,2000)发生。关于生物堵塞机理方面的研究主要集中在影响因素条件下室内小尺度模拟,对不同水质类型、不同介质组成的大尺度生物膜生长机理研究较少。

实际上,回灌系统的堵塞往往不是单一堵塞作用造成的,通常是多种堵塞同时发生并且各种堵塞之间相互作用密切,几种常见的复合堵塞类型为物理-生物堵塞、生物-化学堵塞、物理-化学堵塞。Ernisee 等(1975)较早注意到水中颗粒物与细菌等微生物所发生的物理-生物相互作用;Avnimelech 等(1983)研究发现,藻类与黏性颗粒之间会发生聚沉效应,造成渗滤性能下降。某些细菌可起到催化作用促进水体性质的变化,例如,藻类的光合作用可使回灌水的 pH 升高,导致钙的沉淀量增加(Johnson,1981;Bouwer,1990);回灌水中的氧含量增加将促进铁的沉淀,二氧化碳含量减少将会造成碳酸钙的沉淀量增加。由于不同堵塞类型之间的作用机理较为复杂,关于复合堵塞过程的试验和模拟研究有待进一步深入。

1.3.3 再生水回用河湖水生态健康评价研究

河湖水生态系统作为生物圈物质循环的重要通道,具有调节气候、改善生态环境及维护生物多样性等众多功能(阎水玉等,1999;蔡庆华等,2003)。随着河湖生态系统不断受到人类活动的干扰,科学有效地评价、恢复和维持健康的河湖生态系统已成为河湖管理的重要目标(许木启等,1998)。河湖生态系统健康评价可以诊断由自然因素和人类活动引起的湿地系统的破坏或退化程度并发出预警,可以为管理者、决策者提供目标依据,更好地利用、保护和管理河湖生态系统(崔保山等,2002)。地球上任何一个水体中现有的生物群都是长期地理变迁和生物进化的结果,监测和评价水生态系统健康最直接和有效的方法就是对生态系统的生物状态进行监测。与化学或物理监测相比,生物群落是对水体中各种化学、物理、生物因子的综合和直接反映,更能体现水生态系统的健康状态。水生态系统中的任何变化都会影响水生生物的生理功能、种类丰度、种群密度、群落结构和功能等,因此生物评价法已经成为评价湿地生态系统健康状况的重要手段(戴纪翠等,2008)。

生物完整性指数主要通过生物集合群的组成成分(多样性)和结构两个方面反映生态系统健康状况,是水生态系统健康研究中应用最广泛的指标之一(王备新等,2006)。自然界中大多数微生物组织并不是以游离状态存在于生长环境中的,通常 90% 以上的微生物附着在固体基底表面以生物膜的形式存在(Costerton et al.,1999)。在水生态系统中,生物膜处于上覆水和沉积物之间,可以综合反映水体和沉积物的状态,广泛应用于监测研究中。生物膜具备作为快速生态监测对象的优势:①分布广泛,具有可比性;②可附着在水体中任何基质上,可以准确反映栖息地的真实情况;③体积小,生长速度快,生命周期短,迅速反映环境变化;④物种丰富,且其上生成的各种生物体的生理差异大;⑤易于采集样品。此外,流域包含各种条件差异显著的水体,而生物膜的生境具有较大的广度,可以存在于各种水环境中,因此可以应用于河湖水生态系统健康评价。

生物膜研究已经有相当长的历史,但将其与水生态系统过程(包括光合作用、呼吸作用、营养循环等)监测与健康评价结合起来还是近些年才开始的(Hill et al.,2000),尤其是,河湖健康评价成为新的研究热点,在指标筛选方面,光合作用与呼吸作用强度、叶绿素浓度和硅藻群落结构等指标都适宜表征大尺度的湿地生态系统健康状态。生物膜评价湿地健康的研究多集中在附着藻类的研究部分,依据附着藻类生物量和群落结构评价淡水、河口等(Wu,1999)生态系统健康状况已经形成了标准方法。在各种附着藻类评价水生态系统状态研究中,硅藻应用最为广泛,已有许多硅藻指数作为重要的水质指标。

在美国、欧盟等国家和地区广泛应用(Prygiel,2002)的大多数硅藻指数都是由Kolkwitz和Marsson的耐污指数变化而来的。与附着藻类在水生态系统健康评价中的广泛应用相比,以附着细菌作为指标系统的水生态系统健康研究严重滞后,对生物膜中细菌群落的研究仍集中在确定附着细菌的代谢、生长动力学是否可以作为一个预测、评价自然条件下水生态系统状态的手段。目前普遍认为细菌的多样性可以有效反映人为干扰对水生态系统的影响,可以用作健康评价指标(马牧源等,2010),但基于附着细菌群落结构和代谢功能的河湖健康状态评价体系和评价方法仍需进一步研究。

1.3.4　再生水补给河湖生态用水水质改善技术

对于回用于市政环境工程的再生水,通常从两方面入手来保持水质不恶化。一方面,采用深度处理工艺,使用活性炭过滤、臭氧消毒、加氯除氨等工艺,从源头上严格控制排入景观水体的水质指标;另一方面,在景观河流中,采取进一步水质净化配套措施,防止水体富营养化的发生。通常采用的技术有物理法、化学法等常规处理技术及生态恢复技术。

常规处理技术是通过一系列工艺流程以及物理化学方法,将有毒有害的物质分离沉淀下来,或是将其转化为无毒低污染的物质。传统的污水处理方法如引水冲刷、底泥疏浚虽然具有良好的效果,但是建造、运行、管理费用过高,化学法还易产生二次污染。基于我国现有国情,要全面推广这些处理技术缺乏可行性,且一般难于进行深度的脱氮除磷。余国忠等(2000)研究表明,杭州西湖引钱塘江水进行冲刷,水中总氮、总磷虽有所下降,但湖区内叶绿素 a 上升,藻类繁殖迅猛。由此可见,单纯使用引水冲污的方法往往只是一种治表的应急措施而已。底泥疏浚是一种高投入的方法,无论挖掘、运输还是污泥的最终处理,都要消耗大量的人力和物力。吴洁等(2001)的研究表明,每年疏浚底泥对西湖水质的改善并不明显,湖水中的叶绿素 a 仍呈上升趋势,并且湖中原有的水生植物及生物群落被彻底破坏,湖水自净能力下降,富营养化程度加剧。兰智文等(1992)研究了定期利用曝气船对湖底补充氧,这有益于抑制底泥中磷的释放,减小二次污染的可能,但其经济投入过高,不宜大范围推广。

基于此,以人工湿地技术为代表的生态恢复技术广泛应用于处理生活污水、工业废水、矿山及石油开采废水和点、面源污染等问题的治理(Williams et al.,1999)。人工湿地净化污水是通过湿地中基质、植物和微生物之间的物理、化学、生物化学等过程的协同作用来完成的。用以进行生态恢复的自然生态处理系统有很多,有些是以土壤为基础的,有些则以水生植物作为处理系统。它们主要有生物氧化塘、生物栅与生物浮岛、污水土地处理系统,以及人工湿地处理系统,通过慢速处理、快速渗滤、表面径流等进行净化处理。1987 年,天津市环境保护科学研究所建成我国第一座芦苇湿地工程,处理规模为1400m³/d;1990 年华南环境科学研究所建成的深圳白泥坑人工湿地示范工程,以及近年来建成使用的成都市活水公园和沈阳市马官桥污水生态处理厂,都是人工湿地污水处理的典型范例(华涛等,2004)。科研人员还开发了一种无基质的人工湿地技术——水生植物滤床技术,应用于污水处理,取得了良好的效果(宋海亮等,2004)。采用人工湿地方法处理城市污水,污水中约5%的磷能被湿地植物吸收利用。研究发现,有植物处理的根部微生物数量要高于介质,水体、底泥和根部的硝化细菌、反硝化细菌、磷细菌的数量要高于对照处理。

　　微生物是生态系统的分解者,对污染物的去除和养分的循环起着重要作用。通过接种有益微生物来促进碳、氮和磷在水体环境中的生物地球化学循环(biogeochemical cycle),并强化对这些营养物质的去除,可作为生物修复中的一项重要手段。战培荣等(1997)用固定化光合细菌净化养鱼塘水质。Hisashi 等(2000)用固定化光合细菌处理合成废水表现出较高的去除效果:48h 可有效地去除 COD(89%)、磷(77%)、硝态氮(99%)和硫化氢(99.8%)。李正魁等(2000)应用固定化氮循环细菌技术(immobilized nitrogen cycling bacteria,INCB)在秋冬季环境下净化湖泊水体氮污染的研究表明:富营养化湖水经固定化氮循环细菌净化后,总氮下降72%,氨氮下降85.6%;在冬季低温(7℃)条件下,该净化技术仍保持了较高的除氮能力,总氮和氨氮去除率分别达到55.6%、58.9%。常会庆等(2005)用伊乐藻和固定化细菌共同作用研究富营养化水体中养分变化表明,两者相结合对水体中几种形式的氮素都有不同程度的降低作用。王平等(2004)接种有效微生物群(EM)1:10000 处理藻型富营养化水体的效果表明,水体叶绿素 a、总氮、总磷及 COD_{Cr} 去除率分别达到 90.49%、45.25%、55.48% 及 82.37%。薛维纳等(2005)研究表明,投菌活性污泥法(LLMO)复合微生物制剂的加入对水质因子有一定的影响,水体中 COD_{Cr}、NH_4^+-N、PO_4^{3-}-P 的浓度均有不同程度的先上升后下降趋势,而 NO_3^--N 有逐渐下降的趋势。肖应锋等(2007)通过试验验证了酵母废水经 LLMO 技术处理后,出水 COD 均值低于 1000mg/L,去除率可提高 30% 左右,且清除了处理过程中的明显臭味。

　　微生物可以单独使用,也可作为植物修复的配套技术使用。以植物-微生物为基础的原位生物修复体系不但可以降低水体中的营养盐水平,而且可以同步实现生态系统结构的改善与经济效益的获得。丁学锋等(2006)采用人工自然模拟试验方法,研究了 EM 与水生植物黄花水龙联合作用对污水水质改善的影响。结果表明,EM 对水体中氮、磷的去除有一定的效果,尤其是对氨氮的去除效果最好。对于污水中氨氮的去除率,固定 EM 和水生植物结合与非固定 EM 和水生植物结合的处理都达到了 92% 左右。

　　深度处理一般是污水回用必需的处理工艺,它将二级处理出水进一步进行物理化学和生物处理。深度处理通常由以下单元技术优化组合而成:混凝、沉淀(澄清、气浮)、过滤、活性炭吸附、脱氨、离子交换、微滤、超滤、纳滤、反渗透、电渗析、臭氧氧化、消毒等。效果较好的深度处理技术包括臭氧-生物活性炭(O_3-BAC)处理技术和高效土壤生物过滤器。O_3-BAC 处理技术就是基于 O_3 氧化水中有机物,并提高生化特性转变的一种深度处理工艺。20 世纪 70 年代初开始,O_3-BAC 水处理工艺得到大规模研究和应用,如联邦德国 Bremen 市的 Aufdem Werde 的半生产性规模和 Mulheim 市 Dohne 水厂的中试及生产性规模的应用。1978 年,美国学者 Miller 和瑞士学者 Rice 首次采用生物活性炭(biological activated carbon,BAC)这一术语。很多学者在大量试验的基础上证实了,废水经臭氧处理后,废水中有机物的组成有较大改变。该工艺广泛应用于欧洲国家上千座水厂中,在我国正逐步推广应用。也有一些学者尝试将该工艺用于深度处理地表微污染水体和难生物降解废水,并取得一定成果。例如,有学者将 O_3-BAC 工艺应用于深度处理东江水和受污染黄河水,表明该工艺对有机物具有良好的去除效果;还有学者采用该工艺预处理克林霉素制药废水和石化废水,以提高废水的可生化性,为后续生物处理过程创造了良好的进水水质条件。高效土壤生物过滤器充分利用生态系统中土壤-微生物-植物系统的自我调控和对污染物的综合净化功能来处理污水。过滤器系统的污水投配负荷一般较低,渗滤速度慢,故污水净化效率高,出水水质优良。

1.4 总体研究思路

1.4.1 研究目标

本研究选择北京地区永定河和北运河两个再生水回用区为研究区,围绕再生水作为河湖生态用水的环境影响与控制研究领域中的核心和关键问题开展研究,力求做到:①构建再生水回用区环境影响的跟踪监测技术与网络,明确典型再生水回用区主要风险因子;②揭示再生水中主要污染物(N、P、佳乐麝香(HHCB)、邻苯二甲酸二甲酯(DMP)、布洛芬等)在河湖沉积物、水生植物、减渗材料等多介质表面的环境行为;③摸清污染物在河床介质内部的截留、削减效应与微生物机制,揭示再生水补给型河道河床介质堵塞机理,发展污染物在地表水-包气带-地下水系统中迁移转化过程理论分析与模拟技术;④提出协调地下水水质安全和地下水补给需求的再生水控制指标阈值、减渗控制目标,引入有机-无机复合杂化技术,建立了不同减渗目标需求控制下的膨润土-黏土混配减渗技术与方法;⑤探索再生水回用河湖生态用水对地表水生态系统健康及邻近区域人居环境的影响,并从水生植物配置、水生植物+复合微生物制剂以及再生水生态强化处理技术等方面建立再生水回用于生态用水的水质改善技术,旨在为再生水回用河湖生态用水工程实施以及建立技术标准体系提供支撑。

1.4.2 研究框架体系

在资料收集整理、典型调查研究和定点定位试验的基础上,综合利用生态水工学、包气带水文学、环境科学、微生物学等多学科理论与研究方法,通过多年连续的室内外试验与现场调研,借助多种现代化测试手段,做到微观分析与宏观分析相结合、理论研究与实证研究相结合、定量分析与定性分析相结合。研究详细技术路线如图 1.2 所示。

1.4.3 拟解决的关键性问题

本研究拟解决以下关键性问题:
(1)再生水多物质竞争体系中主要污染物在地表水体-包气带-地下含水层中的自净与衰减机制,典型污染物在地表水-包气带-地下水系统中迁移转化过程模拟技术。
(2)将多介质、多过程模拟模型系统耦合,预报再生水回用河湖对邻近区域地下水环

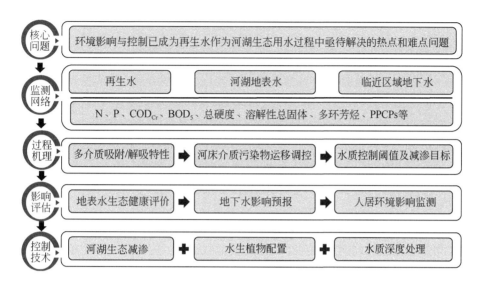

图 1.2　研究技术路线图

境影响程度及范围,提出协同保障地下水安全和地下水补给需求的再生水控制指标阈值、减渗控制目标以及生态型减渗技术模式。

(3)再生水回用条件下多介质表面附生生物膜提取、形态与结构定量表征方法的创建,以及构建基于生物膜生物多样性的河湖水生态系统健康评价方法,建立地表水河湖水质改善技术及优化应用模式。

1.4.4　主要研究内容

本书主要围绕以下 8 个方面的内容展开。

1. 构建再生水回用区环境影响监测网络揭示特征风险因子

分析北京地区再生水中主要污染物类型、含量水平及潜在生态环境风险;以永定河、北运河为重点研究对象,分析受水区水文地质特征,创建回用区地下水环境影响监测网络,长期监测水质动态,开展研究区受水后典型组分在地下水环境中的动态变化规律研究,提出再生水回用区主要风险因子;结合北京市已有的相关研究成果,提出研究区特定水文地质条件下的再生水安全利用指标建议。

2. 再生水回用河湖渗滤系统中典型污染物迁移转化动力学模式参数

针对再生水多离子共存体系中固体悬浮微粒、河道沉积物、砂石等河道多介质,研究再生水中 N、P、药品和个人护理用品(pharmaceutical and personal care products, PPCPs)、重金属等典型污染物的吸附-解吸规律,并对多离子竞争体系中沉积物的吸附/解吸动力学过程进行模拟;研究再生水回用对永定河、北运河河道内微生物种群、数量的影响规律,探索回用条件下河道内多介质表面微生物膜对污染物的吸附、降解等动力学行为,摸清多介质表面微生物膜对污染物的去除效应及其可持续维持机制;提供包气带污染物迁移转化中吸附、降解模式参数。

3. 河床减渗处理对包气带中水分入渗及污染物运移的影响

研究不同尺度减渗处理对典型污染物迁移转化过程的影响;研究再生水典型污染物在包气带中的滞留与运移规律,探索包气带堵塞、自净能力以及包气带入渗回补能力可持续维持特征与机制;建立典型污染物在包气带中的迁移转化模拟模型,提出减渗处理条件下包气带对污染物的去除效应;建立包气带-地下水系统中水分及污染物运移过程模拟的联合模式;提出典型回用区域内合理的减渗需求、再生水水质的目标控制指标及其合理阈值。

4. 再生水回用河湖生态用水对地下水环境的影响及调控

以北京市温榆河与北运河的典型河段为研究对象,分析回用区包气带结构特征和含水层地层的岩性及厚度,监测典型河段水质变化特征,并运用地下水污染物运移现场试验,分析污染物影响范围;建立地下水溶质运移模型,研究特征污染物对周边地下水环境的影响预测与评估;采用水力调控试验方法,开展典型污染河段地下水水力调控效果研究。

5. 再生水回用对河湖水生态健康及周边地区人居环境的影响

研究北京市城市中心区再生水回用河湖多介质表面生物膜的特征,并采用人工载体在不同处理工艺的再生水及地表水中进行生物膜的培养,研究载体表面特性对生物膜生长机制的影响;研究水质对生物膜生长机制的影响及生物膜对污染物的去除效应;探究再生水及地表水中生物膜的生长机制和净化机制的差异性,整合结果为再生水回用湖泊的水生态系统的健康评价提供理论基础;考察永定河补给水源中挥发性有机物气溶胶对周边人居环境是否带来健康风险,对永定河沿岸的气体进行 VOCs 浓度检测。

6. 再生水补给型河道河床介质堵塞特性与形成机理

以北京市北运河典型河道断面为研究对象,通过开展再生水入渗室内大型土柱模拟试验,观测典型河道断面河床渗滤介质渗流-堵塞发生过程,揭示再生水回灌区域渗滤介质的堵塞发生规律;开展再生水回用条件下渗滤介质生物堵塞发生规律试验研究,揭示再生水回用条件下水力负荷、介质形貌与粒径级配对回灌介质生物堵塞的影响效应,以及不同堵塞程度对颗粒物运移能力的影响;揭示再生水回灌过程中渗滤系统生物堵塞的积累效应,为再生水回用河湖河床渗滤介质堵塞问题的解决及再生水长期安全回用提供理论基础和技术支撑。

7. 再生水补给型河湖水生态修复与水质改善技术

以水生植物与复合微生物制剂对再生水中氮、磷及其有机物的去除效果为研究对象,在对北京市永定河进行水文地质与水生植被调查的基础上,结合室外人工湿地模拟试验,分别进行初期关键水生植物与复合微生物制剂品种的选择试验、水生植物配置模式试验与水生植物和复合微生物制剂配置模式试验,提出水生植物混配、水生植物与复合微生物制剂联合净污的两种原位水质改善技术。

8. 再生水水质强化处理新技术、新方法及新工艺

对再生水水质强化处理技术开展广泛调查,比较各强化处理技术并对北京市污水处理工艺进行适配,优化提出 O_3-BAC 以及高效土壤生物过滤器技术,开展 O_3-BAC 以及高效土壤生物过滤器等先进工艺技术在不同工况条件下系统对典型污染物的去除效应及其动力学模式研究,揭示再生水中污染物的生物降解机理,提出再生水用作河湖生态用水的新技术、新方法、新工艺。

参 考 文 献

白世强,张春梅,卢升高,等.2006.基于维持河流健康的城市河道生态修复研究[J].人民黄河,28(8): 3-5.

北京市环境科学研究院,北京市水文总站,北京市勘察设计院.2000.北京市平原地区地下饮用水源保护及防治技术指南[R].北京:北京市水务局.

北京市水务局. 2016. 北京市水资源公报(2016)[R].北京:北京市水务局.

蔡庆华,唐涛,刘建康.2003.河流生态学研究中的几个热点问题[J].应用生态学报,(9):1573-1577.

常会庆,杨肖娥,濮培民.2005.伊乐藻和固定化细菌共同作用对富营养化水体中养分的影响[J].水土保持学报,19(3):114-117.

陈冠熠.2010.凹凸棒黏土的研究现状及发展趋势[J].科技风,(5):222.

陈俊敏,刘方,付永胜,等.2009.人工快速渗滤系统脱氮机理试验研究[J].水处理技术,35(2):32-34.

陈卫平,吕斯丹,王美娥,等. 2013.再生水回灌对地下水水质影响研究进展[J]. 应用生态学报,(5): 73-82.

成徐洲,吴天宝,陈天柱,等.1999.土壤渗滤处理技术研究现状与进展[J].环境科学研究,12(4):33-36.

崔保山,杨志峰.2002.湿地生态系统健康评价指标体系Ⅰ.理论[J].生态学报,(7):1005-1011.

戴纪翠,倪晋仁.2008.底栖动物在水生生态系统健康评价中的作用分析[J].生态环境,17(5): 2107-2111.

丁学锋,蔡景波,杨肖娥,等.2006.EM菌与水生植物黄花水龙联合作用去除富营养化水体中氮磷的效应[J].农业环境科学学报,25(5):1324-1327.

董哲仁.2003.水利工程对生态系统的胁迫[J].水利水电技术,34(7):1-5.

杜新强,冶雪艳,路莹,等.2009.地下水人工回灌堵塞问题研究进展[J].地球科学进展,24(9):973-980.

高鹏.2013.南红门再生水灌区河道渗漏对地下水环境影响研究[D].北京:中国地质大学.

高巍,赵玫.2005.水体·生态·北京——北京城市水体特点及其生态功能浅析[J].建筑,7(23):53-55.

胡立堂.2008.干旱内陆河地区地表水和地下水集成模型及应用[J].水利学报,39(4):410-418.

华涛,周启星,贾宏宇.2004.人工湿地污水处理工艺设计关键及生态学问题[J].应用生态学报,15(7): 1289-1293.

黄大英.1993.淤堵对人工回灌效果影响的试验研究[J].北京水利科技,(1):24-32.

黄金屏,吴路阳.2008.城市污水再生利用系列标准实施指南[M].北京:中国标准出版社.

贾雪梅,邓文英,胡林潮,等.2013.浅谈中国再生水回用[J].广东化工,40(19):115-116.

兰智文.1992.蓝藻水华的化学控制研究[J].环境科学,13(1):32-35.

兰智文,赵鸣,尹澄清.1992.藻类水华的化学控制研究[J].环境科学,(1):12-15,94.

李安,王爱勤,陈建敏.2004.聚丙烯酸(钾)/凹凸棒吸水剂的制备及性能研究[J].功能高分子学报,(2):200-206.

李会安.2007.北京市水资源利用问题与对策[J].北京水务,(6):4-7.

李其军,刘洪禄.2013.水科学技术研究支撑水务发展50年[C]//北京市水科学技术与研究院.北京水问题研究与实践(2013年).北京:中国水利水电出版社:12-17.

李其军.2013.对北京水问题的再认识[J].北京水务,(增2):1-9.

李五勤,张军.2011.北京市再生水利用现状及发展思路探讨[J].北京水务,(3):26-28.

李正魁,濮培民.2000.秋冬季环境下固定化氮循环细菌净化湖泊水体氮污染动态模拟[J].湖泊科学,12(4):321-326.

梁藉,郑凡东,刘立才,等.2011.北京市再生水回灌必要性及关键问题研究[J].北京水务,1:26-28.

刘凌,陆桂华.2002.含氮污水灌溉实验研究及污染风险分析[J].水科学进展,(3):313-320.

路莹,杜新强,迟宝明,等.2011.地下水人工回灌过程中多孔介质悬浮物堵塞实验[J].吉林大学学报(地球科学版),41(2):448-454.

马东春.2008.北京污水资源化与水生态系统保护研究[J].水工业市场,(12):38-40.

马牧源,刘静玲,杨志峰.2010.生物膜法应用于海河流域湿地生态系统健康评价展望[J].环境科学学报,30(2):226-236.

马唐宽,李红明,汪锋.1998.淮河污染对两岸近域地下水影响分析[J].水资源保护,(1):5-8.

齐学斌,亢连强,李平,等.2007.不同潜水埋深污水灌溉硝态氮运移试验研究[J].中国农学通报,23(10):188-196.

齐治国,史高峰,白利民.2007.微波改性凹凸棒石黏土对废水中苯酚的吸附研究[J].非金属矿,(4):56-59.

秦耀东,任理,王济.2000.土壤中大孔隙流研究进展与现状[J].水科学进展,(2):203-207.

阮晓红,王超,朱亮,等.1996.氮在饱和土壤层中迁移转化特征研究[J].河海大学学报,13(2):52-55.

宋海亮,吕锡武,李先宁,等.2004.水生植物滤床处理太湖入湖河水的工艺性能[J].东南大学学报(自然科学版),34(6):810-813.

王备新,杨莲芳,刘正文.2006.生物完整性指数与水生态系统健康评价[J].生态学杂志,(6):707-710.

王超,王沛芳.2005.城市水生态系统建设与管理[M].北京:科学出版社.

王鹤立,陈雷,梁伟刚,等.2002.再生水回用于人工景观水体的水质目标:策略与技术[J].资源科学,23(12):93-98.

王平,吴晓芙,李科林,等.2004.应用有效微生物群(EM)处理富营养化源水试验研究[J].环境科学研究,17(3):39-43.

王子佳,杜新强,冶雪艳,等.2012.城市雨水地下回灌过程中悬浮物表面堵塞规律[J].吉林大学学报(地球科学版),42(2):492-498.

吴洁,虞左明.2001.西湖浮游植物的演替及富营养化治理措施的生态效应[J].中国环境科学,(6):61-65.

武强,孔庆友,张自忠,等.2005a.地表河网-地下水流系统耦合模拟Ⅰ:模型.水利学报,36(5):588-592.

武强,徐军祥,张自忠,等.2005b.地表河网-地下水流系统耦合模拟Ⅱ:应用实例.水利学报,36(6):754-758.

肖应锋,蔡攀,戴亚.2007.用LLMO微生物菌处理酵母废水试验研究[J].广东化工,34(9):77-80.

许木启,黄玉瑶.1998.受损水域生态系统恢复与重建研究[J].生态学报,(5):101-112.

薛维纳,裴红艳,杨翠云,等.2005.复合微生物菌剂处理城市污染河流的静态模拟[J].上海师范大学学报,2:91-95.

阎水玉,王祥荣.1999.城市河流在城市生态建设中的意义和应用方法[J].城市环境与城市生态,(6)：36-38.

杨军,郑袁明,陈同斌,等.2005.北京市凉凤灌区土壤重金属的积累及其变化趋势[J].环境科学学报,(9)：1175-1181.

余国忠,刘军,王占生.2000.藻细胞特性对净水工艺的影响研究[J].环境科学研究,(6)：56-59.

袁瑞强,宋献方,王鹏,等.2012.白洋淀渗漏对周边地下水的影响[J].水科学进展,23(6)：751-756.

岳冰,王焕松,王洁,等.2011.北京市水资源可持续利用面临的挑战及对策[J].环境与可持续发展,36：80-83.

战培荣,王丽华,于沛芬.1997.光合细菌固定化及其净化养鱼水质的研究[J].水产学报,21(1)：971-1000.

张岩松,贾海峰.2008.北京典型平原区地下水环境模拟及情景分析[J].清华大学学报(自然科学版),48(9)：1436-1440.

张院,孙颖,王新娟.2013.北京地区地下水人工回灌简介[J].评价应用,8(1)：51-53.

郑彦强.2010.地下渗滤系统处理农村生活污水的研究[D].天津：南开大学.

郑艳侠,冯绍元,刘培斌,等.2008.水温与水力停留时间对人工渗滤系统的影响[J].环境科学学报,28(12)：2509-2513.

Albrechtsen H J,Winding A.1992.Microbial biomass and activity in subsurface sediment from Vejen,Denmark[J].Microbial Ecology,23(3)：303-317.

Avnimelech Y,Menzel R G.1983.Biologically controlled flocculation of clay in lakes[C]//Shuval H I.Developments in Ecology and Environmental Quality：257-265.

Baveye P,Vandevivere P,Hoyle B L,et al.1998.Environmental impact and mechanisms of the biological clogging of saturated soils and aquifer materials[J].Critical Reviews in Environmental Science and Technology,28(2)：123-191.

Bouwer H,Rice R C.1989.Effect of water depth in groundwater recharges basins on infiltration rate[J].Journal of Irrigation and Drainage Engineering,115(4)：556-567.

Bouwer H.1990.Effects of water depth and groundwater table on infiltration from recharge basins[C].Proceedings of the 1990 National Conferences on Irrigation and Drainage,Durango,377-384.

Cha W,Fox P,Mir F,et al.2004.Characteristics of biotic and abiotic removal of dissolved organic carbon in wastewater effluents using soil batch reactors[J].Water Environmental Resource,76(2)：130-136.

Chapelle F H.1992.Groundwater Nicrobiology and Geochemistry[M].New York：John Wiley & Sons.

Costerton J W,Stewat P S,Greenberg E P.1999.Bacterial biofilms：A common cause of persistent infections[J].Science,284(5418)：1318-1322.

Darwish M R,El-Awar F A,Sharara M,et al.1998.Economic-environmental approach for optimum wastewater utilization inirrigation：A case study in lebanon[J].Applied Engineering in Agriculture,15(1)：45-48.

Dukes M D,Evans R O,Gilliam J W,et al.2002.Effect of riparian buffer width and vegetation type on shallow groundwater quality in the middle coastal plain of north carolina[J].Transactions of the ASAE,45(2)：32-33.

Ernisee J J,Abbott W H.1975.Binding of mineral grains by a species of Thalassiosira[J].Nova Hedwigia Beihefte,53(8)：241-248.

Eusuff M M,Lansey K E.2004.Optimal operation of artificial groundwater recharge systems considering water quality transformations[J].Water Resources Management,18(4)：379-405.

Fierer N, Schimel J P, Holden P A. 2003. Variations in microbial community composition through two depth profiles[J]. Soil Biological Biochemistry, 35(1): 167-176.

Ham Y J, Kim S B, Park S J. 2007. Numerical experiments for bioclogging in porous media[J]. Environmental Technology, 28(10): 1078-1089.

Hill B H, Hall R K, Husby P, et al. 2000. Interregional comparisons of sediment microbial respiration in streams[J]. Freshwater Biology, 44(2): 213-222.

Hisashi H, Tomohiro K, Masanori W, et al. 2000. Simultaneous removal of chemical oxygen demand (COD), phosphate, nitrate and H_2S in the synthetic sewage wastewater using porous ceramic immobilized photosynthetic bacteria[J]. Biotechnology Letters, 22(17): 1369-1374.

Idelovitch E, Iceksontal N, Avraham O, et al. 2003. The long-term performance of soil aquifer treatment (SAT) for effluent reuse[J]. Water Supply, 3(4): 239-246.

Johnson A I. 1981. Some factors contributing to decreased well efficiency during fluid injection[C]//Proceedings of the 2nd National Conferences of the American Society for Testing and Materials(ASTM): 89-101.

Johnson J S, Baker L A, Fox P. 1999. Geochemical transformations during artificial groundwater recharge: Soil-water interactions of inorganic constituents[J]. Water Research, 33(1): 196-206.

Lance J C, Rice R C, Gilbert R G. 1980. Renovation of wastewater by soil columns flooded with primary effluent. Journal of Water Pollution Control Federation, 52(2): 381-387.

Liu X M, Wang X G. 2009. Primary research on the self-purification of contamination in unsaturated zone[J]. Ground Water, 31(5): 79-82.

McDowell-Boyer L M, Hunt J R, Nicholas S, et al. 1986. Particle transport through porous media[J]. Water Resources Research, 22(13): 1901-1921.

McLeod B R, Fortun S, Costerton J W, et al. 1999. Enhanced bacterial biofilm control using electromagnetic fields in combination with antibiotics[J]. Methods in Enzymology, 310 (310): 656-670.

Metcalf & Eddy, Takashi A, Franklin B, et al. 2007. Water Reuse[M]. New York: McGraw-Hill Professional.

Okubo T, Matsumoto J. 1979. Effect of infiltration rate on biological clogging and water quality changes during artificial recharge[J]. Water Resources, 15(6): 1536-1542.

Okubo T, Matsumoto J. 1983. Biological clogging of sand and changes of organic constituents during artificial recharge[J]. Water Research, 17(7): 813-821.

Page D, Vanderzalm J, Miotlinski K, et al. 2014. Determining treatment requirements for turbid river water to avoid clogging of aquifer storage and recovery wells in siliceous alluvium[J]. Water Research, 66: 99-110.

Prygiel J. 2002. Management of the diatom monitoring networks in France[J]. Journal of Applied Phycology, 2002, 14(1): 19-26.

Quanrud D M, Arnold R G, Wilson L G, et al. 1996. Fate of organics during column studies of soil aquifer treatment[J]. Journal of Environmental Engineering, 122(4): 314-321.

Quanrud D M, Hafer J, Karpiscak M M. 2003. Fate of organics during soil-aquifer treatment: Sustainability of removals in the field[J]. Water Resource, 37(14): 3401-3411.

Rauch T, Drewes J E. 2005. Quantifying organic carbon removal in groundwater recharge systems[J]. Journal of Environmental Engineering, 131(6): 909-923.

Regnery J,Lee J,Drumheller Z W,et al. 2017. Trace organic chemical attenuation during managed aquifer recharge:Insights from a variably saturated 2D tank experiment[J]. Journal of Hydrology,548:641-651.

Rehg K J,Packman A I,Ren J H. 2005. Effects of suspended sediment characteristics and bed sediment transport on streambed clogging[J]. Hydrological Processes,19(2):413-427.

Rinckpfeiffer S,Ragusa S,Sztajnbok P, et al. 2000. Interrelationships between biological,chemical,and physical processes as an analog to clogging in aquifer storage and recovery(ASR)wells[J]. Water Research,34(7):2110-2118.

Rodgers M,Mulqueen J,Healy M G. 2004. Surface clogging in an intermittent stratified sand filter[J]. Soil Science Society of America Journal,68(6):1827-1832.

Schwager A, Boller M. 1997. Transport phenomena in intermittent filters [J]. Water Science and Technology,35(6):13-20.

Sophocleous M. 2002. Interactions between groundwater and surface water:The state of the science[J]. Hydrogeology Journal,10(2):52-67.

Tanja R W,Jorg E,Drewes J E. 2006. Using soil biomass as an indicator for the biological removal of effluent-derived organic carbon during soil infiltration[J]. Water Resource,40(5):961-968.

Westerhoff P, Pinney M. 2000. Dissolved organic carbon transformations during laboratory-scale groundwater recharge using lagoon-treated wastewater[J]. Waste Management, 20(1):75-83.

Williams J B,Zambrano D,Ford M G,et al. 1999. Constructed wetlands for waste water treatment in Colombia[J]. Water Science and Technology,40(3):217-223.

Wolfgang K, Uwe M. 2000. Riverbank filtration:An overview [J]. Journal-American Water Works Association,92(12):60-69.

Wu J. 1999. A generic index of diatom assemblages as bioindicator of pollution in the Keelung River of Taiwan[J]. Hydrobiologia,397:79-87.

Yassin Z O, Michael P B. 2002. Modelling stream-aquifer seepage in an alluvial aquifer:An improved loosing-stream package for MODFLOW[J]. Journal of Hydrology,264(1):69-86.

Zhang C B,Wang J,Liu W L,et al. 2010. Effects of plant diversity on nutrient retention and enzyme activities in a full-scale constructed wetland[J]. Bioresource Technology,101(6):1686-1692.

Zhong X,Wu Y. 2013. Bioclogging in porous media under continuous flow condition[J]. Environmental Earth Sciences,68(8):2417-2425.

第2章 再生水回用区环境影响监测网络构建与特征风险因子

北京属于严重缺水的地区,河湖生态水体建设所需水源明显不足,利用再生水可有效缓解北京水资源紧缺、水质污染等水问题。但再生水中含有的大量营养盐分、微量有机污染物、固体悬浮微粒和微生物,可能使回用区及临近区域水生态环境面临一定的污染风险。一般来说,由于再生水的污染物本底值含量较高,污染物种类成分繁多,危害性各异,进入水体后存在一定的富营养化以及污染风险,其不良影响长期且滞后,需重点研究分析再生水回用河湖生态用水的生态环境风险效应,进行有效的监测与评价。本章详细介绍再生水中存在的化学污染物,系统掌握化学污染物的种类及其危害;结合北京市再生水处理厂处理工艺,对典型再生水处理厂出水水质进行动态监测,并进行污染物特征分析,提出重点关注水质指标;在此基础上重点分析对永定河、北运河再生水回用区环境影响监测网络的构建及其特征风险因子。

2.1 再生水中主要污染物类型及其生态环境风险

再生水的水源为处理后的城市污水,其无机污染物含量的高低主要取决于污水来源和处理厂处理程度。与地表水相比,再生水水质污染量含量偏高,水质较差。常规的污水处理工艺可以去除大部分化学污染物,但是对部分有害物质去除能力有限,故再生水中仍含有一定量的微生物、不同种类不同浓度的化学污染物和辐射性物质(胡洪营,2011)。再生水中的微生物,如病原微生物及辐射性物质,对人体健康和生态环境有极大的危害性,各种各样的化学污染物,具有种类多、成分复杂多变等性质。

再生水中化学污染物主要分为无机污染物和有机污染物。无机污染物中氮、磷等植物营养物质在河道中积累至一定量后极易产生水华现象,造成再生水回用区的水体富营养化(周律等,2007)。无机污染物中微量污染物因容易在环境中积累,造成不良影响,已受到重点关注和研究;有机污染物中难生物降解性污染物易于富集,排入环境后长时间滞留,对生态环境有潜在的危害。

2.1.1 再生水中的常规无机污染物

再生水中常见的无机污染物主要包括氮磷类营养盐、重金属及其他无机污染物。氮和磷是造成水体藻类暴发的主要营养元素,重金属污染物主要有汞、铬、镉、铅、锌、砷等,除氮磷类营养盐和重金属外,氟化物和氰化物等其他无机污染物也会对生态环境造成一定的危害。

1. 氮磷类营养盐

再生水可作为城市河湖生态用水,但是其中氮磷类营养盐浓度普遍偏高,容易产生水华现象,严重影响河湖的景观功能和使用功能。再生水中的氮以无机氮和有机氮两种形态存在,有机氮包括蛋白质、多肽、氨基酸和尿素等,有机氮经过微生物分解后转化为无机氮;无机氮包括硝态氮、亚硝态氮和氨氮。其中,有机氮和氨氮是氮类营养盐主要的存在形式,硝态氮及亚硝氮浓度较低。再生水中磷的存在形态最常见的有磷酸盐($H_2PO_4^-$、HPO_4^{2-}、PO_4^{3-})、聚磷酸盐(poly-P)和有机磷(李军,2002)。

氮是水体中藻类生长繁殖的一个重要元素,可利用的氮源包括无机氮和有机氮,藻类利用氮的顺序为 $NH_4^+>NO_3^-$>简单有机氮(如尿素、简单的氨基酸等)(吴薇薇等,2007)。城市再生水中富含满足藻类生长的氮源,NH_4^+ 是城市再生水中浓度最高的无机氮源;其次是尿素,它可以直接或被细菌转化为氨氮后被藻类利用。

大量的研究证实,磷是限制海洋、湖泊等水生态系统初级生产力水平的关键因素,过量磷的输入是引起水体富营养化问题的主要原因。Warren Wade 在总结联合国环境规划署的研究成果后指出,80％水库湖泊的富营养化是受磷元素制约的,大约 10％的富营养化与氮和磷元素有关,余下的 10％与氮和其他因素有关,因此氮磷元素是研究富营养化的关建。而在一般情况下,水体中大多数的藻类具有从大气中同化氮气的能力,许多藻类除自养方式外,还可以利用有机物进行兼性营养,直接吸收多种有机氮,如尿素、氨基酸等,有些藻类能固定大气中的氮并加以利用,因此磷浓度通常作为富营养化的标志。

在美国大湖地区对湖水进行的生物分析中发现,羊角月牙藻对外加的磷敏感,而对氮不敏感。在美加交界的安大略湖西北部的试验湖泊研究领域中,磷丰富的湖泊用气态氮和碳供给藻类生长,在没有氮加入时,磷的加入促发了蓝藻暴发,使生态系统的初级生产力显著提高。有的学者指出,水体中输入大量的磷酸盐将会使水体从清澈变为浑浊,并使蓝藻大量繁殖。藻类从磷源得到磷后,在体内合成磷化合物,对代谢作用发生重要的功用,特别是能量转变效应(张晓萍,2009)。

2. 重金属

重金属是指密度在 $4.0g/cm^3$ 以上的约 60 种元素或密度在 $5.0g/cm^3$ 以上的 45 种元素。城市污水中的重金属主要包括具有生物毒性的汞、铬、镉、铅等,以及具有一般毒性的重金属锌、铜、钴、镍等。砷(As)是非金属,但其毒性和某些性质与重金属相似,因此也被列入重金属污染范围内。重金属不能被微生物降解,只能通过各种形态的相互转化使其分散,且重金属以离子态形式存在时易被胶体吸附,吸附后随水体流动、迁移或沉降在沉积物中,这些重金属虽然浓度较小,但随着常年积累,对生态环境有潜在的危害(胡洪营,2011)。环境污染化学方面所指的重金属主要为铅、汞、镉、铬和砷。下面对再生水中一些重要重金属的生物学效应分别予以介绍(孟紫强,2010)。

1)铅

铅在自然界主要以硫化铅的形式存在,绝大多数是不易溶解的。水中除天然存在的铅以外,铅还可以通过渗漏、城市污水及工业废水排放等途径进入天然水中,造成水环境污染,铅在水中的毒性受 pH、硬度、有机质及其他金属含量的影响,对水生生物有很大的毒性,在水环境中是对人类危害最大的有毒物质之一。

对同样大小的蓝鳃太阳鱼做静水试验,温度为 25℃,在硬度为 20mg/L、pH 为 7.5 的水中,48h Tl_{50}(铊元素的同位素)浓度为 24.5mg/L;在硬度为 20mg/L、pH 为 7.5 的水中,96h Tl_{50} 浓度为 23.8mg/L;在硬度为 360mg/L、pH 为 8.2 的水中,96h Tl_{50} 浓度为 442mg/L。用同样大小的黑头软口鲦鱼做静水试验,温度为 25℃,在硬度为 20mg/L、pH 为 7.5 的水中,48h Tl_{50} 浓度为 5.99～11.5mg/L;在硬度为 20mg/L、pH 为 7.5 的水中,96h Tl_{50} 浓度为 5.58～7.33mg/L;在硬度为 360mg/L、pH 为 8.2 的水中,48h Tl_{50} 浓度为 482mg/L;在硬度为 360mg/L、pH 为 8.2 的水中,96h Tl_{50} 浓度为 482mg/L。从以上数据可以看出,在软水和硬水之间,由于铅的沉淀性和溶解性不同,其浓度差可达几十倍甚至更多(胡洪营,2011)。

铅对作物生长的危害并不大,土壤中的铅主要集中在根部,很难向上运转,而且很多植物对铅的吸收是很有限的,铅的积累对作物如糙米的含铅量无明显影响。在无硫酸根存在的条件下,用 10mg/L 铅溶液灌溉时,才能导致作物减产(胡洪营,2011)。

2)汞

自然界的汞主要以金属汞、无机汞和有机汞形式存在。水生物对汞有很强的富集作用,水环境中的某些微生物具有将无机汞和有机汞转化为毒性较强的甲基汞或二甲基汞的能力,使得任何形态的汞都有可能危害环境。对汞甲基化的动力学研究表明,在水体中,天然的 pH 和温度条件下,无机汞能被快速地转化为甲基汞(胡洪营,2011)。

生物体内都不同程度地含有一定量的汞,尽管水中汞浓度并不高,但是由于汞具有特殊的生物富集和放大作用,水生植物对水中汞的吸收和向上级食物链的传递是汞进入生物圈的主要途径,如水生藻类的汞浓度可从自然水体的 0.005µg/g 增加到污染水体的 4～5µg/g;汞污染的另外一个显著特点是生物累积和放大效应(马进军,2008)。

据同位素示踪研究表明,若灌溉水中含汞 5µg/L,黄瓜、茄子、小麦等的可食部分含汞量稍微增加。用 0.1mg/L 的几种汞化合物在池塘内进行测试,发现藻类和其他水生植物主要通过表面吸收而积累汞,积累速率过快,而排出很慢,以致浓缩因子达到 3000 倍,甚至更高。研究表明,鱼的浓缩因子高达周围水体含汞量的 10000 倍以上。用几种鱼在甲基汞浓度为 0.018～0.03µg/L 的水体中测试 20～48 周,鱼组织中的累积汞浓度达 0.5µg/L 以上,表明浓缩因子为 27800～16600。根据汞在鱼类器官中的富集情况可以看出,鱼对水中的富集因子约为 10000,鱼肉中含量最高,可见水体中的汞对水体健康威胁最大(胡洪营,2011)。

3)镉

镉在自然界多以硫镉矿的形式存在,并常常与锌、铅、铜、锰等矿共存。镉进入机体后不以离子形式存在,而是与机体内的大、小生物分子结合为金属络合物。蛋白质(氨基酸)、肽及脂肪酸等含有与镉结合的基团,氨基酸中有羧基、氨基、巯基等作为配位体与镉结合。镉可与 DNA、RNA 中的磷酸基或含氯碱基结合。体内过多的镉累积,会造成肺、肾脏功能异常,蛋白尿、糖尿、氨基酸尿,还会影响肝脏酶系统,导致肝功能异常。特别是,镉还能使骨骼的代谢受阻,造成骨质疏松、萎缩、变形等一系列症状(马进军,2008)。

镉对水生生物的影响很大,用美国佛罗里达州当地的食蚊鱼在 $CaCO_3$ 硬度为 $41\sim$ 45mg/L、碱度为 $38\sim43$mg/L、pH 为 7.4 的水体中进行慢性毒性试验。当镉浓度为 0.0081mg/L 时,雌鱼的产卵量大大减少,但在镉浓度为 0.0041mg/L 时,雌鱼产卵未受影响(胡洪营,2011)。

4)铬

铬在自然界中广泛存在,地壳中铬浓度平均为 100mg/L。铬的化合物有二价(如氧化亚铬 CrO)、三价(如三氧化二铬 Cr_2O_3)和六价(如铬酸酐 CrO_3、铬酸钾 K_2CrO_4 和重铬酸钾 $K_2Cr_2O_7$)等三种。六价铬化合物及其盐类都能溶解于水,是公认的致癌物。铬进入肝肾与低分子蛋白质结合,形成蛋白-铬络合物蓄积在肝肾中,达到一定浓度后对肝肾造成损伤。铬具有生殖毒性,对胚胎发育具有毒性和致畸性、致突变性。长期暴露于六价铬化合物环境会明显增加肺癌发病率。六价铬可能经呼吸道和皮肤进入人体,引起支气管哮喘、皮肤腐蚀、溃疡和变态性皮炎(马进军,2008)。灌溉水中六价铬浓度高于 0.1mg/L 时,银大马哈鱼的仔鱼和幼鱼的生长及成活率大为下降(胡洪营,2011)。

5)砷

砷元素属于类金属,几乎没有毒性,与空气接触,极易被氧化成剧毒的三氧化二砷。砷在农业、工业、医学等行业应用广泛,在空气、水、土壤及动植物体内一般较少,水环境中的砷多以三价或无价形式存在,三价无机砷化合物比五价砷化物对水生生物的毒性更大。研究发现,砷化合物是强力的细胞染色体断裂剂,可引起人类和其他哺乳动物细胞染色体畸变、姊妹染色单体互换及微核频率增高。砷还具有广泛的三致(致癌、致畸、致突变)效应。大量流行病学研究和临床观察证明,无机砷化合物与人类的几种癌症有关,是确认的致癌物(马进军,2008)。

研究表明,作为鱼类饵料的生物一般可忍受砷的浓度为 1.3mg/L。当室外池塘中砷浓度为 2.3mg/L 时,会降低鱼的生存期和生长期,还会减少底栖动物群落和浮游生物种群。在北美洲伊利湖水中观测到,砷浓度为 $4.3\sim7.5$mg/L,潘类出现静止不动的初始症状(胡洪营,2011)。

3.其他无机污染物

再生水中常见的无机污染物除氮磷与重金属外,氟化物、氰化物等其他无机污染物都对人体健康和生态环境有一定的危害(魏东斌等,2003)。

1)氟化物

氟化物指含负价氟的有机或无机化合物。氟可与除 He、Ne 和 Ar 外的所有元素形成二元化合物。从致命毒素沙林到药品依法韦仑,从难溶的氟化钙到反应性很强的四氟化硫都属于氟化物的范畴。氟广泛存在于自然水体中,无机氟化物的水溶液含有 F^- 和氟化氢根离子 HF_2^-。少数无机氟化物溶于水而不显著水解,在天然饮用水和食物中都有低浓度的氟化物存在,而地下水中的氟浓度则高一些,海水中平均为 1.3mg/L($1.2\sim$ 1.5mg/L),淡水中的则为 $0.01\sim0.3$mg/L。

研究表明,当污水氟浓度超过 5mg/L 时,小麦发芽率低于 80%。用含氟污水灌溉小麦,小麦面粉、麦叶、土壤的含氟量都相应增加,氟的大量积累会使小麦叶尖出现枯黄症状;含氟 6~9mg/L 的工业废水灌溉可使玉米的含氟量为清水灌溉的 3.9 倍。当水中氟含量较高时,不仅对作物有危害,还在作物中有积累(胡洪营,2011)。

2)氰化物

氰化物特指带有氰基(CN)的化合物,其中的碳原子和氮原子通过三键相连接,在通常的化学反应中以整体形式存在。氰化物可分为无机氰化物,如氢氰酸、氰化钾(钠)、氯化氰等;有机氰化物,如乙腈、丙烯腈、正丁腈等均能在体内很快析出离子,属于高毒类。很多氰化物,凡能在加热或与酸作用后在空气中与组织中释放出氰化氢或氰离子的,都具有与氰化氢同样的剧毒作用(贾旭东等,2012)。

氰化物进入人体后析出氰离子,与细胞线粒体内氧化型细胞色素氧化酶的三价铁结合,阻止氧化酶中的三价铁还原,妨碍细胞正常呼吸,组织细胞不能利用氧,造成组织缺氧,导致机体陷入内窒息状态。另外,某些腈类化合物分子本身具有直接抑制中枢神经系统的作用。当氰化物浓度为 0.05~0.2mg/L 时,氰化物会使大多数鱼类急性中毒。游离氰化物浓度为 0.05~0.2mg/L 已被证明是许多敏感鱼类的致死浓度,在 0.2mg/L 以上的浓度可能使大多数鱼类快速致死(胡洪营,2011)。

2.1.2　再生水中的常规有机污染物

城市污水中含有种类复杂的有机物,主要来自人类排泄物及生产生活中产生的废弃物等,主要包括蛋白质、碳水化合物、油脂等。水体中的有机组分具有溶解度小、危害性大、易与有机质结合等特点,可以给水生生态系统带来长远危害,而且可以通过食物链的传递威胁人体健康,有机物组分导致的环境问题已引起人们的广泛关注。现有的污水再生处理工艺对有机物的去除大多针对非特异性水质指标,如生化需氧量(biochemical oxygen demand,BOD)、化学需氧量(chemical oxygen demand,COD)、悬浮物(suspended solid,SS)、浊度等。再生水含有的有机污染物主要有被列入联合国规划署控制危险废物越境转移及其处置巴塞尔公约缔约方会议(UN Assessment Report on Issues of Concern,UNEP)黑名单的多环芳烃组分、邻苯二甲酸酯组分、有机氯农药组分及挥发性有机物(volatile organic compounds,VOCs)组分。

1. 多环芳烃组分

多环芳烃(polycyclic aromatic hydrocarbons,PAHs)是环境中重要致癌物质之一,常见的 PAHs 大多数由 4~6 个苯环组成,一般 4~5 个苯环组成的烃类具有致癌作用,由 6 个苯环组成者也有一部分为致癌物,已发现的 PAHs 物质中有 400 多种具有致癌作用。事实证明,PAHs 是近年来各国肺癌发病率和死亡率都显著上升的重要原因。

PAHs 具有半挥发性,它们以“全球蒸馏”和“蚱蜢跳效应”的模式,通过长距离迁移和沉降在全球或区域范围内进行大气远距离传输,到达地球的绝大多数地区,导致全球范围的污染。调查表明,国内外各种水体都普遍受到污染。水体是 PAHs 迁移传输的重要介质,PAHs 一般通过大气干湿沉降、地表径流、水-土、水-气界面交换或石油泄漏直接输入等方式进入水中。在迁移过程中水体中的悬浮颗粒物对 PAHs 具有强烈的表面吸附作用,而且 PAHs 能够在沉积物中不断富集,造成对水体多相介质的污染。PAHs 最终可通过食物链在动物和人体中发生生物蓄积,对生态系统和人类健康造成潜在的威胁。

2. 邻苯二甲酸酯组分

邻苯二甲酸酯(PAEs),俗称酞酸酯,是邻苯二甲酸的重要衍生物,广泛用于农药、驱虫剂、化妆品、润滑剂以及去污剂的生产原料(Vamsee-Krishna et al.,2006),较高分子量的 PAEs 被大量用作塑料改性剂和增强剂,其含量仅次于塑料中的多聚物。PAEs 与塑料分子以氢键或范德瓦耳斯力结合,非常容易从塑料中释放至外环境。PAEs 已成为环境中无所不在的污染物,在土壤、大气、水体和生物体等环境介质中都有大量遗留(骑祝华等,2008)。城市废水是环境污染的主要来源,尽管 PAEs 在世界各地的城市废水中浓度一般都低于排放标准(Clara et al.,2012),长期大量的排放以及生物富集作用仍将使其在动物和植物体内的浓度显著提高。含有较弱的雌激素作用,PAEs 具有影响生物体内分泌和导致癌细胞增殖的作用。即使在浓度很低的情况下,PAEs 也能影响生物的内分泌系统,尤其是人类和野生哺乳动物的生殖系统(Lottrup et al.,2006)。

3. 有机氯农药组分

有机氯农药是氯代烃类化合物,也称氯代烃农药。有机氯农药大多数为白色或淡黄色结晶或固体,不溶或微溶于水,易溶于脂肪及大多数有机溶剂,挥发性小,化学性质稳定,与酶和蛋白质有较高的亲和力,故易吸附在生物体内,生物富集作用极强,对动物机体造成危害。

有机氯农药是一类对环境构成严重威胁的人工合成有毒有机化合物,在世界各国公布的优先控制污染物黑名单都列有该类化合物。它们对人体健康的危害表现在慢性毒作用,主要表现为食欲不振、上腹部和胁下疼痛、头晕、头痛、乏力、失眠、噩梦等。接触高毒性的氯丹和七氯等,会出现肝脏肿大,肝功能异常等症候。对酶类的影响:许多有机氯杀虫剂可以诱导肝细胞微粒体氧化酶类,从而改变体内某些生化过程。此外,对其他一些酶类也有一定影响。对内分泌系统的影响:有机氯杀虫剂具有雌性激素的作用,可以干扰人体内分泌系统的功能,属于环境激素。对免疫功能的影响:有机氯杀虫剂对机体的免疫功能有一定影响。对生殖机能的影响:有机氯杀虫剂对鸟类生殖机能的影响主要表现在使鸟类产蛋数目减少,蛋壳变薄和胚胎不易发育,明显影响鸟类的繁殖。此外,有机氯杀虫剂对哺乳动物的生殖能力也有一定影响,如致畸作用、致突变作用和致癌作用。

4. VOCs 组分

VOCs 指那些在常温下沸点小于 260℃的有机液体化合物。VOCs 成分复杂,有特殊气味且具有渗透、挥发及脂溶等特性,可导致人体出现诸多不适症状。VOCs 还具有毒性、刺激性及致畸致癌作用,尤其是苯、甲苯、二甲苯及甲醛对人体健康的危害最大,长期接触会使人患上贫血症与白血病。VOCs 多半具有光化学反应性,在阳光照射下,VOCs 会与大气中的 NO_x 发生化学反应,形成二次污染物(如臭氧等)或强化学活性的中间产物(如自由基等),从而增加烟雾及臭氧的地表浓度,对人类造成生命危险,同时也危害农作物的生长,甚至导致农作物死亡。

2.1.3 再生水中的痕量有机污染物

近年来,再生水中的微量有机物成为国际水处理界关注的焦点,部分微量有机物可能通过再生水回用的方式逐渐富集,通过蒸发等途径进入人体内,影响身体健康(Janssens et al.,1997)。痕量有毒有害污染物一般随城市和工业出水被排入污水处理系统中,具有浓度低、种类多、内分泌干扰活性和(或)三致效应的特点。这类物质容易在环境中积累,从而对生态造成不良影响。在再生水领域,痕量有机污染物重点关注的物质包括持久性有机污染物(persistent organic pollutants,POPs)、内分泌干扰物(endocrine disrupting chemicals,EDCs)、药品和个人护理用品(pharmaceutical and personal care products,PPCPs)与纳米颗粒物(nano particles,NPs)等。

1.持久性有机污染物

POPs 是一类具有毒性、易于在生物体内富集、在环境中能够持久存在且能通过大气运动在环境中进行长距离迁移、对人类健康和环境造成严重影响的有机化学物质(Vallack et al. ,1998)。

POPs 广泛聚集于水和沉积物中,再生水水源城市污水及河湖中都有其存在。POPs 是亲脂憎水性化合物,在污水处理过程中,会逐渐转移到城市淤泥及河道底泥中,大多数河湖水体中都不同程度地受到 POPs 污染,并且 POPs 在水系统中会通过食物链发生生物积累并逐级放大,最终威胁人类的身体健康(谢武明等,2004)。

2.内分泌干扰物

EDCs 是一种外源性干扰内分泌系统的化学物质,指环境中存在的能干扰人类或动物内分泌系统诸环节并导致异常效应的物质,它们并不直接作为有毒物质给生物体带来异常影响,而是通过摄入、积累等各种途径,类似雌激素对生物体的作用,即使数量极少,也能使生物体的内分泌失衡,出现种种异常现象。这类物质会导致动物体和人体行为异常、生殖器障碍、生殖能力下降、幼体死亡(李铁等,2009)。水体是 EDCs 存在的场所之一,人类生产和生活过程中不断释放 EDCs 到环境中,通过地表径流、土壤淋溶等方式进入水体中(Chen et al.,2007)。

3.药品和个人护理用品

PPCPs 是一种新兴污染物,种类繁多,包括各类抗生素、人工合成麝香、止痛药、降压药、避孕药、催眠药、减肥药、发胶、染发剂和杀菌剂等。许多 PPCPs 组分具有较强的生物活性、旋光性和极性,大都以痕量浓度存在于环境中。兽类医药、农用医药、人类服用医药以及化妆品的使用是其导入环境的主要方式。大多数 PPCPs 以原始形式或被转化形式排入污水而进入污水处理厂。由于该类物质在被去除的同时也在源源不断地引入环境中,人们还将其称为"伪持续性"污染物。欧洲和北美都曾有文献报道在城市污水处理厂排放口检测到一定浓度的 PPCPs 和天然雌激素。

PPCPs 对地下水的污染也日益受到重视。虽然有研究发现,环境中 PPCPs 类物质浓度不高,不会给水体带来直接、快速的影响,也不会给人体造成直接的危害,但是 PPCPs 分布广泛、成分复杂多样,对水体和食品的安全性具有潜在影响,长期使用再生水灌溉对地下水生态系统及人类健康可能带来严重和不可预计的后果,相关方面的研究应引起重视(薛彦东等,2012)。

4. 纳米颗粒物

NPs 是指尺度在纳米量级(1~100nm)的颗粒。在这个尺度上,NPs 会出现一些与常规尺度物质差别很大的特殊物理化学性质。它具有小尺寸效应、量子效应和表面效应,在力学性能、磁、光、电、热等方面与传统材料存在显著差别(林治卿等,2007)。

大部分 NPs 通过地表径流、大气沉降等过程排入海洋。水体中悬浮颗粒物和细粒度沉积物中含有大量的胶体,这些胶体具有较大的比表面积,携带大量电荷,在吸附作用下,颗粒物和沉积物随胶体一起沉积到沉积物中。在配合作用和氧化还原作用下,沉积物中带电荷的 NPs 会重新释放到水体中,对水生生物造成生物毒害作用(Manier et al., 2013),且进入水环境后通过食物链进行富集放大(Baun et al., 2008)。纳米技术的迅猛发展引发了人们对其安全性的普遍担忧。新的工程纳米颗粒物不断产生,纳米颗粒物对再生水及水环境的影响值得关注。

2.2　北京地区主要再生水水质监测与污染物含量水平

2.2.1　城市污水再生利用的水质标准

北京属于水资源严重短缺的城市,干旱少雨,河湖普遍缺少新水补充,水体自净能力下降,大部分河道几乎没有环境容量和纳污能力。北京市广泛利用再生水补充河湖生态用水。

各类污水再生利用的水质标准是评价再生水能否安全回用和处理工艺选用的基本依据(Abu-Rizaiza,1999)。为有效推进我国城市污水再生利用,建设部(现住房和城乡建设部)和国家标准化管理委员会组织各有关单位,制定了城市污水再生利用系列标准。北京地区大部分再生水在河湖水体的回用中大多依照《城市污水再生利用　景观环境用水水质》(GB/T 18921—2002)[①]。该标准对景观环境用水水质指标进行了详细的分类并提出了具体要求,再生水作为景观环境水时,其指标限值应满足表 2.1 的规定。

表 2.1　景观环境用水的再生水水质指标

项目	观赏性景观环境用水			娱乐性景观环境用水		
	河道类	湖泊类	水景类	河道类	湖泊类	水景类
外观	无漂浮物,无令人不愉快的嗅和味					

---

① 该标准已废止,更新为 GB/T 18921—2019。书中数据以更新标准为参照。

续表

项目	观赏性景观环境用水			娱乐性景观环境用水		
	河道类	湖泊类	水景类	河道类	湖泊类	水景类
pH	6～9					
五日生化需氧量(BOD₅)/(mg/L)	≤10	≤6		≤6		
悬浮物(SS)/(mg/L)	≤20	≤10		无要求		
浊度/NTU	无要求			≤5.0		
溶解氧(DO)/(mg/L)	≥1.5			≥2.0		
总磷(以 P 计)/(mg/L)	≤1.0	≤0.5		≤1.0	≤0.5	
总氮/(mg/L)	15					
氨氮(以 N 计)/(mg/L)	≤5					
粪大肠菌群/(个/L)	≤1000	≤2000		≤500		不得检出
余氯/(mg/L) *	≥0.05					
色度/度	≤30					
石油类/(mg/L)	≤1.0					
阴离子表面活性剂/(mg/L)	≤0.5					

注:①对于需要通过管道输送再生水的非现场回用情况采用加氯消毒方式;而对于现场回用情况不限制消毒方式。②若使用未经过除磷脱氮的再生水作为景观环境用水,鼓励在回用地点积极探索通过人工培养具有观赏价值水生植物的方法,使景观水的氮磷满足表中的要求,使再生水中的水生植物有经济合理的出路。

* 氯接触时间不应低于 30min 的余氯;对于非加氯方式无此项要求。

对于以城市污水为水源的再生水,除应满足表 2.1 中各项指标外,其化学毒性学指标还应符合表 2.2 中的要求。

表 2.2　选择控制项目最高允许排放浓度(以日均值计)　　　(单位:mg/L)

序号	选择性控制项目	标准值	序号	选择性控制项目	标准值
1	总汞	0.01	14	总硒	0.1
2	烷基汞	不得检出	15	苯并(a)芘	0.00003
3	总镉	0.05	16	挥发酚	0.1
4	总铬	1.5	17	总氰化物	0.5
5	六价铬	0.5	18	硫化物	1.0
6	总砷	0.5	19	甲醛	1.0
7	总铅	0.5	20	苯胺类	0.5
8	总镍	0.5	21	硝基苯类	2.0
9	总铍	0.001	22	有机磷农药(以 P 计)	0.5
10	总银	0.1	23	马拉硫磷	1.0
11	总铜	1.0	24	乐果	0.5
12	总锌	2.0	25	对硫磷	0.05
13	总锰	2.0	26	甲基对硫磷	0.2

序号	选择性控制项目	标准值	序号	选择性控制项目	标准值
27	五氯酚	0.5	39	对二氯苯	0.4
28	三氯甲烷	0.3	40	邻二氯苯	1.0
29	四氯化碳	0.03	41	对硝基氯苯	0.5
30	三氯乙烯	0.8	42	2,4-二硝基氯苯	0.5
31	四氯乙烯	0.1	43	苯酚	0.3
32	苯	0.1	44	间甲酚	0.1
33	甲苯	0.1	45	2,4-二氯酚	0.6
34	邻二甲苯	0.4	46	2,4,6-三氯酚	0.6
35	对二甲苯	0.1	47	邻苯二甲酸二丁酯	0.1
36	间二甲苯	0.4	48	邻苯二甲酸二辛酯	0.1
37	乙苯	0.1	49	丙烯酯	2.0
38	氯苯	0.3	50	可吸附有机卤化物(以 Cl 计)	1.0

2.2.2　北京市再生水厂处理工艺分析

为研究再生水水质状况及其污染物的含量水平,选取清河再生水厂、高碑店再生水厂、小红门再生水厂、怀柔再生水厂、密云再生水厂,在了解再生水处理工艺的基础上,对再生水的出水水质进行调查评价。

1. 小红门再生水厂和高碑店再生水厂

小红门再生水厂采用 A^2/O (厌氧-缺氧-好氧)工艺进行除磷脱氮;污泥处理采用一级中温消化工艺,消化后经脱水的泥饼外运作为农业和绿化肥源。根据《永定河绿色生态走廊建设规划》,每年从小红门再生水厂调水约 7000 万 m^3,作为永定河的生态景观用水。

高碑店再生水厂所采用的工艺主要为 A^2/O +反硝化滤池+膜过滤,其进水为城市污水经二级生物处理的出水,经过深度处理后的水质可以完全符合景观环境用水和华能电厂冷却水的要求,具体设计进出水水质见表2.3。

表 2.3　高碑店再生水厂设计进出水水质条件

水质指标	设计进水水质	设计出水水质	水质指标	设计进水水质	设计出水水质
BOD_5/(mg/L)	12	≤2.5	TN/(mg/L)	15	13
COD_{Cr}/(mg/L)	45	≤17	浊度/NTU	11	≤1.0
SS/(mg/L)	14	≤2.5	色度/度	30	≤3.0
COD_{Mn}/(mg/L)	15	4	Cl/(mg/L)	165	180
NH_4^+-N/(mg/L)	3	≤1.0	粪大肠菌群/(个/L)	10^6	≤10^2
TP/(mg/L)	1.3	≤0.2	DO/(mg/L)	2	≥5

2. 清河再生水厂

清河再生水厂一期工程,日供水 8 万 m³,其中 6 万 m³ 高品质再生水作为奥运公园水景及清河的补充水源,采用的工艺为:$0.02\mu m$ 超滤膜进行过滤、活性炭吸附、臭氧氧化(图 2.1)。

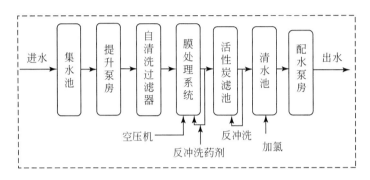

图 2.1　清河再生水厂工艺流程图

清河再生水厂二期工程采用的工艺为 A^2/O,生活污水进厂后经过曝气沉砂池、生化反应池、沉淀池等多道工序二十多个小时的处理,出厂时可达到国家排放水一级 B 的标准。清河再生水厂二期建成后,加上现有 8 万 m³/d 的再生水处理系统,再生水厂处理能力将达 55 万 m³/d。清河再生水厂每年为永定河调水 5000 万 m³/a,主要用于三家店-卢沟桥段生态供水。清河再生水厂设计进出水水质见表 2.4。

表 2.4　清河再生水厂设计进出水水质

水质指标	设计进水水质	设计出水水质	水质指标	设计进水水质	设计出水水质
BOD_5/(mg/L)	20	≤6	色度/度	35	≤15
COD_{Cr}/(mg/L)	60	≤30	pH	6~9	6~9
SS/(mg/L)	20	≤2	粪大肠菌群/(个/L)	10^4	≤3
NH_4^+-N/(mg/L)	1.5	≤1.5	动植物油/(mg/L)	3	3
TP/(mg/L)	1	≤0.3	石油类/(mg/L)	3	3
浊度/NTU	—	≤5	DO/(mg/L)	—	≥3

3. 怀柔再生水厂

怀柔再生水厂前身是怀柔污水处理厂,最初污水设计处理规模 1.5 万 m³/d。2002年怀柔污水处理厂升级改造并更名为怀柔再生水厂,日处理规模达到 5 万 m³/d。2007年怀柔再生水厂一期改造工程完成,设计规模为 3.5 万 m³/d,工程采用除磷脱氮功能的3AMBR 工艺(图 2.2)。

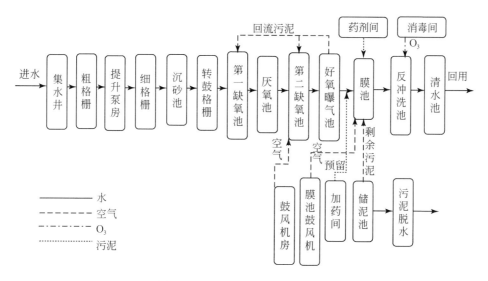

图 2.2 怀柔再生水厂工艺流程图

经过升级改造,怀柔再生水厂总污水处理能力为 7 万 m³/d,出水水质标准满足北京市《水污染物综合排放标准》(DB 11/307—2013)中的一级 A 排放标准,具体设计进出水水质见表 2.5。出水主要用于潮白河景观用水及市政杂用,2010 年再生水排入量 1700万 m³。

表 2.5 怀柔再生水厂设计进出水水质

水质指标	设计进水水质	设计出水水质	水质指标	设计进水水质	设计出水水质
pH	6.0～9.0	6.0～9.0	TP/(mg/L)	≤40	≤0.5
色度/度	—	≤10	TN/(mg/L)	≤10	≤15
COD$_{Cr}$/(mg/L)	≤500	≤40	阴离子表面活性剂/(mg/L)	—	≤0.5
BOD$_5$/(mg/L)	≤230	≤5	粪大肠菌群/(个/L)		≤3
NH$_4^+$-N/(mg/L)	≤30	≤1.0	SS/(mg/L)	≤300	≤10

4. 密云再生水厂

密云再生水厂的前身是檀州污水处理厂,2006 年升级改造后更名为密云再生水厂。该厂采用膜生物反应器(membrance bio-reactor,MBR)处理工艺,膜组件的清洗维护和整个系统运行全部实现自动控制,是我国首个日处理规模万吨级以上的 MBR 工程,设计规模为 4.5 万 m³/d,处理能力 1600m³/a,处理成本为 0.67 元/m³(图 2.3)。

出水水质标准满足北京市《水污染物综合排放标准》(DB 11/307—2013)中的一级 A排放标准,具体设计进水、出水水质见表 2.6。出水主要用于潮白河景观用水及市政杂用,2010 年密云再生水处理厂实际处理污水 919 万 m³。

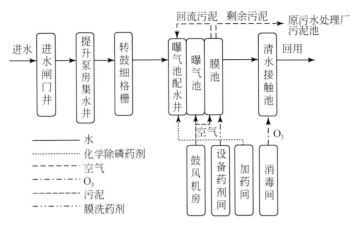

图 2.3 密云再生水厂工艺流程图

表 2.6 密云再生水厂设计进出水水质

水质指标	设计进水水质	设计出水水质	水质指标	设计进水水质	设计出水水质
pH	6.0~9.0	6.0~9.0	TP/(mg/L)	≤1.5	≤0.5
色度/度	≤50	≤30	阴离子表面活性剂/(mg/L)	≤5	≤0.5
浊度/NTU	—	≤5	DO/(mg/L)	—	≥1.0
COD_{Cr}/(mg/L)	≤100	—	粪大肠菌群/(个/L)	—	≤3
BOD_5/(mg/L)	≤40	≤6	SS/(mg/L)	≤80	≤10
NH_4^+-N/(mg/L)	≤25	≤5	石油类/(mg/L)	≤5	≤1.0

综合北京市各再生水水厂情况进行分析,各再生水厂均采用膜处理技术,其设计进出水水质对约 12 项水质指标提出具体要求,但对痕量有机污染物没有相关考虑。

2.2.3 再生水水质监测与污染物含量水平

1. 无机组分特征与评价

1)高碑店再生水厂

高碑店再生水厂出水检测结果表明,仅 TN 的检出值超过《城市污水再生利用 景观环境用水水质》(GB/T 18921—2019)限值,为《地表水环境质量标准》(GB 3838—2002)中 V 类的限值的 10 倍,其他检出指标均符合相关标准(表 2.7)。与设计出水水质值比较,色度、浊度、TN 超过了设计值,其他检测指标均满足设计出水要求。

表 2.7　高碑店再生水厂出水水质检出结果

序号	水质指标	检出值	GB/T 18921—2019（再生水）	GB 3838—2002（地表水）	设计出水水质
1	pH	7.3	6～9	6～9	—
2	色度/度	20	≤30	—	≤3.0
3	浊度/NTU	4.0	—（观赏类）5.0（娱乐类）	—	≤1.0
4	NH_4^+-N/(mg/L)	0.19	≤5	≤0.5（Ⅱ类）≤1（Ⅲ类）	≤1.0
5	TP/(mg/L)	0.37	≤0.5（湖泊、水景类）≤1.0（河道类）	≤0.3（Ⅴ类）	≤0.2
6	TN/(mg/L)	20.8	≤15	≤2（Ⅴ类）	≤13
7	COD_{Mn}/(mg/L)	1.51	—	≤2（Ⅰ类）	4
8	亚硝酸盐/(mg/L)	3.68	—	—	—
9	硝酸盐/(mg/L)	82.8	—	10（集中供水）	—
10	粪大肠菌群/(个/L)	2300	—	10000（Ⅲ类）	≤100

2）小红门再生水厂

对小红门再生水厂出水开展了 2 次取样,检测结果见表 2.8。可以看出,与《城市污水再生利用　景观环境用水水质》(GB/T 18921—2019)限值比较,两次检测结果中 TN 均超标,超标倍数在 1.5 左右,而 TP 第二次检出值是 GB/T 18921—2019 中湖泊水景类限值的 2 倍,其他检测指标符合此标准。与《地表水环境质量标准》(GB 3838—2002)限值比较,NH_4^+-N、TN 和 TP 检出值超出此标准Ⅴ类限值。

表 2.8　小红门再生水厂出水水质检出结果

序号	水质指标	检出值		GB/T 18921—2019（再生水）	GB 3838—2002（地表水）
		第一次	第二次		
1	pH	8.1	7.24	6～9	6～9
2	色度/度	—	30	≤30	—
3	浊度/NTU	—	2.0	—（观赏类）5.0（娱乐类）	—
4	NH_4^+-N/(mg/L)	2.79	2.55	≤5	≤0.5（Ⅱ类）≤1（Ⅲ类）
5	TP/(mg/L)	0.29	1.08	≤0.5（湖泊、水景类）≤1.0（河道类）	≤0.3（Ⅴ类）
6	TN/(mg/L)	19.6	23.4	≤15	≤2（Ⅴ类）
7	COD_{Mn}/(mg/L)	5.79	2.18	—	≤2（Ⅰ类）
8	亚硝酸盐/(mg/L)	0.22	10.2	—	

续表

序号	水质指标	检出值		GB/T 18921—2019	GB 3838—2002
		第一次	第二次	（再生水）	（地表水）
9	硝酸盐/(mg/L)	11.9	64.0	—	10(集中供水)
10	粪大肠菌群/(个/L)	16000	1300	—	10000(Ⅲ类)
11	DO/(mg/L)	1.7	—	≥1.5(观赏类) ≥2.0(娱乐类)	≤2.0(Ⅴ类)
12	石油类/(mg/L)	0.65	—	≤1.0	≤1.0(Ⅴ类)

3）清河再生水厂

对清河再生水厂出水开展了 2 次取样,检测结果见表 2.9。从表中可以看出与《城市污水再生利用 景观环境用水水质》(GB/T 18921—2019)限值比较,两次检测结果中 TN 均超标,超标倍数在 1.5 左右,而 TP 第二次检出值是 GB/T 18921—2019 中湖泊水景类限值的 2 倍,其他检测指标符合此标准。与《地表水环境质量标准》(GB 3838—2002)限值比较,NH$_4^+$-N、TN 和 TP 检出值超出此标准Ⅴ类限值。与设计出水水质值相比,各项检出值仅在其限值之内。

表 2.9　清河再生水厂出水水质检出结果

序号	水质指标	检出值		GB/T 18921—2019	GB 3838—2002	设计出水水质
		第一次	第二次	（再生水）	（地表水）	
1	pH	8.5	7.22	6～9	6～9	6～9
2	色度/度	—	30	≤30	—	≤15
3	浊度/NTU	—	2.0	—(观赏类) 5.0(娱乐类)	—	≤5.0
4	NH$_4^+$-N/(mg/L)	0.36	1.36	≤5	≤0.5(Ⅱ类) ≤1(Ⅲ类)	≤1.5
5	TP/(mg/L)	0.12	0.11	≤0.5(湖泊、水景类) ≤1.0(河道类)	≤0.3(Ⅴ类)	≤0.3
6	TN/(mg/L)	21.2	19.4	≤15	≤2(Ⅴ类)	—
7	COD$_{Mn}$/(mg/L)	4.81	1.83	—	≤2(Ⅰ类)	—
8	亚硝酸盐/(mg/L)	—	3.21	—	—	—
9	硝酸盐/(mg/L)	16	72.1	—	10(集中供水)	—
10	粪大肠菌群/(个/L)	16000	2300	—	10000(个/L,Ⅲ类)	—
11	DO/(mg/L)	8.51	—	≥1.5(观赏类) ≥2.0(娱乐类)	≤2.0(Ⅴ类)	≥3
12	石油类/(mg/L)	0.66	—	≤1.0	≤1.0(Ⅴ类)	—

4）怀柔再生水厂

按照时间顺序,采集 10 个怀柔再生水厂出水水样,每个水样共检测 31 项指标,包括

pH、NH$_4^+$-N、NO$_3^-$-N、NO$_2^-$-N、TN、TP、总硬度、TDS 及 COD$_{Mn}$等。重点分析出水中的 TP、DO、BOD$_5$、COD$_{Mn}$和各类氮的检出情况。怀柔再生水厂出水中 TN 和 NO$_3^-$-N 浓度呈波动性变化,其中 TN 绝大多数在 10mg/L 以上,最高值达 23.3mg/L,而 NO$_3^-$-N 浓度介于 5.08~13.2mg/L,均值为 8.40mg/L;NH$_4^+$-N、NO$_2^-$-N 和 TP 浓度较低,其中 NH$_4^+$-N 大多在 0.7mg/L 以下,仅 2 个水样中的值大于 1.0mg/L;NO$_2^-$-N 浓度在 0.003~0.66mg/L,均值为 0.22mg/L,TP 浓度介于 0.05~0.61mg/L,均值为 0.26mg/L(图 2.4)。

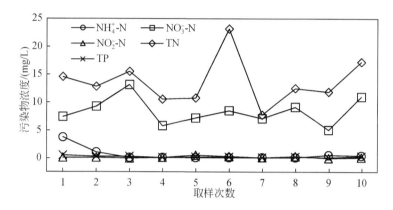

图 2.4　怀柔再生水厂出水中 TP 和各类氮检出值分析

怀柔再生水厂出水中 COD$_{Mn}$呈现先升后降的趋势,最大检出值为 15.3mg/L,最小检出值为 5.38mg/L,均值为 8.1mg/L;DO 在 5.9~15.5mg/L,但大多集中在 7mg/L 左右;BOD$_5$共检测了 7 次,一般在 2.0mg/L 以下,最大值达到 15.8mg/L(图 2.5)。

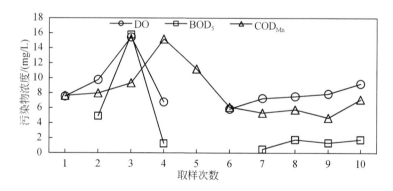

图 2.5　怀柔再生水厂出水中 DO、BOD$_5$和 COD$_{Mn}$检出分析

5)密云再生水厂

按照时间顺序,采集 11 个密云再生水厂出水水样,每个水样共检测 31 项指标。重点分析出水中的 TP、DO、BOD$_5$、COD$_{Mn}$和各类氮的检出情况。密云再生水厂出水中 TN 和 NO$_3^-$-N 浓度呈波动性变化,其中 TN 浓度介于 59.6~89.6mg/L,均值为 67.63mg/L,而 NO$_3^-$-N 浓度介于 35.9~83mg/L,均值为 57.5mg/L;NH$_4^+$-N 浓度在 0.02~0.93mg/L,均值为 0.26mg/L,NO$_2^-$-N 浓度多在 10^{-2}mg/L 数量级,TP 浓度在 1.35~

6.32mg/L,均值为 2.53mg/L(图 2.6)。

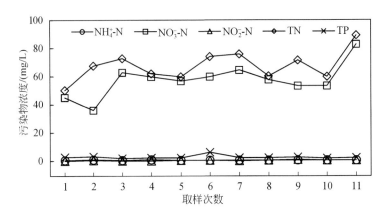

图 2.6　密云再生水厂出水中各类氮及总磷检出分析

出水中 COD_{Mn} 呈锯状变化,最大检出值为 10.4mg/L,最小检出值为 2.32mg/L,均值为 7.19mg/L;DO 总体呈先降后升的趋势,变幅较小,在 6.6~10.3mg/L;BOD_5 共检测了 8 次,一般在 2.0mg/L 以下,最大值为 6.6mg/L(图 2.7)。

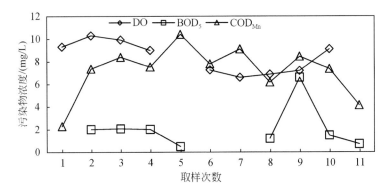

图 2.7　密云再生水厂出水中 DO、BOD_5 和 COD_{Mn} 检出分析

2. 有机组分特征与评价

每个样品共检测 30 种卤代烃组分,包括氯乙烯、1,1-二氯乙烯、二氯甲烷、反-1,2-二氯乙烯、1,1-二氯乙烷、顺-1,2-二氯乙烯、2,2-二氯丙烷、三氯甲烷、溴氯甲烷、1,1,1-三氯乙烷、1,2-二氯乙烷、1,1-二氯丙烯、四氯化碳、三氯乙烯、1,2-二氯丙烷、二溴甲烷、一溴二氯甲烷、顺-1,3-二氯丙烯、反-1,3-二氯丙烯、1,1,2-三氯乙烯、1,3-二氯丙烷、二溴一氯甲烷、四氯乙烯、1,2-二溴乙烷、1,1,1,2-四氯乙烷、三溴甲烷、1,1,2,2-四氯乙烷、1,2,3-三氯丙烷、1,2-二溴-3-氯丙烷、六氯丁二烯。

同时,每个样品共检测 6 种邻苯二甲酸酯(PAEs)组分,包括邻苯二甲酸二甲酯(DMP)、邻苯二甲酸二乙酯(DEP)、邻苯二甲酸二正丁酯(DnBP)、邻苯二甲酸丁基苄基酯(BBP)、邻苯二甲酸二正辛酯(DnOP)、邻苯二甲酸二(2-乙基己基)酯(DEHP)。下面将一一介绍各再生水厂出水中有机组分的检出情况。

1)高碑店再生水厂

对高碑店再生水厂出水中卤代烃和 PAEs 检测 1 次,其结果见表 2.10。从表中可以看出,30 种卤代烃仅有 6 种检出,除二氯甲烷检出值稍大外,其他检出值均在 $10^{-1}\mu g/L$ 数量级,PAEs 组分仅有邻苯二甲酸二甲酯检出,检测值为 139ng/L。所有检出的有机组分检出值均低于《城市污水再生利用　景观环境用水水质》(GB/T 18921—2019)和《地表水环境质量标准》(GB 3838—2002)规定的限值。

表 2.10　高碑店再生水厂出水有机组分检出结果

有机组分		检出值	GB/T 18921—2019 (再生水) (以日均值计)	GB 3838—2002 (地表水)
卤代烃含量 /(μg/L)	二氯甲烷	9.56	—	20
	三氯甲烷	0.71	300	60
	1,2-二氯乙烷	0.41	—	30
	四氯化碳	0.06	30	2
	三氯乙烯	0.25	300	70
	1,2-二氯丙烷	0.46	—	—
	四氯乙烯	0.18	100	40
PAE/(ng/L)	邻苯二甲酸二甲酯	139	—	—

2)小红门再生水厂与清河再生水厂

第一次采集小红门再生水厂与清河再生水厂出水水样,仅检测了 4 种有机组分。除四氯化碳未检出外,其他 3 种均有检出,所有检出组分的含量均小于《城市污水再生利用景观环境用水水质》(GB/T 18921—2019)的选择性项目限值(表 2.11)。

表 2.11　清河与小红门再生水厂出水有机组分

项目	单位	清河再生水厂	小红门再生水厂	GB/T 18921—2019(再生水)(以日均值计)
三氯甲烷	μg/L	0.3	0.18	0.05
四氯化碳	μg/L	—	—	0.05
甲醛	mg/L	0.053	0.059	0.05
异丙苯	μg/L	0.08	0.12	0.0032

注:"—"表示低于检出线。

第二次采集小红门再生水厂与清河再生水厂出水水样,每个样品分析 82 种有机组分、包括 6 种邻苯二甲酸酯组分、16 种多环芳烃组分、16 种有机氯农药组分、44 种 VOCs 组分,检测结果分别如下。

(1)邻苯二甲酸酯组分。

除丁基苄基邻苯二甲酸酯无检出外,其他 5 种均有检出,其中邻苯二甲酸二正丁酯、邻苯二甲酸二正辛酯和双(2-乙己基)邻苯二甲酸酯检出浓度较高,在 $10^2 ng/L$ 和 $10^3 ng/L$

数量级之间,但均未超过《城市污水再生利用 景观环境用水水质》(GB/T 18921—2019)规定的限值(表 2.12)。然而,邻苯二甲酸酯类属环境激素类物质,且在环境中难于生物降解,需要引起注意。

表 2.12　清河与小红门再生水厂邻苯二甲酸酯组分监测结果 　(单位:ng/L)

有机组分	邻苯二甲酸二甲酯	邻苯二甲酸二乙酯	邻苯二甲酸二正丁酯	双(2-乙己基)邻苯二甲酸酯	邻苯二甲酸二正辛酯
清河再生水厂	28.3	188	646	1790	537
小红门再生水厂	91.0	25.3	551	1200	1390

(2)多环芳烃组分。

16 项多环芳烃组分中有 8 项检出,尤其值得注意的是,小红门再生水厂出水检出的苯并(a)芘浓度是《地表水环境质量标准》(GB 3838—2002)(2.8ng/L)的 6.2 倍,是《城市污水再生利用 景观环境用水水质》(GB/T 18921—2019)规定的限值的 51%(表 2.13),其他 7 种多环芳烃组分不在标准控制名单之内。

表 2.13　清河与小红门再生水厂多环芳烃组分监测结果 　(单位:ng/L)

有机组分	菲	蒽	荧蒽	芘	䓛	茚并(1,2,3-cd)芘	苯并(a)蒽	苯并(a)芘
清河再生水厂	75.8	118	19.6	32.7	21.3	18.5	38.4	—
小红门再生水厂	133	184	29.4	104	40.1	—	—	17.4

注:"—"表示低于检出线。

(3)有机氯农药组分。

16 项有机氯农药组分中有 8 项检出,浓度较低,基本在 10ng/L 以下(表 2.14)。《城市污水再生利用 景观环境用水水质》(GB/T 18921—2019)50 项选择性控制项目中,没有有机氯农药名单。

表 2.14　清河与小红门再生水厂有机氯农药组分监测结果 　(单位:ng/L)

有机组分	α-六六六	β-六六六	γ-六六六	总六六六	七氯	六氯苯	艾氏剂	异狄氏剂
清河再生水厂	2.50	6.55	4.95	14.0	8.62	10.6	—	6.93
小红门再生水厂	—	1.53	—	1.53	1.37	—	9.79	—

注:"—"表示低于检出线。

(4)VOCs 组分。

44 项 VOCs 组分中有 7 项检出,浓度较小,为 $10^{-1} \sim 10^{-2} \mu g/L$ 数量级(表 2.15)。

表 2.15　清河与小红门再生水厂 VOCs 组分监测结果 　(单位:μg/L)

有机组分	1,2-二氯丙烷	四氯乙烯	1,2,3-三氯丙烷	1,2,3-三氯苯	间二氯苯	对二氯苯	甲基叔丁基醚
清河再生水厂	0.73	0.07	0.15	0.13	0.07	0.08	0.35
小红门再生水厂	0.13	0.07	0.15	—	0.09	0.10	0.24

注:"—"表示低于检出线。

3) 怀柔再生水厂

对怀柔再生水厂出水取样 3 次,检测出水中卤代烃和 PAEs 含量,检出结果见表 2.16。总体上看,卤代烃检出种类较少,且每次卤代烃检出组分不尽相同,第一次仅检出 1,2,3-三氯丙烷,第二次和第三次分别检出 3 项和 4 项,尤其值得注意的是第二次四氯化碳检出浓度高达 18μg/L,是现行地表水标准限值的 9 倍,为现行再生水回用景观标准的 1/2,第三次二氯甲烷的检出值也达到 5.27μg/L。3 次 PAEs 组分检测结果显示,每次仅有一两项检出,且检出组分各不相同,最高检出浓度为邻苯二甲酸二(2-乙基己基)酯的 3360ng/L,约为现行地表水标准限值的 1/2。

表 2.16　怀柔再生水厂出水有机组分检出结果

有机组分		检出值		GB/T 18921—2019 (再生水) (以日均值计)	GB 3838—2002 (地表水)
	第一次	第二次	第三次		
卤代烃 /(μg/L)	二氯甲烷	—	—	5.27	—	20
	三氯甲烷	—	1.72	1.10	300	60
	1,2-二氯乙烷	—	1.02	0.46	—	—
	1,2,3-三氯丙烷	0.58	—	—	—	—
	1,2-二氯丙烷	—	—	0.21	—	—
	四氯化碳	—	18	—	30	2.0
PAEs /(ng/L)	邻苯二甲酸二甲酯	—	—	202		
	邻苯二甲酸二乙酯	94.3	—	—		—
	邻苯二甲酸二(2-乙基己基)酯	3360	472	—		8000

4) 密云再生水厂

对密云再生水厂出水也取样 3 次,检测卤代烃和 PAEs 组分含量,检出结果见表 2.17。总体上卤代烃检测较少,且浓度低,三氯甲烷 3 次均有检出,浓度依次为 3.14μg/L、3.61μg/L 和 0.69μg/L,第三次卤代烃的检出数量最多,为 4 种,除三氯甲烷外,还有二氯甲烷、四氯乙烯和 1,2-二氯丙烷;所有检出的卤代烃组分浓度均远小于相关的标准限值。3 次 PAEs 检出结果中以第一次检出的种类最多,为 4 种,其中邻苯二甲酸二(2-乙基己基)酯的浓度最高,为 2820ng/L,其他在 60ng/L 以下,第二次仅检出邻苯二甲酸二(2-乙基己基)酯和邻苯二甲酸二正辛酯,浓度分别为 1050ng/L 和 210ng/L,第三次只有邻苯二甲酸二甲酯检出,浓度为 113ng/L。与现行的地表水标准限值比较,第一次和第二次检出的双(2-乙己基)邻苯二甲酸酯浓度分别是限值的 3/8 和 1/8。

表 2.17　密云再生水厂出水有机组分检出结果

有机组分		检出值			GB/T 18921—2019 （再生水） （以日均值计）	GB 3838—2002 （地表水）
		第一次	第二次	第三次		
卤代烃 /(μg/L)	二氯甲烷	—	—	3.63		20
	三氯甲烷	3.14	3.61	0.69	300	60
	四氯乙烯	—	—	0.29		
	1,2-二氯丙烷	—	—	0.25	—	—
PAEs /(ng/L)	邻苯二甲酸二甲酯	26.5	—	113		
	邻苯二甲酸二乙酯	58.4	—	—		
	邻苯二甲酸二(2-乙基己基)酯	2820	1050	—		8000
	邻苯二甲酸二正辛酯	26.5	210	—	10^5	—

3.重点关注水质指标

根据上述检测结果,基于降低地下水环境风险考虑,以三类地下水和回灌用再生水的标准限值(共有标准取较高要求限值)作为主要污染物的判定标准(即污染物含量水平超过标准限值即判定为有污染风险),所检测再生水厂出水 TN 浓度偏高,超过城市污水再生利用景观环境用水水质标准限值,TN 按《地表水环境质量标准》(GB 3838—2002)划分,为 V 类甚至劣 V 类。TP 偶有超标,NH_4^+-N 在 10^0 mg/L 数量级,NO_3^--N 在 10^1 mg/L 数量级,NO_2^--N 在 10^{-1} mg/L 数量级。各再生水厂卤代烃均有少量检出,包括二氯甲烷、三氯甲烷、四氯化碳和 1,2-二氯乙烷等,但检出浓度小,在 10^0 μg/L 数量级;PAEs 组分中邻苯二甲酸二(2-乙基己基)酯检出次数较多,且检出浓度较大,在 10^3 ng/L 数量级,甲醛和异丙苯作为具有毒性的有机物也被检出。考虑到研究区域是北京市水源补给区,为保证用水风险低,建议对上述有机物污染物含量进行长期监测。另外,分析不同时期出流水质的监测结果发现,由于污染物进水浓度和处理能力的变化,部分污染物出水浓度会有不同程度的变化。

总体来看,现状再生水存在多种无机与有机污染物,主要污染指标有色度、溶解氧、高锰酸盐指数、氨氮、总氮、硝酸盐、亚硝酸盐、石油类和粪大肠菌群。其中邻苯二甲酸酯类、苯并(a)芘的浓度及危害性较大,需要引起特别重视。

2.3　永定河回用区地下水环境影响监测网络构建与主要风险因子

2.3.1　永定河回用区基本情况

永定河全长 740km,其中北京境内长约 170km,是北京地区的第一大河。按照其所处地理位置及河道特征,大致可分为 3 段:官厅水库以上河段、官厅水库至三家店之间的官厅山峡段,三家店以下的平原河段。永定河是北京的母亲河,孕育了深厚的文化底蕴和独特的人文资源,是北京市重要的水源地,同时也是全国四大重点防洪江河之一。它流经北京市门头沟、石景山、丰台、大兴、房山五区,对沿河地区社会经济发展具有重大带动作用。

　　水是永定河水生态系统治理核心和关键,给永定河生态用水补充足够的水源已成为急需解决的问题。但由于天然降水减少,流域水资源总量严重不足,加上流域用水量增加,水资源过度开发利用,永定河生态用水很大程度上需要通过充分挖掘非常规水资源去解决。随着世界城市化水平和工业化程度的提高,城市污水回用已经成为解决城市缺水、提高水资源有效利用率和有效控制水体污染的一条重要途径。北京再生水资源丰富,利用再生水补充生态用水是缓解永定河生态危机问题的有力措施之一。再生水虽然达到系列排放标准,但其中仍含有大量的营养盐分、微量有机污染物、固体悬浮微粒和微生物,研究再生水作为永定河生态用水的可行性及其环境影响具有重要的理论价值和现实意义。

2.3.2　永定河回用区地下水水质监测结果及主要风险因子

1.地下水监测网建设的意义

　　从环境保护与环境污染防治的角度系统、全面地监测再生水使用后地下水环境质量状况及其变化趋势,保障地下水水源地供水安全,为水厂水质的预警、预报服务。

　　地下水水质监测网主要的功能有以下五点:监测地下水特征指标的变化趋势;完善溶质运移的数值模型;示踪地下水流;水源地预警、预报;诊断地下水环境变化。

2.地下水监测网建设的原则

　　(1)在总体和宏观上,应能控制再生水影响区域地下水的环境质量状况和地下水质量空间变化。

　　(2)按照水文地质条件,监控地下水可能产生污染的地区,监测潜在污染源对地下水的污染程度及动态变化,以反映所在区域地下水的污染特征。

　　(3)在河道附近布置较密的监测井,反映地下水与地表水的水力联系,以及地表水对地下水环境的影响。

　　(4)监测点布设密度的原则为,主要水厂捕获区密、主要的蓄水湖泊密、一般地区稀,尽可能以最少的监测点获取足够的有代表性的环境信息。

　　(5)考虑监测结果的代表性和实际采样的可行性、方便性,尽可能使用已有的专门监测井,补充部分民井、生产井。

　　监测系统主要针对永定河使用再生水的湖泊,考虑周边重要水源地的位置,按照水文地质条件布设监测井。

3.监测点(监测井)设置方法

1)总体布置方案

　　(1)为了节省资金,充分利用水文队已有的监测井和区域内的单位、居民自备井观测孔。

　　(2)结合再生水的规划,对再生水使用的河段、湖泊附近进行监测。

(3)控制河流使用再生水后的影响范围。

(4)针对区域的各重点水厂,按照地下水的流向以及水厂的捕获带,加密布设监测井。

2)背景值监测井的布设

为了解地下水体未受永定河道再生水影响条件下的水质状况,需在研究区域的地下水上游地段设置地下水背景值监测井(对照井)。

根据区域水文地质单元状况和地下水主要补给来源,在永定河道外围地下水水流上方垂直水流方向,设置一个或两个背景值监测井。背景值监测井应尽量布置在再生水影响地下水的上游地区,反映再生水影响后和影响前的地下水水质,并尽可能与地下水下游监测井布置在地下水的流线上。

3)影响控制监测井的布设

(1)再生水利用的河段和湖泊的分布与污染物在地下水中的扩散形式,是控制监测井布设的首要考虑因素。根据当地地下水流向、再生水规划使用的分布状况和再生水补给地下水后在地下水中的扩散形式,采取点面结合的方法布设控制监测井。

(2)由于该地区主要以单一的砂卵砾石为主,含水层渗透性较大,监测井沿地下水流向布设,设置垂直于岸边以及沿地下水流向的地下水监测线。

(3)在水厂捕获区,特别是三厂地区,由于地下水位下降的漏斗区主要形成开采漏斗附近的侧向污染扩散,应在漏斗中心布设监控测点,必要时可穿过漏斗中心按十字形向外围布设监测线。

(4)选定的监测点(井)应经环境保护行政主管部门审查确认。一经确认不准任意变动。确需变动时,需征得环境保护行政主管部门同意,并重新进行审查确认。

4)监测井的建设与管理

(1)监测井应符合以下要求:监测井井管应由坚固、耐腐蚀、对地下水水质无污染的材料制成;监测井的深度应根据监测目的、所处含水层类型及其埋深和厚度来确定,尽可能超过已知最大地下水埋深以下 2m;监测井顶角斜度每百米井深不得超过 2°;监测井井管内径不宜小于 0.1m;滤水段透水性能良好,向井内注入灌水段 1m 井管容积的水量,水位复原时间不超过 10min,滤水材料应对地下水水质无污染;监测井目的层与其他含水层之间止水良好,承压水监测井应分层止水,潜水监测井不得穿透潜水含水层下隔水层的底板;新凿监测井的终孔直径不宜小于 0.25m,设计动水位以下的含水层段应安装滤水管,反滤层厚度不小于 0.05m,成井后应进行抽水洗井;监测井应设明显标识牌,井(孔)口应高出地面 0.5～1.0m,井(孔)口安装盖(保护帽),孔口地面应采取防渗措施,井周围应有防护栏;监测水量监测井(或自流井)尽可能安装水量计量装置,泉水出口处设置测流装置。

(2)水位监测井不得靠近地表水体,且必须修筑井台,井台应高出地面 0.5m 以上,用砖石浆砌,并用水泥砂浆护面。人工监测水位的监测井应加设井盖,井口必须设置固定点标志。

(3)在水位监测井附近选择适当建筑物建立水准标志,用以校核井口固定点高程。

(4)监测井应有较完整的地层岩性和井管结构资料,能满足进行常年连续各项监测工作的要求。

4.地下水样品的采集和现场监测

1)确定采样频次和采样时间的原则

为反映地表水与地下水的水力联系,地下水采样频次和采样时间尽可能与地表水相一致。

2)采样频次和采样时间

(1)背景值监测井每年枯水期采样一次。控制监测井逢单月采样一次,全年六次。

(2)作为生活饮用水集中供水的地下水监测井,每月采样一次。

(3)污染控制监测井的某一监测如果连续 2 年均低于控制标准值的 1/5,且在监测井附近确实无新增污染源而现有污染源排污量未增的情况下,即可每年在枯水期采样一次进行监测。一旦监测结果大于控制标准值的 1/5,或在监测井附近有新的污染源,或现有污染源新增排污量时,即恢复正常采样频次。

(4)监测井采样时间尽量相对集中,日期跨度不宜过大。

(5)遇到特殊情况或发生污染事故可能影响地下水水质时,应随时增加采样频次。

工作采样井主要选取重要水源地供水井、北京市长年地下水水质监测井、村镇生活供水井、农用井、大型工矿企业自备井、重要污染源附近的井等,遵循区域控制、重点地区加密的原则。2010 年 12 月,在研究区 365km² 共采集水样 80 件,地下水采样点分布如图 2.8 所示。

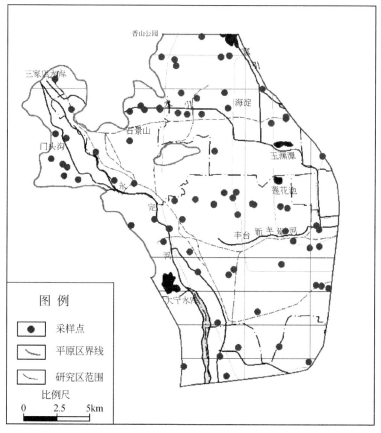

图 2.8　地下水采样点分布

5. 永定河回用区地下水质量状况及主要风险因子

地下水质量是反映区域地下水环境的一个综合指标,地下水质量的好坏直接关系到城市和乡村居民的饮水风险高低。通过对永定河研究区第四系地下水开展系统调查,采用单指标和综合评价的方法进行地下水质量评价,以查明研究区地下水质量状况及主要污染指标和分布特征,为研究再生水对地下水环境的影响提供了科学依据。

1)测试指标

水质测试指标共计57项,包括4项现场测试指标、31项无机指标和22项有机指标,见表2.18。

表 2.18　地下水水样测试项目一览表

指标类型	指标名称	指标数
现场测试指标	气温、水温、pH、电导率	4
无机指标	溶解性总固体、总硬度、耗氧量、硝酸盐、亚硝酸盐、氨氮、硫酸盐、碳酸盐、重碳酸盐、游离二氧化碳、氯离子、氟化物、钠、钾、钙、镁、铁、锰、铬(六价)、汞、砷、铝、挥发酚类(以苯酚计)、氰化物、总阴离子、总阳离子、碱度、色度、浊度、臭和味、肉眼可见物	31
有机指标	卤代烃(15项) 三氯甲烷、四氯化碳、1,1,1-三氯乙烷、三氯乙烯、四氯乙烯、二氯甲烷、1,2-二氯乙烷、1,1,2-三氯乙烷、1,2-二氯丙烷、溴二氯甲烷、一氯二溴甲烷、溴仿、氯乙烯、1,1-二氯乙烯、1,2-二氯乙烯	22
	单环芳烃(6项) 苯、甲苯、乙苯、间/对二甲苯、邻二甲苯、苯乙烯	
	多环芳烃(1项) 苯并(a)芘	

2)评价标准

地下水无机指标参照《地下水质量标准》(GB/T 14848—2017)中各参评指标级别限值,有机指标参照《生活饮用水标准检验方法　感官性状和物理指标》(GB/T 5750.4—2006)、《生活饮用水标准检验方法 无机非金属指标》(GB/T 5750.5—2006)、《生活饮用水标准检验方法 有机物综合指标》(GB/T 5750.7—2006)、《生活饮用水标准检验方法 有机物指标》(GB/T 5750.8—2006)。由于测试的无机指标中有17项指标在标准中给定,本次参与永定河地区地下水质量评价的无机指标17项,有机指标26项,共计43项。无机指标及限值见表2.19。

表 2.19　地下水质量无机指标及限值　　　　　　(单位:mg/L)

指标	Ⅰ类	Ⅱ类	Ⅲ类	Ⅳ类	Ⅴ类
pH	6.5~8.5	6.5~8.5	6.5~8.5	5.5~6.5,8.5~9	<5.5,>9
总硬度(以 CaCO₃计)	≤150	≤300	≤450	≤650	>650
溶解性总固体	≤300	≤500	≤1000	≤2000	>2000
硫酸盐	≤50	≤150	≤250	≤350	>350
氯离子	≤50	≤150	≤250	≤350	>350

续表

指标	Ⅰ类	Ⅱ类	Ⅲ类	Ⅳ类	Ⅴ类
铁	≤0.1	≤0.2	≤0.3	≤1.5	>1.5
锰	≤0.05	≤0.05	≤0.1	≤1.0	>1.0
挥发性酚类(以苯酚计)	≤0.001	≤0.001	≤0.002	≤0.01	>0.01
耗氧量(COD_{Mn}法,以 O_2 计)	≤1.0	≤2.0	≤3.0	≤10	>10
氨氮(以 N 计)	≤0.02	≤0.02	≤0.5	≤0.5	>0.5
亚硝酸盐(以 N 计)	≤0.001	≤0.01	≤0.02	≤0.1	>0.1
硝酸盐(以 N 计)	≤2.0	≤5.0	≤20	≤30	>30
氰化物	≤0.001	≤0.01	≤0.05	≤0.1	>0.1
氟化物	≤0.2	≤0.5	≤1.0	≤2.0	>2.0
汞	≤0.00005	≤0.0005	≤0.001	≤0.001	>0.001
砷	≤0.005	≤0.005	≤0.01	≤0.05	>0.05
铬(六价)	≤0.005	≤0.01	≤0.05	≤0.1	>0.1

3)无机指标水质评价

测试 80 件水样,各指标检出率较高(表 2.20)。除汞未检出外,检出率最低的指标为砷和氨氮,检出率均为 12.5%,其次是挥发性酚类,其他指标的检出率均大于 45%。

表 2.20　水质评价结果

指标	检出数/件	超标数/件	检出率/%	超标率/%	检出范围/(mg/L)	超标范围/(mg/L)	超标倍数
总硬度(以 $CaCO_3$ 计)	80	67	100	83.8	118~1117	460~1117	1~2.5
溶解性总固体	80	49	100	61.3	193~1790	1003~1790	1~1.8
硝酸盐(以 N 计)	80	35	100	43.8	7.74~233	90.3~233	1~2.6
挥发性酚类(以苯酚计)	25	8	31.3	10	0.001~0.009	0.003~0.009	1.5~4.5
硫酸盐	80	7	100	8.8	3.4~357.8	253.6~357.8	1~1.4
亚硝酸盐(以 N 计)	51	4	63.8	5	0.001~2.82	0.09~2.82	1.4~42.9
铁	52	4	65.0	5.0	0.004~1.24	0.321~1.24	1.1~4.1
耗氧量(COD_{Mn}法)	80	3	100	3.8	0.57~6.9	3.19~6.9	1.1~2.3
氨氮(以 N 计)	10	2	12.5	2.5	0.02~0.43	0.29~0.43	1.1~1.7
铬(六价)	40	2	50.0	2.5	0.001~0.465	0.444~0.465	8.9~9.3
氯离子	80	1	100	1.3	8.9~417.2	417.2	1.7
氟离子	74	1	92.5	1.3	0.05~1.2	1.2	1.2
锰	45	1	56.3	1.3	0.004~0.271	0.271	2.7
砷	10	0	12.5	0	0.001~0.012	——	——

指标	检出数/件	超标数/件	检出率/%	超标率/%	检出范围/(mg/L)	超标范围/(mg/L)	超标倍数
氰化物	65	0	81.3	0	0.001~0.029	—	—
汞	0	0	0	0	—	—	—
pH	80	0	100	0	7.13~8.25	—	—

无机指标超标率总硬度超标率最大,达83.8%,其次是溶解性总固体和硝酸盐氮,超标率分别为61.3%和43.8%。其他指标超标率均不高于10%,其中pH、砷、汞和氰化物4项指标未出现超标现象。

通过资料分析,研究区调查初步成果显示,研究区地下水主要超标指标为总硬度、溶解性总固体和硝酸盐氮。

4)地下水质量评价

地下水质量评价以地下水调查的水质分析资料及水质监测资料为依据,以单项组分评价和多项综合评判的方法进行。根据研究区地下水检出状况,选取超标较多的总硬度、溶解性总固体、硝酸盐氮以及地下水中比较稳定的氯离子和硫酸盐对80件水样进行单指标评价。评价结果见表2.21。

表2.21　主要指标单指标评价结果

项目	I		II		III		IV		V	
	个数	百分比/%	个数	百分比/%	个数	百分比/%	个数	百分比/%	个数	百分比/%
总硬度	1	1.3	5	6.3	7	8.8	21	26.3	46	57.5
溶解性总固体	2	2.5	4	5.0	25	31.3	49	61.3	0	0.0
硝酸盐氮	3	3.8	5	6.3	37	46.3	19	23.8	16	20.0
硫酸盐	2	2.5	42	52.5	29	36.3	6	7.5	1	1.3
氯离子	9	11.3	51	63.8	19	23.8	0	0.0	1	1.3

(1)总硬度。

总硬度超标的水样以IV和V类为主,其中IV类21件、V类46件。根据水质调查结果,研究区范围内,除门头沟,海淀山前部分地区属II、III类外,其他地区地下水总硬度均为IV、V类,超标面积325km²,占研究区总面积的89%。

(2)溶解性总固体。

溶解性总固体超标的水样主要以IV类水为主,共有49件。根据水质调查结果,研究区范围内,南部地下水溶解性总固体基本超标,北部地区首钢和巨山等部分地区超标,超标总面积226km²,占研究区总面积的61.9%。

(3)硝酸盐氮。

硝酸盐氮超标的水样主要以III类水为主,IV和V类水也较多,其中III类水有37件,IV类和V类分别有19件和16件。根据水质调查结果,研究区范围内,南部地下水溶解性总固体基本超标,北部地区首钢和巨山等部分地区超标,超标总面积 130km²,占研究区总面积的 35.6%。

(4)氯离子。

氯离子检出的水样主要以Ⅱ类为主,共 51 件,Ⅲ类仅有 19 件。根据水质调查结果,研究区范围内地下水氯离子浓度较低,主要以Ⅱ类水为主,面积 253km²,占研究区总面积的 69.2%;Ⅲ类水主要分布在衙门口、张仪村到潘家庙、西红门一带,面积 96km²,仅占总面积的 26.4%。

(5)硫酸盐。

硫酸盐检出情况与氯离子基本一致,主要以Ⅱ类为主,共 42 件,Ⅲ类水 29 件。根据水质调查结果,研究区范围内,地下水硫酸根离子浓度主要以Ⅱ类水为主,面积 226km²,占研究区总面积的 62%;Ⅲ类水主要分布在石景山古城、白庙、晋元庄以及衙门口、张仪村到潘家庙、西铁匠营一带,面积 133km²,仅占总面积的 36.5%。

总体来说,研究区地下水总硬度、溶解性总固体和硝酸盐氮超标普遍,其中溶解性总固体超标面积 225.8km²,硝酸盐氮超标面积 130.1km²,其中 63.3km² 达到Ⅴ类。尤其是东南部地区,地下水硝酸盐氮、总硬度为Ⅴ类,而氯离子和硫酸盐浓度在这些地区也要高于其他区域。永定河河道附近地下水总体较好,莲石湖以下总硬度和溶解性总固体超标。

综合评价是对所有参评的 17 项指标的综合质量评价,评价方法是以单指标地下水质量评价结果为基础,对每个样品参评的所有指标的评价结果进行对比,采用从劣不从优的原则来确定样品的质量分级,即用各参评指标中评价等级最差指标的级别作为该样品的综合质量级别。区域内地下水水质以极差和较差为主,面积约 323km²,占总面积的 88.5%,其中极差面积约 226km²,占总面积的 61.9%,仅门头沟和海淀的部分山前地区水质较好,这主要由于总硬度和溶解性总固体的影响。

5)有机水质特征

根据实验室的测试能力确定地下水有机指标评价检出限,有机测试的 80 件水样,各指标检出率不高。检出最多的为卤代烃,多环芳烃仅苯并(a)芘检出,但其有 7 件水样超标,苯系物中的甲苯和乙苯有检出。检出指标中检出率最高的指标为三氯甲烷,为 83.75%,其次是四氯乙烯、1,2-二氯丙烷、1,1-二氯乙烯、三氯乙烯、苯并(a)芘。其余指标检出率均低于 10%,氯乙烯、1,2-二氯乙烷、苯乙烯和溴仿等 4 项指标未检出。

根据检出率,分别做三氯甲烷、四氯乙烯和 1,2-二氯丙烷的浓度等值线以分析地下水有机污染的分布特征。

(1)三氯甲烷。

三氯甲烷检出 67 件,检出率达 83.75%。从三氯甲烷的浓度等值线来看,相对高浓度地区主要集中在郭庄子-小井到郭公庄、土岗一带,面积约 47km²,其他地区三氯甲烷浓度均小于 3μg/L。

(2)四氯乙烯。

四氯乙烯检出 32 件,检出率达 40%。四氯乙烯检出位置较分散,但浓度高值主要集中在西四环南段到南三环的区域内,晋元庄以北有个别高值点。

(3)1,2-二氯丙烷。

1,2-二氯丙烷检出 20 件,检出率达 25%。1,2-二氯丙烷在樊家村和西铁匠营、西红门以及半壁店、卢沟桥一带有检出。浓度高值点主要集中在西铁匠营、樊家村、西红门、卢沟桥和半壁店附近。

从主要有机指标的单指标检出情况可以看出,研究区的地下水有机污染主要集中在东部单一区和多层区的过渡带,集中在海淀的东南和丰台的东部。石景山东部、海淀西南及北部、丰台东部几乎未检出有机物,结合研究区内的污染源分布特征分析,区内有机污染源主要为城市生活污染源、工业污染源和垃圾填埋场。

6)多年变化趋势

在研究区内选取两眼具有代表性的井,分别位于石景山衙门口村和石景山特钢厂南泵房,其中衙门口村的井离永定河河道较近,特钢厂南泵房离永定河河堤约 3.5km。收集这两眼井自 1980 年至 2010 年的水质数据,根据 Cl^-、NO_3^- 和总硬度 3 项指标绘成水质动态变化曲线图,分别如图 2.9 和图 2.10 所示。

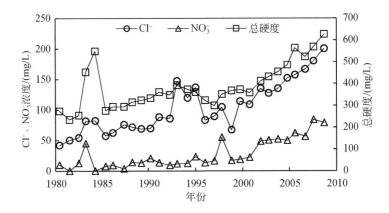

图 2.9　衙门口村水质 30 年变化曲线图

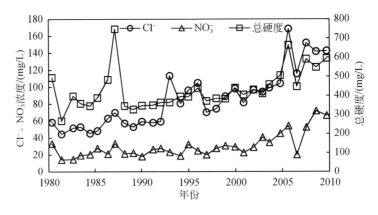

图 2.10　特钢厂南泵房水质 30 年变化曲线图

衙门口村地下水样 3 项指标在 1980~1982 年浓度很低且曲线比较平稳,在 1983 年和 1984 年浓度出现高值;此后,各指标浓度以较小幅度逐渐上升,Cl^- 浓度在 1993~1999

年跳动比较大;1999 年以后,三项指标浓度快速增长;到 2009 年,Cl^-、NO_3^- 和总硬度 3 项指标浓度分别比 1999 年增大了 2.1 倍、3.5 倍和 0.8 倍。

特钢厂南泵房地下水样 3 项指标浓度首先在 1981 年降低,1981~1986 年各指标浓度保持平稳,1987 年前后各指标浓度上升后又迅速回落,1988~2003 年 3 项指标浓度开始逐年缓慢上升,其间氯离子在 1993~1997 年跳动较大;2003 年以后,各指标浓度上升幅度增大;到 2010 年,Cl^-、NO_3^- 和总硬度分别比 2003 年上升 60%、50% 和 50%。

衙门口村和特钢厂南泵房地下水样 3 项指标多年总体变化趋势都是动态上升。20 世纪 80 年代基本平稳,90 年代缓慢上升,2000 年以后上升幅度增大。相比较而言,衙门口村地下水样三项指标浓度的上升幅度大于特钢厂南泵房。

从表 2.22 和表 2.23 可以看出,除 SO_4^{2-} 与 NO_3^- 和 Cl^- 相关性略低外,其余各指标的相关性都较好,大多超过了 75%。此外,SO_4^{2-} 和总硬度相关性较差,NO_3^- 和 Cl^- 相关性较好。这说明在河道地下水中 NO_3^- 和 Cl^- 从 20 世纪 80 年代开始具有基本一致的变化规律。

表 2.22　衙门口村地下水主要指标相关系数

指标	NO_3^-	Cl^-	总硬度	SO_4^{2-}	总矿化度
NO_3^-	1				
Cl^-	0.81	1			
总硬度	0.76	0.83	1		
SO_4^{2-}	0.41	0.52	0.76	1	
总矿化度	0.91	0.92	0.86	0.59	1

表 2.23　特钢厂南泵房地下水主要指标相关系数

指标	NO_3^-	Cl^-	总硬度	SO_4^{2-}	总矿化度
NO_3^-	1				
Cl^-	0.78	1			
总硬度	0.70	0.64	1		
SO_4^{2-}	0.47	0.36	0.91	1	
总矿化度	0.76	0.75	0.90	0.76	1

7)污染原因分析

城近郊区地下水污染主要是由城市生活污水、工业废水及生活垃圾任意排放造成的。人类活动对地质环境破坏、污染的河渠水下渗、农业污水灌溉等是地下水污染的主要原因。

北京是一座古老的城市,历史上北京城区居民长期采用渗井、渗坑排放生活污水。以往调查资料显示,20 世纪 60 年代初期,四城区共有渗井两万五千余眼,至 80 年代初期,四城区还残留有各类渗井两千余眼。这些排污渗井不但打穿了表层黏性土层,破坏了表层地质环境,而且排污渗井与许多废弃的水井成为污染物质直接进入含水层的通道,造成地下水污染。

北京的护城河和大小河渠在历史上一般为城市污水的排污场所,污染的河渠水下渗也是地下水污染的原因之一。城近郊区主要排污河渠有西郊的莲花河、新开渠,北郊的小月河、清河,东郊的坝河、通惠河和萧太后河,南郊的凉水河、马草河和丰草河,其水源来自沿河排放的工业废水、城镇生活污水。

研究区永定河沿岸历史上主要分布有首钢工业区、北京重型机械厂等工业区。这些工业区的废水很长一段时间都未经处理直接排出。

20世纪90年代中后期,随着环境保护意识不断增强,北京实施了多项水环境治理工程,污水处理能力明显提高。2000年后,城近郊区污灌区逐步消失。2008年,城近郊区污水处理率达93.2%、生活垃圾无害化处理率达99%,但污水管网渗漏、已存在的随意填埋的生活垃圾场渗滤液下渗及不达标的河渠水下渗仍在污染地下水。

综上所述,北京城近郊区地下水水质变化趋势不仅与城市发展布局、产业结构调整有关,还与环境治理措施有密切联系。

2.4　北运河回用区环境影响监测网络构建与主要风险因子

2.4.1　北运河回用区基本情况

北运河水系发源于北京市,水系内多数河流流经北京城区,流域面积占全市总面积的27%左右。随着城市化的快速发展和人口的增长,生活污水的直接排放、河床污染等问题严重威胁北运河的水质,北京市水资源的减少及河流自净能力的降低,使得北运河地表水污染十分严重(北京市环境保护局,2004)。作为全北京市地表水环境质量最差的水系,北运河水系中大部分河段达不到水体功能要求,其中城市排水河道、郊区及城镇下游河道水质多为劣Ⅴ类,地表水中氮磷类营养盐污染有更加严重的趋势(许晓伟等,2009)。

历年资料表明,北运河河道水在入渗过程中,部分污染也进入地下水,对地下水水质产生了负面影响(林沛,2004)。浅层地下水中主要污染组分包括硝酸盐、亚硝酸盐、氨氮、氯化物、重金属等,而且再生水中存在诸多有毒有害的有机污染物。河水入渗过程中,部分有机污染物也将进入地下水,造成地下水污染。污水中含有大量氮和磷等营养盐分、微量有机污染物、固体悬浮颗粒和微生物等物质,可能会对回用水体及相邻区域水环境产生一定的污染风险。

2.4.2　北运河河流水质监测结果及主要风险因子

1.地表水水质监测网络构建

综合考虑支流汇入影响、采样点的均匀性以及采样易操作性,2014年11月3日开展北运河河道地表水的取样工作。选择北运河典型河道断面13处,分不同时段对河水水质进行检测,摸清河水水质的赋存特征及时空分异规律。地表水采样点 15 处,从上游到下游依次为沙河水库、蔺沟河、土沟橡胶坝、鲁疃闸、沙子营、苇沟闸、坝河、坝河汇合口、北关拦河闸、甘棠橡胶坝、榆林庄闸(凉水河)、榆林庄闸(北运河)、杨堤段、和合站段、杨洼闸。

河流水质测试指标包括无机组分和痕量有机组分。无机组分监测指标共 19 个,包括碳酸盐、pH、悬浮物、硫酸盐、氯化物、总硬度、重碳酸盐、硝酸盐、亚硝酸盐、氨氮、总氮、总磷、生化需氧量、化学需氧量、总有机碳、钾、钙、钠、镁;痕量有机组分监测指标共 6 个,包括 PAHs、酞酸酯、酚类、多氯联苯(PCB)、PPCPs、雌激素。

2. 河流水质污染物分析

1)无机污染物分析

北运河常见无机污染物检测结果见表 2.24,不同断面水质 pH 见图 2.11。北运河水质 pH 为 7.29～7.87,呈现弱碱性,总体表现为上游水质 pH 低于下游 pH,这与水流从上游向下游流动过程中不断有污水排入河道有关。但根据《地表水环境质量标准》(GB 3838—2002),北运河水质 pH 在标准范围(6～9)内。

表 2.24　北运河常见无机污染物检测结果　　　　　　(单位:mg/L)

采样点	编号	硝酸盐	亚硝酸盐	氨氮	总氮	总磷	化学需氧量	总有机碳
沙河水库	a	7.89	0.75	0.40	9.93	1.48	43.00	7.81
蔺沟河	b	3.80	0.50	5.86	10.70	1.62	27.30	7.03
土沟橡胶坝	c	3.36	0.64	5.91	10.40	1.84	39.60	8.54
鲁疃闸	d	0.68	1.02	3.15	9.88	1.54	31.10	8.42
沙子营	e	11.70	0.00	3.18	15.20	0.37	16.60	5.69
苇沟闸	f	5.86	2.94	7.03	16.00	0.57	3.70	5.62
坝河	g	5.64	0.93	5.75	12.50	0.66	4.40	5.93
坝河汇合口	h	2.86	2.79	6.88	12.70	0.81	5.30	6.55
北关拦河闸	i	11.30	1.31	7.06	19.80	1.14	4.70	5.76
甘棠橡胶坝	j	7.29	3.66	6.57	17.90	1.27	7.50	5.91
榆林庄闸(凉水河)	k	3.37	3.05	13.10	19.80	1.40	8.60	7.60
榆林庄闸(北运河)	l	4.03	3.23	12.30	19.90	1.25	9.40	7.23
杨堤段	m	5.57	2.55	9.18	17.50	1.22	6.60	7.34
和合站段	n	1.20	1.60	11.80	14.90	1.90	16.30	8.58
杨洼闸	o	7.56	3.06	6.66	17.60	1.11	5.70	5.76

各采样点地表水中,总氮、总磷、硝酸盐、氨氮浓度的变化范围分别为 9.88～19.90mg/L、0.37～1.90mg/L、0.68～11.70mg/L、0.40～13.10mg/L。由图 2.12 可以看出,整个流域的总氮浓度较高,总磷浓度较低,说明河道各点地表水主要以氮源污染为主。从污染物的空间分布来看,整个流域上段部分(a～d)总氮浓度相对较低,总磷浓度

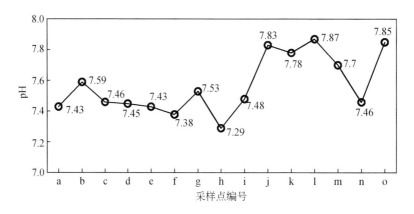

图 2.11 北运河不同断面水质 pH

相对较高。温榆河上游来水为北沙河、南沙河、东沙河三条河流，汇于沙河水库，河流的排污量并不大，并有污水处理厂进行处理，因此温榆河上游部分的水质较好。流域中段部分（e～h）总氮浓度大致处于整体平均水平，总磷浓度最低；经现场采样发现此段地表水水质较好，因坝河向东入温榆河一段，经过近年来一系列治理措施，水质逐渐转好。下段部分（i～o）总氮浓度最高，总磷浓度相对较高。下游总氮浓度明显高于上游总氮浓度，采样时发现北关拦河闸到杨洼闸段的河流地表水水质明显很差，在凉水河汇入北运河的一个交汇口上，水质浑浊，且部分水域存在水华现象，杨洼闸处河流水有较难闻的气味。温榆河和北运河两大干流水质好于清、凉水河等支流。温榆河上段没有较大支流的汇入，水质相对较好，中下段随着支流的汇入，水质明显变差，各污染物的浓度也普遍较高。

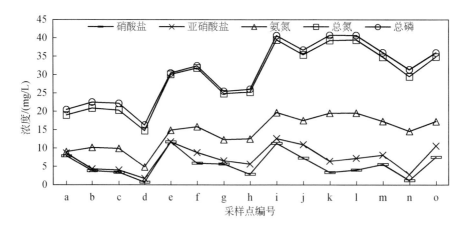

图 2.12 北运河不同断面常见无机污染物浓度

　　同时，流域地表水中，氨氮浓度普遍高于硝态氮浓度，个别采样点的硝态氮浓度高于氨氮浓度。通常认为，生活污水及人和动物的排泄物的排放会导致高浓度的氨氮，因土壤对氨氮有较强的固持能力，所以一般农田氮流失会导致高浓度的硝态氮。说明此研究区域氨氮占河水中氮的比例较高，河水主要以生活污水、人及动物排泄物导致的氮污染为主。

不同河道断面水质 COD$_{Cr}$ 变化较大,沙子营闸、土沟、鲁疃闸、沙河闸、蔺沟河五处水质 COD$_{Cr}$ 较高,在 16.60~43.00mg/L,而其余河段则较低。其中,和合站有机污染比较严重,COD$_{Cr}$ 达 16.30mg/L。沙河闸水质 COD$_{Cr}$ 最高达 43.00mg/L。不同断面无机离子等污染物浓度变化见图 2.13。

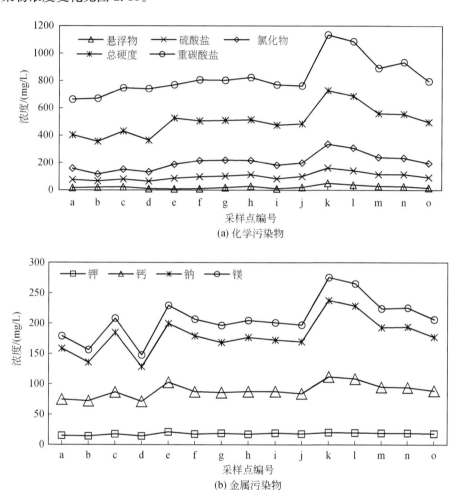

图 2.13　北运河不同断面无机离子等污染物含量

2)痕量有机污染物

对选取的 15 处北运河河道断面,采集断面附近河道的水样,测试分析痕量有机污染物的浓度,测试物质包括 PAHs、PAEs、酚类(Phs)、PCB、PPCPs、雌激素(Es)等六大类常规指标。每一类污染物含有若干分类指标,具体如下。

PAHs:共 16 个,即萘、苊稀、苊、芴、菲、蒽、荧蒽、芘、苯并(a)蒽、屈、苯并(b)莹蒽、苯并(k)莹蒽、苯并(a)芘、茚苯(1,2,3-cd)芘、二苯并(a,h)蒽、苯并(ghi)芘。

PAEs:共 6 个,即邻苯二甲酸二甲酯、邻苯二甲酸二乙酯、邻苯二甲酸二丁酯、邻苯二甲酸丁苄酯、邻苯二甲酸二(2-乙基己基)酯、邻苯二甲酸二正辛酯。

Phs:共 2 个,即双酚 A、∑NP(NP1～NP11 总量)。

PCB:共 7 个,即一氯联苯、二氯联苯、三氯联苯、四氯联苯、五氯联苯、六氯联苯、七氯联苯。

PPCPs:共 5 个,即甲氧苄啶、新诺明、布洛芬、三氯生、咖啡因。

Es:共 4 个,即 E1、E3、E2、EE2。

(1)痕量有机物总量分析。

对北运河河道断面六类 40 种痕量有机物进行检测,检出 30 种,未检出 10 种。六类有机物在河道断面上的空间分布见图 2.14。PAHs、PAEs、Phs、PCB、PPCPs、Es 六类痕量有机污染物在各河道断面均有检出,PPCPs、PAEs 与 Phs 浓度较高,上中下游相差不大,土沟橡胶坝、坝河汇合口和杨堤段三种有机物浓度有突起,主要是由于这三个地方分别为蔺沟河、坝河、凉水河与北运河的交汇口或者交汇口下游;蔺沟河、坝河、凉水河沿线有机污染严重(表 2.25),导致北运河该地有机物含量剧增;PAHs、PCB 和 Es 在整个河道中变化较稳定,其中,PAHs 浓度最高,在 338.61～1487.98μg/L 波动。PCB 与 Es 总体含量较小,PCB 浓度为 0.07～2.03ng/L,Es 浓度为 5.92～90.14ng/L。

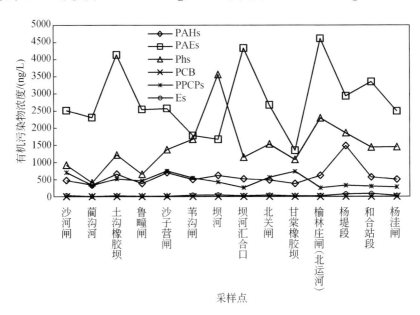

图 2.14　六类痕量有机物的空间分布

表 2.25　北运河支流水体有机污染物检测结果　　　　　(单位:ng/L)

序号	水样名	PAHs	PAEs	Phs	PCB	PPCPs	Es
1	蔺沟河	338.61	2305.83	409.70	0.47	327.69	5.92
2	坝河	618.22	1668.29	3560.60	0.92	423.23	49.31
3	凉水河	621.08	4612.33	2292.65	0.32	257.43	25.51

(2)PAHs 浓度分析。

对 PAHs 的 16 个指标进行检测,结果发现,萘、芴、菲、荧蒽、苯并(a)蒽、屈六个指标占 PAHs 总量的 68%,各指标所占比例平均为 16.00%、8.00%、14.00%、9.00%、12.00%、9.00%。其中,萘、菲两种浓度最高的有机物属于美国环境保护局(Environmental Protection Agency,EPA)优先控制污染物范畴。PAHs 有机物在河流断面呈现一定的规律(图 2.15),随河流方向浓度波动上升,下游浓度远远高于上中游浓度,其中,在杨堤段 PAHs 浓度均发生突变,苯并(b)荧蒽、苯并(k)荧蒽及苯并(ghi)芘浓度分别高达 230.70ng/L、159.29ng/L 和 169.56ng/L,这是由于榆林庄闸是凉水河与北运河的交汇口,将 PAHs 有机物带入北运河。

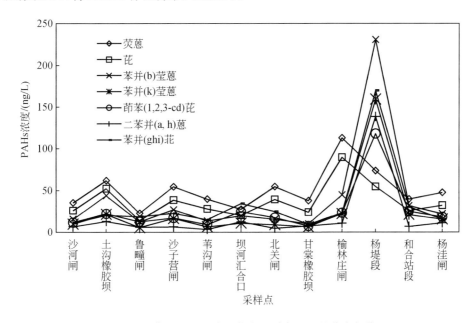

图 2.15　典型 PAHs 有机物在河道断面上的分布规律

(3)PAEs 类有机物浓度分析。

邻苯二甲酸二正辛酯未检出,其余 5 种有机物邻苯二甲酸二甲酯、邻苯二甲酸二乙酯、邻苯二甲酸二丁酯、邻苯二甲酸丁苄酯、邻苯二甲酸二(2-乙基己基)酯浓度占总 PAEs 的比例分别为 5.00%、6.00%、28.00%、0.20%、61.00%。邻苯二甲酸二(2-乙基己基)酯、邻苯二甲酸二丁酯浓度在各河流断面具有波动性,且波动幅度较大,主要是在支流汇合口处浓度突增,无交汇口处的浓度基本保持稳定,说明河流对此类污染物的自净能力好(图 2.16)。邻苯二甲酸二(2-乙基己基)酯浓度整体上表现为中游>下游>上游,在坝河汇合口处浓度最高,达 3147.33ng/L;邻苯二甲酸二丁酯浓度整体上表现为上游高于中下游,土沟浓度最高,达 2076.62ng/L。邻苯二甲酸二甲酯、邻苯二甲酸二乙酯和邻苯二甲酸丁苄酯浓度在河流各断面基本保持稳定,且含量较少,分别在 51.75～168.78ng/L、35.63～315.64ng/L 和 0.79～43.21ng/L 波动;邻苯二甲酸二甲酯、邻苯二甲酸二乙酯、邻苯二甲酸二丁酯、邻苯二甲酸丁苄酯、邻苯二甲酸二(2-乙基己基)酯均属于 EPA 优先控制污染物范畴,尤其是邻苯二甲酸二(2-乙基己基)酯浓度占总 PPCPs 的 61.00%,后续研究可重点关注该指标,进行该有机污染物在沉积物上的吸附解吸试验,探讨其吸附解吸特征。

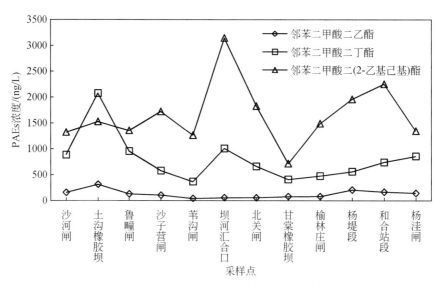

图 2.16　典型 PAEs 类有机物在河道断面上的分布规律

(4)Phs 浓度分析。

对北运河河道水质的双酚 A、$\sum$NP(NP1～NP11 浓度)的含量进行检测,发现双酚 A、$\sum$NP 所占酚类总量的比例分别为 8.1%、19.9%。如图 2.17 所示,$\sum$NP 在河道断面中呈现波动上升的趋势,每个波动点均为北运河与其支流的交汇口,在榆林庄闸浓度最高,达 2398.70ng/L。双酚 A 浓度总体呈现上游浓度高于下游浓度,在沙子营闸浓度最高,达 577.25ng/L,坝河的双酚 A 浓度高达 187.11ng/L,而坝河汇入的河流下游双酚 A 的浓度并不高,说明河道对双酚 A 的自净能力好。

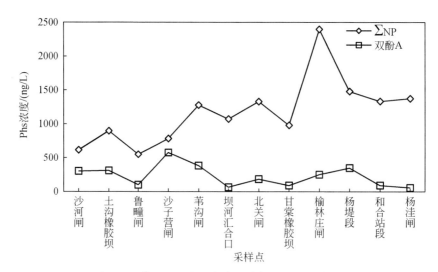

图 2.17　典型 Phs 有机物在河道断面上的分布规律

（5）PCB 浓度分析。

对北运河河道 PCB 的 7 个指标进行检测,发现除四氯联苯外其余均未检出;并且四氯联苯在所有痕量有机物中浓度并不高。四氯联苯在北运河河道断面上的分布如图 2.18 所示。四氯联苯浓度在沙河水库至蔺沟河河段下降,然后急剧上升,在土沟段达到最大值 2.03ng/L;在土沟至坝河下游浓度又呈现下降趋势,至北关闸下降至最低点 0.07ng/L,然后又在下游河段呈阶梯状上升,至杨洼闸河段上升至 1.09ng/L。

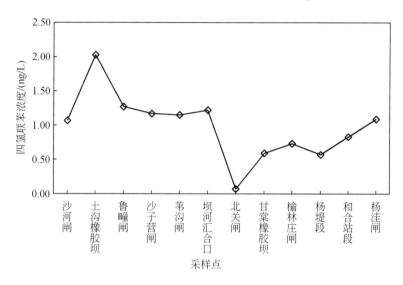

图 2.18　典型 PCB 有机物四氯联苯在河道断面上的分布规律

（6）PPCPs 浓度分析。

对北运河河道的 PPCPs 类有机物进行检测,发现新诺明、布洛芬、三氯生、咖啡因与甲氧苄啶占总 PPCPs 的比例分别为 9.0%、26.0%、13.0%、48.0%、4.0%,咖啡因浓度最高,布洛芬、三氯生浓度次之。各指标在各河道断面上的分布如图 2.19 所示,河道各断面沉积物中,三氯生和甲氧苄啶浓度沿着河流方向的变化趋势与新诺明一致,变化幅度不大,浓度基本保持稳定,分别在 24.12~145.21ng/L、656~43.21ng/L 和 12.75~63.71ng/L 波动。咖啡因和布洛芬的浓度沿着河流方向波动大,咖啡因浓度上中游远高于下游,在甘棠橡胶坝段的浓度最高,达 613.15ng/L,紧挨着该河段的榆林庄闸（北运河）段最低,为 32.00ng/L,沙河闸段、沙子营闸段、苇沟闸段和北关闸段四段浓度大致相同,其他河段该物质浓度均较低,浓度分布趋势呈现在河段中游段较为集中,下游末端杨洼闸段浓度较低。布洛芬浓度在土沟橡胶坝段最高,沙河闸段其次,存在较弱的隔段交替减少的趋势,整体呈现从沙河闸段向杨洼闸段减少的趋势。三氯生在鲁瞳闸段与杨洼闸段的浓度最高,坝河段次之,在其他河段分布较少,但也呈现出较弱的隔段增加现象,但在中间坝河段和最后的和合站段不是很符合该规律。新诺明浓度分布中,北关闸段浓度最高,榆林庄闸（北运河）段次之,前半段中沙河闸段至鲁瞳闸段浓度较低,沙子营闸段至杨洼闸的其他河段浓度分布较均匀但均高于前半段河段。甲氧苄啶浓度分布中,榆林庄闸（北运河）段最高,沙子营闸段至坝河段分布其次且分布较为集中,蔺沟河段分布最低,沙河闸段至鲁疃闸段浓度较低且分布均匀,沙子营闸段至榆林庄闸(凉水河)段除榆林庄闸(北运河)段外浓度分布从高到低,杨堤段至杨洼闸段三段分布较为均匀。

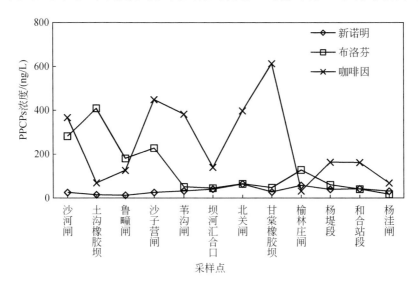

图 2.19　典型 PPCPs 有机物在河道断面上的分布规律

(7)Es 浓度分析。

对北运河河道的 Es 4 个指标进行检测发现,E2、EE2 均未检出。E1、E3 浓度如图 2.20 所示。E1 在和合站段浓度最高,达 85.2ng/L,从沙河闸段至和合站段呈现明显的递增趋势,但是每个中间隔断的河段浓度均较低,浓度高值分布呈递增趋势,浓度低值分布较均匀;沙河闸的 E3 浓度最高,土沟橡胶坝次之,二者分别为 22.7ng/L 和 17.1ng/L,其他河段除部分河段未检测出以外浓度分布都较均匀。

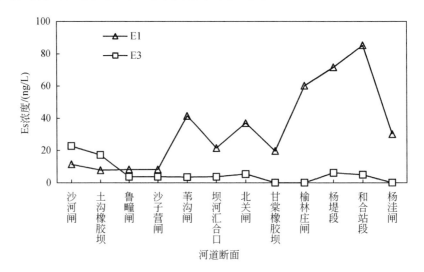

图 2.20　典型 Es 在河道断面上的分布规律

3. 河流污染物主要风险因子

1) 无机污染物风险因子分析

(1) 需氧量。

根据《地表水环境质量标准》(GB 3838—2002)中Ⅲ类水质标准,BOD_5应不大于 4.00mg/L,但北运河地表水 BOD_5 为 3.0~16.3mg/L,仅两处 BOD_5 低于标准值,其中和合站段的 BOD_5 最高,达 16.30mg/L,其次为榆林庄闸、沙河闸和甘棠橡胶坝;COD_{Cr} 应不大于 20mg/L,北运河地表水 COD_{Cr} 为 16.6~82.0mg/L,仅一处 COD_{Cr} 低于标准值,其中和合站段的 COD_{Cr} 最高,达 82.0mg/L,其次为榆林庄闸、沙河闸和土沟橡胶坝。故应重点关注和合站段、榆林庄闸和沙河闸。

(2) 氮类。

根据《地表水环境质量标准》(GB 3838—2002)中Ⅲ类水质标准,氨氮浓度应不大于 1.0mg/L,但北运河地表水氨氮浓度为 0.4~13.1mg/L,仅一处断面氨氮浓度低于标准值,其余浓度都是标准值的 3 倍以上,其中榆林庄闸的氨氮浓度最高,达 13.1mg/L,其次为和合站段及杨堤段;总氮浓度应不大于 1.0mg/L,但北运河地表水总氮浓度为 9.9~19.9mg/L,其中榆林庄闸的总氮浓度最高,达 19.9mg/L,其次为北关闸、甘棠橡胶坝及杨洼闸,均集中在下游河段。氨氮是引起赤潮、蓝藻的主要营养盐,故将氨氮纳入污染物风险因子库,特别关注榆林庄闸、和合站段及杨堤段。

(3) 总磷。

根据《地表水环境质量标准》(GB 3838—2002)中Ⅲ类水质标准,总磷浓度应不大于 0.2mg/L,但北运河地表水总磷浓度为 0.4~1.9mg/L,超过标准值,且大部分为标准值的 6~9 倍,其中和合站段的总磷浓度最高,达 1.9mg/L,其次为土沟橡胶坝、蔺沟河和鲁疃闸,基本位于上游河段。故应将总磷纳入污染物风险因子库,特别关注和合站段、土沟橡胶坝及蔺沟河。

(4) 硝态氮类。

根据《地表水环境质量标准》(GB 3838—2002)中Ⅲ类水质标准,硝酸盐浓度应不大于 20mg/L,北运河地表水硝酸盐浓度为 0.7~11.7mg/L,均低于标准值;亚硝酸盐浓度应不大于 0.15mg/L,北运河地表水亚硝酸盐浓度为 0.01~3.7mg/L,仅一处断面亚硝酸盐浓度低于标准值,其余浓度都是标准值的 4 倍以上,其中甘棠橡胶坝断面的亚硝酸盐浓度最高,达 3.66mg/L,其次为榆林庄闸及杨洼闸。故应将亚硝酸盐纳入污染物风险因子库,特别关注甘棠橡胶坝和榆林庄闸。

(5) 有机碳。

美国及德国标准对综合评价水质污染状况的指标总有机碳(total organic carbon,TOC)提出了最高阈值,为 4mg/L,但北运河地表水 TOC 浓度为 5.6~8.6mg/L,均高于标准值,其中和合站段的 TOC 浓度最高,达 8.6mg/L,其次为土沟橡胶坝、鲁疃闸及沙河闸,均集中在上游河段,有机污染严重。故应将有机碳纳入污染物风险因子库,特别关注和合站段及土沟橡胶坝。

(6)硫酸盐、氯化物、悬浮物及总硬度。

根据《地表水环境质量标准》(GB 3838—2002)标准中集中式生活饮用水地表水源地补充项目标准,硫酸盐限值为 250mg/L,北运河地表水硫酸盐浓度为 46.5~111.0mg/L,均低于标准限值;氯化物标准限值为 250mg/L,北运河地表水氯化物浓度为 49.5~175.0mg/L,均低于标准限值。根据《污水综合排放标准》(GB 8978—1996)一级排放标准的相关规定,悬浮物(SS)浓度应不大于 70mg/L,北运河地表水悬浮物浓度为 8~50mg/L,低于标准值。根据《地下水质量标准》(GB/T 14848—2017),Ⅲ类地下水总硬度应不大于 450mg/L,北运河地表水总硬度为 233~393mg/L,均低于标准值。故硫酸盐、氯化物、悬浮物及总硬度不重点关注。

2)有机污染物风险因子分析

(1)多环芳烃类。

根据《地表水环境质量标准》(GB 3838—2002)集中式生活饮用水地表水源地特定项目标准,苯并(a)芘、萘、菲、蒽、荧蒽、苯并(a)蒽、屈、苯并(k)荧蒽、苯并(ghi)芘、茚苯(1,2,3-cd)芘的均值浓度均高于标准限值。其中,苯并(a)蒽、屈、苯并(k)荧蒽、苯并(a)芘、茚苯(1,2,3-cd)芘具有致癌性。故应特别关注北运河地表水中的苯并(a)芘、苯并(a)蒽、苯并(k)荧蒽和茚苯(1,2,3-cd)芘,关注的断面为杨堤段、杨洼闸、土沟橡胶坝及和合站段。

(2)多氯联苯。

根据《地表水环境质量标准》(GB 3838—2002)集中式生活饮用水地表水源地特定项目标准,多氯联苯(PCB)限值为 2.00ng/L,而北运河地表水多氯联苯浓度为 0.07~2.03ng/L,仅有一处断面浓度微高于标准限值,环境污染风险较小,故不特别关注。

(3)药品及个人护理用品新兴污染物。

参照美国密苏里州水源地药品及个人护理用品(PPCPs)新兴污染物浓度对环境的生态风险评价,根据生态风险评价原理,风险值 RQ<0.10 为低风险,0.10≤RQ≤1.00 为中等风险,RQ>1.00 为高风险。咖啡因的生态风险阈值(PNEC)为 151.0μg/L,北运河 15 个断面地表水中咖啡因含量实测浓度均低于 0.70μg/L,风险值低于 0.01,处于低等风险;布洛芬的 PNEC 为 1.0μg/L,15 个断面地表水中布洛芬实测浓度为 0.02~0.4μg/L,有 42%的断面风险值大于 0.10,处于中等风险,其余断面处于低等风险;甲氧苄啶的 PNEC 为 2.60μg/L,15 个断面地表水中甲氧苄啶实测浓度均低于 0.04μg/L,风险值低于 0.01,处于低风险;三氯生的 PNEC 为 0.05μg/L,15 个断面地表水中三氯生实测浓度 0.01~0.14μg/L,风险值均大于 0.10,处于中等风险,甚至有 27%的断面三氯生风险值大于 1.00,处于高风险。综上所述,三氯生对环境危害的风险较大,故将其纳入风险因子库,其中杨洼闸、鲁疃闸含量较高,应特别关注。

(4)酞酸值、酚类以及雌激素。

参考欧盟关于生态风险安全系数设定,将引起内分泌干扰效应的标准定为 1.0ng/L,即 ρ(雌二醇当量)>1.0ng/L 的物质被认为会对受纳水体中的水生生物以及更高营养级的生物产生内分泌干扰作用,各物质的雌二醇当量因子(EEF)见表 2.26。

表 2.26　各物质的雌二醇当量因子(EEF)及污染物生态风险阈值(PNEC)

指标	E1	E2	E3	EE2	BPA	NP	DBP	DEHP
EEF	0.59	1.00	0.26	8.71	0.05	0.01	2.57×10^{-5}	$< 2.57 \times 10^{-5}$
PNEC	0.16	1000.00	0.75	0.002	118.00	500.00	10000.00	> 10000.00

　　根据 15 个断面的雌激素、酚类以及酞酸值的实测浓度计算雌二醇当量值,得到雌激素 E1 当量值均大于 1.00ng/L,对生物体内分泌具有干扰作用,风险值均大于 1.0,处于高风险;雌激素 E2、EE2 在北运河地表水中未检出,当量值为 0;有 25% 的断面地表水雌激素 E3 未检出,有 40% 的断面地表水中雌激素 E3 的当量值大于 1.0ng/L,75% 断面的风险值大于 1.0,处于高风险。故特别关注雌激素 E1 和 E3,特别关注的断面有杨堤段、和合站段以及榆林庄闸,集中在下游河段。

　　酚类中壬基酚(NP)当量值均大于 5.00ng/L,对生物体分泌具有强干扰作用,风险值均大于 1.00,处于高风险,故需要特别关注;双酚 A(BPA)当量值为 2.87～28.86ng/L,风险值为 0.49～4.89,有 58% 的断面地表水中双酚 A 风险值大于 1.00,处于高风险。故特别关注壬基酚和双酚 A,特别关注的断面有榆林庄闸、杨堤段以及坝河。

　　邻苯二甲酸二丁酯(DBP)和邻苯二甲酸二(2-乙基己基)酯(DEHP)在《地表水环境质量标准》(GB 3838—2002)中规定浓度限定值分别为 3.0μg/L、8.0μg/L,各断面地表水中的含量均超过限定值,然而两类物质的当量值小于 1.0ng/L,说明对生物体内分泌的干扰作用不明显,DBP 风险值小于 0.1,处于低风险,DEHP 风险值为 0.07～0.31,92% 断面地表水中的 DEHP 风险值大于 0.1,处于中等风险。故特别关注邻苯二甲酸二(2-乙基己基)酯,特别关注的断面有坝河、榆林庄闸以及和合站段。

　　综上所述,雌激素应特别关注 E1 和 E3,酚类应特别关注壬基酚和双酚 A 以及酞酸值应特别关注邻苯二甲酸二(2-乙基己基)酯,应特别关注的断面有杨堤段、坝河以及榆林庄闸。

2.4.3　北运河回用区地下水水质监测结果及主要风险因子

1. 地下水水质监测网络构建

　　在北运河沿岸选择土沟橡胶坝(中游)、榆林庄闸(中下游)、和合站段(下游)3 个典型断面。3 个断面测试时互不影响;取样地点周围没有农田,因此不考虑农田水污染源的影响;河流水补给地下水,地下水水质变化的主要污染源为北运河污水入渗。3 个断面的钻探取样点空间分布如图 2.21 所示,各断面监测点离河道距离见表 2.27,每个断面上采集地下水样品 3 个。样品采集时间为 2015 年 10 月。

表 2.27　各断面监测点距河道距离　　　　　　　　　(单位:m)

断面	1 号钻探点	2 号钻探点	3 号钻探点
土沟橡胶坝	16	46	82
榆林庄闸	40	61	91
和合站段	46	72	100

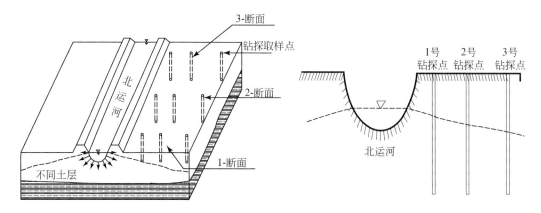

图 2.21　钻孔布置示意图

2.地下水污染物风险因子分析

图 2.22～图 2.24 为土沟橡胶坝、榆林庄闸及和合站段 3 个典型断面地下水中总磷、总氮、硝态氮及氨氮浓度变化图。影响河岸地下水中总磷、总氮、硝态氮、氨氮浓度变化的因素有很多,包括离河道的距离、工业废水或者生活废水的入渗,以及农业种植作物或者养殖畜禽等施加的大量化肥等(王庆锁等,2011)。总结来说,影响地下水水质的因素主要有三方面:存在地表污染源;污染物进入地下含水层中的通道;具备引起水质恶化的水动力和水化学条件(陆海燕等,2012)。3 个断面地下水水质变化主要考虑的污染源为北运河污水入渗,故考虑影响沿岸地下水中总磷、总氮、硝态氮和氨氮浓度变化的主要因素为河道地表水通过水平渗透、地下水补给、离河道的距离及河岸岩性特征。

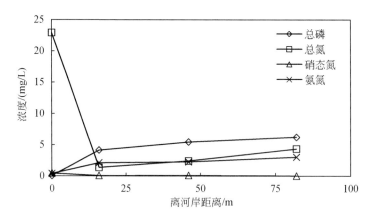

图 2.22　土沟橡胶坝断面地下水污染物浓度变化

从总磷、总氮、硝态氮和氨氮含量随着离河岸距离的变化来看,土沟橡胶坝段地表水中总磷浓度为 1.84mg/L,榆林庄段为 1.25mg/L,和合站段为 1.9mg/L,三个断面地下水的总磷浓度远远小于河道地表水中总磷的。三处断面的河床土壤对总磷具有较强去

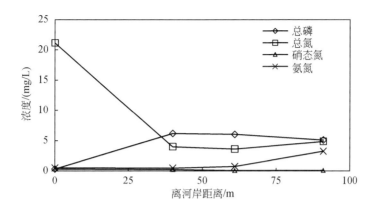

图 2.23　榆林庄闸断面地下水污染物浓度变化

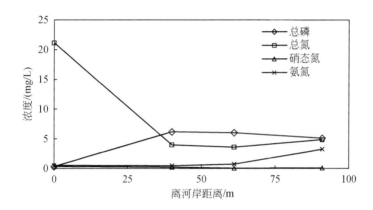

图 2.24　和合站段断面地下水污染物浓度变化

除率,表现为:河道中总磷浓度偏高,但在底泥及沿岸土壤的作用下,地下水中总磷的浓度有较大幅度减小,且随着离河岸距离的增加,总磷浓度变化不大,均处于较低的水平。

对总氮而言,土沟橡胶坝地表水中总氮浓度为 10.4mg/L,榆林庄闸为 19.9mg/L,和合站段为 14.9mg/L。随着离河岸距离的增加,地下水中总氮的浓度呈现减小的趋势,只是减小的速率远小于总磷,基本上无较大的变化。因这三处断面采样点之前为农田,故土壤表层中氮素浓度较高,在降雨的过程中,随着水流向下淋溶土壤,进入地下水中,即地下水中总氮不仅是河流水补给带来的。总体来说,河道底泥及沿岸土壤对总氮有一定去除作用,去除率远小于总磷。

硝态氮的浓度随着离河岸距离的增加,在沿岸土壤的作用下,不仅没有减少,浓度反而有增加的趋势。这主要是氨氮在土壤的迁移转化过程中会转化为硝态氮,使得硝态氮的浓度有增加的趋势;虽然有增加的趋势,就地下水中硝态氮的浓度而言,仍低于《地下水质量标准》(GB/T 14848—2017)中Ⅲ类水质要求,即硝态氮浓度<30mg/L。地下水中氨氮浓度相对于地表水中的来说有所减小,大致趋势表现为地下水中氨氮的浓度随着离河岸距离的增加而减小,一方面是由于扩散、稀释等作用,另一方面氨氮在迁移转化的过程中,会被氧化成硝态氮,地下水中氨氮的浓度小于地表水中的浓度,沿岸土壤对氨氮有

一定的去除作用。

由上述对河岸地下水的总磷、总氮、硝态氮和氨氮浓度的分析可见,污染河道水体中总磷进入沿岸土壤后浓度随距离增加而迅速下降,去除效果好;氨氮在入渗过程中会转化成硝态氮,且会被土壤吸收,故氨氮的去除率很高,硝态氮浓度比河道地表水中有所增加,氮素之间达到动态平衡,总氮浓度变化不大。地表水氮磷类污染物进入地下水的过程中,由于底泥的吸附沉淀、微生物的去除,以及沿岸土壤的扩散稀释等,有一定程度的减少,北运河水质对流域地下水水质的影响得到有效缓解。

2.5　小　　结

再生水中污染物本底值一般含量较高,污染物种类成分繁多,危害性各异,进入水体后存在一定的富营养化以及污染风险,其不良影响长期且滞后;对此,国内外对于再生水回用河湖生态用水的生态环境风险效应做了大量研究。选取北京市清河、小红门再生水厂进行出水水质监测,再生水厂出水中主要检出指标有色度、溶解氧、高锰酸盐指数、氨氮、总氮、硝酸盐、亚硝酸盐、石油类和粪大肠菌群,三氯甲烷、甲醛和异丙苯作为具有毒性的有机物也被检出;此外,总硬度和溶解性总固体具有潜在的污染风险。

根据对永定河及北运河回用区进行环境影响网络构建,分析其主要风险因子。在两河流域再生水回用过程中,应重点关注氮污染源(包括氨氮、硝态氮以及总氮)、磷污染源、有机污染源(包括 COD_{Cr} 以及 BOD_5 等污染物指标),结合回用区河湖水及地下水水质变化趋势,聚焦以再生水作为生态补水的河湖水质改善措施和污染控制原理。

参 考 文 献

北京市环境保护局.2004.北京市地表水环境容量核定报告[R].北京:北京市环境保护局.

胡洪营.2011.再生水水质安全评价与保障原理[M].北京:科学出版社.

贾旭东,张晓鹏.2012.《食品安全性毒理学评价程序和方法》的修订[C].中国毒理学会食品毒理学专业委员会学术会议,武夷山.

李军.2002.微生物与水处理工程[M].北京:化学工业出版社.

李轶,饶婷,胡洪营.2009.污水中内分泌干扰物的去除技术研究进展[J].生态环境学报,18(4):342-347.

林沛.2004.北京市城近郊区地下水水质评价与趋势分析[D].长春:吉林大学.

林治卿,袭著革,晁福寰.2007.纳米颗粒物毒性效应研究进展[J].解放军预防医学杂志,25(5):383-386.

陆海燕,辛宝东,郭高轩,等.2012.北京市平原区地下水污染调查成果简介[J].中国科技成果,12:66-67.

骆祝华,黄翔玲,叶德.2008.环境内分泌干扰物——邻苯二甲酸酯的生物降解研究进展[J].应用与环境生物学报,14(6):890-897.

马进军.2008.城市再生水的风险评价与管理[D].北京:清华大学.

孟紫强.2010.环境毒理学基础[M].北京:高等教育出版社.

王庆锁,孙东宝,郝卫平,等.2011.密云水库流域地下水硝态氮的分布及其影响因素[J].土壤学报,48(1):141-150.

魏东斌,胡洪营.2003.城市污水再生回用水质安全指标体系研究[C].全国城市污水再生利用经验交流和技术研讨会,天津.

吴薇薇,周律,邢丽贞,等.2007.再生水回用人工景观水体优势藻和水华指示指标的研究[J].给水排水,33(S1):72-74.

谢武明,胡勇有,刘焕彬,等.2004.持久性有机污染物(POPs)的环境问题与研究进展[J].中国环境监测,20(2):58-61.

许晓伟,刘德文,车洪军,等.2009.北运河水环境调查与评价[J].海河水利,2:14-15.

薛彦东,杨培岭,任树梅,等.2012.再生水灌溉对土壤主要盐分离子的分布特征及盐碱化的影响[J].水土保持学报,26(2):234-240.

张晓萍.2009.氮磷对再生水为水源景观水体中藻类的影响研究[D].北京:北京工业大学.

周律,邢丽贞,段艳萍,等.2007.再生水回用于景观水体的水质要求探讨[J].给水排水,33(4):38-42.

Abu-Rizaiza O S. 1999. Modification of the standards of wastewater reuse in Saudi Arabia[J]. Water Research,33(11):2601-2608.

Baun A, Hartmann N B, Grieger K, et al. 2008. Ecotoxicity of engineered nanoparticles to aquatic invertebrates: A brief review and recommendations for future toxicity testing[J]. Ecotoxicology, 17(5):387.

Chen P J, Rosenfeldt E J, Kullman S W, et al. 2007. Biological assessments of a mixture of endocrine disruptor at environmentally relevant concentrations in water following UV/H_2O_2 oxidation[J]. Science of the Total Environment,376(1-3):18-26.

Clara M, Windhofer G, Weilgony P, et al. 2012. Identification of relevant micropollutants in Austrian municipal wastewater and their behaviour during wastewater treatment[J]. Chemosphere,87(11): 1265-1272.

Janssens I, Tanghe T, Verstraete W. 1997. Micropollutants: A bottleneck in sustainable wastewater treatment[J]. Water Science and Technology,35(10):13-26.

Lottrup G, Andersson A M, Leffers H, et al. 2006. Possible impact of phthalates on infant reproductive health[J]. International Journal of Andrology,29(1):172-180.

Manier N, Bado-Nilles A, Delalain P, et al. 2013. Ecotoxicity of non-aged and aged CeO_2 nanomaterials towards freshwater microalgae[J]. Environmental Pollution,180(3):63-70.

Vallack H W, Bakker D J, Brandt I, et al. 1998. Controlling persistent organic pollutants-what next[J]. Environmental Toxicology and Pharmacology,6(3):143-175.

Vamsee-Krishna C, Mohan Y, Phale P S. 2006. Biodegradation of phthalate isomers by Pseudomonas aeruginosa PP4,Pseudomonas sp PPD and Acinetobacter Lwoff ISP4[J]. Applied Microbiology and Biotechnology,72(6):1263-1269.

第3章 再生水中主要污染物在河湖沉积物中的环境行为

利用再生水补充河湖生态用水是缓解城市河湖生态危机的有力措施之一,然而再生水中除了含有丰富 N、P 等营养物质、药物及个人护理品(PPCPs)和内分泌干扰物(EDCs)等微量有机污染物、固体悬浮微粒及微生物外,还含有大量的溶解性有机质(DOM),回用面临一定的污染风险。DOM 是很活跃的化学组分,会影响成土过程、环境的酸碱特性、污染物质的吸附和解吸及迁移、生物毒性、微生物活性、营养物质的有效性等(Bester,2004)。沉积物在河湖生态系统的地表水与地下水交换过程中扮演着重要角色,其中富含的黏土矿物、金属氧化物、腐殖质等吸附剂及微生物对污染物的迁移转化具有良好的滞留和屏蔽作用。在再生水回用河湖工程中,沉积物对再生水中污染物的吸附、解吸、降解是河湖自净、防止河湖上覆水体富营养化、地下水污染的重要屏障。再生水的 DOM 和多污染物共存复杂体系性质决定了再生水回用河湖引入污染物在河湖沉积物中的环境行为将受到 DOM 的影响。本章将总结再生水中 DOM 对 N/P、佳乐麝香(HHCB)、DMP/DOP 等污染物在河湖沉积物及河湖减渗材料中环境行为的影响。

3.1 材料与方法

3.1.1 供试材料

供试沉积物为北京地区莲石湖、晓月湖、稻香湖和清河 $0\sim10$cm 表层新鲜沉积物,样品取回后,自然风干,去除石块、残根等杂物,用陶瓷钵研磨至粉末状,过 1mm 筛备用。供试沉积物的基本理化性质及颗粒组成见表 3.1。供试水样为清河再生水厂处理出水,部分指标 TOC、COD_{Cr}、BOD_5 分别为 6.06mg/L、28.5mg/L、3.6mg/L。

表 3.1 供试沉积物的基本理化性质及颗粒组成

取样点	有机质浓度 /(g/kg)	阳离子交换量(CEC) /(mmol/kg)	pH	可溶性盐浓度(EC) /(μS/cm)	粒组含量/%					
					粗 $1\sim0.5$ mm	中 $0.5\sim0.25$ mm	细 $0.25\sim0.1$ mm	极细 $0.1\sim0.05$ mm	黏土 $0.05\sim0.005$ mm	粉粒 <0.005 mm
莲石湖	83.4	174	7.68	3140	7.46	28.14	30.4	16	13.5	0.5
清河	24.1	62.0	7.58	3710	3.06	5.58	15.36	14	52	4
稻香湖	10.4	207	8.18	3990	0.3	0.36	1.34	20	36	10
晓月湖	67.7	10.7	7.8	23330	9.42	25.22	22.36	7.4	28	2.6

供试膨润土-黏土混合型减渗材料设置为天然钠基膨润土和黏土按照膨润土干重占

混合材料总干重的 0%、12%、16%、19%、100% 五种不同比例掺混而成的五种混合材料（BC0、BC12、BC16、BC19、BC100）。

DOM 的提取：采集的水样在 4℃ 条件下 10000r/min 离心 15min 后过 0.45μm 滤膜，得到的溶液即为 DOM 溶液。DOM 溶液加入 100mg/L NaN$_3$ 以抑制微生物生长，放入 4℃ 冰箱保存，用于吸附试验。DOM 浓度用水溶性有机碳（DOC）浓度衡量。

试验用器皿主要为聚乙烯塑料管，试验前用浓度为 5% 的硝酸溶液浸泡 24h 后，去离子水清洗，烘干后使用。

3.1.2 氮磷批量平衡试验设计

1. 等温吸附试验

NH$_4^+$-N 溶液用 NH$_4^+$-N（分析纯）配制，KH$_2$PO$_4$ 溶液用 KH$_2$PO$_4$（分析纯）配制。

称取过 1mm 筛 2.5g 风干沉积物样品于 50mL 离心管中，分别添加配制好的 NH$_4$Cl 溶液（0mg/L、5mg/L、10mg/L、20mg/L、40mg/L、80mg/L、160mg/L、320mg/L）/KH$_2$PO$_4$ 溶液（0mg/L、10mg/L、20mg/L、40mg/L、80mg/L、1600mg/L、320mg/L）20mL，加盖在 25℃ 条件下振荡 24h 后取样，4000r/min 条件下离心 10min，取上清液 5mL，经 0.45μm 滤膜过滤后，测定上清液中氨氮/磷浓度。用差减法计算供试材料（沉积物、膨润土-黏土混合型减渗材料）吸附氮/磷量。

供试材料对氮/磷吸附量计算式为

$$q_e = (C_0 - C_e)V/M \tag{3-1}$$

式中，q_e 为平衡时供试材料吸附量，mg/kg；C_0 为溶液的初始浓度，mg/L；C_e 为平衡时溶液的浓度，mg/L；V 为平衡体系中溶液的体积，L；M 为沉积物质量，kg。

2. 等温解吸试验

将吸附试验后溶液倒出，加入浓度为 0.04mol/L 的 CaCl$_2$ 溶液 20mL，加盖 25℃ 恒温振荡 24h，4000r/min 条件下离心 10min，取上清液 5mL，经 0.45μm 滤膜过滤后，测定上清液中氨氮/磷浓度。氮/磷的解吸计算式为

$$q_{de} = (C_1 - C_2)V/M \tag{3-2}$$

式中，q_{de} 为平衡时从沉积物上的解吸量，mg/kg；C_1 为上次平衡液的浓度，mg/L；C_2 为本次平衡液的浓度，mg/L；V 为平衡体系中溶液的体积，L；M 为沉积物质量，kg。

3. 吸附动力学试验

称取过 1mm 筛 10g 风干供试材料样品于 250mL 的三角瓶中，添加 80mg/L 的 NH$_4$Cl 溶液/KH$_2$PO$_4$ 溶液 200mL，加盖在 25℃ 条件下振荡，分别于 0min、5min、15min、30min、60min、120min、240min、480min、720min、1440min 后取样 5mL，4000r/min 条件下离心 10min，过 0.45μm 微孔滤膜，测定上清液中氨氮/磷浓度。

每个时段沉积物吸附氨氮量为

$$\delta q_i = (C_{i-1} - C_i)[V_0 - (i-1)V]/M \tag{3-3}$$

式中，q_i 为每个取样时间段供试材料吸附量，mg/kg；C_{i-1}，C_i 分别为前一次取样和本次取样时溶液浓度，mg/L；V_0 为初始加入溶液的体积；V 为每次取样的体积；M 为沉积物质量，kg。

每次取样时溶液中供试材料吸附量 q_i 为

$$q_i = q_{i-1} + \delta q_i \tag{3-4}$$

以上操作每次分离取样后，都用力振荡离心管，使供试材料与溶液尽量混匀。本试验均做 2 个平行样，相对偏差＜5%，结果为两次重复平均值。

4. 再生水中 DOM 对沉积物吸附 N、P 的影响试验

称取过 1mm 筛 2.5g 风干供试材料样品于 50mL 离心管中，分别添加以 DOM 溶液（支持电解质为 1.1g $CaCl_2$ 和 200mg NaN_3）为背景配制好的系列 NH_4Cl 溶液和 KH_2PO_4 溶液 20mL，吸附振荡过程同上。

3.1.3　HHCB 批量平衡试验设计

取佳乐麝香标准品（HHCB，购于德国 Dr. Ehrenstorfer），丙酮、正己烷、二氯甲烷为色谱纯级，$CaCl_2$、NaN_3 等其他化学试剂均为分析纯，试验用水为 Mili-Q 超纯水仪制备。

在预试验过程中，分别依次确定适合 HHCB 吸附试验的水土质量比、初始浓度梯度和吸附平衡时间。本试验确定的水土质量比为 20:3，初始浓度梯度分别为 $10\mu g/L$、$40\mu g/L$、$80\mu g/L$、$120\mu g/L$、$160\mu g/L$，吸附解吸平衡时间为 24h。

1. 等温吸附试验

背景溶液的配制：准确称取 1.1g $CaCl_2$ 和 200mg NaN_3 于 1L 容量瓶中，用超纯水定容。

HHCB 溶液的配制：精确称取 50mg 50% HHCB 标准品溶于 5mL 容量瓶中，用丙酮定容，再取 $100\mu L$ HHCB 溶液于 5mL 容量瓶中，再用丙酮定容，分别取 $10\mu L$、$40\mu L$、$80\mu L$、$120\mu L$、$160\mu L$ 于 100mL 容量瓶中，用背景溶液定容，得到的 HHCB 溶液浓度即为所确定的初始浓度（$10\mu g/L$、$40\mu g/L$、$80\mu g/L$、$120\mu g/L$、$160\mu g/L$），对照液为加入相同体积的背景溶液。

吸附试验参照 OECD guideline 106 批平衡方法进行。称取沉积物样品 3g 于 50mL 玻璃离心管中，加入 20mL 不同浓度 HHCB 溶液，加盖密封，置于旋转振荡仪上在恒温 25℃振荡 24h 达到吸附平衡。

2. 等温解吸试验

吸附试验恒温振荡 24h 后，3500r/min 条件下离心 15min，离心后样品弃去上层清液，加入 20mL 背景溶液继续旋转恒温振荡 24h 达到解吸平衡。

3. 吸附动力学试验

依照吸附试验方法，称取沉积物样品 3g 于 50mL 玻璃离心管中，加入 20mL 不同浓

度的 HHCB 溶液(120μg/L)于 50mL 玻璃离心管中,加盖密封,置于旋转振荡机上在恒温 25℃振荡,分别于 5min、10min、15min、30min、60min、120min、720min、1440min 取样。

4. DOM 对沉积物吸附 HHCB 行为的影响试验

称取沉积物样品 3g 于 50mL 玻璃离心管中,分别加入 20mL DOM 溶液(支持电解质为 1.1g CaCl$_2$ 和 200mg NaN$_3$),然后向沉积物和 DOM 的混合溶液中分别加入不同浓度的 HHCB 溶液,吸附振荡过程同上。

3.1.4 DMP 与 DOP 批量平衡设计

供试材料为邻苯二甲酸二甲酯分析纯(DMP,99%)、邻苯二甲酸二辛酯(DOP)分析纯。

1. 等温吸附试验

背景溶液的配制:准确称取 1.1g CaCl$_2$ 和 200mg NaN$_3$ 于 1L 容量瓶中,用超纯水定容。

溶液的配制:精确称取 1000mg 样品于 100mL 棕色容量瓶中,用甲醇定容,得到 10mg/mL 储备液。再分别取 0.05mL、0.1mL、0.2mL、0.5mL、1mL、2mL 的储备液于 100mL 容量瓶中,用背景溶液定容,得到溶液浓度即为所确定的初始浓度(5mg/L、10mg/L、20mg/L、40mg/L、100mg/L、200mg/L)。

称取沉积物样品 2g 于 50mL 玻璃离心管中,加入 20mL 配制好的不同浓度的溶液于 50mL 玻璃离心管中,加盖密封,置于旋转振荡机上在恒温 25℃振荡 24h 直到达到平衡,4000r/min 下离心分离 10min,取上清液过 0.45μm 滤膜测定水相中溶液浓度,用差减法计算沉积物对试剂的吸附量。

2. 等温解吸试验

吸附试验恒温振荡 24h 后,4000r/min 条件下离心 15min,离心后样品弃去上层清液,加入 20mL 背景溶液继续旋转恒温振荡 24h 后取上清液过 0.45μm 滤膜测定水相中试剂浓度,计算沉积物对试剂的吸附量。

3. 吸附动力学试验

依照吸附试验方法,称取一系列沉积物样品 2g 于 50mL 玻璃离心管中,加入 20mL 配制好的溶液(100mg/L)于 50mL 玻璃离心管中,加盖密封,置于旋转振荡机上在恒温 25℃振荡,分别于 0.5h、1h、2h、4h、8h、12h、24h 取出,4000r/min 下离心分离 10min,取上清液过 0.45μm 滤膜测定水相中浓度。

4. 再生水 DOM 对沉积物吸附 DMP 与 DOP 行为的影响

分别取 0.05mL、0.1mL、0.2mL、0.5mL、1mL、2mL 的 DMP 与 DOP 储备液于 100mL 容量瓶中,称取沉积物样品 2g 于 50mL 玻璃离心管中,分别加入 20mL DOM 溶

液(支持电解质为 1.1g $CaCl_2$ 和 200mg NaN_3),然后向沉积物和 DOM 的混合溶液中分别加入配制好的不同体积的溶液,使溶液中试剂的初始浓度同吸附浓度,并进行吸附振荡。

3.2　氮和磷在沉积物中的吸附热力学与动力学 特征及受再生水中 DOM 的影响

河湖沉积物是再生水回用河湖区上覆水体和地下水之间的联系纽带,沉积物对氮、磷的吸附-解吸等环境行为会对上覆水体中氮、磷的浓度、迁移、转化和生物可利用性产生影响,同时可以缓解地下水氮、磷污染,并在很大程度上影响水体的自净能力以及河床渗滤系统对氮、磷的削减作用。城市再生水水质复杂,其中的很多组分均会对氮、磷的吸附行为产生影响。关于对氨氮的吸附,理论上认为沉积物胶体带负电,因此沉积物对带正电的 NH_4^+ 有吸附作用(曹志洪等,1988)。沉积物对氨氮的吸附主要是静电引力,吸附量受沉积物胶体数量和负电荷数量影响,且沉积物吸附氨氮时存在高能、低能结合点。氨氮的解吸过程一般分为快速和慢速阶段,快速阶段主要是把对物理吸附的 NH_4^+ 解吸下来,慢速阶段则是把键能较低的共价键和高能键集合牢固的 NH_4^+ 解吸下来,这一过程很缓慢,使得氨氮吸附-解吸存在一定的滞后性。磷的吸附包括非专性吸附和专性吸附两种机制(Opuwaribo et al.,1978),且对磷的等温解吸可以分成三个不同能级的吸附区域,即快速解吸区、慢速解吸区和特慢速解吸区:快速解吸区就是把物理吸附的磷迅速解吸出来;慢速解吸区是把低键能吸附的磷解吸下来;特慢解吸区是非常慢地解吸被高键能牢固吸附的磷,且有些磷也许就根本不能被解吸下来(Bhatti et al.,1998),即存在磷的不可逆吸附,这种不可逆吸附导致了磷的解吸滞后性。

对莲石湖、晓月湖、稻香湖、清河四种沉积物对氨氮/磷的吸附和解吸研究发现,沉积物对氨氮/磷的吸附量/解吸量随溶液平衡浓度的增大而增大。再生水中 DOM 的存在会显著抑制沉积物对氨氮、磷的吸附,但其吸附等温线均仍可由线性方程、Freundlich 方程拟合,且相关性结果较好,但是各模型的拟合参数出现了变化。Freundlich 方程中参数 $1/n$ 可以表示非线性吸附大小,表明非线性吸附的程度,$1/n$ 越小说明吸附系统越稳定。再生水中 DOM 的存在会显著增加非线性参数 $1/n$,使得吸附系统稳定性降低。Linear 模型中吸附平衡系数表征沉积物吸附能力,再生水中 DOM 的存在使得参数 K_d 显著降低,这也导致氨氮和磷在沉积物中的活性与迁移能力提高,从而间接导致氨氮和磷污染程度扩大。城市再生水中 DOM 对沉积物吸附氮、磷的行为有抑制作用。再生水中含有大量带正电的竞争性阳离子,这些阳离子的存在会在沉积物矿物表面与氨氮、磷竞争吸附点位,产生竞争吸附,吸附发生的同时也会发生阳离子交换,从而使氨氮、磷在沉积物上的吸附量减少;DOM 在沉积物环境中会发生静电吸附、配位体交换、络合作用、氢键作用等一系列反应,并且沉积物本身对 DOM 有很强的吸附作用(Sun et al.,2008;杨佳波等,2008),可能会影响氮、磷在沉积物颗粒上的化学键能,从而影响沉积物对氮、磷的吸附量。

选取 4 种沉积物对氨氮、磷的吸附动力学过程如图 3.1 所示。氨氮的吸附过程是一个复合动力学过程,即初始快速吸附、之后慢速吸附并趋于平衡的两阶段吸附。初始快速吸附主要发生在 0~8h,且存在明显的波动,8h 后进入慢速吸附阶段,吸附量相对稳定。不同沉积物达到稳定时的吸附量也不同,吸附量由大到小的顺序为晓月湖＞莲石湖＞稻香湖＞清河。磷与氨氮在沉积物的吸附过程相似,沉积物对磷的吸附同样包括快速吸附和慢速吸附两个阶段。在吸附初期,吸附量随时间增加较快,曲线较陡,即属于快吸附过程;随着吸附时间的延长,由于沉积物表面可吸附磷的"活性点"减少及溶液中可被吸附的磷减少,吸附量随着时间增加缓慢,曲线较为平缓,即属于慢吸附过程。在 24h 内沉积物对磷的吸附基本达到平衡,达到平衡时的吸附量顺序为莲石湖＞稻香湖＞清河＞晓月湖。

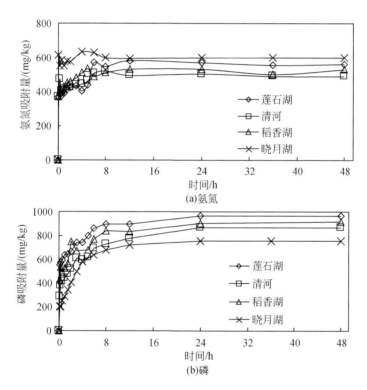

图 3.1　4 种沉积物对氨氮、磷的吸附动力学曲线

氨氮、磷酸盐沉积物中的迁移行为如图 3.2 所示。在定水头稳定流条件下,NaCl 溶液的穿透时间较短,50h 后基本检测不出 Cl^-,NH_4Cl 和 KH_2PO_4 溶液的穿透时间较长,分别长达 150h 和 200h。NH_4Cl 和 KH_2PO_4 溶液的穿透曲线达到峰值的时间为 50h,曲线坡度较缓,比 NaCl 溶液的穿透曲线达到峰值晚,具有滞后效应,并且 NH_4Cl 和 KH_2PO_4 溶液的穿透曲线有拖尾现象。同时,NaCl 溶液的穿透曲线的峰值接近 1,而 NH_4Cl 和 KH_2PO_4 溶液的穿透曲线的峰值为 0.95 左右,沉积物对 NH_4^+ 和 PO_4^{3-} 存在吸附作用。

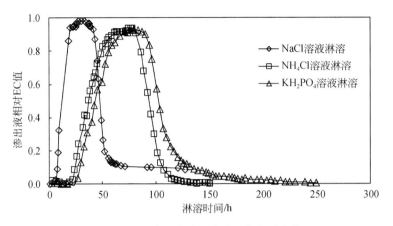

图 3.2　沉积物对氨氮、磷酸盐的穿透曲线

3.3　氮和磷在膨润土-黏土混合型减渗材料中的吸附热力学与动力学特征

天然钠基膨润土和黏土按照膨润土占混合材料总干重的 0%、12%、16%、19%、100% 五种不同比例掺混而成的五种混合材料(BC0、BC12、BC16、BC19、BC100)吸附氨氮、磷酸盐,如图 3.3 所示。每种混配材料对氨氮、磷酸盐的吸附/解吸量均随添加液浓度的升高而增加,当加入的离子浓度较低时,各种材料对氨氮、磷酸盐的吸附/解吸量差距不大,但随着溶液中离子浓度的增加,各种配比材料对氨氮、磷酸盐的吸附/解吸量差异逐渐明显。膨润土材料为天然钠基膨润土,其中蒙脱石晶体晶格层间结构中含有大量的 Na^+,而 Na^+ 与 NH_4^+ 为等价态离子,易于发生离子交换作用,因此相比于黏土,膨润土对氨氮表现出良好的吸附能力。五种混合材料对氨氮、磷酸盐的吸附-解吸等温线存在明显偏差,每种材料的解吸曲线均滞后于对应的吸附曲线,存在明显的滞后性。因为再生水是一个多物质共存的复杂体系,其中不仅含无机盐离子(K^+、Na^+、Ca^{2+}、Mg^{2+}、SO_4^{2-}、NO_3^- 等),同时含有大量 DOM。再生水中无机盐离子和 DOM 共同作用会抑制膨润土-黏土混合型减渗材料对磷酸盐、氨氮的吸附,并且会降低材料系统吸附磷酸盐的稳定性。

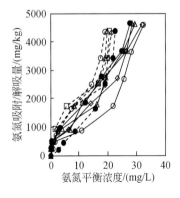
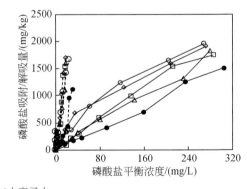

(a)去离子水

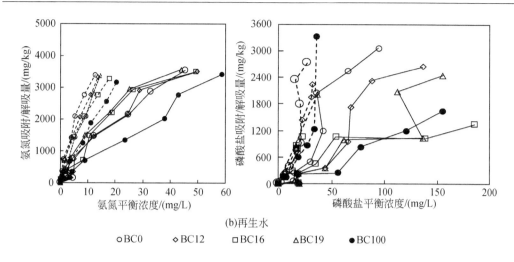

(b)再生水

○BC0 ◇BC12 □BC16 △BC19 ●BC100

图 3.3 氨氮、磷酸盐在减渗材料上吸附-解吸等温曲线(实线为吸附曲线,虚线为解吸曲线)

5 种掺混比例减渗材料对氨氮和磷酸盐的吸附动力学特征如图 3.4 所示。膨润土-黏土混合型减渗材料对氨氮和磷酸盐的吸附均可以在 24h 内基本达到平衡;对氨氮、磷酸盐的吸附过程包含一个快反应,即吸附反应前段,材料对氨氮的累积吸附量激增,随后

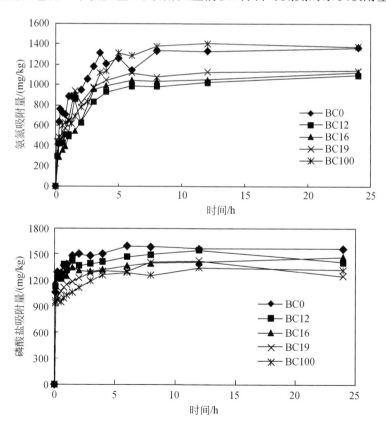

图 3.4 氨氮、磷酸盐吸附动力学曲线

又出现明显的慢反应,即累积吸附量随时间保持不变。在初始浓度相同的情况下,不同减渗材料对 NH_4^+-N 的累积吸附量表现为:BC100＞BC19＞BC16＞BC12＞BC0,即质量相同的混合材料中膨润土含量越多,其累积吸附量越大。膨润土-黏土混合型减渗材料对磷酸盐的累积吸附量大小顺序为 BC0＞BC12＞BC16＞BC19＞BC100,这与氨氮吸附存在相反的趋势,但这与等温吸附平衡试验结果一致。

3.4　HHCB 与布洛芬在沉积物中的吸附热力学与动力学特征及受再生水中 DOM 的影响

　　人工合成麝香作为一种替代性香料广泛应用于日用化工行业,并在动物体和人体组织中产生积蓄作用,其效应相当于持久性有机污染物。作为一种新型的有机污染物,人工合成麝香已成为 PPCPs 的重要组成部分。人工合成麝香的大量使用,在一定程度上造成了环境污染,尤其是它们中的一些典型有机化合物,在环境中普遍存在,在水体、污泥、大气、人体脂肪中均检测到人工合成麝香。不同国家和地区的城市生活污水中佳乐麝香(HHCB)和吐纳麝香的平均浓度达 $1.9\sim4.4\mu g/L$ 和 $0.6\sim1.7\mu g/L$(Ricking et al.,2003;Bester,2004;Carballa et al.,2004;Kupper et al.,2006),且在环境中的含量呈上升趋势,对环境和人类健康的危害日趋明显。其由于环境持久性、高脂溶性和环境稳定性等特点,作为一大类新型环境污染物已越来越多地受到人们的关注。DOM 对有机污染物在土壤/沉积物中的环境行为有调控作用。一方面,DOM 对有机污染物有明显的增溶作用,可以影响有机污染物在沉积物溶液中的浓度,并对有机污染物在沉积物中的吸附-解吸行为有明显影响(Maxin et al.,1995;Raber et al.,1998;Kögel-Knaber et al.,2000);另一方面,DOM 限制有机污染物在沉积物中的吸附/解吸、迁移、转化、降解等化学生物过程(Höss et al.,1998;Thornton et al.,2000;Yongkoo et al.,2000)。本节选取人工合成麝香中的典型代表物 HHCB,研究其在北京地区几种典型沉积物上的吸附动力学及吸附解吸热力学特性,以及再生水 DOM 对其在沉积物上的吸附影响(图 3.5 和图 3.6)。

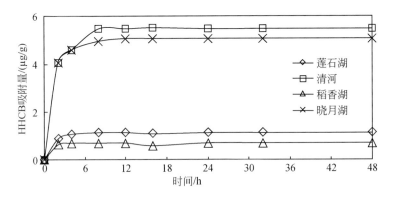

图 3.5　HHCB 吸附动力学曲线

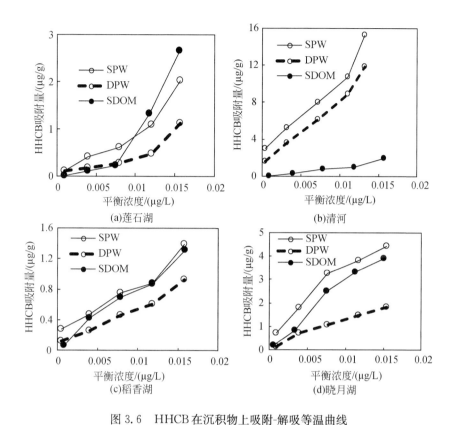

图 3.6　HHCB 在沉积物上吸附-解吸等温曲线

SPW:去离子水条件下 HHCB 的吸附;

DPW:去离子水条件下 HHCB 的解吸;SDOM:再生水 DOM 条件下 HHCB 的吸附

HHCB 在沉积物上的吸附机理以分配为主,但存在非线性吸附行为。Jin 等(2012)研究表明,HHCB 在不同沉积物上的吸附等温曲线用线性方程拟合表现为线性吸附,而用 Freundlich 方程则表现为非线性吸附;Zhao 等(2013)也用线性方程和 Freundlich 方程拟合了三种水质条件八种壤土对 HHCB 的吸附,结果表明 Freundlich 方程对吸附等温线的拟合效果更好,非线性吸附作用较为明显。HHCB 的吸附解吸存在明显的滞后性,这种滞后现象的原因是,沉积物同时存在可逆吸附室和不可逆吸附室,解吸只发生在可逆吸附室中,进入不可逆吸附室的 HHCB 表现为热力学上的不可逆过程(Pignatello et al.,1995)。Huang 等(1998)研究表明,有机污染物与吸附位点的不可逆结合、慢解吸速率以及吸附质被吸附剂分子捕获等都是解吸滞后的原因。HHCB 是非极性化合物,可通过范德瓦耳斯力、疏水吸附和分配等与沉积物基质发生物理和化学吸附。HHCB 进入沉积物主要是分配过程,引起 HHCB 吸附解吸滞后的原因也与慢解吸和吸附剂分子捕获有关。解吸滞后性的存在表明沉积物对水体 HHCB 有一定的固定能力。吸附-解吸滞后现象对改变 HHCB 的生态毒性效应具有重要作用(Luthy et al.,1997)。再生水中含有大量的溶解性有机质(DOM),DOM 是一类组成极其复杂的混合物,既含有游离的低分子量的有机酸、氨基酸、糖类等,又含有游离的大分子成分,如酶、氨基糖、多酚和腐殖酸等(Li et al.,2005)。DOM 中大分子量的疏水性 DOM 和小分子水溶性有机质会与

HHCB 竞争吸附点位,与有机质等发生各类反应而被吸附,从而降低对 HHCB 的吸附,表现出再生水 DOM 对 HHCB 吸附在沉积物上的抑制效果,促进有机污染物的解吸,将导致 HHCB 在沉积物中的活性与迁移能力提高。污灌土壤对阿特拉津(atrazine)的吸附能力显著降低,解吸能力增强(Drori et al.,2005);DOM 能明显降低草萘胺在黄棕壤和潮土上的吸附,促进草萘胺的迁移(马爱军等,2006)。

3.5 DMP 与 DOP 在沉积物中的吸附热力学与动力学特征及受再生水中 DOM 的影响

PAEs 是塑料加工工艺中一种有效的增塑剂,可以提高产品的柔韧性及产品质量。但进入环境之后,可以通过动植物富集作用进入食物链,从而影响激素的正常水平,具有致癌、致畸及致突变性,并会对动物生殖系统造成伤害。随着塑料制品及其他含有 PAEs 产品的广泛使用,国内外已有大量关于 PAEs 的污染报道:黄河中下游干流沉积物中 $\sum$ PAEs 为 30.52~85.16mg/kg(沙玉娟等,2006);长江武汉段枯水期支流和湖泊沉积相中 $\sum$ PAEs 为 6.3~478.9mg/kg(王凡等,2008);日本爱媛县表层土壤中的 PAEs 浓度为 22~780μg/L;美国苏必利乐湖湖湾和密西西比河河口的邻苯二甲酸二异辛酯的浓度分别为 0.3μg/L 和 0.6μg/L(陈玺等,2008)。关于增塑剂代表性产品对邻苯二甲酸二甲酯(DMP)在沉积物的吸附热力学行为及动力学特征研究结果如图 3.7 和图 3.8 所示。

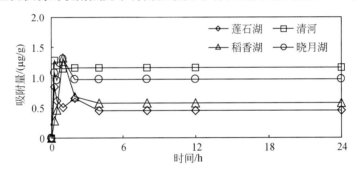

图 3.7 DMP 吸附动力学曲线

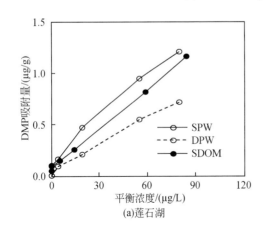

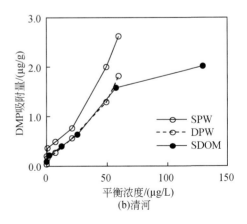

(a)莲石湖   (b)清河

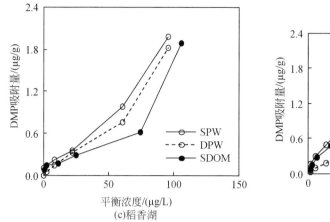
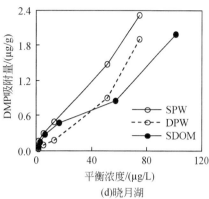

图 3.8　DMP 在沉积物上吸附-解吸等温曲线

SPW:去离子水条件下 DMP 的吸附；

DPW:去离子水条件下 DMP 的解吸；SDOM:再生水 DOM 条件下 DMP 的吸附

　　沉积物对 DMP 的吸附-解吸量与 DMP 的浓度变化趋势一致,随液相平衡液浓度的增大而相应呈线性增大,可用线性方程、Freundlich 方程来拟合 DMP 的吸附/解吸等温线;线性方程能较好地描述 DMP 在沉积物上的吸附行为,DMP 在沉积物上的吸附机理以分配为主,但不是简单的分配过程。沉积物对 DMP 的吸附解吸存在滞后性。DMP 是疏水性有机污染物,可与沉积物有机质之间发生强烈的键合作用,致使 DMP 被屏蔽,即产生一种高分子量的聚合体,该聚合体(被屏蔽的 DMP)有相当高的稳定性,固定于沉积物颗粒内部的固定相中,很难再重返流动相,造成沉积物对 DMP 的不可逆吸附。也有研究表明,DMP 的吸附/解吸滞后现象是由于沉积物同时存在可逆吸附室和不可逆吸附室,解吸只发生在可逆吸附室中,进入不可逆吸附室的 DMP 表现为热力学上的不可逆过程(Pignatello et al.,1995;Kan et al.,1997)。DMP 进入沉积物主要是分配过程,因而引起 DMP 吸附解吸滞后的原因也可能是慢解吸和吸附剂分子捕获。不可逆现象的存在表明,沉积物对水体 DMP 有一定的固定能力,可以对水体产生一定的自净作用。吸附解吸滞后现象对改变 DMP 的生态毒性效应具有重要作用。因为 DMP 是非极性、疏水有机物,在沉积物中的吸附机理主要以分配为主,容易与小分子溶解性有机质结合,以溶解态形态存在于上覆水体中;加入的 DOM 可通过理化作用改变原来沉积物有机质性质,并形成一种新的有机质,这种新形成的有机质结合位点活性较低,能通过其特殊结构在更深层次上"锁住"沉积物的活性位点,从而阻止沉积物对 DMP 的吸附(Drori et al.,2005),表现出再生水 DOM 抑制沉积物对 DMP 的吸附。添加外源再生水 DOM 可能会使已经吸附到沉积物上的 DMP 重新释放到水体,提高 DMP 的迁移能力。

　　同一断面不同深度(0~20cm、20~40cm、40~60cm)沉积物(北京市北运河土沟)对邻苯二甲酸二(2-乙基己基)酯(又名邻苯二甲酸二辛酯,DOP)的吸附结果显示,沉积物对 DOP 的吸附随其初始浓度的升高吸附量呈线性增大,表明其在各深度沉积物上的吸附机理主要以分配为主,与上述 DMP 相似,故不再赘述。Langmuir 方程和 Freundlich

方程可用于断面各深度沉积物对 DOP 有机污染物的吸附数据拟合,DOP 在不同深度沉积物的最大吸附量呈现随深度的增加,吸附量逐渐减小的趋势。

3.6 小　结

(1)混配材料对氮、磷的平衡吸附、解吸均可用线性方程、Langmuir 方程和 Freundlich 方程进行描述,再生水中无机盐离子和 DOM 共同作用会抑制膨润土-黏土混合型减渗材料对磷酸盐、氨氮的吸附,并且会降低材料系统吸附磷酸盐的稳定性。氮、磷的吸附是一个复合动力学过程,包括快速反应和慢速反应两个阶段,抛物线扩散方程拟合结果最好。

(2)清洁水源区和再生水回用河湖沉积物对氮、磷的平衡吸附、解吸均可用线性方程、Langmuir 方程和 Freundlich 方程进行描述,同时解吸还存在明显的滞后性;氮、磷的吸附是一个复合动力学过程,可利用 ExpAssoc 方程拟合;再生水中 DOM 的存在会显著抑制沉积物对氮、磷的吸附。

(3)HHCB 在沉积物上的吸附-解吸量均随平衡液浓度的升高而增加,吸附解吸存在一定的滞后效应;加入的 DOM 可以抑制沉积物对 HHCB 的吸附。

(4)清洁水源区和再生水回用河湖沉积物对 DMP 的平衡吸附、解吸均可用线性方程和 Freundlich 方程来拟合,同时解吸还存在明显的滞后性;再生水中 DOM 的存在会显著抑制沉积物对 DMP 的吸附,使得吸附系数 K_d、非线性参数 $1/n$ 增加,导致吸附稳定性降低而更易受外界因素干扰;DMP 的吸附是一个复合动力学过程。

参 考 文 献

曹志洪,李庆逵. 1988. 黄土性土壤对磷的吸附与解吸[J]. 土壤学报,25(3):219-225.

陈玺,孙继朝,黄冠星,等. 2008. 酞酸酯类物质污染及其危害性研究进展[J]. 地下水,30(2):57-59.

马爱军,周立祥,何任红. 2006. 水溶性有机物对草萘胺在土壤中吸附与迁移的影响[J]. 环境科学,27(2):356-360.

沙玉娟,夏星辉,肖翔群. 2006. 黄河中下游水体中邻苯二甲酸酯的分布特征[J]. 中国环境科学,26(1):120-124.

王凡,沙玉娟,夏星辉. 2008. 长江武汉段水体邻苯二甲酸酯分布特征研究[J]. 环境科学,29(5):1163-1169.

杨佳波,曾希柏,李莲芳,等. 2008. 3 种土壤对水溶性有机物的吸附和解吸研究[J]. 中国农业科学,41(11):3656-3663.

Bester K. 2004. Retention characteristics and balance assessment for two polycyclic musk fragrance (HHCB and AHTN) in a typical German sewage treatment plant[J]. Chemosphere,57(8):863-870.

Bhatti J S,Comerford N B,Johnston C T. 1998. Influence of oxalate and soil organic matter on sorption and desorption of phosphate onto a spodic horizon[J]. Soil Science,62(4):1089-1095.

Carballa M,Omila F,Lema J M,et al. 2004. Behavior of pharmaceutical,cosmetics and hormones in a sewage treatment plant[J]. Water Research,38(12):2918-2926.

Drori Y,Aizenshtat Z,Chefetz B. 2005. Sorption-desorption behavior of atrazine in soils irrigated with reclaimed wastewater[J]. Soil Science Society of America Journal,69(6):1703-1710.

Huang W, Yu H, Weber Jr W J. 1998. Hysteresis in the sorption and desorption of hydrophobic organic contaminants by soils and sediments: 1. A comparative analysis of experimental protocols[J]. Journal of Contaminant Hydrology, 31(1): 129-148.

Höss H, Traunspurger W. 1998. Effects of dissolved organic matters on the bioconcentration of organic chemicals in aquatic organisms[J]. Chemosphere, 37(7): 1335-1363.

Jin L, He M, Zhang J. 2012. Effects of different sediment fractions on sorption of galaxolide[J]. Frontiers of Environmental Science & Engineering, 6(1): 59-65.

Kan A T, Fu G, Hunter M A, et al. 1997. Irreversible adsorption of naphthalene and tetrachlorobiphenyl[J]. Environmental Science and Technology, 31(8): 2176-2185.

Kupper T, Plagellat C, Brändli R C, et al. 2006. Fate and removal of polycyclic musks, UV filters and biocides during wastewater treatment[J]. Water Research, 40(4): 2603-2612.

Kögel-Knaber I, Totsche K U. 2000. Desorption of polycyclic aromatic hydrocarbons from soil in the presence of dissolved organic matters: Effect of solution composition and aging [J]. Journal of Environmental Quality, 29(3): 906-916.

Li K, Xing B, Torello W A. 2005. Effect of organic fertilizers derived dissolved organic matter on pesticide sorption and leaching[J]. Environmental Pollution, 134(2): 187-194.

Luthy R G, Aiken G R, Brusseau M L, et al. 1997. Sequestration of hydrophobic organic contaminants by geosorbents[J]. Environmental Science and Technology, 31(12): 3341-3347.

Maxin C R, Kögel-Knaber I. 1995. Partitioning of polycyclic aromatic hydrocarbons (PAHs) to water-soluble soil organic matter[J]. European Journal of Soil Science, 46: 193-204.

OECD. 2000. OECD Guidelines for Testing of Chemicals[R]. Paris: OECD: 1-45.

Opuwaribo E, Odu C T. 1978. Fixed ammonium in Nigerien soil: The effects of time, potassium and wet and dry cycles on ammonium fixation[J]. Soil Science, 125(5): 137-145.

Pignatello J J, Xing B. 1995. Mechanisms of slow sorption of organic chemicals to natural particles[J]. Environmental Science and Technology, 30(1): 1-11.

Raber B, Kögel-Knaber I, Stein C, et al. 1998. Partitioning of polycyclic aromatic hydrocarbons to organic matter from different soil[J]. Chemosphere, 36(1): 79-97.

Ricking M, Schwarzbauer J, Hellou J, et al. 2003. Polycyclic aromatic musk compounds in sewage treatment plant effluents of Canada and Sweden-first results[J]. Marine Pollution Bulletin, 46(4): 410-417.

Sun Z H, Mao L, Yu H X, et al. 2008. Effects of dissolved organic matter from sewage sludge on sorption of tetrabromobisphenol A by soils[J]. Journal of Environmental Sciences, (9): 1075-1081.

Thornton S F, Bright M I, Lerner D N, et al. 2000. Attenuation of landfill leachate by UK Triassic sandstong aquifer materials 2 sorption and degradation of organic pollutants in laboratory columns[J]. Journal of Contaminant Hydrology, 43(3): 355-383.

Yongkoo S, Linda S L. 2000. Effect of dissolved organic matter in soils treated effluents on sorption of atrazine and prometryn by soils[J]. Soil Science Society of America Journal, 64(6): 1976-1983.

Zhao W, Li Y, Zhao Q, et al. 2013. Adsorption and desorption characteristics of ammonium in eight loams irrigated with reclaimed wastewater from intensive hogpen[J]. Environmental Earth Sciences, 69(1): 41-49.

第 4 章　河湖包气带介质对再生水中主要污染物的去除效应

河床包气带是河湖上覆水体与地下水相互转化的必经通道,更是保障地下水免受污染的重要屏障。包气带作为河流渗滤系统的重要组成部分,具有吸收、保持和传递水分的作用,其孔隙在水分入渗和溶质运移的同时能够有效拦截和过滤水体中颗粒态的污染物;除此之外,包气带中以生物膜形式存在大量微生物,其中的硝化反硝化细菌、聚磷菌等微生物在 N、P、COD_{Cr}、BOD_5 去除过程中扮演着重要角色,能够通过发生一系列生化反应将入渗水体中的污染物去除,从而达到水体净化的目的。因此,在地表水下渗补给地下水的过程中,包气带起到了净化器的作用(Liu et al.,2009)。国内外的科学工作者针对土壤入渗,地表水及地下水相互转化,溶质运移等过程进行了大量的试验研究和数值模拟工作,研究主要关注土壤理化性质改变以及污染物的去除效应、转化机理等,积累了大量经验(Hussain et al.,2007)。最常用的方式就是采用人工土柱模拟的方法进行研究(郑彦强等,2010)。

包气带中微生物利用再生水体的基质,容易形成生物膜,分泌胞外蛋白和胞外聚合物等,堵塞包气带孔隙,包气带的水力特性,如渗透率、孔隙度、弥散度等将发生改变,其控渗及净污效应随之改变,因此微生物减渗是一种较为适宜的过渡性减渗措施。为了有效利用微生物堵塞达到减渗的效果,有必要了解微生物减渗的技术效应及影响减渗形成的因素。基于此,本章通过构建室内大型土柱模拟系统,以北京市北运河为例,重点关注沉积层及微生物在河湖包气带对再生水中主要污染物净化中的作用,为再生水河湖回用提供理论依据和技术支持。

4.1　基于包气带净污效应研究大型土柱模拟系统

4.1.1　设计原理

国内开展土壤溶质运移模拟装置一般采用有机玻璃或聚氯乙烯(PVC)材料制作而成的管状体,管体的高度设计取决于需要模拟的实际尺度,而直径的大小又决定了边界效应的影响程度。鉴于城市河湖包气带普遍厚度均在 30m 以上,并呈现以砂卵砾石为主的单介质结构,包气带中发挥净污作用的主要为表层土壤,本系统计划模拟表层 0~3m 内的包气带结构,因此土柱高度设计为 3m。但由于土柱直径大小对边界效应的影响较大,直径越小,边界效应影响越显著,边界效应的存在会大大降低土柱模拟的精度,国内多数模拟土柱的直径小于 40cm,本试验土柱直径设计为 50cm,以在试验场地和空间允许的条件下尽可能减少边界效应对模拟结果的影响。

在土柱侧壁不同高度处分别设置取水口、采土口和张力计埋设口。取水口中埋设

DLS 土壤水采集器,便于定时提取土壤溶液,并对 pH、TN、TP、NH_4^+-N、NO_3^--N、COD_{Cr}、BOD_5 等污染指标进行化验分析以监测不同深度处包气带土壤溶质中各典型污染物随时间的变化情况。采土口可方便试验人员在试验过程中定期对包气带不同深度处的土壤进行取样检测,用来了解再生水回用条件下包气带沿垂向不同深度处土壤结构随时间的变化情况以及土壤中微生物种类及种群数量、结构等随时间的变化情况。张力计埋设口中埋设张力计的陶土管,把陶土管埋入土壤后,土壤中的水便通过陶土管的孔隙与张力计连接,产生水力上的联系。当陶土管内的水势与土壤水的水势不相等时,水便由水势高处向水势低处流动,直至两个系统达到水势平衡,平衡后显示的读数,即当时的土壤水势。通过测定土壤水分特征曲线,可以计算得到不同深度处土壤的含水率。由于张力计通过陶土管可与土壤水产生联系,因此在水分入渗过程中,张力计测板上每根水银柱的变化可以反映出对应陶土管埋设处附近土壤水分的变化情况,该现象便于试验人员了解土体内部无法观测处土壤水分的真实运移状况。

大型土柱模拟装置的设计旨在建构一套能够模拟不同处理条件下河湖天然河道状态的试验系统,实现在有限的场地和空间中尽可能地放大模拟尺度,并且试验装置能够方便拆装,便于根据试验需要灵活调整试验处理;同时,配套检测仪器的安装增加了模拟系统的多功能性,为推动我国天然河床包气带中土壤水分和溶质运移的研究,以及天然河床减渗需求与技术模式的探索提供了重要的设备条件支持。

4.1.2　模拟系统的组成

模拟系统在中国农业大学水利与土木工程学院室内实验大厅构建,本系统的主要装置及设备包括:钢铁结构支撑架 1 套,钢铁移动车 1 台,蓄水箱 1 个,有机玻璃管柱 6 支,马氏瓶 8 支,管路泵 1 台,土壤水分张力计 6 个,土壤水采集器及保护箱 6 套(刘澄澄,2011;李鹏翔,2012)。模拟系统效果图和实物图如图 4.1 所示。

图 4.1　模拟系统效果图与实物图

钢铁结构支撑架和移动车:支撑架主要用途为安放供水马氏瓶并作为试验人员的工作平台,设计规格:长 L=4.4m,宽 B=3.7m,高 H=2.8m。钢铁支撑底座为每一根完整填装过试验用土和试验用水的大型土柱提供支撑,保证土柱底面受力均匀。设计规格:高 H=30cm,可承载的质量为 1t。移动车主要用途为方便试验人员进行装土、加水、系统维护与运行等日常作业。

蓄水箱:存蓄试验用再生水,为减少光照对再生水原水水质的影响,特用遮光布包裹在蓄水箱外壁。设计规格:外径 $D=1.75\mathrm{m}$,高 $H=2.15\mathrm{m}$,容积 $V=5\mathrm{m}^3$,可一次性蓄水 $5\mathrm{m}^3$。

马氏瓶:供水装置。由有机玻璃制成,质地透明,便于观测系统的累积入渗量。设计规格:高度 $h=100\mathrm{cm}$,内径 $d=29\mathrm{cm}$。各马氏瓶上部均设置带有旋转控阀的进水口,通过进水管路与位于钢铁结构支撑架下方的蓄水箱底端的出水口连接。

有机玻璃管柱:模拟系统的主体装置。有机玻璃制成,质地透明,便于观测土壤入渗过程中入渗锋面的前进过程。设计规格:柱体总高度 $H=300\mathrm{cm}$,内径 $d=48\mathrm{cm}$。有机玻璃柱的装土部分高度是 $h=200\mathrm{cm}$,底部留有反滤层高度 $h=30\mathrm{cm}$,上部留有 $70\mathrm{cm}$ 高度用于承装淹水水头。每个有机玻璃柱均由 3 节组成,每节高 $100\mathrm{cm}$,各节之间用法兰盘连接,连接时,上下法兰盘之间垫有橡胶垫,用螺栓加固,防止漏水;有机玻璃柱对称两侧标有刻度,在有机玻璃柱装土部分的 2m 高度内,柱体三侧分别开设取水口、采土口和张力计陶土管埋设口,取水口沿土体表面向下每隔 20cm 开设一眼,张力计陶土管埋设口设置在取水口对侧,设孔处较取水口高 10cm,目的是防止利用土壤水采集器抽真空取水时制造的负压扰动了柱体内的水流,从而影响土壤水势变化,两种孔均各设 10 个,孔径为 $d=2.5\mathrm{cm}$;采土口分别设置在距土体表面 10cm、20cm、40cm、80cm、120cm、160cm、200cm 的有机玻璃柱侧壁上,共 7 个,孔径 $d=2.0\mathrm{cm}$。为了模拟真实包气带的地下环境,整个钢铁支撑架及土柱被大型遮光布遮蔽。

土壤水分张力计:用来测定土壤水吸力(基质势)的仪器。规格:量程为 $0\sim600\mathrm{mm}$ 水银柱高度,由中国科学院地理科学与资源研究所制作。张力计采用直管水银负压计,导压管采用软管,并设置了加水、集气系统;负压计所用水为蒸馏水。张力计是由一个多孔陶土头、一个水银压力计和集气室连接而成的。多孔陶土头是仪器的感应部件,当陶土管充满水后便形成张力相当大的水膜,阻止空气通过。把陶土管埋入土壤后,土壤中的水便通过陶土管的孔隙与土壤水连接,产生水力上的联系。当陶土管内的水势与土壤水中的水势不相等时,水便由水势高处向水势低处流动,至两个系统的水势平衡为止。平衡后显示的读数值,经过公式计算即可得到当时的土壤水吸力(基质势)。

土壤水采集器:定点定位联系采集土壤水的仪器。由多孔陶土管和采样瓶、真空抽气泵组成。由于陶土管壁可透过多种溶质,当陶土管埋设在土壤中时,定位定时提取土壤水来监测土壤溶质变化规律。操作时真空抽气泵进气口连接过滤器,以阻挡可能从采样瓶内抽取到的水汽和杂质,避免影响真空泵正常工作,与过滤器连接的多孔通气变头可最多同时从 10 个采气瓶中抽气,使用时还需要配合使用止水钳等仪器。

另外,还有电热恒温鼓风干燥箱、温度计、铝盒、秒表、夯实器、电子秤、天平等辅助工具及仪器。模拟系统各装置设备的安装结构示意图如图 4.2 所示。

模拟系统由 5 个单元组成:支撑单元,有钢铁支撑架 13、钢铁支撑底座 11、橡胶垫圈 10;供水单元,有蓄水箱 1(容积 5000L)、供水 PVC 管路 2、水泵 3、马氏瓶 4(容积 60L);土柱主体单元,有大型土柱主体 9(有机玻璃制,高 300cm,内径 48cm)、张力计 12、多孔陶土管 8;样品采集单元,有 PVC 保护箱 5、土壤水采集器 6、地下水采集器 7;辅助作业单

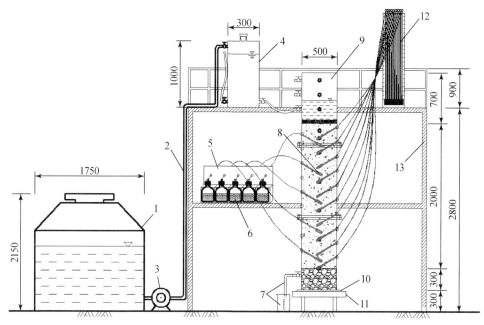

图 4.2　包气带模拟系统组成结构示意图(单位:mm)

1-蓄水箱;2-供水 PVC 管路;3-水泵;4-马氏瓶;5-PVC 保护箱;6-土壤水采集瓶;7-地下水采集器;
8-多孔陶土管;9-有机玻璃大型土柱主体;10-橡胶垫圈;11-钢铁支撑底座;12-张力计;13-钢铁支撑架

元,有钢铁移动车、真空抽气泵、遮光布等。

4.1.3　模拟系统的总体建构

大型土柱模拟系统历经 56d 完成构建。模拟系统建构的具体步骤如下。

(1)搭建钢铁结构支撑架和移动车,为系统的建构提供基本的操作平台和作业工具,方便系统建构过程中各种工作的顺利开展。

(2)固定土柱下端钢铁支撑底座的位置,然后将大型土柱最下段柱体放置在底座上。由于装土过程中压砸土体而产生的垂向压力会导致柱体底部与钢铁支撑底座间产生较大的冲击力,因此需要在柱体底面与底座表面间铺垫质地较柔软的橡胶垫作为压力缓冲材料。橡胶垫厚度为 6cm。

(3)填装反滤层。在土柱底端铺设一定高度,由卵砾石、石英砂和锦纶布构成的反滤层。

(4)填装土壤。在野外将具体研究目标的土壤,如天然河床沉积层、包气带土壤、农田土壤等取回,经过一定的筛分处理,测定其土壤的初始含水率,换算得到试验用土样的干容重。按照测定初始含水率、土壤干容重和装土体积等基本数据计算要装填土样的重量,用电子秤称量土样,然后分层填装压实。按照土壤的分层厚度将各层土壤按照干容重装填。装填的顺序是从最底层到表层,用与土柱内径相仿的夯实器将土壤夯成原状土,相邻两次装填时接触平面要用刀片刮毛,从而使上下两层土壤充分接触,避免明显分层现象的出现。

（5）填装处理层。在土柱装填的土体表面铺设处理层，用于不同目的研究的处理对照，如不同配比的减渗材料、不同容重的河床天然沉积物等。必要时，处理层和土壤层中间需要填装找平过渡层和保护层。

（6）安装张力计。土柱装填完成后安装土壤水分张力计。陶土管安装的深度由土柱开设的陶土管口高度决定：$h_1 = 10cm$、$h_2 = 30cm$、$h_3 = 50cm$、$h_4 = 70cm$、$h_5 = 90cm$、$h_6 = 110cm$、$h_7 = 130cm$、$h_8 = 150cm$、$h_9 = 170cm$、$h_{10} = 190cm$。张力计陶土管中心与设计安装深度处相平。陶土管中心位置和对应的水银面之间的垂直距离 H 分别为：$H_1 = 66cm$、$H_2 = 86cm$、$H_3 = 106cm$、$H_4 = 126cm$、$H_5 = 146cm$、$H_6 = 166cm$、$H_7 = 186cm$、$H_8 = 206cm$、$H_9 = 226cm$、$H_{10} = 246cm$，安装陶土管总计 10 支。埋放前先将陶土管在水中浸泡 2h，排出陶土管孔隙中的气体，埋放时要注意陶土头出气方向为斜向上，以保证试验过程中陶土管中的气体顺利排出，保证张力计读数的准确性。集气瓶安放在张力计的最高位置使陶土管与导压管内产生的气体能自动升至集气瓶。组装好的张力计各连接处要保证接牢、密封，以防漏气。

（7）安装土壤水采集器。土壤水采集器与张力计同时安装。设计陶土管安装的深度为：$h_1 = 20cm$、$h_2 = 40cm$、$h_3 = 60cm$、$h_4 = 80cm$、$h_5 = 100cm$、$h_6 = 120cm$、$h_7 = 140cm$、$h_8 = 160cm$、$h_9 = 180cm$、$h_{10} = 2000cm$。土壤水采集器陶土管中心与设计安装深度处相平，安装陶土管数量总计 10 支。埋放前先将陶土管在水中浸泡两个小时，排出陶土管孔隙中的气体，埋放时要注意陶土头出气方向为斜向上方向，以保证试验过程中陶土管中的气体顺利排出。

（8）连接供水管路。用 PVC 管将蓄水箱出水口与试验用各供水马氏瓶进水口相连接，并在管路中装设管路泵一台，在各马氏瓶进水口处安装控制阀门一个。需要为马氏瓶加水时，启动管路泵，再生水经泵提升到距地面 2.8m 高的马氏瓶进水口处，开启控制阀门，可快速为马氏瓶加水。本设计能够达到在进水口控制阀门开启的状态下为马氏瓶快速自动加水的目的，由于大大缩短了加水时间，加水过程中暂时停止马氏瓶供水所产生的试验误差也随之减小。模拟系统供水管路整体效果图、马氏瓶供水管路连接图及进水管路连接图如图 4.3(a)～(c)所示。

（9）加设遮光布。考虑到天然河床不见光的特点，特将土柱内土体四周、顶部以及供水马氏瓶周围加设一层避光性良好的遮光布，用以遮挡阳光，模拟出类似天然河床的黑暗效果。模拟系统遮光效果图如图 4.3(d)所示。

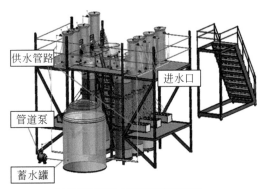

(a)模拟系统供水管路整体效果图　　　　　　(b)马氏瓶供水管路连接图

(c)马氏瓶进水管路连接图　　　　　　　　　　(d)模拟系统遮光效果

图 4.3　模拟系统管路及遮光效果图

4.1.4　模拟系统各部件的安装方法

　　模拟系统的柱体为大型土柱,主要安装部件有张力计与土壤水采集器(图 4.4)。张力计为水分入渗过程主要的监测仪器,而土壤水采集器是从土柱中提取出土壤溶液的主要仪器。两个部件仪器的安装方法相似,下面将对模拟系统中张力计和土壤水采集器的安装方法进行介绍。

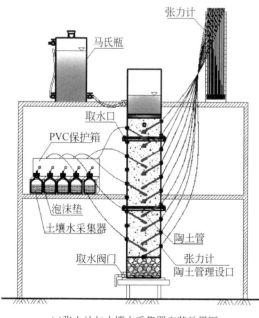
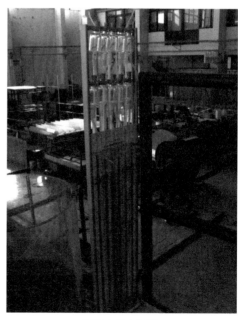

(a)张力计与土壤水采集器安装效果图　　　　　　　(b)张力计实物图

图 4.4　模拟系统各部件安装图

1.张力计安装方法

张力计(又称负压计),是测定土壤水势的仪器。土壤水势与土壤水的流动以及对植物的有效性有着密切的联系。

张力计是由一个多孔陶土管、一个水银压力计和集气室连接而成的,多孔陶土管是仪器的感应部件,陶土管充满水后便形成张力相当大的水膜,阻止空气的通过,把陶土管埋入土壤后,土壤中的水便通过陶土管的孔隙与土壤水连接,产生水力上的联系。当陶土管内的水势与土壤水的水势不相等时,水便由水势高处向水势低处流动,直至两个系统的水势达到平衡,平衡后显示的读数值就是当时的土壤水势。

用张力计可测定土壤水的分布,判断土壤水分状态,即同一深度土壤,土壤吸水力越大,土壤水势绝对值越高,含水量越低;土壤水吸水力越小,土壤水势绝对值越小,含水量越大。所以,张力计显示的吸水力数值,同样反映了土壤中水分的变化情况。为了用张力计观测推算出土壤水分,需要建立土壤含水量与土壤水势关系曲线,土壤含水量与土壤水势之间存在以下关系:$\rho = f(h)$,称为土壤水分特征曲线,以此可由特征曲线推求含水量。

感应部件陶土管埋设时不破坏土壤结构;测量采用水银压力计,精度高;设有加水管和集气瓶,易于除气,可一次更换陶土管中的水;导压管采用软管,软管埋设可远离测点进行观测,避免了水沿硬管壁快速入渗和人为破坏测点环境的影响;陶土管长期埋在土壤里,内壁如有污垢不需要挖出即可清洗;测试过程不受任何土质影响,只要水势一样,作物生长状态就一样;使用张力计,可定点定位连续测定,为科学试验、灌溉、作物生长提供必要的科学依据。

采用直管水银压力计,负压力传导为软管,并设置了加水集气系统。试验所选用的张力计为 DLS-Ⅱ 型,其结构示意图如图 4.5(a)所示。

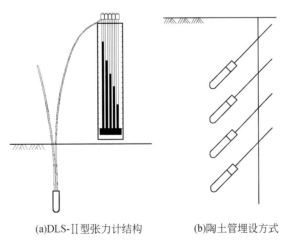

　　(a)DLS-Ⅱ型张力计结构　　　　　　(b)陶土管埋设方式

图 4.5　张力计安装

张力计的具体安装方法为:埋设前,先将张力计陶土管在水中浸泡 2h,排除陶土管孔隙的空气。确定埋设地点后,打孔的孔径要根据土质而定,壤土的孔径略大于陶土管的直径即可,黏土的孔径为 30~40mm。打孔后取出的土搅成泥浆,作为埋设陶土管时的灌浆。埋设时,注意使陶土管的排气管出口向上方,有利于排气。集气瓶应安装在张力计的最高位置,使陶土管与导压管内产生的气体能自动升至集气室。组装好的张力计各连接处要保证牢固密封,不能漏气。陶土管深入预定深度后,再把泥浆灌入孔中,待泥浆沉实后再填土,填土要仔细,切勿将连接处拉断,埋设深层陶土管时,填土要分层,并分层注入水,使松散土体沉实。陶土管的埋设方式采用斜插式,具体埋设效果如图 4.5(b)所示。

往水银槽内注入的水银,约占水银槽容积的 4/5,并调整刻度板水平。注入张力计的水为蒸馏水或煮沸约 3min 之后的冷却水。安装好的张力计注水时,先用止水钳夹住集气瓶与测压水银管的连接处,然后用加水管加水,直至导压管和集气瓶水满,取下止水钳,将水银测压管充满水,然后用止水钳夹住,由加水管加满水,最后分别用铝铆钉和橡胶塞塞好加水口、集气瓶口,不能漏气,再取下止水钳,即安装调试完毕。

安装过程中遇到特殊现象的处理方法:①漏气,主要来自连接处和陶土管,检查各连接处,若漏气及时进行处理;②压力传导管内产生气泡,若在压力传导管内有汽化的小气泡,可轻轻抖动软管,使气泡汇集到集气室,待加水时再排除;③水银柱内水银断开,水银测压计里的水银柱若有断开或有气泡,可重新加水排气。

张力计在安装、使用和日常维护过程中还应注意以下问题:①当集气瓶里的水剩 1/4 时,即可重新加水排气;②清洗土壤水采集器时,可用注射器将清洗液注入土壤水采集器的测头中,用注射器反复抽送,再将污液吸出,然后注入清水多次洗净即可(不需挖出土壤水采集器);③安装及日常维护操作时需要的辅助工具及材料有止水钳、水银(每支 5mL)、注射器、无气水等;④本仪器采用水传导,当温度即将低于冰点时,应将瓶塞取下,把水排净,进行保护处理。

2. 土壤水采集器安装方法

土壤水采集器是定点定位连续采集土壤水的仪器,众所周知,水是可溶物质迁移的载体。当降雨或灌溉时,水将地表可溶物质淋失到土壤中,也可随地表径流载入河、湖,使土壤、河湖受到污染。河湖的污染可采集水样进行分析,对于淋失到土壤深层的溶质,以前多采用实地采集土样,利用浸泡的溶液进行分析。这种方法不能准确定点研究溶质的动态变化。

这里介绍的土壤水采集器,是由多孔陶土管和采样瓶、抽气泵组成的,如图 4.6 所示。由于陶土管壁可透过多种溶质,陶土管埋设在土壤中可定位定时提取土壤水来监测土壤溶质变化规律。这种方法已广泛应用于环境监测、农业、水利等研究工作中。

DLS 土壤水采集器的主要组成结构包括:①陶土管,土壤水采集器使用的陶土管与张力计的陶土管相同,并在陶土管上口胶结有 10mm 有机玻璃保护头,分别安装直径 2mm 和 4mm 的不锈钢管,其中,直径 2mm 管直伸陶土管底部,另一根伸到陶土管内的上端,并连接两根聚乙烯软管,埋设好的土壤水采集器的地表部分加套塑料套管;②取样瓶,取样瓶采用 500mL 细口试样瓶,瓶口用密封螺旋瓶盖封口,并装有两根直径为 2mm 的不锈钢管,其中一根与伸到陶土管底部的软管连接,另一根与真空泵连接;③真空泵,当真空泵与取样瓶、陶土管连接后,根据土壤湿度情况,使取样瓶内的负压为 -30~

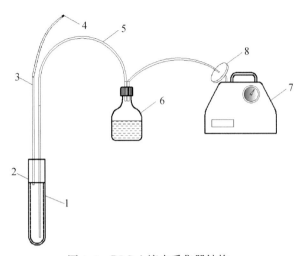

图 4.6　DLS 土壤水采集器结构

1-陶土管;2-接口;3-放气管;4-封堵栓;5-吸水软管;6-采样瓶;7-真空泵;8-真空泵过滤嘴

−80kPa;④多通管,多通管用有机玻璃制成,各通气口处均固定连接不锈钢管,钢管另一端连接聚乙烯软管,管长度可根据试验需要而进行调整,末端再连接一段 2mm 不锈钢管,本仪器的使用可以实现用一个真空泵同时对多个取样瓶进行抽气的效果。

　　本系统所使用土壤水采集器的具体安装方法为:埋设前,将陶土管置于水中浸泡,从而排除陶土管孔隙的空气。埋设陶土管时,打孔的孔径要略大于陶土管的直径,打孔后取出的土搅成泥浆,作为埋设陶土管时的灌浆。陶土管深入预定深度后,再将泥浆灌入孔中,待泥浆沉实后再填土,填土要分层,并分层注入水,使松散土体沉实,避免降雨或灌溉时水顺间隙快速流入,同时保证了陶土管与土壤接触良好。陶土管的埋设方式也采用斜插式,具体埋设效果如图 4.5(b)所示。

　　本系统所使用的土壤水采集器具有以下特点:①土壤水采集器的陶土管的上边装有两根软管,一根是抽水管,直伸到陶土管底部 3～5mm,另一根为放气管,当陶土管和采样瓶被抽成一定负压后,陶土管周围的溶液就会透过陶土管壁进入陶土管和采样瓶,取水样时先将放气管封堵栓打开,放进空气压迫陶土管内的水全部由抽水管进入取样瓶。这样保证了此次取样不混于下次取样;②土壤水采集器采用聚乙烯软管,埋设在土壤部分的软管可弯曲(不能盘埋),避免降雨或灌溉时水沿硬管壁快速入渗的壁效应;③使用方便,可定点点位连续采集水样;④陶土管埋设的地表部分加套了塑料保护套管,避免了日光照射和软管老化的现象,延长了土壤水采集器的使用寿命。

　　张力计在安装、使用和日常维护过程中还应该注意以下问题:①清洗土壤水采集器时,可用注射器将清洗液注入土壤水采集器的测头中,用注射器反复抽送,再将污液吸出,然后注入清水多次洗净即可(不需挖出土壤水采集器);②安装及日常维护操作时需要的辅助工具及材料有真空泵、止水钳、保护箱等。

4.2　再生水回用河道沉积物对河床渗流及净污的调控

通过充分利用城市再生水,可以对河道进行生态修复。再生水体回用到缺水的河道,可以满足其健康的生态多样性最低需水量,改善缺水河道生态环境,促进河道生态系统良性循环发展,遏制河道生态环境的进一步退化,建立人与自然和谐的生态环境。常用的河湖减渗、防渗手段主要有硬化处理(董哲仁,2003)、土工膜、膨润土防水毯(Darwish et al.,1998)、黏土、生态减渗等方法。常规防渗措施均具有一定的防渗效果,但是若在天然河道上大面积实施这样的减渗处理,无疑在河道中人为添加了一层隔绝河道地上、地下连通性的异物层,将会对河道生态系统的多样性和安全性带来负面效应(马唐宽等,1998),并阻断了地下水补给源。因此,以河湖自然形成的沉积物作为减渗净污材料有望成为一种理想的生态减渗措施。河湖水体颗粒物自然沉降形成沉积层,该沉积层阻隔了再生水中的氮、磷等基质,因此沉积物作为包气带净污介质的一部分开始发挥作用。天然河流渗滤系统是公认的水体净化器,通过其内部一系列的物理、化学与生物作用,水体中的各种污染物能够被完全或部分去除。因此探索沉积物形成后,尤其是水力停留时间的延长对包气带水量入渗研究具有重要意义(武君,2008;Comte et al.,2010),本节选取北运河天然淤泥和河床介质分层填装,利用 4.1 小节所构建的室内大型模拟土柱试验装置,进行再生水定水头入渗长效性试验,模拟长时间序列观测条件下沉积物对河道渗流的调控,以及再生水回用河湖后污染物去除效应。

4.2.1　材料与方法

试验采用大型有机玻璃土柱以模拟北运河天然河床介质的结构(图 4.1 和图 4.2),进行定水头入渗试验,通过记录试验过程中入渗水量的变化得到土柱入渗的特征参数,包括入渗锋面前进特征、累积入渗量、入渗率、相对孔隙度变化等,探究垂直方向上包气带的水量入渗及维持特征;通过测量包气带中污染物含量的变化,揭示河床包气带对污染物的截留及降解规律。本试验共设置两个试验处理,每个处理均使用 3 支大型土柱及配套设施。

试验用的模拟包气带的河床砂,取自温榆河北七家段河床表层砂土,取样深度为 1～3m,剔除较大颗粒的石块和植物根系并过 2cm 筛后用塑料袋包装,测土壤含水率,计算原状土容重,备用作试验用土。沉积物取岸滩沉积物富集区退水后干河床表层 0～6cm 的天然沉积物。在取样点用环刀取回原状土,测定原状土容重及初始含水率,以了解其基本物理特征参数。各土料理化性质见表 4.1。

表 4.1　包气带河床砂与天然沉积物基本物理特征参数

项目	粒组含量/%					土壤干容重 /(g/cm³)	初始含水率 /%
	粗砂	中砂	细砂	极细砂	粗粉粒		
	2～0.5mm	0.5～0.25mm	0.25～0.1mm	0.1～0.05mm	<0.05mm		
河床质	8.60	37.30	24.20	22.79	7.11	2.09	12.60
沉积物层	5.21	19.82	25.33	23.40	23.24	1.24	143.58

　　试验设置 3 种处理方式,采用不同厚度的沉积物铺设于天然河床原状土模拟的包气带上,用试验水定水头入渗。水头高度:30cm。设置反滤层厚度为 5cm,包气带河床原状土厚度为 200cm,天然沉积物厚度分别设置 5cm、10cm、20cm。根据不同的试验处理,将土柱编号为 1♯、2♯、3♯。试验处理设置见表 4.2。

表 4.2　模拟系统试验设计

土柱编号	减渗材料	装填介质	淹水水头/cm
1♯	天然沉积物	5cm 反滤层+5cm 沉积物+200cm 河床原状土	30
2♯	天然沉积物	5cm 反滤层+10cm 沉积物+200cm 河床原状土	30
3♯	天然沉积物	5cm 反滤层+20cm 沉积物+200cm 河床原状土	30

1. 试验步骤

取野外的土样启动包气带的填装与入渗试验,具体步骤如下。

(1)安装马氏瓶和连接管路系统:将马氏瓶底部进气口安装高程安装至试验所设置 30cm 试验水头水位处。连接好马氏瓶的连接管路,保证密闭性良好方可使用。

(2)对土柱进行填料:第一步,反滤层的填装。反滤层填料一般从上到下,由 2~3cm 中粒径介质组成,选择应根据下一层介质的平均孔径小于上一层介质的平均粒径的原则进行选择,目的是有效防止柱体中的细颗粒被水流带走,产生管涌。在土柱最底端,铺设由三层介质组成的反滤层,最下层铺设平均粒径 2cm 左右的卵砾石,其上铺设平均粒径为 0.1~0.2cm 石英砂,上覆 200 目的锦纶布,构成土柱底端反滤结构,各材料均需用去离子水清洗 3 遍或 4 遍,然后用离子水浸泡 48h 并冲洗 3 遍以使反滤层无杂质,排除试验的干扰因素。第二步,填装天然河床包气带介质。测定采集土样的初始含水率、土壤干容重,计算单位厚度的装土体积和质量等基本数据后,分层填装,压实填装到土柱中。每隔 5cm 称量一定土样填装一次,分层夯实,在连接处用刮刀刮毛,以保证黏结紧密,成为一个完整的柱状连续均质土体。确保土柱的边缘与中间部位夯实密实度相同,以减少土柱通水初期优先流产生可能性。

(3)安装水银测压管,水银陶土测压管安装的深度分别为 10cm、30cm、50cm、70cm、90cm、110cm、130cm、150cm、170cm 和 190cm。测压管的中心位置与设计安装深度成直线,与水平方向成 30°,以使陶土管中的气体能有效排出,使测压管能准确地反映待测点位置的土壤水吸力情况。预埋陶土测压管之前,必须将其在去离子水中浸泡 1~2h,使陶土测压管孔隙中的气体得到有效排出。集气瓶必须安装在高于水银柱的位置,以顺利排出陶土测压管和各连接管件中的气体。测压管应尽可能密闭,防止空气进入而使其中为非真空状态。

(4)水分入渗:将试验用水灌满马氏瓶,必须保证马氏瓶良好的密封性,连接好模拟装置各连接处。上边界为恒定水头,下边界为自由排水,各层土壤含水量均匀的边界条件开始入渗。初始定水头无法直接得到,因此塑料布盛水至所需,至马氏瓶定水头出水管底端,以保证马氏瓶定水头出流。塑料布划开的同时立刻打开马氏瓶,移除塑料布,及时记录马氏瓶水位和大土柱额定水头下降读数,由于上边界初始含水率很低,初期马氏瓶出流量难以满足额定水头,水分入渗非常快,要及时补水使入渗水头恒定,并记录所加水量,然后计算总的下降水量,即为包气带水分入渗量。

2. 数据监测

系统启动后,对试验数据进行追踪与监测。

(1)沉积物减渗累积入渗量监测。试验初期,计算塑料布恒定水头的水量以及量筒补给的水量,进行累加,马氏瓶开启之后,每隔 2min 观测一次累积入渗量,10min 以后每隔 2min 观测一次累积入渗量,60min 以后每隔 5min,720min 以后每隔 30min,12h 以后每隔 1h 观测一次累积入渗量;10d 后每隔 12h 观测一次累积入渗量;16d 后每隔 24h 观测一次累积入渗量。当入渗稳定以后,并每次为马氏瓶加水时及时观测马氏瓶的读数,7~15d 不等,直到试验结束。由于试验大厅温度相对恒定,与累积入渗量相比,室内蒸发在水分下渗的过程中可以忽略不计。

(2)本试验重点测试入流和出流水中氨氮、硝态氮、总氮、COD_{Cr}、BOD_5、总磷 6 种典型污染物的浓度。

3. 分析方法

收集整理试验数据,对其进行处理分析。

1)沉积物减渗累积入渗量计算

根据试验观测的马氏瓶水位下降数值和入渗湿润锋的变化,计算时段内单位面积土壤入渗的水量,即累积入渗量 I;单位时间内单位面积土壤入渗的水量,即入渗率 a;单位时间内湿润锋面前进的距离,即为湿润锋前进速率 v_{zf}。

2)沉积物减渗下污染物去除率计算方法

本试验重点观测入流和出流水中氨氮、硝态氮、总氮、COD_{Cr}、BOD_5、总磷 6 种典型污染物的去除效果。

出流水每隔 3d 收集一次,共收集 10 次。对于累积 10 次的出水采集样,根据出水量的大小按线性比例混合成 L 升水,其中一次出水采集需求量由式(4-1)确定:

$$V_{i需} = \frac{V_i}{\sum\limits_{i=1}^{10} V_i} L \tag{4-1}$$

式中,$V_{i需}$ 为第 i 时段的采水需求量;V_i 为第 i 时段的出流水量;L 为 10 次采集的混合总水量。混合水样中取样检测出流浓度,检测值代表 30d 内的出流浓度大小。

假定计算时段内污染物浓度为恒定值,根据土柱出流中各污染物的实际检测情况进行计算时段的划分。在特定的计算时段内,假设污染物的浓度是恒定值,即计算时段内的出流水质各污染物浓度采用该时间段两个监测节点的检测浓度的平均值,并认为该时段所有持续时间的出流浓度为此值,如果在此计算时段内,对于进水浓度进行过多次(≥3 次)浓度监测,根据各浓度持续时间,采用加权平均法求出该计算时段内的污染物平均浓度,则入流浓度确定如下:

$$C_{i入} = \frac{C_{(k-1)入} d_{k-1} + C_{k入} d_k + \cdots + C_{l入} d_l}{d_{k-1} + d_k + \cdots + d_l} \tag{4-2}$$

式中,$C_{i入}$为第 i 时段的入流浓度(如果在第 i 时段内入流浓度进行过多次监测,可采用加权平均法求第 i 时段内入流浓度 $C_{i入}$);$C_{(k-1)入}$为第 $k-1$ 时间节点入流浓度;$C_{k入}$为第 k 时间节点入流浓度;$C_{l入}$为第 l 时间节点入流浓度;d_{k-1}为第 i 时段内 $C_{(k-1)入}$浓度持续时间,d;d_k为第 i 时段内 $C_{k入}$浓度持续时间,d;d_l为第 i 时段内 $C_{l入}$浓度持续时间,d。

4.2.2　湿润锋随时间变化规律

根据入渗测量数据,图 4.7 和图 4.8 反映了土柱入渗湿润锋和锋面前进速率随时间变化的关系。由图 4.7 可以看出,入渗锋面深度随时间的变化一般是先表现为线性阶段,之后为指数阶段,但指数阶段持续时间很短。不同的沉积物填装厚度表现出不同的入渗过程,沉积物填装较厚的处理较其他处理有比较明显的指数入渗阶段,造成这些处理指数入渗阶段极短甚至消失现象的原因是:本研究事实上为典型的"炉盖砂"层状土壤入渗概化模型,入渗锋面穿透减渗材料进入轻质土后,将在均质土中所表现出的非线性变化过程转化为线性变化过程(Baveye et al.,1998)。天然沉积物铺设越厚,其减渗性能越明显优于较薄的处理,入渗锋面在减渗层本身停留时间较长,且其厚度为 20cm 时,其入渗初期的入渗特性较为明显。从各个处理的入渗穿透情况来看,5cm 厚度沉积物填装 1# 土柱的穿透时间极短,从入渗开始到底端出流仅用时 1623min,相应地,其入渗锋面前进速率也最大。而以铺设 20cm 厚度沉积物的 3# 土柱穿透耗时最长,达 4825min。本研究中,10cm 厚度沉积物的穿透历时仅比 5cm 沉积物厚度长 1843min,相差 53.2%,而与 20cm 厚度沉积物的处理比 10cm 沉积物厚度 2# 长 1359min,相差仅 28.2%。产生此现象的原因是沉积物组成成分主要为黏土矿物,结构较为致密,当厚度足够时,其减渗效果显著增加。例如,黏土常作为水库黏土防渗心墙。

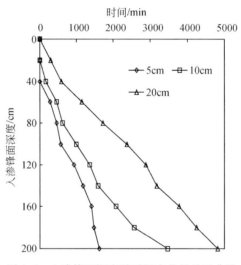

图 4.7　入渗锋面深度随时间变化的关系曲线

图 4.8 为锋面前进速率随时间变化的关系曲线,入渗锋面的前进受到土壤结构、质地和初始含水率的影响,结构越密实,孔隙越小,连通性越差,入渗锋面前进越慢;质地越重,黏粒含量越高,颗粒越细小,入渗锋面前进越慢;初始含水率越大时,土壤水势梯度越

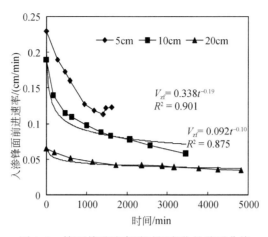

图 4.8　锋面前进速率随时间变化的关系曲线

小，入渗锋面前进的速度也就越缓慢。对三个处理的土柱入渗锋面前进速率与时间的关系曲线进行乘幂拟合后，发现只有 10cm 和 20cm 沉积物填装的拟合情况较好，5cm 的拟合情况不明显，因而未列于图中。沉积物达到一定厚度以后，其入渗锋面前进速率随时间变化的曲线与均质土入渗率普遍规律相似并严格符合幂函数，即入渗初期入渗速率较大，随之迅速减小并达到稳定速率(图 4.9)。

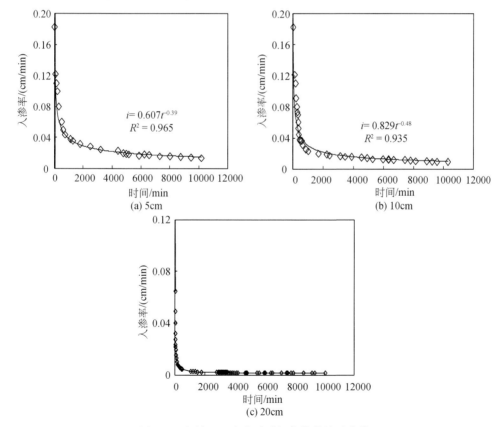

图 4.9　各处理入渗率随时间变化的关系曲线

4.2.3 入渗率随时间变化特征

由实测资料,根据累积入渗量和时间的关系(表 4.3),计算得到累积入渗量随时间动态变化的关系曲线,如图 4.10 所示。由图 4.10 可以看出,在入渗初始阶段,上层河床土壤处于含水率极低的状况,入渗时间极短,入渗率均普遍较大,主要是由于此时水力传导度比较大。随着入渗的进行,水势梯度减小、再生水中的微小颗粒物等入渗堵塞孔隙介质通道、土壤孔隙中的气泡产生真空等阻碍水体下渗,促使各处理入渗率迅速下降。对于 1♯ 土柱,入渗率呈现显著减小的趋势,变化规律符合拟合曲线 $a=0.607t-0.39$,$R^2=0.965$,当入渗时间 $t=5\text{min}$ 时,入渗率 $a=0.2\text{cm/min}$,约到 4000min 时,入渗开始趋于稳定下渗,稳定入渗率为 $a=0.02\text{cm/min}$。对于 2♯ 土柱,入渗率呈现同样显著减小的趋势,变化规律符合拟合曲线 $a=0.829t-0.48$,$R^2=0.935$,当入渗时间 $t=5\text{min}$ 时,入渗率 $a=0.12\text{cm/min}$,约到 4000min 时,入渗开始趋于稳定下渗,稳定入渗率为 $a=0.01\text{cm/min}$。对于 3♯ 土柱,由于水分入渗极其缓慢,监测时间比较长,因而其受室内温度变化的影响较大,与此同时,再生水持续入渗,其所携带的颗粒物会使包气带孔隙介质发生堵塞,故其乘幂拟合不太理想。其入渗率曲线呈现出近似折线形,即先期入渗率急剧减小,待稳定入渗以后,入渗率基本维持在一个较小值 $a=0.0007\text{cm/min}$ 保持不变。

表 4.3 各处理入渗参数统计

处理	各阶段累积入渗量拟合方程			
	第一阶段 $0<t<10\text{d}$	第二阶段 $10\text{d}\leqslant t<50\text{d}$	第三阶段 $50\text{d}\leqslant t<100\text{d}$	第四阶段 $100\leqslant t<160\text{d}$
1♯	$I=14.65t^{0.368}$, $R^2=0.960$	$I=3.785t+7.925$, $R^2=0.999$	$I=2.551t+68.96$, $R^2=0.998$	$I=1.812t+141.2$, $R^2=0.994$
2♯	$I=4.962t^{0.758}$, $R^2=0.924$	$I=1.549t+4.591$, $R^2=0.999$	$I=1.138t+25.87$, $R^2=0.996$	$I=0.904t+47.31$, $R^2=0.999$
3♯	$I=4.885t^{0.485}$, $R^2=0.968$	$I=1.055t+8.785$, $R^2=0.997$	$I=0.834t+20.44$, $R^2=0.997$	$I=0.795t+23.94$, $R^2=0.999$

4.2.4 污染物截留效应与分析

1. 有机物污染物去除效应与分析

在 7 月、8 月、9 月、10 月、11 月,BOD_5 和 COD_{Cr} 的入流浓度分别为 3.4mg/L、2.3mg/L、5.4mg/L、1.5mg/L、3.4mg/L 和 17.8mg/L、10.4mg/L、25mg/L、8.8mg/L、16.6mg/L,出流浓度分别为 0.5~2.4mg/L 和 4.2~11.4mg/L,根据各月累积入流浓度和累积出流浓度计算得到,三种处理土柱的去除率分别为 9.1%~60.8%、44.2%~60.8%、43.5%~90.7% 和 9.1%~80%、48.3%~80.8%、44.2%~82.8%,处于动态波

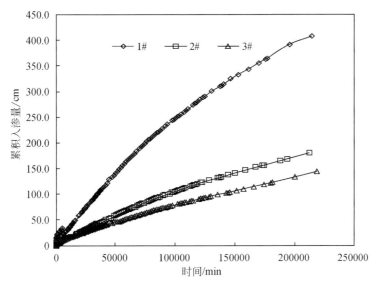

图 4.10 累积入渗量随时间变化的关系曲线

动状态。总体来说,五个月内,5cm、10cm、20cm 厚度沉积物作用下 2m 深的包气带对 BOD_5、COD_{Cr} 去除率分别为 52.5%、47.7%、69.0% 和 56.5%、49.9% 和 62.7%。

从去除率可以看出,减渗性能越好,BOD_5 和 COD_{Cr} 的去除率越高,这主要是由于水及其中的污染组分在包气带中的水力滞留时间越长,各种生化反应就越充分,从另一方面来说,沉积物厚度越大,在一定范围内可以吸附的污染物容量就会越多。此外,从图 4.11 可以看出,各柱渗滤液中 BOD_5 和 COD_{Cr} 浓度随时间的变化趋势相似,说明水中可生化性有机污染物的浓度变化趋势决定着总有机污染物浓度的变化趋势。可见,好氧生物降解过程对系统中有机污染物的去除发挥着重要作用。

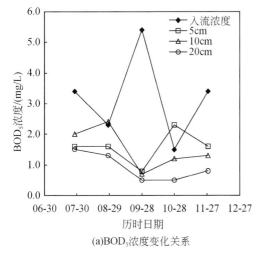

(a)BOD_5浓度变化关系

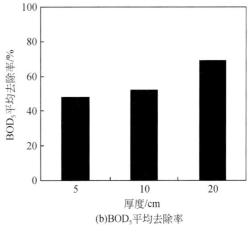

(b)BOD_5平均去除率

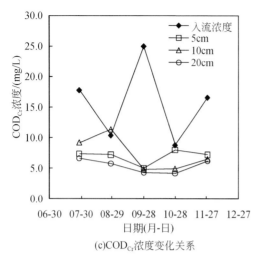 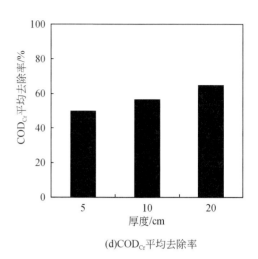

(c)COD_{Cr}浓度变化关系　　　　　　　(d)COD_{Cr}平均去除率

$$图4.11\quad 有机污染物去除率效果$$

2. 三氮的去除效果分析

综合分析不同减渗处理条件下,天然河床包气带结构对水中氨氮、硝态氮、总氮的去除规律总结如下:在天然河床沉积物减渗条件下,北运河天然河床包气带结构对氨氮的去除表现出极为良好的效果,去除率均在90%以上;对总氮、硝态氮的去除效果略差,可能是包气带介质中主要为好氧环境,使得反硝化作用难以发生,并且对于硝态氮去除,表面沉积层的去除效果优于包气带介质,同时随着沉积层厚度的增加而增加,这主要是因为沉积层中孔隙率较低,氧含量较少,且富含大量的反硝化细菌和丰富的有机质,为反硝化作用创造了条件。

对氨氮而言,1♯、2♯、3♯柱底端出流浓度大多处在0.03~0.27mg/L、0.03~0.21mg/L和0.03~0.23mg/L,六个月平均去除率为90.60%、92.50%、91.60%,可达Ⅱ类地下水水质标准。此外,去除效果增加幅度与入流月份等有关。例如,7月,2♯、3♯柱对氨氮的去除率分别高达95.18%和94.09%,这可能是由于夏季微生物活性较高,有利于污染物的去除(图4.12(a)、(b))。

对硝态氮而言,1♯柱底端出流浓度多处在5.9~15.2mg/L,平均去除率为30.5%,3♯处理柱底端出流液中硝态氮的浓度主要存于5.5~10.3mg/L,平均去除率为45.8%,基本呈现出沉积物厚度越大对硝态氮的去除越好的规律,但最好出流水质均只能达到Ⅲ类地下水水质标准(图4.12(c)、(d))。

对总氮而言,1♯、2♯、3♯对总氮的去除率分别为42.7%、62.1%和63.1%。对2♯、3♯柱来说,自水穿透土柱,底端出流浓度达到最小值,为0.22mg/L,这是由于初始时期通水,使土柱及其沉积物表面产生了一层致密的水膜,水分稳定下渗后,包气带含氧量极低,有力地促进了反硝化作用的发生,使之降解产生氮气挥发,而带走总的氮素量。在9月和10月,去除率出现了负值,同样是由于9月开始以后入流水的背景值较低,而之前滞留在包气带土体中的氮素被带来,其污染量被计入此次计算时段,因而产生了去除

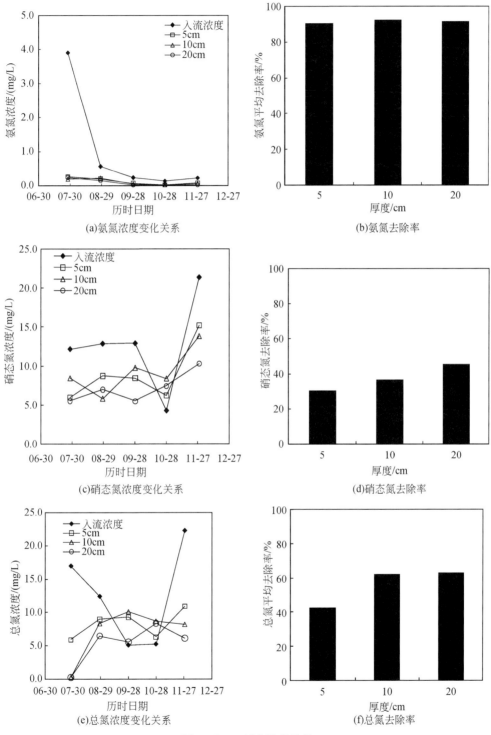

图 4.12　三氮去除率效果

率结果为负值的现象(图 4.12(e)、(f))。

3.总磷的去除效果分析

由图 4.13 可以看出,每月换水过后检测得到的出流液中的总磷浓度均处于一个比较低的水平,1♯、2♯、3♯柱对总磷的去除率均在 60% 以上,且随着沉积物铺设深度越大,净污效果越好。在显著水平 $\alpha=0.05$ 条件下,进行单因素方差分析五组不同月份污染物去除率数据的差异,$F=25.48>F(0.05)=3.48(P=3\times10^{-5})$。表明不同月份去除率存在明显差异,相比沉积物厚度来说,温度是影响去除率的因素之一。8月和11月,入流浓度分别达到 1.53mg/L 和 2.09mg/L,去除率分别达到 89.5%、94.1%、92.2% 和 69.9%、79.9%、90.0%。本试验中,当入流磷的浓度低于 0.22mg/L 时,各处理土柱对磷的去除几乎没有明显的效果,甚至出现出水浓度基本高于入水浓度的情况。

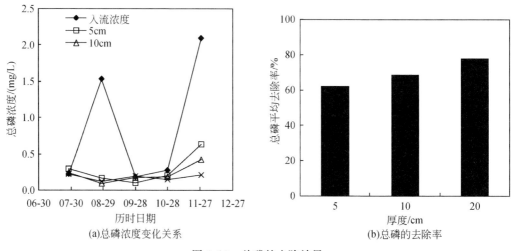

(a)总磷浓度变化关系　　　　　　　(b)总磷的去除率

图 4.13　总磷的去除效果

4.3　再生水回用河道河床介质对污染物的去除效应

研究表明,河床沉积物与表层包气带介质对河道水的入渗以及净污起主要作用(刘澄澄,2011)。本节以北京市北运河为例,通过定水头入渗大型模拟试验,来探究表层河床介质对河流典型污染物的去除效应,对河道沉积物层与表层河床介质理化性质的测试是选择典型断面的重要依据之一,通过对北运河河道沉积物理化性质的空间分异规律研究,试验选取北运河土沟与和合站为典型河道断面开展定水头入渗试验。

微生物可利用再生水体的基质和水体所含微生物生长必需的营养元素,在渗滤层中微生物作用下容易形成生物膜,分泌胞外蛋白和胞外聚合物等,显著堵塞渗滤介质。堵塞发生后,渗滤介质的水力特性,如渗透率、孔隙度、弥散度等将发生改变,且其生长与消亡对渗滤介质具有堵塞和解堵效应,因此微生物减渗是一种较为适宜的过渡性减渗措施。

4.3.1　材料与方法

1. 试验装置与典型断面选择

试验装置如图 4.1 和图 4.2 所示。对河道沉积物层与表层河床介质理化性质的测试是选择典型断面的重要依据之一。通过对河道沉积物理化性质、污染物分布及河流水质的空间分异规律研究，选择北运河土沟与和合站为典型河道断面，理化性质见表 4.4。由表可知，土沟河床质粒径主要分布在 0.05～0.5mm，整体粒径级配较好，呈现粗粉粒较多，细砂、极细砂次之，大粒径中砂、粗砂比较少；介质干容重为 1.57g/cm³，含水率为 13.15%。土沟沉积物层粒径以粗粉粒为主，占 40.35%，干容重相对较小，为 1.16g/cm³。和合站河床质则以中砂为主（36.51%），细砂（22.87%）、粗粉粒（21.27%）次之，极细砂相对较少（14.37%），粗砂含量最少（4.97%）；粒径级配比较差，以粒径较大的中砂、细砂为主，相应的干容重较大，为 1.83g/cm³，含水率较小，为 10.77%。和合站沉积物层也与河床介质相应，沉积物层中含有较多砂粒，干容重（1.37g/cm³）与土沟沉积物层相比较大。据此，针对两种差异较大的河床断面，开展典型污染物在不同类型河道介质中的迁移转化规律研究。

表 4.4　土沟与和合站介质理化性质

项目	粒组含量/%					干容重 /(g/cm³)	初始含 水率/%
	粗砂	中砂	细砂	极细砂	粗粉粒		
	2.00～0.5mm	0.5～0.25mm	0.25～0.1mm	0.1～0.05mm	<0.05mm		
土沟河床质	1.21	17.06	26.23	23.21	32.28	1.57	13.15
土沟沉积物层	0.74	5.30	22.39	31.22	40.35	1.16	32.08
和合站河床质	4.97	36.51	22.87	14.37	21.27	1.83	10.77
和合站沉积物层	2.84	20.70	27.36	30.02	19.07	1.37	31.60

获取河床表层原状土，取样深度为 5m，剔除较大颗粒的石块和植物根系并过 2cm 筛，运回实验室后测试验介质理化性质，采用环刀法和烘干法，测试介质含水率和干容重。

2. 试验步骤

将野外取回的土样运回实验室后，即进行介质的填装与入渗试验的启动，具体步骤如下。

(1) 填装反滤层：在土柱底部铺设由卵砾石、石英砂和 200 目锦纶布构成的反滤层，共高 30cm。反滤层从下到上所用材料分别为粒径 2cm 的卵砾石、粒径 1cm 的卵砾石、粒径 0.10～0.20cm 的石英砂，各材料均需用去离子水清洗三遍，再用去离子水浸泡 24h 并冲洗三遍，以达到反滤层超净的目的。

(2) 填装天然河床质：这部分即为模拟的河道沉积物下部河床介质段，填装厚度为 500cm。将野外取回的土样分层，按照测定的初始含水率、土壤干容重和装土体积等基本数据分层填装、压实填装到土柱中。用夯实器将土壤夯成原状土,每隔 7.60cm 填装一次,相邻两次装填时接触平面要用刀片刮毛使上下两层土壤充分接触,避免明显分层现象的出现。在土柱上端加设与土柱底部反滤层结构相同的反滤层,共高 5cm,介质装填配置情况见表 4.5。

表 4.5 试验配置

典型断面	装填介质	进水水质	淹没水头/cm
土沟	3cm 沉积物+3.5m 素填土+1.5m 砂质粉土	河道水	50
和合站	3cm 沉积物+4.2m 细砂+0.8m 粉砂	河道水	50

(3)安装张力计和土壤水采集器:张力计陶土管安装的深度为:$h_1 = 20cm$、$h_2 = 40cm$、$h_3 = 60cm$、$h_4 = 80cm$、$h_5 = 100cm$、$h_6 = 120cm$、$h_7 = 140cm$、$h_8 = 160cm$、$h_9 = 180cm$、$h_{10} = 200cm$、$h_{11} = 230cm$、$h_{12} = 260cm$、$h_{13} = 290cm$、$h_{14} = 320cm$、$h_{15} = 350cm$、$h_{16} = 390cm$、$h_{17} = 430cm$、$h_{18} = 470cm$。土壤水采集器陶土管安装的深度为:$h_1 = 10cm$、$h_2 = 30cm$、$h_3 = 50cm$、$h_4 = 70cm$、$h_5 = 90cm$、$h_6 = 110cm$、$h_7 = 130cm$、$h_8 = 150cm$、$h_9 = 170cm$、$h_{10} = 190cm$、$h_{11} = 220cm$、$h_{12} = 250cm$、$h_{13} = 280cm$、$h_{14} = 310cm$、$h_{15} = 340cm$、$h_{16} = 380cm$、$h_{17} = 420cm$、$h_{18} = 460cm$。陶土管中心与设计安装深度处相平。陶土管头部向下与水平线成 30°,出气方向为斜向上,以保证试验过程中陶土管中的气体顺利排出,保证张力计读数的准确性。埋放前先将陶土管在水中浸泡 2h,排出陶土管孔隙中的气体。陶土管集气瓶安放在张力计的最高位置,使陶土管与导压管内产生的气体能自动升至集气瓶。组装好的张力计各连接处要保证接牢、密封,以防漏气。

(4)入渗:模拟系统全部安装完毕后,将马氏瓶中充满相应的试验用水,准备启动入渗试验。土柱在上边界条件为恒定水头、下边界条件为自由排水、各层土壤初始含水率均匀的条件下进行入渗。入渗时,为了保证定水头入渗条件,在马氏瓶准备就绪的状态下,将足够大的塑料布铺于填装好的上层反滤层上方,均匀铺展,形成以土柱外壁为约束条件的塑料布容器,缓慢将与马氏瓶中水质相同的水体倒入容器,到达预定水位线为止。然后在开启马氏瓶出水口阀门的同时,迅速抽出塑料布,入渗过程即开始,由于入渗初期人工加水等误差,水位可能会出现小幅度的上升或下降。若水位上升,则打开土柱溢流口,并用烧杯盛接溢流水体并读出其水量;若水位下降,则人工对其进行补水并记录补水量。水位稳定后,连续观测供水装置马氏瓶中水量随时间的变化,即包气带累积入渗量,观测张力计读数的变化情况,以此判断入渗锋面随时间的变化;此外,还要监测土柱地表水水温。

3. 数据监测与分析

对北运河河道污水进行连续监测,确定其入流水质,无机污染物监测指标为回用中应重点关注的水质指标:总氮、氨氮、硝态氮、总磷等;有机污染物包括 COD_{Cr}、BOD_5。

入渗试验启动,河道污水陆续穿透各土柱后,用烧杯盛接各柱底端 500cm 处出水口地下水出流,并利用土壤水采集器定期定点从各减渗处理土柱侧面各土壤水采集器安装处采集土壤水,对其进行水质跟踪监测。采样时间分别为 1d、3d、5d、7d、10d、15d、20d、

30d、45d、60d。采集样品 10 次。对所取水样监测总氮、氨氮、硝态氮、COD_{Cr}、BOD_5、温度等指标。水质取样方法：取样时，在真空抽气泵进气口处连接过滤器，过滤器通过 PVC 软管与有机玻璃多通管连接，拔掉取样瓶上铆钉，将多通管每一根抽气管与各取样瓶相连接，保证其内部形成密封空间后开启真空泵，待真空泵压力指示表盘读数达到 −80kPa 时，关闭真空泵。用止水钳将取样瓶上的软管夹住，拔掉多通管抽气软管并将铆钉重新插入取样瓶出气口，然后将取样瓶出气口上的止水钳取下，保证所有取样瓶均密封完成后，将真空泵关闭，并把所有止水钳取下。

　　本次试验中土柱深度较大，污染物穿透时间较长，入流与出流之间存在滞后性；另外，河道入水浓度是一个动态变化值，在计算去除率时入水浓度和出水浓度对应问题上存在难点。因此，难以利用污染物浓度计算去除率，为此利用污染物总量来进行污染物去除率的计算并提出如下假定。

　　（1）土柱储水量基本稳定。基于长期运行土柱系统处于稳定状态下，根据物质守恒原理，假设在特定时段内，土柱内水量处于平衡状态，即土柱顶端输入水量等于底端输出水量。

　　（2）计算时段内土柱内污染物未发生明显淋溶时，固相中污染物残留量变化对去除率的影响可以忽略不计。污染物残留量的变化量相比于入流污染物的总量一般很小（两者比例多处于 1% 以下），变化量相对较大的污染物为磷元素和天然沉积物中的硝态氮，前者并未考虑去除效应，后者在试验前期发生了较为明显的淋溶，可以通过后续的出流检测来判断污染物的去除效果，所以只考虑了水相中污染物的去除率。

　　（3）假设短期内去除率基本稳定。土柱长期运行时段内会多次补给河道污水，由于入流水质的改变，经历一定时间后某一深度下的污染物的出流浓度将会发生变化，而后期检测周期较长，实际出流的检测节点中可能并不包含出流瞬态变化的关键点。可以假设在一定时段内污染物的去除率基本稳定，即出流浓度与入流浓度的比值是恒定值，通过两次相邻河道水的入流浓度和其中某一节点的出流浓度来推求这一瞬态变化点的出流浓度。

　　（4）两个出流节点时段内污染物浓度呈线性变化。取相邻出流检测节点间隔为一时段，由于在此时段内入流水质和入渗率都非常稳定，出流水质的变化相对平缓，故假定此时段内污染物浓度呈线性变化。

　　水相中污染物总质量（S_W）为

$$S_i = C_i - W_i \tag{4-3}$$

$$S_W = \sum_{i=1}^{n} S_i \tag{4-4}$$

式中，S_i 为第 i 时段内的污染物质量；S_W 为水相污染物总质量。

　　污染物去除率（R_e）的计算：

$$R_e = \frac{T_{wIN} - T_{wOUT}}{T_{wIN}} \times 100\% \tag{4-5}$$

式中，T_{wIN}、T_{wOUT} 分别为入流水相和出流水相中污染物的总质量。

4.3.2　河床介质对典型污染物的净化效应

1. 无机污染物的吸附降解性能

1）氨氮

土沟与和合站处理组对氨氮的吸附降解能力与去除率如图4.14(a)所示。从土沟处理组（图4.14(a₁)）与和合站处理组（图4.14(a₂)）不同深度氨氮出流浓度随时间的变化曲线可以看出，相对于对照组（原水），土沟与和合站处理组对氨氮均表现出一定的去除效果，但不同深度断面氨氮出流浓度随时间变化波动较大，对氨氮的吸附降解能力差异不显著（$\alpha=0.05$）。土沟与和合站处理组在两处理组底端出流液中氨氮的浓度分别介于0.15～0.35mg/L、0.13～0.34mg/L，根据《地下水质量标准》（GB/T 14848—2017），出流水质可达Ⅲ类地下水标准。

本研究利用污染物总量法计算土沟与和合站处理组不同断面出流水中氨氮的整体去除率，如图4.14(a₃)所示。从图中可以看出，和合站处理组对氨氮的去除率高于土沟处理组，平均去除率 R_e 分别为41.45%、25.73%。随着包气带深度的增加，两处理组对

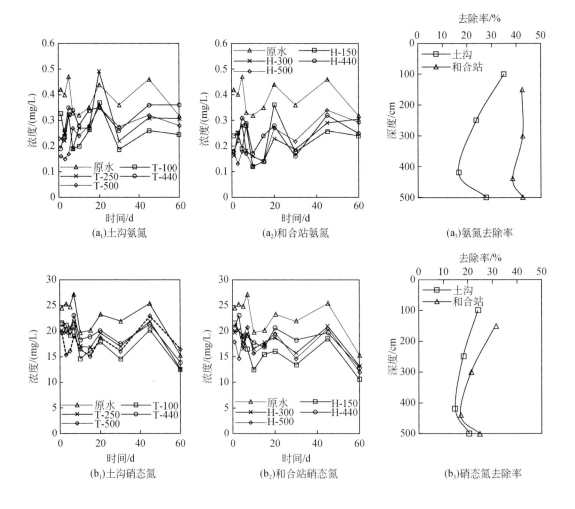

（a₁)土沟氨氮　　　　　　　（a₂)和合站氨氮　　　　　　　（a₃)氨氮去除率

（b₁)土沟硝态氮　　　　　　（b₂)和合站硝态氮　　　　　　（b₃)硝态氮去除率

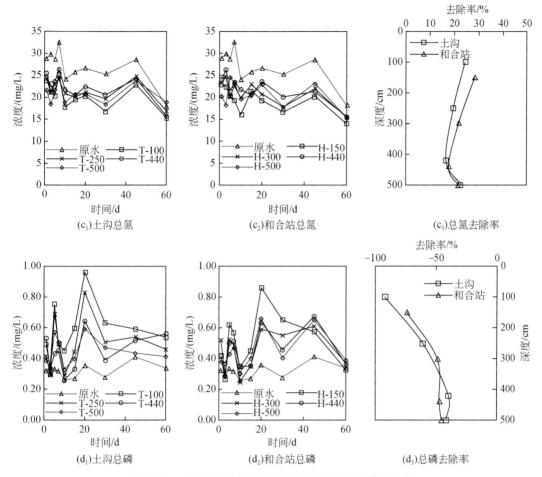

图 4.14 土沟与和合站处理组对无机污染物的降解性能

氨氮的去除效果呈现随深度增加去除率缓慢减小,至 440cm 深度处去除率反而增加的现象,土沟处理组在 T-100、T-250、T-440、T-500 位置处的去除率分别为 R_e(34.97%)、R_e(23.73%)、R_e(16.45%)、R_e(27.78%),和合站处理组在 H-150、H-300、H-440、H-500 位置处的去除率分别为 R_e(42.26%)、R_e(42.57%)、R_e(38.45%)、R_e(42.54%),这表明包气带深度与包气带理化性质对入渗水分中氨氮具有重要影响。总体而言,和合站处理包气带对氨氮的降解能力高于土沟处理,包气带上层 100cm 处对氨态氮的吸附降解起到重要作用。

2)硝态氮

土沟与和合站处理组对硝态氮的吸附降解能力与去除率如图 4.14(b)所示。从土沟处理组(图 4.14(b₁))与和合站处理组(图 4.14(b₂))不同深度硝态氮出流浓度随时间的变化曲线中可以看出,相对于对照组(原水),包气带不同深度介质均对硝态氮表现出较好的去除效果,土沟与和合站处理组底端出流液中硝态氮的浓度主要介于 15.02～22.91mg/L、12.02～20.85mg/L,出流水质可达Ⅲ类地下水标准。

土沟与和合站处理组不同断面出流水中硝态氮的整体去除率如图 4.14(b_3)所示,土沟与和合站处理组在整个计算时段内,与氨氮去除率效果一致,和合站处理组不同断层对硝态氮的去除率均高于土沟处理组,平均去除率分别为 23.46%、19.36%。随着河床介质深度的增加,两处理组由上至下断层对硝态氮的去除效果呈现先减小、底部增加的趋势,土沟处理组在 T-100、T-250、T-440、T-500 断面的去除率分别为 R_e(24.06%)、R_e(17.99%)、R_e(14.82%)、R_e(20.59%),和合站处理组在 H-150、H-300、H-440、H-500 断面的去除率分别为 R_e(31.07%)、R_e(21.30%)、R_e(16.865%)、R_e(24.60%)。总体而言,和合站对硝态氮的降解能力高于土沟处理组,包气带深度与理化性质是入渗水分中硝态氮去除降解的重要影响因素,包气带上层 100cm 深度对硝态氮吸附降解起关键作用。

3)总氮

图 4.14(c)为土沟与和合站处理组对总氮的吸附降解能力与去除率变化特征。从土沟处理组(图 4.14(c_1))与和合站处理组(图 4.14(c_2))不同深度总氮出流浓度随时间的变化曲线中可以看出,总氮变化特征与氨氮、硝态氮总体变化趋势一致,土沟与和合站处理组对总氮均表现出一定的去除效果,但不同深度断面氨氮出流浓度随时间变化波动较大,对总氮的吸附降解能力差异不显著($α=0.05$)。土沟与和合站处理组在两处理组底端出流液中氨氮的浓度分别介于 18.40～24.45mg/L、15.31～24.63mg/L,出流水质可达Ⅲ类地下水标准;土沟与和合站上、中、下不同断层之间总氮含量差异并不显著($α=0.05$)。土沟与和合站处理组不同断面出流水中总氮的整体去除率如图 4.14(c_3)所示,土沟与和合站处理组在整个计算时段内,平均去除率 R_e 分别为 20.86%、22.32%。土沟处理组随着河床介质深度的增加,各处理组由上至下断层对总氮的去除效果也呈现先减小,底部增加的趋势,去除率依次表现为 R_e(24.36%)、R_e(19.56%)、R_e(16.57%)、R_e(22.94%),和合站处理组变化规律与土沟处理组相似,由上至下去除率表现为 R_e(28.29%)、R_e(21.72%)、R_e(17.67%)、R_e(21.59%)。总之,和合站处理组对总氮的降解能力高于土沟处理组,包气带深度与理化性质是入渗水分中总氮去除降解的重要影响因素,包气带上层 100cm 深度对总氮吸附降解起关键性作用。

4)总磷

图 4.14(d)为土沟与和合站处理组对总磷的吸附降解能力与去除率变化特征。从土沟处理组(图 4.14(d_1))与和合站处理组(图 4.14(d_2))不同深度总磷出流浓度随时间的变化曲线可以看出,各处理组相对于入流浓度对总磷去除效果并不显著,并且各断面总磷含量高于入流浓度,土沟与和合站处理组上、中、下不同断层之间总磷含量总体表现为负增加趋势,这是由于沉积物层中总磷背景值含量较高,大量释放进入入渗水流中,而总磷在渗流过程中经过包气带的吸附降解作用含量逐渐下降。土沟与和合站处理组底端出流液中总磷的浓度主要介于 0.34～0.60mg/L、0.31～0.66mg/L,出流水质随深度升高呈现升高现象,但总磷含量仍然可达Ⅲ类地下水标准,这与入流水质中总磷含量较低有关,虽受到包气带释磷作用的影响,但仍然符合Ⅲ类地下水标准。土沟与和合站处理组不同断面出流水中总磷的整体去除率如图 4.14(d_3)所示,土沟与和合站处理组在整个计算时段内,平均去除率 R_e 分别为 -58.79%、-54.10%。土沟处理组随着河床介质深度的增加,各处理组由上至下断层对总磷的去除效果呈负增长,总体呈现减小趋势,在底

部略增加,去除率依次表现为 R_e(-92.45%)、R_e(-61.18%)、R_e(-39.80%)、R_e(-41.72%),和合站处理组去除率由上至下表现为 R_e(-74.10%)、R_e(-49.12%)、R_e(-47.54%)、R_e(-45.62%)。总体而言,土沟与和合站处理组对总磷均表现为累积效果,上层断面累积量高于下层断面,土沟处理组对总磷的累积效果高于和合站处理组;入流水体中总磷的背景值相对较小,虽经过介质的积累作用,底部出流水质仍可达Ⅲ类地下水水质标准,但总磷经过包气带的渗滤累积作用对地下水中总磷含量的增加趋势将会对地下水产生二次污染风险,应引起持续关注。

2. 有机污染物的吸附降解性能

渗滤液中 BOD_5、COD_{Cr} 的浓度随时间变化及去除率如图 4.15 所示。包气带对有机质的去除效果用 BOD_5 与 COD_{Cr} 两种有机污染物指标变化来表征。土沟与和合站处理对有机质的吸附降解能力与去除率如图 4.15(a)、(b)所示。从土沟处理(图 4.15(a_1)、(b_1))与和合站处理(图 4.15(a_2)、(b_2))不同深度有机质出流浓度随时间的变化曲线中可以看出,相对于原水,BOD_5 与 COD_{Cr} 出流浓度在同一换水周期内呈现下降趋势,土沟与和合站处理底端出流液中 BOD_5 的浓度主要介于 3.60~5.60mg/L、2.50~5.60mg/L;土沟与和合站处理组底端出流液 COD_{Cr} 的浓度主要介于 18.20~28.30mg/L、12.60~26.90mg/L。

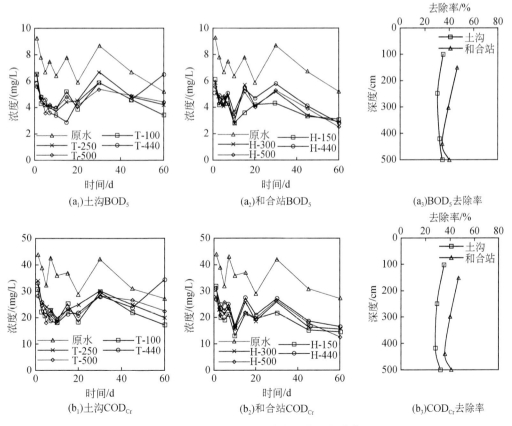

图 4.15　BOD_5、COD_{Cr} 浓度变化及去除率

土沟与和合站处理对有机质具有较好的去除效果(图 4.15(a₃)、(b₃)),土沟与和合站处理组对 BOD₅、COD_{Cr} 的平均去除率分别为 33.05%、40.01%,31.24%、40.86%。各处理组在 150cm、250cm(300cm)、440cm 与底部出流断面处对有机质的去除率呈现减小、底部增加的趋势,土沟处理在 T-100、T-250、T-440、T-500 断面对 BOD₅ 去除率依次为 R_e(35.00%)、R_e(30.65%)、R_e(32.22%)、R_e(34.35%),对 COD_{Cr} 的去除率依次为 R_e(35.16%)、R_e(29.49%)、R_e(28.24%)、R_e(32.07%),和合站在 H-150、H-300、H-440、H-500 断面对 BOD₅ 去除率依次表现为 R_e(46.51%)、R_e(39.38%)、R_e(34.35%)、R_e(39.77%),对 COD_{Cr} 的去除率依次为 R_e(46.89%)、R_e(40.01%)、R_e(35.70%)、R_e(40.84%)。总体而言,和合站处理对有机质的吸附降解能力高于土沟处理组,包气带上层 100cm 是水流中有机质的主要去除部位,随包气带深度增加有机质去除能力波动不大。

相较于土沟处理组,和合站处理组对污染物氮磷以及有机质表现出较好的吸附降解效果。而土沟段地层复杂,主要为素填土层,弱透水层多,粉质黏土含量较高,对污染物的去除效果应该比较好,而和合站岩性较为单一,多为细砂层,单从岩性判断和合站对污染物的去除效果应相对较弱。分析可能有如下几点原因。

(1)河流水体在不同理化性质的介质中下渗,当湿润锋到达不同介质断面时,入渗率基本达到稳定,当水体穿透饱和导水率较低的沉积物层时,介质的入渗率基本由上层沉积物层决定,下层则出现指流现象。层状结构土壤中,若细质土层位于粗质土层之上,则下渗过程中易出现指流。同时,土沟介质中粉质黏土多,容易出现裂隙和大孔隙,而和合站多为细砂或者粉砂,因裂隙和大孔隙原因土沟中出现指流的可能性明显大于和合站段。大量的研究结果(Glass et al.,1996;高瑞,2006;李贺丽等,2008;拦继元,2009)表明,污染物随优先流的迁移是造成深层土壤和地下潜水污染的主要原因,土沟断面的指流现象导致污染物与介质的接触面积减小,污染物的吸附与降解效率均降低。

(2)和合站介质为细砂与粉砂结构,孔隙率相对较高,利于好氧细菌的生长,且随着断面深度增加,细菌含量差异越明显,好氧细菌对污染物的去除起到重要参与作用,促进污染物的转化降解。

(3)试验土柱为从土沟与和合站典型河道断面进行的野外取样,再按照相同的比例进行填装,土柱的结构与典型河道断面实际结构还有一定区别,造成试验结果与预期有一定差异。

(4)由于土柱边壁为有机玻璃,表面较为光滑,有可能造成边壁效应较明显,尤其是对于孔隙率较低的土柱,边壁优先流更明显。

4.4 小　　结

(1)再生水回用河道沉积物对河床的渗流结果表明,河床沉积物填装厚度越厚,穿透时间越长,湿润锋的锋面前进速度越小。累积入渗量也呈现同样的规律,入渗初期以幂级数规律增长,后期为线性增长。微生物减渗层清除后,随着沉积物形成厚度增加,水分穿透时间越长,湿润锋的锋面前进速度越小。累积入渗量也呈现出同样的规律,在沉积物的厚度足够大的条件下,厚度本身带来的减渗性能差异越小。随着沉积物厚度增加,自然减渗条件下河床介质的净污效果更明显。

(2)河床包气带对典型污染物的吸附降解效果随介质深度的增加而降低,至底部出流污染物浓度降低,包气带表层 0~1.5m 处是污染物去除的主要部位;和合站砂滤介质相对于砂质壤土介质为主的土沟处理组对污染物的去除效果更高。土沟与和合站处理组对氨氮的去除率介于 16.45%~34.97%、38.45%~42.56%,对硝态氮、总氮的去除率均为 20% 左右。

(3)和合站渗滤系统相对于土沟对有机质有较好的去除效果,土沟与和合站处理组对 BOD_5、COD_{Cr} 的平均去除率分别为 33.05%、40.01%,31.24%、40.86%;随着河床介质厚度的增加去除率减小。渗滤系统对磷素表现出明显的淋溶现象,土沟与和合站处理组中淋出量相对于入流量分别增加了 58.79%、54.10%。

参 考 文 献

董哲仁. 2003. 水利工程对生态系统的胁迫[J]. 水利水电技术,34(7):1-5.

高瑞. 2010. 层状土壤指流及污染物优先迁移特性的试验研究[D]. 西安:西安理工大学.

拦继元,李怀恩,史文娟,等. 2009. 均质土壤及层状土壤的指流对比实验[J]. 节水灌溉,(11):53-55.

李贺丽,李怀恩,胥彦玲. 2010. 水分再分布过程中指流特性及影响因素的实验研究[J]. 地理科学进展,29(2):173-178.

李鹏翔. 2012. 再生水补给型河道减渗条件下包气带净污效应及维持特征[D]. 北京:中国农业大学.

刘澄澄. 2011. 再生水回用条件下永定河包气带净污效应及减渗模式研究[D]. 北京:中国农业大学.

马唐宽,李红明,汪锋. 1998. 淮河污染对两岸近域地下水影响分析[J]. 水资源保护,2(1):61-65.

武君. 2008. 尾矿坝化学淤堵机理与过程模拟研究[D]. 上海:上海交通大学.

郑彦强,卢会霞,许伟,等. 2010. 地下渗滤系统处理农村生活污水的研究[J]. 环境工程学报,4(10):2235-2238.

Baveye P,Vandevivere P,Hoyle B L,et al. 1998. Environmental impact and mechanisms of the biological clogging of saturated soils and aquifer materials[J]. Critical Reviews in Environmental Science and Technology,28(2):123-191.

Comte J C,Banton O,Join J L,et al. 2010. Evaluation of effective groundwater recharge of freshwater lens in small islands by the combined modeling of geoelectrical data and water heads[J]. Water Resources Research,46(6):6601.

Darwish M R,El-Awar F A,Sharara M,et al. 1998. Economic-environmental approach for optimum wastewater utilization in irrigation:A case study in lebanon[J]. Applied Engineering in Agriculture,15(1):45-48.

Glass R J,Yarrington L. 1996. Simulation of gravity fingering in porous media using a modified invasion percolation model[J]. Geoderma,70(2-4):231-252.

Hussain S,Aziz H A,Isa M H,et al. 2007. Physico-chemical method for ammonia removal from synthetic wastewater using limestone and GAC in batch and column studies[J]. Bioresource Technology,98(4):874-880.

Liu X M,Wang X G. 2009. Primary research on the self-purification of contamination in unsaturated zone [J]. Ground Water,31(5):79-82.

第5章　再生水补给河湖生态用水对邻近区域地下水环境的影响风险及调控

5.1　典型污染河段地表水与地下水关系监测研究

5.1.1　监测断面基本情况

为了研究河水对地下水的影响,通过典型河流断面监测井对水位、水质系统性的观测,并通过后续进行的抽水、弥散试验,整体分析确定了河水对地下水的影响程度及影响范围。

为监测河流对地下水的影响,2009年北京市水文地质工程地质大队在温榆河段的土沟、北运河段的杨堤、和合站3个河流断面建设了地下水专门监测井。

在此基础上,为精细刻画河流监测断面的地层结构,系统观测地下水位、水质的变化,补充3个河流断面。3个河流断面的水文地质情况统计见表5.1。三个河段岩性均以细砂和黏砂为主。

表 5.1　监测断面水文地质情况

序号	监测断面	深度/m	地层岩性	水文地质单元	监测层位/m
1	土沟段	35	黏砂、粗砂、黏砂、粉细砂共4层	温榆河	15～27
2	杨堤段	20	粉质黏土、细砂、粉质黏土、细砂、粉质黏土共5层	潮白河	9～16
3	和合站段	20	细砂与粉质黏土共2层	潮白河	9～16

根据地区水文地质情况,典型河段处建设了不同深度的监测井,以便系统研究河水对地下水的影响范围。土沟段井深35m,杨堤段与和合站段井深20m。杨堤段离河最近的监测井距河17m,土沟段距河75m,和合站段距河150m。

由于土沟段与和合站段已有的监测井距河较远,2015年5月,本项目在靠近河流的位置新建了19眼监测井,其中土沟段12眼,和合站段7眼,补充原有监测的空白区。距河段距离相同的监测井的井深不同,用来监测河水对地下水的影响程度。

1.土沟段

原有专门监测井4眼,编号为WR-250～WR-253,井深均为35m。补充的12眼井位于原有监测井东北的温榆河西岸,构成随河流由近至远不同深度的监测断面,如图5.1所示。

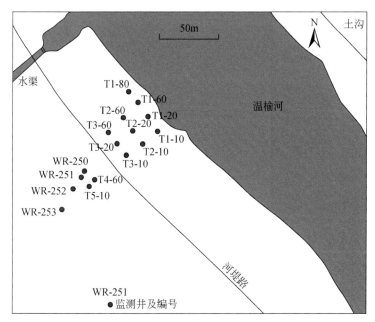

图 5.1　土沟段监测井分布

根据土沟段新建井的岩性资料,近河段表现为黏砂与细砂互层,其中厚度 0～10m、15～25m、25～30m、35～40m、65～75m 为黏砂层,其他均为细砂层。而远河段第四系岩性与近河段相比则显得较为单一,15m 以上为细砂层,15～25m 为黏砂层,以下为细砂层(图 5.2)。

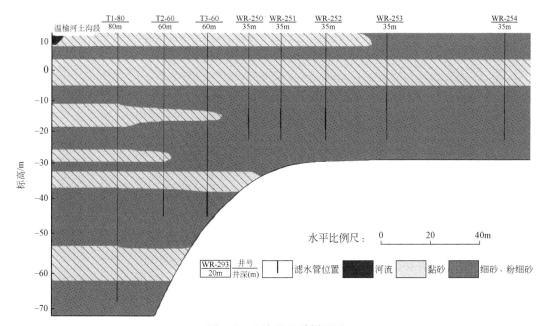

图 5.2　土沟段地质剖面图

2. 杨堤段

专门监测井 11 眼,编号 WR-288～WR-292、Tzh-1～Tzh-6,井深均为 20m。已有监测井及新建监测井位置分布见图 5.3。

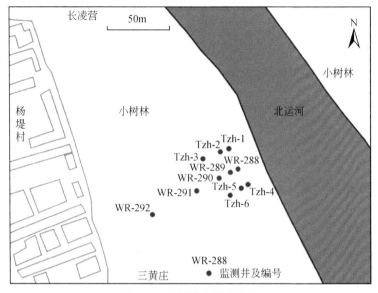

图 5.3　杨堤段监测井分布

北运河杨堤段第四系上层为 15m 左右厚度的黏砂层,往下为 10m 左右的细砂含水层,含水层继续往下是黏砂(图 5.4)。

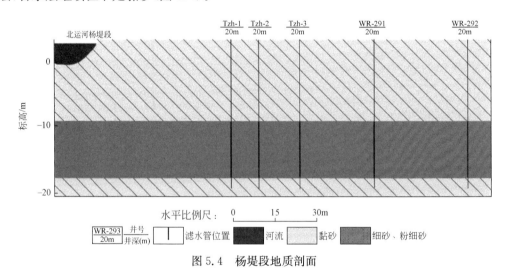

图 5.4　杨堤段地质剖面

3. 和合站段

原有专门监测井 5 眼,编号 WR-293～WR-297,井深 20m。新建 7 眼井位于原有监测井以西的北运河东岸河漫滩上,沿着平行河岸的方向分 3 排分布,第 1 排 H1 从南向北井深依次为 30m、40m 和 70m,第 2 排 H2 和第 3 排 H3 南边井深 30m,北边井深 40m(图 5.5)。

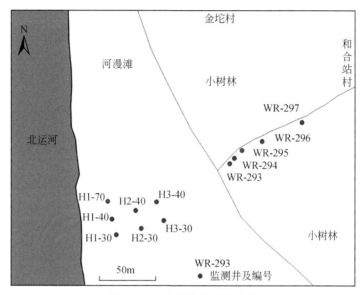

图 5.5　和合站段监测井分布

和合站段第四系埋深 35m 左右为细砂含水层,根据新建井钻孔资料看出近河段35～55m 为黏砂层,以下为细砂含水层夹薄层黏砂(图 5.6)。

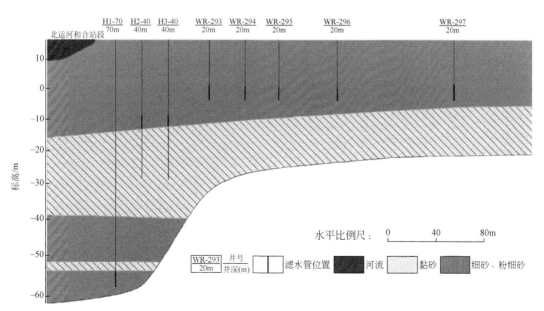

图 5.6　和合站段地质剖面图

5.1.2 典型河段地下水位变化分析

本次对工作区内各河段已有专门监测井进行定期水位监测,并在北运河上下游典型河段设置了地下水位自动监测仪器,基本查明了河水与地下水的补给关系,对北运河干流不同地区地下水水位变化特征进行分析。

在温榆河土沟段 2 眼、北运河杨堤段 2 眼、北运河和合站段 2 眼,共计 6 眼监测井中分别安装了水位自计仪,见表 5.2。

表 5.2 地下水位自动监测仪安装井基本情况

编号	监测井位置	井深/m	安装日期	2016 年 9 月实测/m		
				水位埋深	水位标高	与河距离
WR-250	土沟段	35	2015-11-02	13.21	16.48	75
WR-288	杨堤段	20	2015-10-30	4.67	12.73	17
WR-290	杨堤段	20	2015-10-30	4.89	12.74	31
WR-293	和合站段	20	2015-10-30	2.71	12.45	150
WR-295	和合站段	20	2015-10-30	3.49	11.81	165

2014 年 11 月至 2016 年 9 月,5 眼井(除 T1-10)每天的水位监测数据分布如图 5.7

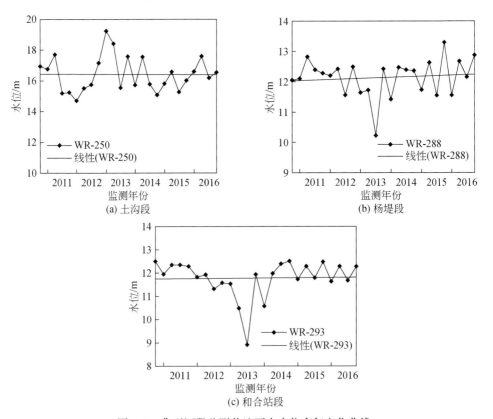

图 5.7 典型河段监测井地下水水位多年变化曲线

所示。可以看出,各井水位较为稳定,图上均出现一个最低值,其为北京市平原区地下水监测运行项目采样抽水洗井时水位降低引起的,在抽水结束后大约 2h 即可恢复到抽水前的水位,水位变化趋势可不考虑抽水的影响。

1. 典型河段水位多年变化

本次重点研究的 3 个河段中,从上游土沟段(平均水位 15.74m),到下游的杨堤段(平均水位 12.69m)和和合站段(平均水位 11.70m)水位逐渐降低,与区域地下水流向一致(表 5.3)。

表 5.3　典型河段监测井水位状况情况 （单位:m）

井编号	井位置	埋深			水位		
		2016 年 9 月	2009 年	埋深变化	2016 年 9 月	2009 年	水位变化
WR-250	土沟段	12.69	12.75	−0.06	17.00	16.94	0.06
WR-251	土沟段	12.61	12.42	0.19	16.74	16.93	−0.19
WR-252	土沟段	13.97	11.86	2.11	14.85	16.96	−2.11
WR-253	土沟段	13.92	11.32	2.60	15.39	16.99	−2.6
平均值		13.30	12.09	1.21	16.00	16.96	−1.21
WR-288	杨堤段	4.71	5.35	−0.64	12.69	12.05	0.64
WR-289	杨堤段	4.75	5.36	−0.61	12.69	12.08	0.61
WR-290	杨堤段	4.97	5.54	−0.57	12.66	12.09	0.57
WR-291	杨堤段	5.06	5.63	−0.57	12.70	12.13	0.57
WR-292	杨堤段	4.98	5.57	−0.59	12.69	12.10	0.59
平均值		4.89	5.49	−0.60	12.69	12.09	0.60
WR-293	和合站段	2.94	2.65	0.29	11.66	12.50	−0.84
WR-294	和合站段	2.98	2.88	0.10	11.69	12.45	−0.76
WR-295	和合站段	3.09	2.90	0.19	11.71	12.40	−0.69
WR-296	和合站段	3.34	3.20	0.14	11.71	12.35	−0.64
WR-297	和合站段	3.35	3.20	0.15	11.71	12.36	−0.65
平均值		3.14	2.97	0.17	11.70	12.41	−0.72

土沟段、杨堤段、和合站段 2009 年建井至 2016 年 9 月的多次水位监测结果显示,土沟段水位先降后升,2012 年 12 月以后则持续下降,其后在波动中保持相对稳定的趋势;杨堤段 2013 年 6 月水位最低,其余时间平稳波动;和合站段至 2013 年 6 月持续下降,之后则持续波动上升,并在波动变化中保持相对稳定。总体来说,土沟段与和合站段的地下水位自 2009 年至今有小幅下降;杨堤段的水位波动变化,但是整体维持平稳趋势(图 5.7)。

2. 典型河段同一含水层水位变化

2016 年 9 月对土沟段、杨堤段与和合站段三个河段监测井进行了水位普测,土沟段各监测井之间随着离河流距离的增加,水位逐渐降低,最大水位差为 2.61m;相比之下,杨堤段监测井之间水位变化较小,数据基本趋于一致;和合站各监测井都随着与河的距离增大水位稍有降低,降幅达 0.32m(图 5.8)。

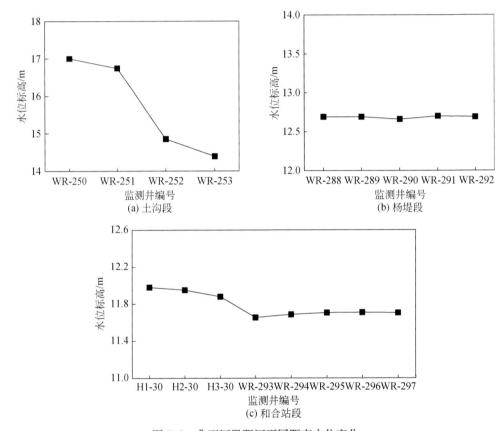

图 5.8　典型河段距河不同距离水位变化

3. 典型河段不同深度地下水水位变化

土沟段 10m、20m、60m 和 80m 含水层地下水水位平均埋深分别为 3.75～3.94m、12.79～14.52m、37.34m 和 36.05m(表 5.4)。各深度较水位埋深相差较大。

表 5.4　土沟段不同深度地下水水位埋深　　　　　　　　　　(单位:m)

河段	监测井	4 月 25 日	6 月 8 日	7 月 3 日	8 月 3 日	均值
	T1-10	3.57	3.57	3.69	4.18	3.75
土沟	T1-20	13.27	13.80	13.49	13.61	13.54
	T1-80	14.08	44.31	43.47	42.34	36.05

续表

河段	监测井	4月25日	6月8日	7月3日	8月3日	均值
土沟	T2-10	4.39	3.58	3.67	4.13	3.94
	T2-20	13.57	17.13	13.82	13.56	14.52
	T2-60	36.91	38.58	37.50	36.38	37.34
	T3-10	3.18	3.75	3.83	4.29	3.76
	T3-20	13.73	14.01	14.15	13.78	13.92
	T3-60	36.90	38.57	37.50	36.37	37.34
	WR-250	13.48	13.70	13.87	13.52	13.64
	WR-251	12.98	13.36	13.50	13.15	13.25
	WR-252	13.96	14.14	13.35	12.97	13.61
	WR-253	13.17	12.67	12.83	12.47	12.79

和合站段 20m、30m、40m 和 70m 含水层地下水水位平均埋深分别为 3.35～3.80m、2.28～2.76m、2.34～2.72m 和 8.34m，见表 5.5。从各含水层的水位埋深发现，20m、30m 和 40m 的相差不大，三者之间可能存在较好的水力联系。

表 5.5　和合站段不同深度地下水水位埋深　　　　（单位：m）

河段	监测井	4月25日	6月8日	7月3日	8月3日	均值
和合站	H1-30	2.79	3.35	2.62	2.26	2.76
	H1-40	2.90	3.29	2.53	2.15	2.72
	H1-70	9.43	8.33	8.20	7.40	8.34
	H2-30	2.87	3.23	2.58	2.12	2.70
	H2-40	2.78	3.19	2.46	2.04	2.62
	H3-30	2.40	2.83	2.19	1.69	2.28
	H3-40	2.45	2.91	2.23	1.78	2.34
	WR-293	3.63	3.72	3.42	2.64	3.35
	WR-294	3.78	3.90	3.56	2.85	3.52
	WR-295	3.79	3.88	3.57	2.80	3.51
	WR-296	4.05	4.10	3.84	3.07	3.77
	WR-297	4.05	4.12	3.92	3.10	3.80

5.1.3　典型河段水质变化特征

1. 典型河段水质现状

2016 年 2 季度对温榆河土沟段的 16 眼监测井、北运河杨堤段 11 眼监测井与和合站段 12 眼专门井进行评价，对监测井进行水质采样分析，并对 3 个河段的河水也进行采样分析。评价方法与重点区的评价方法一致。

1)地下水

根据 2016 年 6 月北京市水文队"北京平原区地下水环境监测网运行"项目成果,土沟、杨堤及和合站 3 个典型河段均有地下水无机指标超标现象,主要超标指标有溶解性总固体、总硬度、高锰酸盐指数、氨氮和亚硝酸盐 5 项。5 项指标限值分别为 1000mg/L、3mg/L、450mg/L、0.2mg/L 和 0.02mg/L,超标率均在 25%以上,见表 5.6 和表 5.7。

表 5.6　典型河段监测井主要超标指标含量　　　　　　　　（单位:mg/L）

断面	编号	溶解性总固体	高锰酸盐指数	总硬度	氨氮	亚硝酸盐
土沟段	WR-250	610	0.97	268	<0.02	<0.001
	WR-251	869	2.66	408	1.04	0.287
	WR-252	714	1.65	335	0.17	0.086
	WR-253	557	1.08	222	<0.02	0.004
	T1-10	695	6.96	268	9.53	13.20
	T1-20	676	1.07	310	<0.02	0.002
	T1-60	474	0.56	173	<0.02	<0.001
	T1-80	657	1.75	287	0.04	0.004
	T2-10	1070	11.8	400	30.40	21.90
	T2-20	474	0.68	178	<0.02	0.006
	T2-60	466	0.67	346	<0.02	<0.001
	T3-10	988	7.47	182	30.20	13.50
	T3-20	674	1.60	290	0.05	0.013
	T3-60	462	0.65	182	0.02	<0.001
	T4-60	498	1.13	193	0.05	0.003
	T5-10	734	1.70	330	0.05	0.004
杨堤段	WR-288	827	5.45	323	11.20	5.71
	WR-289	781	3.34	273	11.40	0.048
	WR-290	864	3.76	327	11.30	2.81
	WR-291	848	2.38	349	5.04	0.083
	WR-292	896	1.51	385	0.53	0.038
	Tzh-1	824	4.51	308	11.00	3.94
	Tzh-2	1010	3.30	372	11.00	0.916
	Tzh-3	816	5.34	325	8.27	10.60
	Tzh-4	812	4.56	302	11.10	5.60
	Tzh-5	715	3.40	223	11.30	0.007
	Tzh-6	882	3.44	319	11.00	1.82

断面	编号	溶解性总固体	高锰酸盐指数	总硬度	氨氮	亚硝酸盐
和合站段	WR-293	1160	2.84	599	3.95	0.078
	WR-294	1190	3.17	596	3.84	0.138
	WR-295	1180	2.42	614	3.69	0.187
	WR-296	1120	2.16	580	2.71	0.103
	WR-297	1170	2.53	586	1.93	0.010
	H1-30	1020	3.79	454	14.00	1.730
	H1-40	1080	2.85	536	0.61	1.220
	H1-70	477	1.91	113	0.07	2.220
	H2-30	937	3.32	428	6.16	3.960
	H2-40	1090	3.09	548	2.37	0.946
	H3-30	1150	2.49	561	2.23	0.169
	H3-40	1140	2.45	594	0.60	1.410

表 5.7　典型河段地下水主要超标指标统计

指标	溶解性总固体	高锰酸盐指数	总硬度	氨氮	亚硝酸盐
监测井数	39	39	39	39	39
超标井数	12	16	10	26	26
超标率/%	30.8	41	25.6	66.7	66.7

溶解性总固体在和合站段 10 眼监测井、土沟段 1 眼监测井以及杨堤段 1 眼监测井中检测出超标,为Ⅳ类。总硬度只在和合站段有 10 眼监测井超标,为Ⅳ类。氨氮在 3 个河段均有超标,土沟段有 4 眼井超标,为Ⅴ类水;杨堤段 11 眼井全部超标,为Ⅴ类;和合站段 12 眼井中有 11 眼井超标,均为Ⅴ类。亚硝酸盐同氨氮,在 3 个河段均检测出超标,土沟段有 5 眼井超标,2 眼井为Ⅳ类,其他 3 眼为Ⅴ类;杨堤段有 10 眼井超标,其中 4 眼井为Ⅳ类,其余为Ⅴ类;和合站段有 11 眼井超标,5 眼为Ⅴ类,另 6 眼为Ⅳ类,见表 5.8。

表 5.8　典型河段地下水主要无机指标超标情况

超标指标	超标井编号	超标井数量/眼	所在河段	水质类别
溶解性总固体	Tzh-2	1	杨堤	Ⅳ
	WR-293~WR-297、H1-30、H1-40、H2-40~H3-40	10	和合站	Ⅳ
	T2-10	1	土沟	Ⅳ
总硬度	WR-293~WR-297	10	和合站	Ⅳ

超标指标	超标井编号	超标井数量/眼	所在河段	水质类别
氨氮	T1-10、T2-10、T3-10、WR-251	1	土沟	V
	WR-288～WR-292、Tzh-1～Tzh-6	11	杨堤	V
	WR-293～WR-297、H1-30～H3-40 (除 H1-70)	11	和合站	V
亚硝酸盐	WR-252、WR-253、T1-10、T2-10、T3-10	2	土沟	V
	WR-288、WR-290、Tzh-1、Tzh-3、Tzh-4、 Tzh-6	6	杨堤	V
	WR-289、WR-291、WR-292、Tzh-2	4		Ⅳ
	H1-30～H3-40(除 H2-40、H3-30)	5	和合站	V
	WR-293～296、H2-40、H3-30	6		Ⅳ
高锰酸盐指数	T1-10、T3-10	2	土沟	Ⅳ
	T2-10	1		V
	WR-288、WR-289、WR-290、Tzh-1～Tzh-6	9	杨堤	Ⅳ
	WR-294、H1-30、H2-30、H2-40	4	和合站	Ⅳ

地下水有机指标中总有机碳普遍检出(表 5.9),三氯甲烷于杨堤段 Tzh-2 井中有检出,检出浓度为 0.3μg/L,未超标;二甲苯在和合站段 WR-293 与 WR-294 两眼井中检出,含量分别为 2.21μg/L 和 2.23μg/L,均不超标。

3 个河段地下水水质综合质量评价结果均为 V 类,与流域第一含水层组水质综合质量评价结果基本一致。

表 5.9　典型河段地下水有机指标检出情况

有机指标	检出井编号	检出井数量/眼	所在河段	最大浓度/(mg/L)
总有机碳	Tzh-1～Tzh-6、WR-288～WR-292	11	杨堤	4
	H1-30、H1-40、H2-30、H2-40、H3-30、WR-293～ WR-297	11	和合站	5.74
	T1-10、T1-20、T1-80、T2-10、T2-20、T3-10、 T3-20、T4-60、T5-10、WR-250～WR-253	13	土沟	5.1
三氯甲烷	Tzh-2	1	杨堤	0.3×10^{-3}
二甲苯	WR-293、WR-294	2	和合站	2.23×10^{-3}

2)地表水

河水水质评价参照《地表水环境质量标准》(GB 3838—2002)。根据 2016 年 2 季度北京市水文队"北京平原区地下水环境监测网运行"项目成果,土沟、杨堤及和合站 3 个典型河段河水均有无机指标超标现象,主要超标指标为高锰酸盐指数(限值为 6mg/L)和氨氮(限值为 1mg/L),超标率均在 30%以上,见表 5.10 和表 5.11。

表 5.10　典型河段河水主要超标指标含量　　　　　　（单位：mg/L）

断面	编号	高锰酸盐指数	氨氮
土沟段	DB9	1.17	5.26
杨堤段	DB4	24	19.2
和合站段	DB3	7.99	12.8

表 5.11　典型河段河水主要超标指标统计

指标	高锰酸盐指数	氨氮
水样件数	3	3
超标件数	2	3
超标率/%	66.7	100

两项主要指标在 3 个河水水样中都超标,高锰酸盐指数杨堤段水质类别为 V 类,和合站段为 Ⅳ 类;氨氮土沟和杨堤段为 V 类,和合站段为 Ⅳ 类,与地下水基本一致。即地下水与河水有两项共同主要无机指标超标,即氨氮和高锰酸盐指数。

水质综合质量评价结果表明,3 件河水水样均为 V 类,与地下水综合质量评价结果一致。

此次测得有机指标结果显示,总有机碳在土沟段、杨地段、和合站段均有检出,浓度分别为 12.77mg/L、15.65mg/L 和 12.82mg/L。土沟段中总挥发性有机碳检出,浓度为 0.58mg/L;和合站段二氯甲烷有检出,检出浓度为 0.27μg/L,未超标;杨堤段三氯甲烷和 1,2-二氯丙烷有检出,浓度分别为 0.79μg/L 和 1.22μg/L,未超标。

2.典型河段水质历史变化分析

以 2016 年第二季度水文队的监测水质数据作为现状,并与 2009 年新建井至今的水质数据进行对比,分析近几年来温榆河土沟段、北运河杨堤段、和合站段共 3 个河流断面的水文队监测井地下水质发生的变化,并利用特征指标分析污染物影响距离以及影响深度,特征指标按照各个河段多年监测数据进行选取,主要包括氯化物、硝酸盐和氨氮、高锰酸盐指数等。

1)土沟段

土沟段河水与河流监测井氯化物的多期浓度变化如图 5.9 所示。可以看出,WR-250、WR-251 和 WR-252 的氯化物浓度与河水变化趋势大致相同。但是河水浓度波动频率更高,体现出地下水对河水水质变化的滞后效应。而 WR-253 监测井氯化物浓度变化明显低于近河的 3 眼井,表明河水对 WR-253 监测井地下水的影响较小。WR-254 监测井于 2014 年被填埋,填埋之前的数据显示河水对 WR-254 的影响非常小,由此结合多年监测井水位数据可以判断出土沟段河水的最远影响范围介于 WR-253 和 WR-254 之间,即影响距离为 112～152m。

土沟段不同深度监测井氯化物的多期浓度变化如图 5.10 所示。可以看出,随着含水层深度的增加,氯化物浓度逐渐递减,井深 T3-60 与河水的相关性较差,层次分明,特

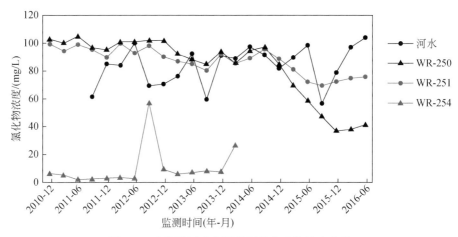

图 5.9 土沟段河流监测井氯化物多期浓度变化

征指标的变化趋势并结合地层岩性可以看出,本河段河水对地下水最大影响深度为 40m,未及 60m 含水层。

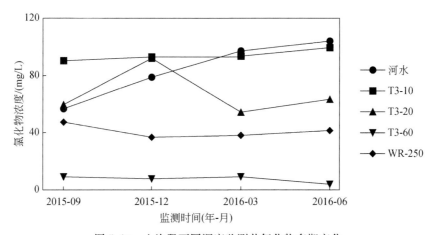

图 5.10 土沟段不同深度监测井氯化物多期变化

2)杨堤段

2016 年 2 季度杨堤段地表水的主要指标几乎都高于距河最近(17m)的第一眼地下水监测井(WR-288),地下水氨氮和高锰酸盐指数则随离河流越远浓度越低(图 5.11)。河流段中溶解性总固体、总硬度浓度与第二眼井(WR-289)的浓度相当。由于地下水流运移过程中溶滤作用的影响,附近地下水监测井硫酸盐浓度随着与河流距离的增大而波动上升。

杨堤段河水与河流监测井氨氮和高锰酸盐指数的多期浓度变化如图 5.12 和图 5.13所示。可以看出,WR-288、WR-289 和 WR-290 这 3 眼井的地下水氨氮和高锰酸盐指数与河水的浓度保持同步的波动变化趋势,浓度也相似。WR-291 的这 2 项指标受河水影响较为有限,波动频率也小,只有河水浓度呈现较大的变化时,导致在该井的地下水中有

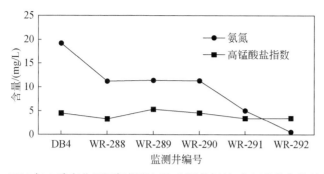

图 5.11　2016 年 2 季度北运河杨堤段河流监测井氨氮、高锰酸盐指数的变化曲线

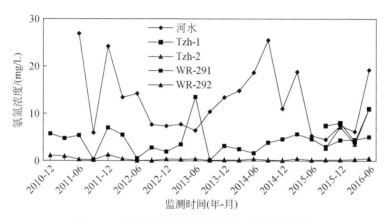

图 5.12　杨堤段河流监测井氨氮多期变化曲线

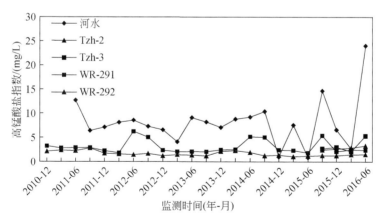

图 5.13　杨堤段河流监测井高锰酸盐指数多期变化曲线

所响应,而这 2 项指标于 WR-292 井检测浓度则趋于稳定,受河水的影响较小,由此可见,本段河水影响范围最远到监测井 WR-291,即影响距离小于 90m。

　　3)和合站段

　　2016 年 2 季度和合站段河水的氨氮、高锰酸盐指数含量则随着离河流距离越远浓度越低(图 5.14)。

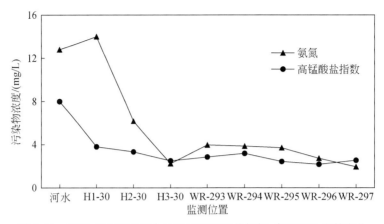

图 5.14　2016 年 2 季度和合站段河流监测井氨氮、高锰酸盐指数变化

　　由于溶滤作用的影响,监测井地下水溶解性总固体、硫酸盐浓度高于河流段,随着离河距离的增大,这 2 项指标含量逐渐增大。

　　和合站段河水与河段附近监测井氨氮和高锰酸盐指数的多期浓度变化如图 5.15 和图 5.16 所示。可以看出,H1-30、H2-30、H3-30 监测井氨氮与高锰酸盐指数指标变化与河水的变化频率和趋势相似,特别是氨氮,呈现出随距离增加,浓度递减的趋势,而距离河流较远的 5 眼监测井含量都大致呈现相同频率和幅度的变化,与河水的相关性较差。特征指标的变化趋势表明和合站段河水对地下水有一定程度的影响,且影响距离介于 H3-30 与 WR-293 之间,即 113~142m。

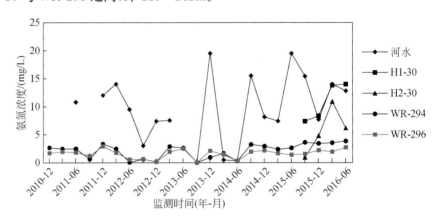

图 5.15　和合站段河流监测井氨氮多期变化

　　和合站段不同深度监测井氯化物的多期含量变化如图 5.17 所示。从图中可以看出,H1-30、H1-40 监测井氯化物指数指标变化与河水的变化频率和趋势相似,指标浓度较为接近,与河水相关性较好,而井深 H1-70 与河水的相关性差,层次分明。结合特征指标的变化趋势以及多年统计水位变化趋势可以看出,和合站段河水对地下水最大影响深度为30~40m,未及 70m 含水层。

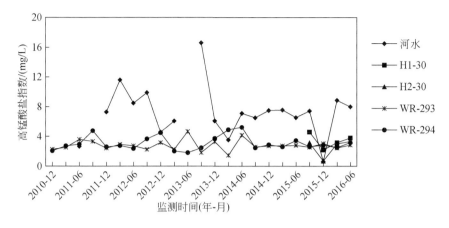

图 5.16　和合站段河流监测井高锰酸盐指数多期变化图

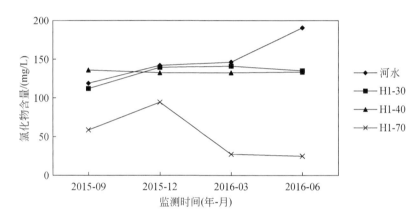

图 5.17　和合站段河流不同深度监测井氯化物多期变化图

5.1.4　地下水污染物运移现场试验

1. 弥散试验

为对工作区地下水污染物运移、扩散等规律进行分析,进一步了解含水层的含水性、井孔出水量、渗透系数、导水系数、弥散度等,北京市水文地质工程地质大队环境科室于 2016 年 4 月 13 日在和合站段开展为期 6 天的抽水试验和弥散试验。

现场弥散试验点位于北京市通州区和合站,工作区地形开阔,天然地质环境良好,地区岩性以第四系细砂为主,工作区 30~40m 监测井地下水埋深 2~4m,地区整体富水性较弱,单孔出水量为 500~1500m³/d(数据源自北京市通州区地下水勘察报告)。实际钻孔资料显示,工作区地下 0~39.3m 为细砂层,39.5~52.5m 为粉质黏土层,本次试验中将粉质黏土层看作相对隔水层,故浅层含水层厚度约为 39m。

试验场地井孔布设如图 5.18 所示。其中,H1-30 为示踪剂投源井,H1-40、H2-30 为主要检测井,分别距投源井 3.31m 和 21.76m,H3-30 为抽水井,距离投源井 49.24m,由于抽水试验与弥散试验同时进行,H1-40、H2-30、H2-40、H5-40 在此次试验中作为抽水试验观测孔。所有试验井均为完整井,试验中井的基本情况见表 5.12。

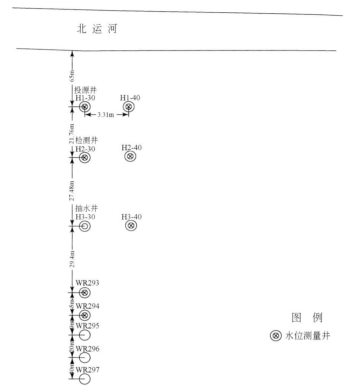

图 5.18　井孔布设示意图

表 5.12　试验井基本情况

井号	井深/m	地面高程/m	井口高程/m	内径/m	试验用途
H1-40	41	15.134	14.544	0.55	观测井
H1-30	31	14.081	14.631	0.69	投源井
H2-40	41	13.980	15.464	0.52	观测井
H2-30	31	13.980	15.443	0.65	观测井
H3-40	41	13.769	14.074	0.57	观测井
H3-30	31	13.741	13.971	0.48	抽水井
WR-293	20	14.596	15.146	0.55	观测井
WR-294	20	14.827	15.327	0.50	观测井
WR-295	20	14.796	15.296	0.50	观测井
WR-296	20	15.049	15.549	0.50	观测井
WR-297	20	15.055	15.555	0.50	观测井

试验开始前,在洗井工作完成后,对各井孔的稳定水位、抽水量、地下水水质背景值

浓度进行测定。准备工作完成后在 H5-30 井开始抽水工作,水泵抽水量定为 $6m^3/h$,抽水试验开始的同时在观测井记录水位降深,一般观测时间间隔 0min、1min、2min、3min、4min、6min、8min、10min、15min、20min,30min 后每隔 5min 观测一次,河水水位和气温每隔 2h 测量一次。为保证抽水试验数据的精确性,此次试验在井 H5-40 及井 H2-30 距井口 10m 深处放置两个水位自动检测仪,监测两眼井水位降深实时动态变化,水位监测仪计数频率设置为 5min 一次。

抽水试验观测孔水位降深数据稳定后开始进行弥散试验,考虑到示踪剂应具备毒性小,灵敏度较高,价格便宜等优点,除此之外应考虑到示踪剂离子的选取要避开区域背景浓度的影响,这样可以保证数据结果的可信度,根据现场条件判断,Br^- 满足上述条件,因此示踪剂选择用 50kg 溴化钠试剂配制而成,试验时将配制好的示踪剂快速瞬时注入 H1-30 井中,试验开始后每隔 50min 在 H1-40、H2-30、H2-40、H5-30 监测井中取样,其中 H1-40、H2-30、H2-40 井孔中利用贝勒管进行样品采取,取样深度距井口 5.5m,而 H5-30 为抽水井,故直接在抽水过程中取样。与此同时,为更好地监测弥散试验过程离子浓度运移过程,于井 H1-40 及井 H2-30 距井口 10m 深处放置两个水质自动检测仪,监测地下水中 TDS 指标的变化,水质监测仪监测频率设置为 5min 一次。由于现场不具备 Br^- 检测仪,采集的样品经过挑选后集中送往化验室进行检测。

2. 解析法参数计算

工作区地层为第四系细砂,厚度较为均匀,故将工作区概化为均质、各向同性含水层地下水流,地下水流动过程满足 Darcy 定律,抽水井为完整井,定流量抽水。根据潜水含水层特点以及井流特征,对本次抽水试验使用 Neuman 法并结合 Aquifer Test 软件进行参数求取。

Aquifer Test 是用于分析抽水试验和微水试验数据的软件,该软件被世界范围内的地下水和环境企业、监督机构和教育者广泛应用于抽水和微水试验分析。软件简单易用,便于计算含水层的相关系数,可将含水层数据进行可视化。

Neuman 法定解原理:

$$S(r,z,0)=0 \tag{5-1}$$

$$S(\infty,z,t)=0 \tag{5-2}$$

$$K_Z\frac{\partial}{\partial z}s(r,H_0,t)=-\mu\frac{\partial}{\partial t}s(r,H_0,t) \tag{5-3}$$

$$\lim_{r\to 0}\int_0^{H_0}r\frac{\partial s}{\partial r}\mathrm{d}z=-\frac{Q}{2\pi K_r} \tag{5-4}$$

取抽水实验过程 H1-40、H1-30、H2-30、H2-40、H5-40 井水位变化数据,将抽水试验水位降深数据以及抽水井半径、滤水管长度等参数代入 Aquifer Test 模型之中。H5-40 拟合曲线最好,故取 H5-40 数据结果,拟合后,渗透系数 $K=1.61\times10^{-5}$ m/s,如图 5.19 所示。

管井抽水使井附近天然流速与抽水产生的流速相比可忽略不计,形成以抽水井为中心的径向流场。径向收敛流场瞬时注入法数学模型假设条件如下:①含水层为均质各向同性,底板水平、等厚、在平面上无限展布;②抽水井及观测井的井径较小,且为完整井;

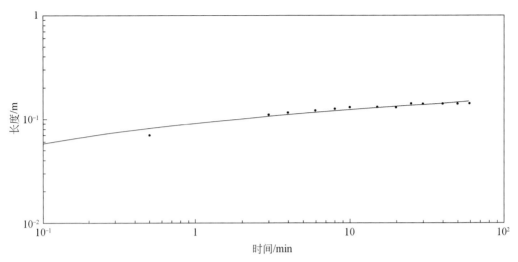

图 5.19 含水层参数拟合结果

③瞬时向投放井注入示踪剂后,必须保证对含水层及其他井孔没有干扰,或产生的干扰可以忽略不计;④示踪剂一经注入,则立即与井水完全混合;⑤机械扩散满足 Fick 定律,且示踪剂浓度足够小,可忽略密度对地下水运动的影响;⑥抽水井中示踪剂浓度不影响含水层的示踪剂浓度。

描述稳定径向渗流场中溶质运移的基本方程(对流二维弥散方程)为

$$\frac{\partial c}{\partial t} = a_L |u| \frac{\partial^2 c}{\partial r^2} - u \frac{\partial c}{\partial r} + \frac{a_T |u|}{r^2} \frac{\partial^2 c}{\partial \theta^2} \qquad (5\text{-}5)$$

式中,c 为示踪剂浓度,mg/L;u 为地下水流速(径向散发流 $u>0$、径向收敛流 $u \leqslant 0$),m/d;a_L 为纵向弥散度,m;a_T 为横向弥散度,m;r 为径向距离;θ 为方位角,(°)。

对于瞬时注入径向流情况,尚无解析解。Sauty 曾采用有限差分的数值法,计算得出一组以 Peclet 数 P 为参数,以无因次浓度 c_r 和无因次时间 t_r 为纵横坐标的标准曲线,用于确定含水层弥散度 a_L。

无因次浓度 c_r 和无因次时间 t_r 的确定,依据现场试验实测数据,按照式(5-6)和式(5-7)将观测浓度 C 换算成无因此浓度 c_r、观测时间 t 换算成无因次时间 t_r。

$$c_r = \frac{c - c_0}{c_{max} - c_0} \qquad (5\text{-}6)$$

$$t_r = \frac{t}{t_0} \qquad (5\text{-}7)$$

式中,c 为示踪剂的观测浓度,mg/L;c_0 为示踪剂的背景浓度,mg/L;c_{max} 为示踪剂的峰值浓度,mg/L;t 为累积观测时间,h;t_0 为纯对流时间,h。

纯对流时间(t_0)计算公式:

$$t_0 = \frac{\pi (r_2^2 - r_1^2) h n}{Q} \qquad (5\text{-}8)$$

式中,t_0 为纯对流时间,h;Q 为抽水井抽水量,m³/h;h 为含水层平均厚度,m;n 为含水层有效孔隙度;r_2 为投源孔至抽水孔的距离,m;r_1 为溶质浓度检测孔至抽水孔的距离,m。

将实测浓度绘制成浓度-时间曲线图,如图 5.20 所示。根据试验数据,计算得到参数如下:纵向弥散度 a_L 为 1.02m,横向弥散度 a_T 为 0.32m。

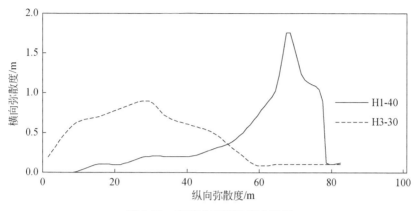

图 5.20　观测井实测浓度曲线图

通过对北京市通州区和合站进行抽水试验及水动力弥散试验,利用标准配线法获得渗透系数 $K=1.61\times10^{-5}$ m/s,模拟计算法得到纵向弥散度 a_L 为 1.02m,横向弥散度 a_T 为 0.32m。计算值与经验值符合,此次参数计算结果较好。

3.溶质运移距离推演

根据多年监测结果,2009～2016 年地下水以高锰酸盐指数和氨氮超标为主,7 年间超标率大于 80%。因此,选取这两项指标作为典型污染因子,对研究区进行溶质运移距离的推演对现阶段污染羽对附近地下水的影响具有重大意义。

和合站段附近地区水力梯度较小,水流速度较缓,因此靠近河流附近位置溶质运移以弥散占优,随着排泄水位的降低,溶质的扩散距离也不断发生变化。污染物在地下水中运移规律研究可依据《环境影响评价技术导则——地下水环境》(HJ 610—2011),当污染物以相对固定的浓度由河岸不断渗入地下水含水层中的定浓度边界时,可将含水层概化为一维无限长多孔介质,此类情况可以用以下公式表示溶质的运移规律。

$$\frac{c}{c_0}=\frac{1}{2}\operatorname{erfc}\left(\frac{x-ut}{2\sqrt{D_L t}}\right)+\frac{1}{2}e^{\frac{ux}{D_L}}\operatorname{erfc}\left(\frac{x+ut}{2\sqrt{D_L t}}\right) \tag{5-9}$$

式中,x 为距注入点的距离,m;t 为时间,d;c 为 t 时刻 x 处污染物浓度,mg/L;c_0 为注入的污染物浓度,mg/L;u 为水流速度,m/d;D_L 为弥散系数,m²/d。

其中水流速度可根据 Darcy 定律计算得到,以河流断面特征指标氨氮以及高锰酸盐指数多年监测的平均浓度作为固定注入浓度,高于背景值浓度作为临界浓度,将污染物入渗过程看作匀速注入过程,参照公式进行计算,结果如图 5.21 所示。可以看出,污染羽的扩散距离历时曲线分三个阶段:①起始阶段(0～800d),受水流速度影响,溶质运移的速度很快,扩散范围迅速增加。②缓慢增加阶段(800～1200d),溶质运移速度越来越小。扩散范围开始缓慢增加。③稳定阶段(1200d～),这一阶段溶质运移范围达到最大值,溶质运移速度随时间变化非常缓慢。

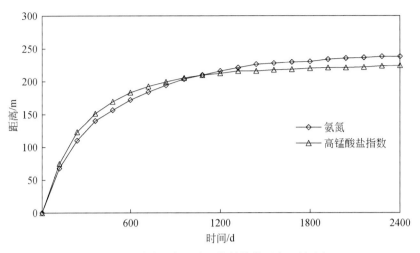

图 5.21　氨氮、高锰酸盐指数扩散距离-时间图

溶质在河水与地下水水位关系演化过程中的运移机理的推演,不仅为北运河地下水污染羽扩散提供科学依据,同时也对评价河流污染物在河流-地下水系统中的环境影响、预测其在环境中的行为规律有着重要意义。

5.2　特征污染物对地下水环境影响预测与评估

5.2.1　典型河段地下水环境数值模型范围

选取北运河流域温榆河土沟段为研究对象,在收集已有资料和对北运河水文地质调查的基础上,对河段可能影响区域内不同深度、不同距离进行地下水水质和水位的模拟及预测,确定土沟段河水入渗对地下水环境的影响。

根据自然地形条件及现有监测情况,结合评价区自然流场,圈定模拟区范围,模拟面积约为 $4.2km^2$(图 5.22)。土沟河段地下水环境数值模型的建立旨在确定河水下渗条件下地下水影响范围,为北运河水系整治、地下水污染治理、地表水和地下水联合调度等提供科学的技术依据和参考。

5.2.2　研究区水文地质概念模型

1.地层分层

结合研究区钻孔资料可知,研究区岩性主要以细砂、粉细砂和粉质黏土为主。因此,在垂向上将研究区概化为 4 个含水层和 3 个弱透水层,其中第 1、3、5、7 层含水层,岩性主要为细砂、粉细砂,个别含水层夹有砂砾石;第 2、4、6 层为弱透水层,岩性主要为粉质黏土。

在构建模型中的三维地层结构时,根据上述钻孔资料确定各个含水层的顶底板高程

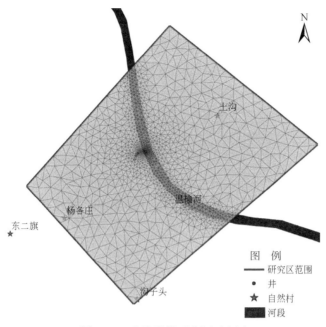

图 5.22 土沟段模型范围示意图

进行含水层概化。

2.水力特征

评价区含水层的水力坡度为 0.15‰～0.17‰,天然状态下水力坡度均不大,渗流基本符合 Darcy 定律;大气降水、河流的垂向补给是地下水的重要补给来源,补给浅部含水层后,再通过各含水层之间的越流,对深部含水层产生影响。

3.边界条件概化

1)垂向边界

目标含水层的上部边界为水量交换边界,有大气降水入渗、河水入渗等,鉴于本区潜水位埋深大于 4m,故蒸发可以忽略不计。含水层内部有人工开采。

2)侧向径流边界

模型中将目标含水层的上游边界概化为二类流量边界,根据长期的水位观测数据将模型的下游边界概化为一类水头边界,其余各边界均作为二类流量边界。

5.2.3 研究区地下水渗流数值模型

1.研究区数学模型及求解方法

本模型主要借助 Feflow 软件,对本次研究区的地下水渗流数值模型进行数值方程模拟求解。基于有限单元法的 Feflow 软件是由德国著名的 WASY 水资源规划和系统研究所于 1979 年开发出来的,是现有功能最齐全最复杂的地下水模拟软件包之一,用于模拟多孔介质中地下水渗流与污染物运移。

基于上述水文地质条件概化,将研究区范围内的地下水概化为非均质各向同性三维非稳定流,研究区地下水渗流的数值模型及其定解条件为

$$\begin{cases} K\left(\dfrac{\partial H}{\partial x}\right)^2 + K\left(\dfrac{\partial H}{\partial y}\right)^2 - K\dfrac{\partial H}{\partial z} + \varepsilon = \mu\dfrac{\partial H}{\partial t} \\ \dfrac{\partial}{\partial x}\left(K\dfrac{\partial H}{\partial x}\right) + \dfrac{\partial}{\partial y}\left(K\dfrac{\partial H}{\partial y}\right) + \dfrac{\partial}{\partial z}\left(K\dfrac{\partial H}{\partial z}\right) + W + p = S\dfrac{\partial H}{\partial t} \\ H(x,y,z)\big|_{t=0} = H_0(x,y,z) \\ H(x,y,z,t)\big|_{\Gamma_1} = H_1(x,y,z,t), \quad x,y,z \in \Gamma_1, \quad t>0 \end{cases} \tag{5-10}$$

式中,H 为水位,m;K 为含水层渗透系数,m/d;ε 为降雨入渗及农业回归强度,m/d;μ 为第一潜水含水层给水度;W 为越流强度,1/d;p 为单位体积含水层开采强度,1/d;S 为承压含水层储水率,1/m;H_0 为初始水头,m;Γ_1 为一类水头边界;H_1 为一类边界水位,m。

2. 模型离散化

利用 Feflow 软件将研究区剖分为三角单元,对研究区进行单元离散化处理。在本模型中,模拟面积为 4.2km^2,一共剖分为 24234 个三角单元,计 14168 个节点。其中,为了详细刻画温榆河土沟段河水对地下水环境的影响,对研究区所包含的水井及河流进行网格加密,其具体剖分情况如图 5.23 所示。

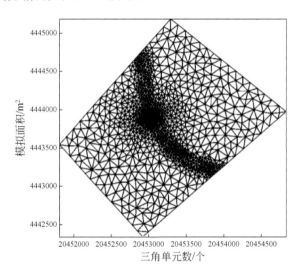

图 5.23　模型单元剖分结果示意图

结合上述地层资料,考虑到各个含水层的性质特点,在垂向上对研究区进行划分,主要分为 4 个含水层和 3 个弱透水层。自上而下依次为第 1 层潜水含水层,第 3 层埋深为 16m 承压含水层,第 5 层埋深为 50m 的承压含水层及第 7 层埋深为 74m 的承压含水层。利用软件完成了对模型的分层和地层标高的赋值。具体的分层情况见图 5.24。

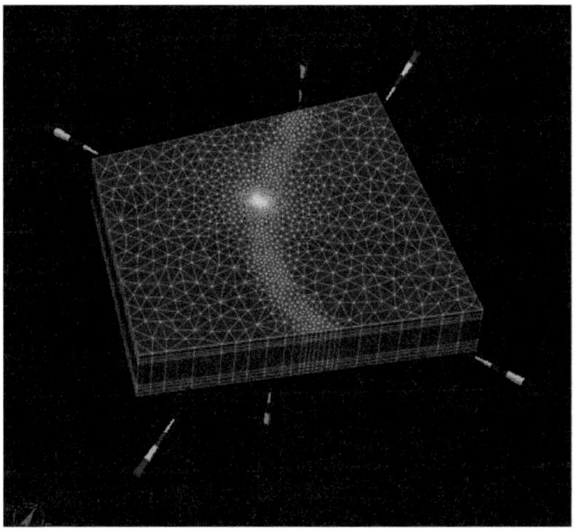

图 5.24　研究区地层结构分层情况

3. 水文地质参数分区

1）抽水试验所得水文地质参数

根据土沟段监测井所在的含水层埋藏条件,该区域抽水试验场区可概化为含水层岩性较均匀,厚度较稳定,地下水运动为层流,符合裘布依方程的使用条件。根据含水层类型,采用承压水稳定流完整井公式计算渗透系数 K,裘布依单孔承压水完整井计算公式如下:

$$K = \frac{0.366Q \lg \dfrac{R}{r}}{MS} \tag{5-11}$$

式中,K 为渗透系数,m/d;Q 为抽水井出水量,m^3/d;M 为承压水含水层厚度,m;S 为抽水井水位降深,m;r 为抽水井半径,m。

采用吉哈尔特公式计算抽水影响半径 R,抽水影响半径 R 公式如下:

$$R = 10S_0 \sqrt{K} \tag{5-12}$$

式中,S_0 为抽水井降深,m;K 为渗透系数,m/d。

依据土沟段抽水井流量 Q 和水位降深 S,以及试验时承压水含水层的厚度 M,应用裘布依公式和吉哈尔特公式,得出的计算结果见表 5.13。

表 5.13　计算结果统计

抽水井 /m	流量 Q /(m³/d)	水位降深 S /m	含水层厚度 M /m	抽水井半径 r /m	渗透系数 K /(m/d)	影响半径 R /m
20	39.42	1.19	4.00	0.112	7.33	12.86
60	17.53	6.22	6.00	0.055	0.54	43.88

2）模型水文地质参数分区

为了使所建立的模型符合实际情况,需要对模型的水文地质参数进行分区处理。根据地层岩性资料、地下水流场的性质特点以及水文地质参数的特征情况,对研究区进行参数分区。其中含水层划分为 4 个水文地质参数分区,弱透水层划分为 2 个水文地质参数分区,分别如图 5.25 和图 5.26 所示。

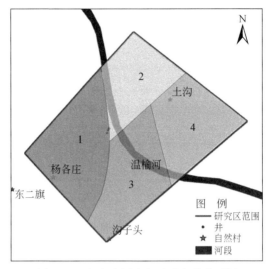

图 5.25 各含水层水文地质参数分区图

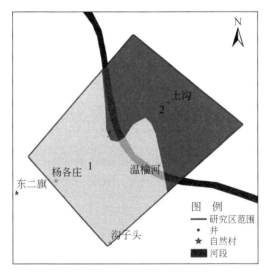

图 5.26 弱透水层水文地质参数分区图

4.研究区源汇项处理

根据 2013 年的地下水补排情况,分析研究区地下水的均衡状态。

1)补给项

研究区地下水的主要补给包括降雨入渗补给和河流入渗补给、侧向流入补给。

（1）降雨入渗补给量。

降雨入渗系数与地表岩性、包气带性质有重要的联系。由于研究区区域较小，且地表岩性较为均一，将模型研究区划分为一个入渗系数分区，其降雨入渗系数参考《昌平区水资源调查与评价》报告得出，具体值设为 0.2。

降雨入渗补给量根据式(5-13)进行计算：

$$Q_降 = \alpha XF \times 10^3 \tag{5-13}$$

式中，$Q_降$ 为降水入渗补给量，m^3；α 为大气降雨入渗系数；X 为计算区年平均降水量，mm；F 为入渗区面积，km^2。计算结果见表 5.14。

表 5.14　2013 年研究区各区降雨入渗量

区号	降雨入渗系数 α	面积 F/km^2	入渗补给量/(万 m^3/a)
1	0.2	4.2	40.9

（2）侧向流入量。

根据地下水位等值线，运用 Darcy 定律计算侧向边界地下水的流入量，计算结果见表 5.15。

$$Q_{c流入} = K_{流入} MBI \tag{5-14}$$

式中，$Q_{c流入}$ 为含水层的侧向流入量，m^3/d；$K_{流入}$ 为边界附近含水层的渗透系数，m/d；M 为含水层的平均厚度，m；B 为边界的长度，m；I 为边界附近的地下水水力坡度。

表 5.15　研究区各层侧向流入量

含水层	渗透系数/(m/d)	厚度/m	边界长/m	水力坡度/(°)	流入量/(万 m^3/a)
1	16	10	2230	0.0015	19.53
3	7.3	4	2230	0.0014	3.33
5	1.2	6	2230	0.0018	1.05
7	6.5	8	2230	0.0015	6.35

（3）河道入渗补给量。

研究区中河流主要为温榆河，其中渗漏量根据实际资料进行计算，入渗补给量根据式(5-15)计算，结果见表 5.16。

$$Q = KA \tag{5-15}$$

式中，K 为河道底部的入渗系数，m/d；A 为河道的水面面积，m^2；Q 为河道入渗补给量，m^3/d。

表 5.16　研究区河道入渗补给量

区号	入渗系数/(m/d)	河道水面面积/m^2	入渗补给量/(万 m^3/a)
1	0.005	212264	38.73

2）排泄项

（1）地下水人工开采。

地下水人工开采是研究区内地下水的主要排泄方式。研究区的开采井包括水源井及其他生活用水开采井。

（2）侧向流出量。

根据地下水位等值线，运用 Darcy 定律计算侧向边界地下水的流出量，计算结果见表 5.17。

$$Q_{c流出} = K_{流出}MBI \tag{5-16}$$

式中，$Q_{c流出}$ 为含水层的侧向流出量，m^3/d；$K_{流出}$ 为边界附近含水层的渗透系数，m/d；M 为含水层的平均厚度，m；B 为边界的长度，m；I 为边界附近的地下水水力坡度。

表 5.17　研究区各层侧向流出量

含水层	渗透系数/(m/d)	厚度/m	边界长度/m	水力坡度	流出量/(万 m³/a)
1	15.26	10	2523	0.0017	23.89
3	6.38	4	2523	0.0016	3.76
5	0.94	6	2523	0.0015	0.78
7	6.25	8	2523	0.0015	6.91

5. 水均衡分析

根据研究区模型的补给排泄情况对 2013 年研究区内水均衡情况进行分析。水均衡要素包括侧向流入补给，降水与河渠入渗补给以及侧向流出排泄和地下水人工开采，如表 5.18 所示。

表 5.18　2013 年研究区地下水均衡分析

均衡项		地下水均衡/(万 m³/a)
补给	降水入渗量	40.90
	河渠入渗量	38.69
	侧向补给量	30.28
	小计	109.87
排泄	人工开采	70.77
	侧向流出量	35.34
	小计	106.11
补排差		3.76

水均衡的计算公式：

$$\Delta Q_{储} = Q_{补} - Q_{排} \tag{5-17}$$

式中，$\Delta Q_{储}$ 表示在均衡时段内，均衡区的储存量的变化量；$Q_{补}$ 表示补给量；$Q_{排}$ 表示排泄量。上述分析表明，研究区总体呈微弱的正均衡，因其潜水含水层基本无开采，接受降雨补给及河水入渗补给，水位呈小幅上升趋势，储存量的变化为正值，主要开采层位为承压含水层，但开采量较小，约 70.77 万 m³/a，水位呈逐渐下降的趋势，其储存量的变化为负值。因此，按照现状开采的条件或加大开采地下水，会造成深部地下水水位的下降，给地下水环境带来不利影响。

5.2.4　水流模型识别与验证

1.初始条件与边界条件的确定

模型以 2013 年初的研究区范围内各含水层地下水背景水位作为初始水位。其中第 1 含水层和第 5 含水层的初始水位分布见图 5.27 与图 5.28。

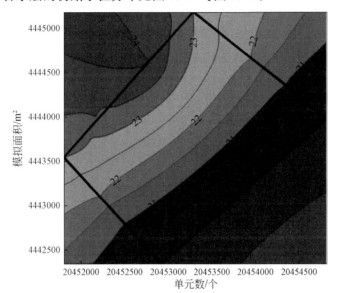

图 5.27　第 1 含水层初始水位分布(单位:m)

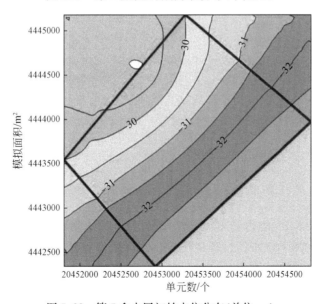

图 5.28　第 5 含水层初始水位分布(单位:m)

2. 模型识别及验证

模型的识别期是自 2013 年 1 月至 2013 年 12 月,识别期为 365 天,以月为识别单位,共分为 12 个时间段,即分别为模型运行 31d、59d、90d、120d、151d、181d、212d、243d、273d、304d、334d、365d 的水位标高。通过对模型的不断调试和运行,使各时间节点模型计算的水位逐渐逼近实测值,可认为构建的三维地下水水流模型与溶质运移模型是可以真实反映研究区水文地质情况的。在模型识别之后,进行模型的验证。根据已知的研究区边界条件和研究区的源汇项变化情况,不改变各个含水层以及弱透水层的水文地质参数,将模型向后运行一段时间。验证时间长度根据实测资料来确定。将模型验证期内计算出来的水位与实测值进行对比,看是否相吻合。

在本模型中,选择模型向后运行两年的时间来完成模型的验证,时间以月为单位。验证时间段为 2014 年 1 月至 2015 年 12 月。依次为模型运行后的 396d、424d、455d、485d、516d、546d、577d、608d、638d、669d、699d、730d,其监测井的地下水水位过程线识别及验证期拟合情况见图 5.29 和图 5.30。

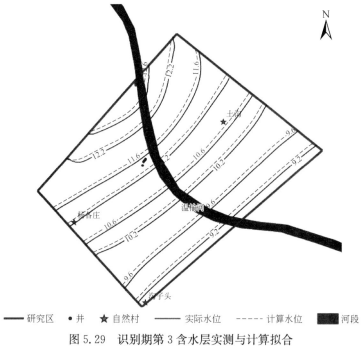

图 5.29　识别期第 3 含水层实测与计算拟合

从图 5.31～图 5.34 可以看出,模型对于研究区的实际水位情况可以进行较为准确的刻画,与监测井的地下水水位过程线的拟合情况较好,计算值与实测值拟合情况较为理想,因此认为所建立的地下水水流模型符合实际情况。

模型的调试主要是在对含水层及弱透水层进行参数分区的基础上,对水文地质参数进行调整,使得各个时间节点计算的水位值与实际监测值逐渐逼近,以获得符合研究区实际情况的水文地质参数。

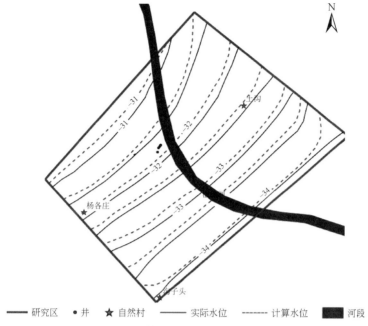

图 5.30 识别期第 5 含水层实测与计算水位拟合

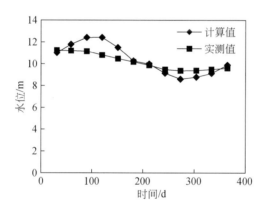

图 5.31 识别期第 3 含水层实测与计算拟合

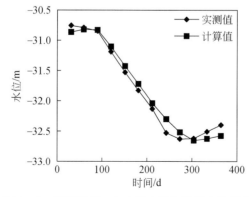

图 5.32 识别期第 5 含水层实测与计算水位拟合

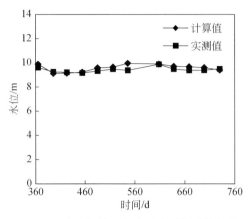

图 5.33　验证期第 3 含水层实测与计算拟合

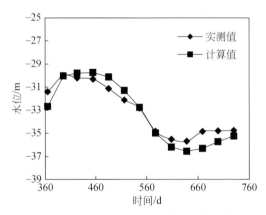

图 5.34　验证期第 5 含水层实测与计算水位拟合

在水流模型中,主要的水文地质参数包括渗透系数、弹性储水率、给水度。其中,潜水含水层中的主要水文地质参数为渗透系数和给水度,承压含水层的主要水文地质参数为渗透系数和弹性储水率。

经过识别后确认的各含水层的水文地质参数的数值见表 5.19 与表 5.20。其中第 1、3、5、7 含水层的水文地质参数见表 5.19。第 2、4、6 弱透水层的水文地质参数见表 5.20。

表 5.19　第 1、3、5、7 含水层水文地质参数

区号	第 1 含水层		第 3 含水层		第 5 含水层		第 7 含水层	
	渗透系数 $K/(m/d)$	给水度 μ	渗透系数 $K/(m/d)$	弹性储水率 $S_s/(10^{-4}/m)$	渗透系数 $K/(m/d)$	弹性储水率 $S_s/(10^{-4}/m)$	渗透系数 $K/(m/d)$	弹性储水率 $S_s/(10^{-4}/m)$
1 区	16.62	0.25	7.54	2.0	1.50	1.7	6.63	3.4
2 区	16.00	0.24	7.30	1.7	1.20	1.5	6.50	3.0
3 区	15.26	0.20	6.38	1.3	0.94	0.9	6.25	1.6
4 区	15.54	0.23	6.87	1.5	1.13	1.2	6.40	2.3

表 5.20　第 2、4、6 弱透水层水文地质参数

区号	第2层		第4层		第6层	
	渗透系数 $K/(\times 10^{-4}\text{m/d})$	弹性储水率 $S_s/(\times 10^{-4}/\text{m})$	渗透系数 $K/(\times 10^{-4}\text{m/d})$	弹性储水率 $S_s/(\times 10^{-4}/\text{m})$	渗透系数 $K/(\times 10^{-4}\text{m/d})$	弹性储水率 $S_s/(\times 10^{-4}/\text{m})$
1区	3.5	4.2	8.1	2.3	2.4	3.6
2区	4.2	3.4	8.2	1.8	2.5	3.1

5.2.5　研究区溶质运移数值模拟

1.溶质运移数学模型及溶质选择

研究区溶质运移的数学模型及其定解条件为

$$\begin{cases} \dfrac{\partial}{\partial x_i}\left(D_{ij}\dfrac{\partial c}{\partial x_j}\right)-V_i\dfrac{\partial c}{\partial x_j}+\dfrac{Wc_w}{n}-\dfrac{\rho c}{n}\cdot\delta(x-x_i,y-y_i,z-z_i)=\dfrac{\partial c}{\partial t} \\ c(x,y,z)\big|_{t=0}=c_0(x,y,z) \\ c(x,y,z,t)\big|_{\Gamma}=c_1(x,y,z,t),\quad(x,y,z)\in\Gamma,\quad t>0 \end{cases} \tag{5-18}$$

$$\dfrac{\partial c}{\partial t}=\dfrac{\partial}{\partial x_i}\left(\dfrac{D_{ij}}{R_d}\dfrac{\partial c}{\partial x_j}\right)-\dfrac{V_i}{R_d}\dfrac{\partial c}{\partial x_j}$$

式中,W 为单位体积含水层单位时间的抽水量,m^3;ρ 为地下水密度,kg/m^3;c 为溶质浓度;c_w 为抽水的溶质浓度,如果是注水则指注入水的浓度,mg/L;D 为弥散系数,m^2/d;V 为地下水流速,m/d;n 为孔隙度;δ 为狄拉克函数;c_0 为初始浓度,mg/L;c_1 为边界浓度,mg/L;R_d 为阻滞因子。

根据实际资料,研究区的溶质运移模型选择氯离子和氨氮作为溶质运移因子。由于氯离子在地下水环境中是最稳定的,随地下水水流迁移性最好,它的影响范围可以代表研究区河流入渗对地下水环境产生影响的最大范围和最大程度。此外,研究区内河水以氮源污染为主,选取氨氮作为溶质运移因子,确定河水入渗影响含水层层位。

2.溶质运移模型的条件确定

1)初始条件确定

研究区的溶质运移模型选择氯离子和氨氮作为模拟因子,在原有水流模型的基础上建立溶质运移模型,因水质监测数据自 2015 年 6 月开始,水流模型以 2015 年 6 月流场作为初始流场,故选择该时段的氯离子浓度作为初始浓度进行溶质运移模型运算。根据现有水质监测资料绘制研究区的 10m 含水层与 60m 含水层的氯离子及氨氮初始浓度分布图,详见图 5.35～图 5.38。

2)边界条件概化

由于研究区外围资料的限制,无法详细地刻画氯离子和氨氮在模型边界上的变化,因此,以 2015 年的初始浓度为参考资料,将边界设置为定浓度边界。

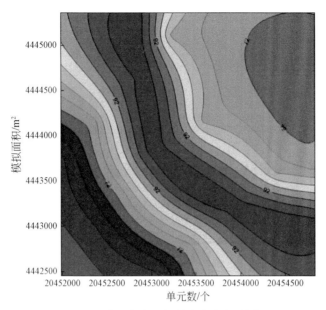

图 5.35　10m 含水层氯离子初始浓度分布(单位:mg/L)

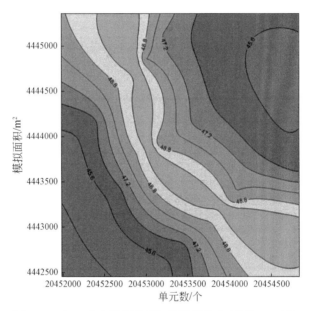

图 5.36　60m 含水层氯离子初始浓度分布(单位:mg/L)

3)源汇项的确定

研究区内的氯离子来源主要包括河道入渗、大气降雨、边界侧向流入。根据 2015 年 6 月的水质检测结果可知,河道两侧处的氯离子浓度已经达到 90mg/L 左右。因此,选择氯离子为模拟因子,可以通过模拟反映出氯离子在随地下水迁移过程中的影响范围和影响程度,刻画出河水入渗给地下水环境带来的风险影响。

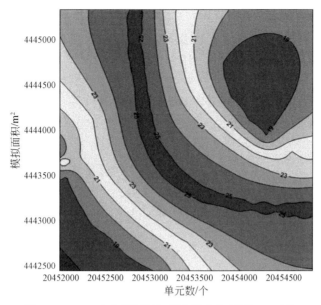

图 5.37　10m 含水层氨氮初始浓度分布（单位：mg/L）

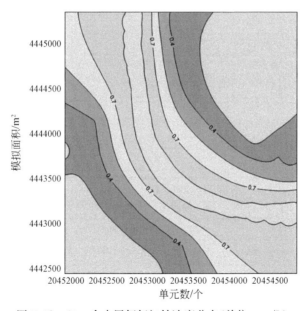

图 5.38　60m 含水层氨氮初始浓度分布（单位：mg/L）

3.溶质运移模型识别与验证

在溶质运移模型中，地下水对流、机械弥散和分子扩散等作用会影响氯离子的浓度变化。因此，除了考虑水流模型中提到的水文地质参数，还应考虑孔隙度、弥散度、吸附性等参数。因为氯离子几乎不与地下水和土壤发生化学作用，氨氮与地下水和土壤发生吸附作用，为物理吸附，所以在此溶质运移模型中，阻滞因子 R_d 表征沉积物对氨氮吸附性能的强弱。

　　模型的识别与验证时间为 2015 年 6 月~2016 年 6 月。结合收集整理的观测井资料，选取 7 眼井的观测数据进行溶质运移模型的识别和验证工作。其中，4 眼井监测潜水含水层，3 眼井监测埋深 20m 以下的承压含水层。

　　经模型运行计算得到了各观测井氯离子和氨氮浓度的计算值，结合观测数据绘制各个监测井中氯离子浓度变化的拟合及验证曲线。经识别验证后确认的水文地质参数见表 5.21~表 5.23。各观测井氯离子浓度的实测值与计算值的拟合曲线见图 5.39 和图 5.40。

表 5.21　弱透水层的水文地质参数

| 分区 | 第 2 层 | | | 第 4 层 | | | 第 6 层 | | |
	孔隙度 n	纵向弥散度 α_L/m	横向弥散度 α_T/m	孔隙度 n	纵向弥散度 α_L/m	横向弥散度 α_T/m	孔隙度 n	纵向弥散度 α_L/m	横向弥散度 α_T/m
1	0.05	0.50	0.050	0.06	0.58	0.058	0.070	0.52	0.052
2	0.06	0.52	0.052	0.05	0.47	0.047	0.065	0.60	0.060

表 5.22　含水层的水文地质参数

| 分区 | 第 1 含水层 | | | 第 3 含水层 | | | 第 5 含水层 | | | 第 7 含水层 | | |
	孔隙度 n	纵向弥散度 α_L/m	横向弥散度 α_T/m	孔隙度 n	纵向弥散度 α_L/m	横向弥散度 α_T/m	孔隙度 n	纵向弥散度 α_L/m	横向弥散度 α_T/m	孔隙度 n	纵向弥散度 α_L/m	横向弥散度 α_T/m
1	0.2	8	0.8	0.2	5	0.5	0.12	5.0	0.50	0.2	8	0.8
2	0.2	8	0.8	0.2	7	0.7	0.24	7.5	0.75	0.2	8	0.8
3	0.2	8	0.8	0.2	20	2.0	0.19	19.0	1.90	0.2	8	0.8
4	0.2	8	0.8	0.2	20	2.0	0.25	20.0	2.00	0.2	8	0.8

表 5.23　弱透水层中氨氮阻滞因子

| 区号 | 阻滞因子 R_d | | |
	第 2 层	第 4 层	第 6 层
1 区	1.8	2.5	1.8
2 区	1.85	2.6	1.7

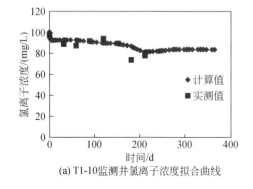

(a) T1-10 监测井氯离子浓度拟合曲线　　　　(b) T2-10 监测井氯离子浓度拟合曲线

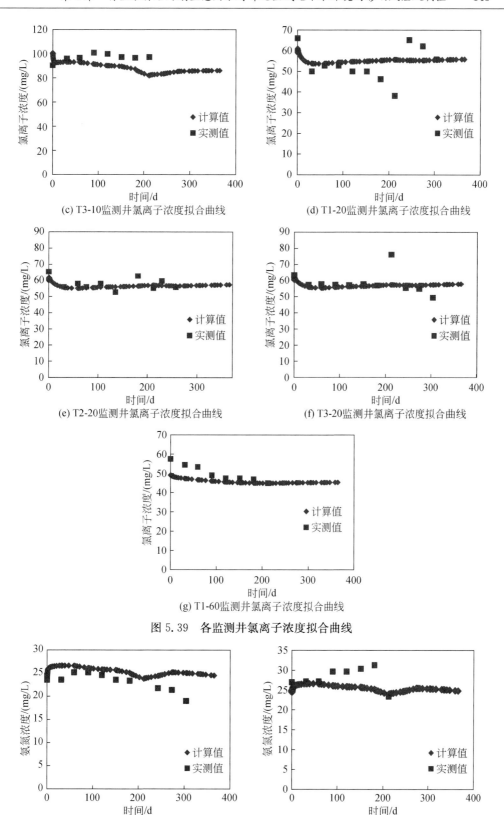

(c) T3-10监测井氯离子浓度拟合曲线

(d) T1-20监测井氯离子浓度拟合曲线

(e) T2-20监测井氯离子浓度拟合曲线

(f) T3-20监测井氯离子浓度拟合曲线

(g) T1-60监测井氯离子浓度拟合曲线

图 5.39　各监测井氯离子浓度拟合曲线

(a) T1-10监测井氨氮浓度拟合曲线

(b) T2-10监测井氨氮浓度拟合曲线

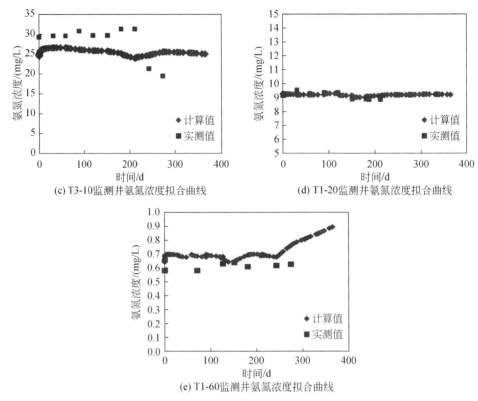

(c) T3-10监测井氨氮浓度拟合曲线　　　　　(d) T1-20监测井氨氮浓度拟合曲线

(e) T1-60监测井氨氮浓度拟合曲线

图 5.40　各监测井氨氮浓度拟合曲线

从拟合曲线的变化看出,观测井氯离子浓度的计算值与实测值的拟合程度较好,尤其是近河流观测井 T1-10、T1-20、T1-60 的氯离子浓度变化趋势与实际变化趋势吻合,能较好地反映出河水下渗对地下水中氯离子的影响,表明该溶质运移模型可以较好地刻画研究区实际情况。

综合上述情况,建立的地下水水流模型和溶质运移模型与实际情况符合,可以利用该模型对北运河土沟段的地下水水位以及水质长期变化进行预测。

5.2.6　研究区典型风险源对地下水环境的影响预测

预测期从 2016 年开始,于 2025 年底结束,预测时段为 10 年。降雨入渗补给量参照昌平沙河镇平水年的降雨量(599mm),其余条件保持不变。

1. 水位预测分析

选择水流模型中各含水层的观测井,得到各观测井未来 10 年地下水水位过程线的变化。分析结果显示,在未来 10 年内,埋深 60m 以上含水层地下水的水位都轻微上升,60m 以下承压含水层水位略有下降,平均下降速率约 0.28m/a。分析承压含水层水位下降的原因,首先根据 2015 年研究区内地下水水均衡分析,研究区主要开采层位是埋深为 60m 以下的含水层,地下水的开采造成研究区承压含水层处于微弱的负均衡状态。

模型预测 10 年后 10m 含水层和 60m 含水层的地下水水位等值线分布分别如图 5.41和图 5.42 所示。与初始水位图相比,10m 潜水含水层地下水位有所上升,而 60m 含水层地下水位下降。

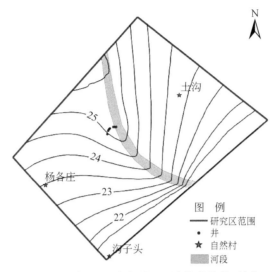

图 5.41　2025 年 10m 含水层地下水位等值线(单位:m)

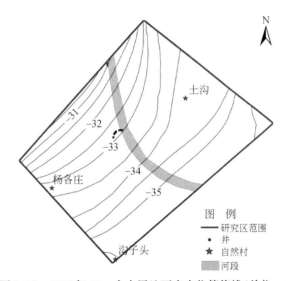

图 5.42　2025 年 60m 含水层地下水水位等值线(单位:m)

2.污染河段下渗条件下水质预测分析

在预测期阶段,选择分别位于距离河流不同长度、不同深度的 3 眼监测井的预测结果进行分析。

1)各监测井氯离子及氨氮的预测浓度变化趋势分析

根据模型计算结果,得到对应监测井的氯离子及氨氮浓度随时间变化的历时曲线。

3 眼监测井距离较近,变化趋势基本一致,选取距离河流较近的 T1 监测井,分析监测井在现状河水入渗条件下,自 2016 年起共 10 年的氯离子、氨氮浓度在含水层的变化趋势,预测期为 2016～2025 年(图 5.43 和图 5.44)。

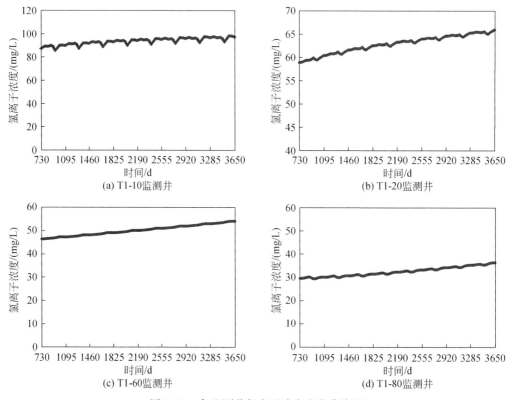

图 5.43　各监测井氯离子浓度变化曲线图

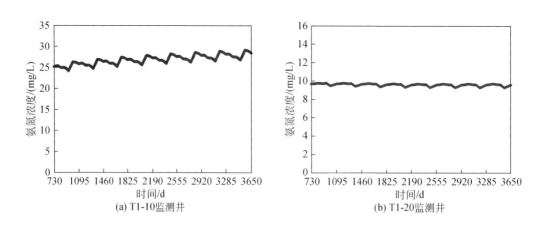

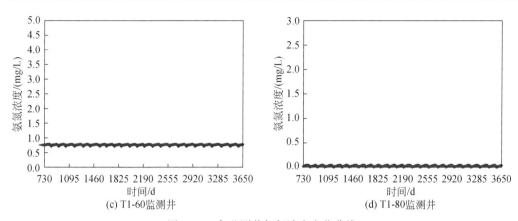

(c) T1-60监测井　　　　　　　　(d) T1-80监测井

图 5.44　各监测井氨氮浓度变化曲线

T1-10、T1-20、T1-60 监测井是距离河流较近的井。在现状条件下,由于河流污水及其入渗,20m 及 60m 处监测井的氯离子浓度上升趋势明显。而氨氮因粉质黏土层的阻滞作用,其各层浓度变化相对稳定,河水入渗尚未影响 80m 深含水层及其以下的含水层。

2) 预测期氯离子及氨氮浓度空间分布特征分析

根据模型计算结果,借助 surfer 软件,绘制预测期各含水层的地下水氯离子浓度等值线图。其中,图 5.45 和图 5.46 分别为预测期埋深 20m 含水层和埋深 60m 含水层中地下水氯离子浓度、氨氮浓度分布等值线图。

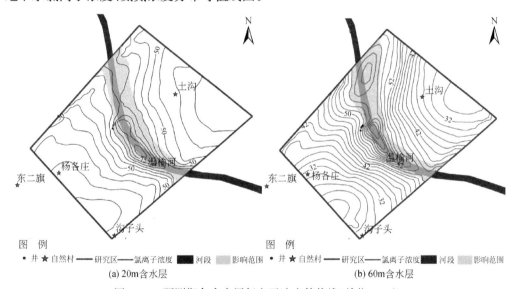

(a) 20m含水层　　　　　　　　(b) 60m含水层

图 5.45　预测期各含水层氯离子浓度等值线(单位:mg/L)

图 5.45~图 5.48 表明,河水下渗 10 年受到影响的区域主要分布在河流两侧。依据氯离子浓度及氨氮浓度的背景值的范围可以得出:到 2025 年,20m 含水层水平方向受氯离子影响最大距离约 367m,60m 含水层水平方向影响最大距离约 235m;20m 含水层水平方向受氨氮影响最大距离为 256m;60m 含水层水平方向受氨氮影响的最大距离为 89m;80m 含水层基本未受河水入渗影响。

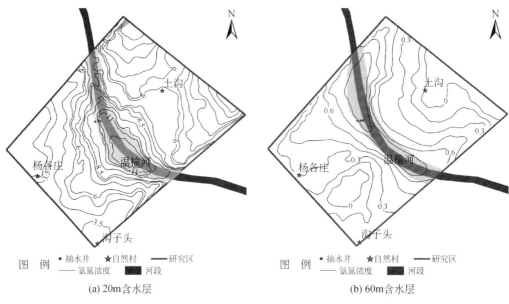

(a) 20m含水层　　　　　　　　　　　　　(b) 60m含水层

图 5.46　预测期各含水层氨氮浓度等值线(单位：mg/L)

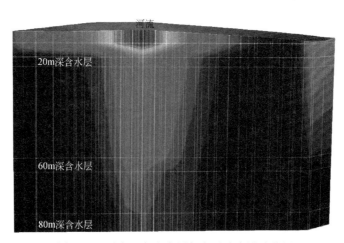

图 5.47　垂向上各含水层氯离子浓度影响范围

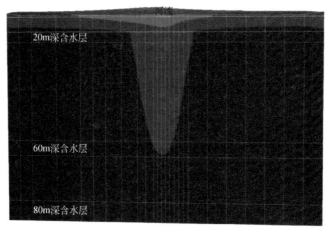

图 5.48　垂向上各含水层氨氮浓度影响范围

5.3　典型污染河段地下水水力调控

5.3.1　水力调控场地选择

1. 和合站段抽水前后地下水水质变化

2016 年 4 月 13 日～4 月 18 日,于北运河流域通州和合站段开展为期 5d 的抽水试验,抽水层位为 30m 含水层,抽水速率约为 120m³/d。抽水试验过程中,采集了地下水水质样品,测定地下水水质。检测结果表明:抽水试验前期和后期的地下水水质指标变化不明显,具体见表 5.24。

表 5.24　30m 含水层抽水前后水质指标

日期	电导率/(μS/cm)	溶解性总固体/(mg/L)	总硬度/(mg/L)
4 月 13 日	1.30×10^3	842	570
4 月 18 日	1.25×10^3	824	571

2. 土沟段抽水前后地下水水质变化

2016 年 5 月 17 日～26 日,于北运河流域昌平土沟段开展了不同含水层的抽水试验,抽水速率为 10～40m³/d。抽水试验过程中,采集地下水水质样品,测定地下水水质。检测结果表明,抽水试验后期的地下水水质指标浓度较抽水前地下水水质指标的浓度明显降低。以 60m 含水层抽水前后地下水水质为例,氯化物、硫酸盐、总硬度、氨氮等指标都有不同程度的下降,具体见表 5.25。

表 5.25　60m 含水层抽水前后水质浓度　　　　　（单位:mg/L）

日期	氯化物	硫酸盐	总硬度	氨氮	溶解性总固体	耗氧量	TOC	钾	钠
5 月 17 日	58.5	36.2	290.1	10.3	520	6.4	1.4	12.4	81.4
5 月 26 日	37.3	17.6	280.3	1.95	472	1.19	0.7	2.64	74.4

3. 抽水试验前后地下水水质变化原因分析

和合站段地层岩性为第四系细砂,厚度较为均匀,而土沟段地层岩性以细砂、粉细砂和粉质黏土为主,且分层较为明显,如图 5.49 和图 5.50 所示。文献资料显示,细砂对污染的去除作用较差,而且地下水在细砂中的运移速度较快,停留时间较短,而粉质黏土层由于比表面积大,对地下水中的污染物具有较好的吸附作用,且地下水岩性互层的地质结构中运移速度慢,污染物在黏性岩层滞留时间长,有利于污染发生吸附和生物降解。当区域底部具有厚而稳定的粉质黏土层时,既能阻隔污染河水快速进入地下水,又能够利用粉质黏土的吸附降解功能去除其中的污染组分。

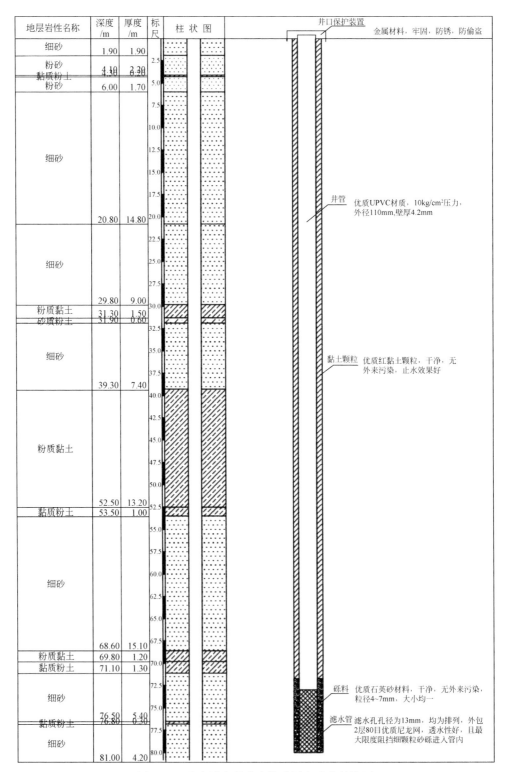

图 5.49 和合站段钻孔岩性分层和成井结构图

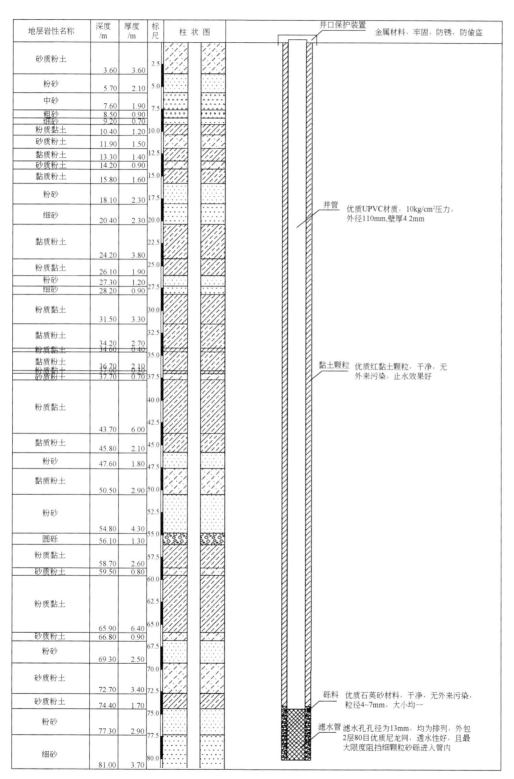

图 5.50　土沟段钻孔岩性分层和成井结构图

北运河流域地区 30m 以上的浅层地下水基本不用,60m 深含水层的水主要位于农业井的上部开采层位,开发利用程度也很低。因此,地下水循环非常缓慢,浅层地下水的水力坡度小于 1‰。当浅层地下水具有适当的流动速度时,可以充分利用粉质黏土层、土著微生物的降解作用等净化地下水。

由此可见,选择土沟段探索性地利用水力控制措施改善地下水水质,具备可能性、可行性和可操作性。

5.3.2 水力调控试验设计

1)抽水层位

根据土沟段抽水试验结果,20m 含水层的渗透系数为 7.33m/d,60m 含水层的渗透系数为 0.54m/d,而 80m 含水层厚度薄且渗透系数较小。为此,选择 20m 和 60m 含水层作为水力控制的含水层。

2)抽水量

抽水试验表明,20m 含水层的单井抽水 39.42m³/d 时,降深为 1.59m。为加速地下水循环流动,需要 3 眼井同时抽水。因 20m 深井的地下水埋深为 14m,取水含水层厚度为 4m,且 3 眼井距离较近。为此,设定单井最大降深不超过 3.5m,既不疏干含水层,又能持续抽水。按照距离河道由近至远的顺序,3 眼井的抽水量分别为 40m³/d、33m³/d 和 27m³/d。

抽水试验表明,60m 含水层的单井抽水 20m³/d 时,降深为 2.3m。为加速地下水循环流动,需要 4 眼井同时抽水。因 60m 深井的地下水埋深为 36.5m,取水含水层厚度为 6m,且 4 眼井距离较近。为此,设定单井最大降深不超过 4.2m,保持既不疏干含水层,又能持续抽水。按照距离河道由近及远的顺序,4 眼井的抽水量分别为 20m³/d、19m³/d、15m³/d 和 10m³/d。

5.3.3 地下水水位和水质监测方法

1.水位监测方法

抽 20m 和 60m 含水层时,采用荷兰 Solinst 公司生产的 Levelogger Edge 地下水位记录仪监测地下水动态变化。抽 20m 含水层时,监测 3 眼 20m 含水层、1 眼 10m 含水层,共 4 眼。20m 含水层抽水时间为 2016 年 8 月 29 日～2016 年 9 月 30 日,共计 33 天,地下水位数据采集频率为 12 次/h,并于 11 月 4 日、11 月 10 日和 11 月 15 日手动监测了 3 眼 20m 的地下水水位。

抽 60m 含水层时,监测 1 眼 20m 含水层,4 眼 60m 含水层。60m 含水层抽水时间为 2016 年 9 月 30 日～2016 年 11 月 4 日,共 36 天,地下水位数据采集频率与 20m 含水层的相同,并于 11 月 10 日和 11 月 15 日手动监测了 4 眼 60m 含水层的地下水水位。

2.水质监测方法

选取地下水中的 pH、钾、钠、钙、镁、氯离子、硫酸盐、硝态氮、氨氮、碳酸氢根离子、总硬度、溶解性总固体、高锰酸盐指数等 13 项指标;同时监测邻苯二甲酸酯、壬基酚、多环芳烃等 3 类痕量有机物指标。

试验开始前抽取 20m 和 60m 含水层水样,其后按 5d、10d、15d、20d、25d、30d 等顺序取样,其中 20m 含水层在停止抽水后第 35 天、第 41 天和第 46 天各取样 1 次,60m 含水层在抽水停止后的第 6 天和第 11 天各取样 1 次。每层痕量有机污染物均监测 4 次,取样时间为试验开始前、5d、15d、30d。

5.3.4　水力控制试验过程中含水层水动力场变化

试验分别对 20m 含水层 3 眼抽水井(T1-20、T2-20、T3-20)和 60m 含水层 4 眼抽水井(T1-60、T2-60、T3-60、T4-60)进行抽水,其 20m 含水层 3 眼抽水井的抽水量分别为 40m³/d、33m³/d 和 27m³/d,抽取天数为 33 天;60m 含水层 4 眼抽水井的抽水量分别为 20m³/d、19m³/d、15m³/d 和 10m³/d,抽取天数为 36 天,其两含水层停止抽水后近似稳定的水动力场变化如图 5.51~图 5.54 所示。

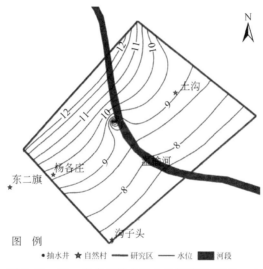

图 5.51　20m 含水层抽水后水位等值线(单位:m)

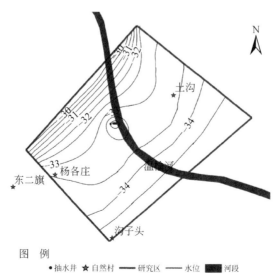

图 5.52　60m 含水层抽水后水位等值线(单位:m)

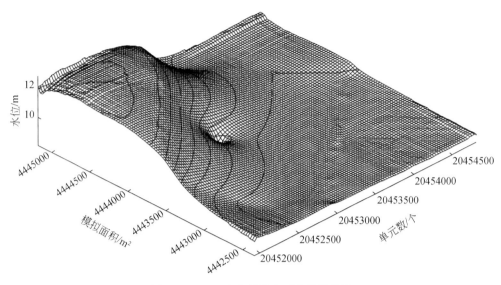

图 5.53　20m 含水层抽水后水位等值线

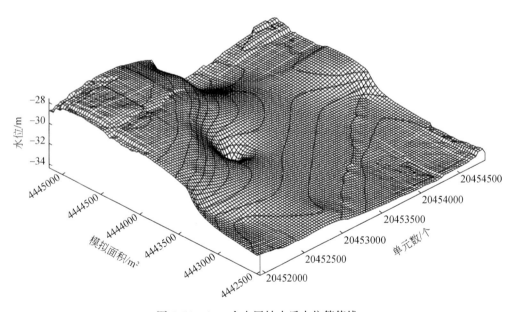

图 5.54　60m 含水层抽水后水位等值线

从图 5.53 和图 5.54 可以看出,20m 含水层降深为 2m,影响半径为 80.2m,60m 处含水层降深为 1.54m,影响半径为 150.6m。

5.3.5　水力控制试验过程中含水层水质变化

1.氯离子和硫酸盐

20m 含水层氯离子和硫酸盐浓度均表现出随时间下降的趋势。T2-20 监测井氯离子初始浓度为 65mg/L,抽水结束时浓度下降为 55mg/L;硫酸盐浓度下降幅度大,由初始浓度的 114mg/L,下降至抽水结束时的 48mg/L,见图 5.55。

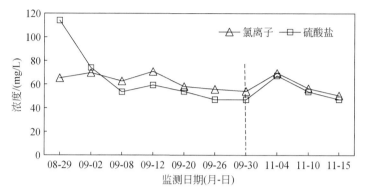

图 5.55　T2-20 含水层氯离子和硫酸盐浓度随时间的变化(虚线为抽水结束日期,下同)

T3-20 监测井氯离子初始浓度为 56mg/L,抽水结束时浓度下降为 44mg/L,降幅为 12mg/L;硫酸盐初始浓度为 43mg/L,抽水结束时浓度下降至 25mg/L,降幅为 18mg/L。停止抽水 1 个月后,氯离子和硫酸盐浓度有所回升,见图 5.56。

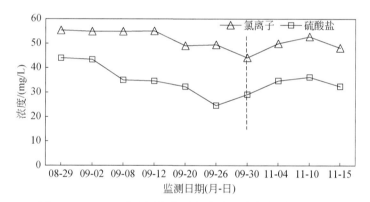

图 5.56　T3-20 含水层氯离子和硫酸盐浓度随时间的变化

60m 含水层氯离子和硫酸盐浓度均表现出随时间下降的趋势。T2-60 监测井氯离子初始浓度为 27mg/L,抽水结束时浓度下降为 20mg/L,降幅为 7mg/L;硫酸盐初始浓度为 27mg/L,抽水结束时浓度下降至 20.3mg/L,降幅为 6.7mg/L。停止抽水 6d 后,氯离子和硫酸盐浓度仍然下降,11 天后呈现上升趋势,见图 5.57。

T3-60 监测井氯离子初始浓度为 23.5mg/L,抽水结束时浓度下降为 17mg/L,降幅为 6.5mg/L;硫酸盐初始浓度为 19.8mg/L,抽水结束时浓度下降至 16mg/L,降幅为 2.8mg/L;停止抽水后的 11 天,两者浓度仍然呈现下降趋势,见图 5.58。

2. 总硬度、溶解性总固体和重碳酸盐

20m 含水层总硬度、溶解性总固体和重碳酸盐的浓度均表现出随时间下降的趋势,且前期浓度下降较快而后期呈现变缓的趋势。T2-20 监测井总硬度初始浓度为 518mg/L,抽

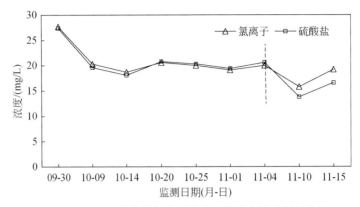

图 5.57　T2-60 含水层氯离子和硫酸盐浓度随时间的变化

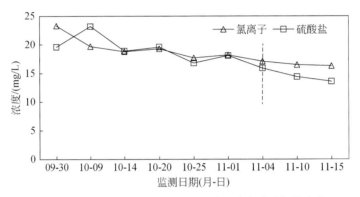

图 5.58　T3-60 含水层氯离子和硫酸盐浓度随时间的变化

水结束时浓度下降为 313mg/L;溶解性总固体初始浓度为 933mg/L,抽水结束时浓度为 500mg/L;重碳酸盐浓度由初始浓度的 459mg/L,下降至抽水结束时的 336mg/L;停止抽水 1 个月后,3 指标呈现恢复趋势,见图 5.59。

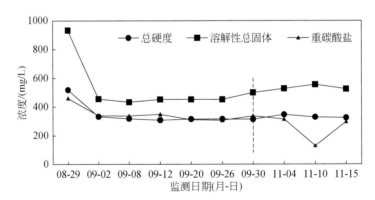

图 5.59　T2-20 含水层总硬度、溶解性总固体和重碳酸盐浓度随时间变化

60m 含水层总硬度变化不明显,溶解性总固体和重碳酸盐呈下降趋势。T2-60 监测井总硬度浓度在 195mg/L 左右变化;溶解性总固体总体呈下降趋势,由初始的 320mg/L,抽

水结束时浓度为 303mg/L;重碳酸浓度下降相对明显,由初始的 281mg/L,下降至抽水结束时的 244mg/L;从抽水结束后浓度恢复情况看,溶解性总固体恢复较快,如图 5.60所示。

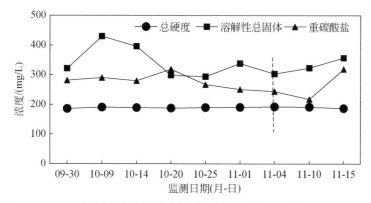

图 5.60　T2-60 含水层总硬度、溶解性总固体和重碳酸盐浓度随时间的变化

T3-60 监测井总硬度略有下降;溶解性总固体总体呈下降趋势,由初始的 337mg/L,抽水结束时浓度变为 302mg/L;重碳酸浓度总体呈下降趋势,由初始的 270mg/L,下降至抽水结束时的 250mg/L;抽水结束后的 11d 时间内,各指标浓度仍然呈下降趋势,如图 5.61所示。

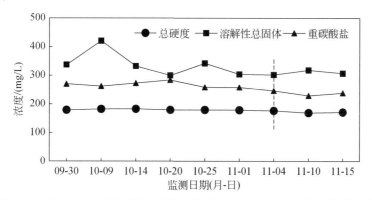

图 5.61　T3-60 含水层总硬度、溶解性总固体和重碳酸盐浓度随时间的变化

3. 氨氮和 COD_{Mn}

20m 含水层氨氮和 COD_{Mn} 总体呈现下降趋势,而 60m 含水层两指标的浓度低,变化规律性不明显。T2-20 监测井氨氮浓度下降明显,由初始的 4.3mg/L 降低至抽水结束时的 0.43mg/L;COD_{Mn} 由初始的 2.82mg/L 降低至抽水结束时的 1.35mg/L;抽水结束后的 40d,两个指标有所回升,如图 5.62 所示。

T3-20 监测井氨氮浓度由初始的 0.27mg/L 降低至抽水结束时的 0.20mg/L;COD_{Mn} 由初始的 2.92mg/L 降低至抽水结束时的 1.39mg/L;抽水结束后的 COD_{Mn} 恢复较快,而氨氮浓度恢复较慢,如图 5.63 所示。

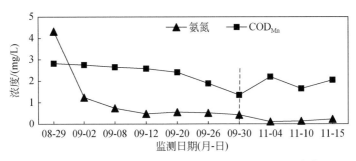

图 5.62　T2-20 含水层氨氮浓度和 COD_{Mn} 随时间的变化

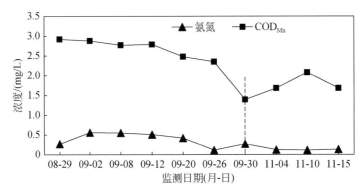

图 5.63　T3-20 含水层氨氮浓度和 COD_{Mn} 随时间的变化

4. 钾、钠、钙和镁离子

20m 含水层钾、钠和镁离子浓度总体呈现下降趋势,而钙离子浓度呈现上升趋势。T1-20 监测井钾离子浓度由初始的 6.48mg/L 降低至抽水结束时的 1.58mg/L;钠离子浓度由初始的 100mg/L 降低至抽水结束时的 66mg/L;镁离子浓度由初始的 46mg/L 下降至 40mg/L;而钙离子浓度由初始的 62mg/L 上升至抽水结束时的 101mg/L。抽水结束后,钾、钠和镁离子浓度缓慢回升,而钙离子浓度呈下降趋势,如图 5.64 所示。

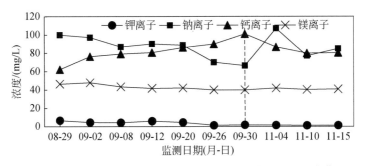

图 5.64　T1-20 含水层钾、钠、钙和镁离子浓度随时间的变化

T2-20 监测井钾、钠、钙和镁离子浓度变化如图 5.65 所示。可以看出,钾离子由初始的 14.0mg/L 降至抽水结束时的 3.3mg/L。

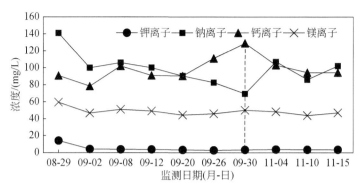

图 5.65　T2-20 含水层钾、钠、钙和镁离子浓度随时间的变化

钠离子浓度由初始的 141mg/L 降低至抽水结束时的 69mg/L;镁离子浓度 59mg/L 下降至抽水结束时的 50mg/L;而钙离子浓度由初始的 91mg/L 上升至抽水结束时的 129mg/L。抽水结束后,钾、钠、钙和镁离子浓度变化和 T1-20 中的对应指标变化相同。

20m 含水层钙离子浓度上升而钠离子浓度下降的原因可能是地下水-包气带介质发生阳离子交换吸附,地下水中钠离子、钾离子和介质中的钙离子相互交换,钙离子进入地下水中,而钠离子进入介质中。

60m 含水层钾、钙和镁离子呈现下降趋势,而钠离子呈现上升趋势。T1-60 监测井钾离子浓度由初始的 5.8mg/L 降低至抽水结束时的 2mg/L;钙离子浓度由初始的 104mg/L 降低至抽水结束时的 76mg/L;镁离子浓度由初始的 40mg/L 降低至抽水结束时的 36mg/L;而钠离子浓度由初始的 69mg/L 上升至抽水结束时的 82mg/L。抽水结束后,钾、钠、镁离子浓度缓慢回升,60m 含水层可能发生了与 20m 含水层相反的阳离子交换吸附,见图 5.66。

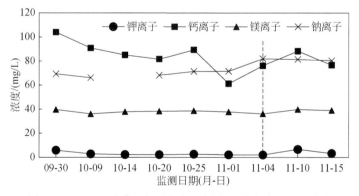

图 5.66　T1-60 含水层钾、钠、钙和镁离子浓度随时间的变化

T2-60 监测井钾离子浓度由初始的 1.42mg/L 降低至抽水结束时的 0.8mg/L;钙离子浓度由初始的 81.5mg/L 降低至抽水结束时的 61mg/L;镁离子浓度由初始的 24mg/L 降低至抽水结束时的 21mg/L;而钠离子浓度由初始的 69mg/L 上升至抽水结束时的 78mg/L。抽水结束后,钾、钠、镁和钙离子浓度变化趋势和 T1-60 的相应指标相同,见图 5.67。

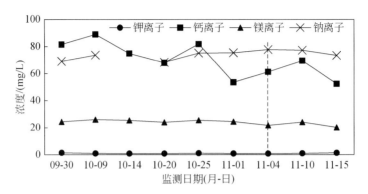

图 5.67　T2-60 含水层钾、钠、钙和镁离子浓度随时间的变化

5. 邻苯二甲酸二丁酯和邻苯二甲酸(2-乙基己基)酯

选取地下水中邻苯二甲酸酯类的特征污染物邻苯二甲酸二丁酯(DBP)和邻苯二甲酸(2-乙基己基)酯(DEHP)变化进行分析。20m 和 60m 含水层 DBP 和 DEHP 浓度总体呈现下降趋势,如图 5.68 和图 5.69 所示。从图 5.68 可以看出,20m 含水层的 DBP 由初始的 1451.7ng/L 下降至停止抽水时的 883.2ng/L,DEHP 从初始的 4742.1ng/L 下降至停止抽水时的 177.0ng/L,降幅达到 96.3%。

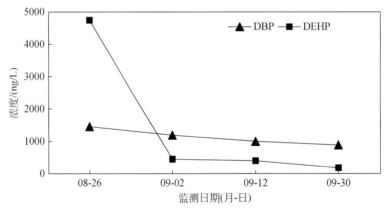

图 5.68　T1-20 含水层 DBP 和 DEHP 浓度随时间的变化

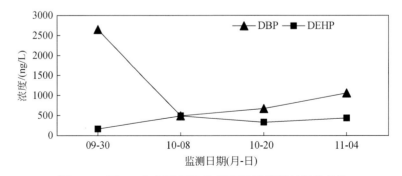

图 5.69　T1-60 含水层 DBP 和 DEHP 浓度随时间的变化

从图 5.69 可以看出,60m 的含水层 DBP 和 DEHP 变化基本一致,DBP 由初始的 866.4ng/L 下降至停止抽水时的 450.3ng/L,DEHP 从初始的 464.1ng/L 下降至停止抽水时的 33.1ng/L,降幅达到 92.9%。

6. 菲、苯并(k)荧蒽

选取地下水中多环芳烃类的特征污染物菲和苯并(k)荧蒽变化进行分析。20m 和 60m 含水层菲和苯并(k)荧蒽浓度总体呈现下降趋势,见图 5.70 和图 5.71。从图 5.70 可以看出,20m 含水层的菲由初始的 171.7ng/L 下降至停止抽水时的 15.0ng/L,苯并(k)荧蒽从初始的 15.4ng/L 下降至停止抽水时的 4.5ng/L。

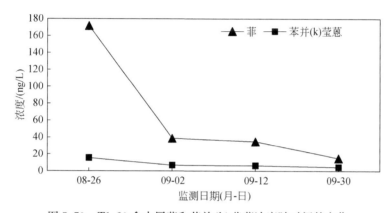

图 5.70 T1-20 含水层菲和苯并(k)荧蒽浓度随时间的变化

从图 5.71 可以看出,60m 含水层的菲由初始的 65.7ng/L 下降至停止抽水时的 9.6ng/L,苯并(k)荧蒽从初始的 20.3ng/L 下降至停止抽水时的 10.7ng/L。

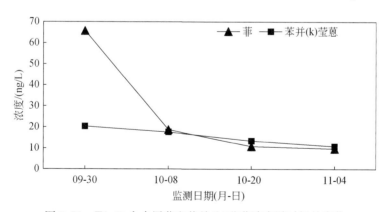

图 5.71 T1-60 含水层菲和苯并(k)荧蒽浓度随时间的变化

7. $\sum$ NP

选取地下水中酚类的特征污染物的 $\sum$ NP 变化进行分析。20m 和 60m 含水层

$\sum$ NP 浓度总体呈现下降趋势,如图 5.72 和图 5.73 所示。从图 5.72 可以看出,20m 含水层的 $\sum$ NP 由初始的 281.7ng/L 下降至停止抽水时的 75.1ng/L,降幅达到 73.3%。

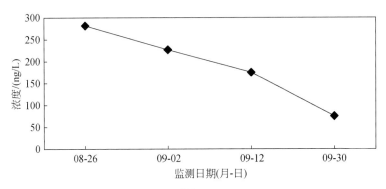

图 5.72　T1-20 含水层 $\sum$ 壬基酚浓度随时间的变化

从图 5.73 可以看出,60m 含水层的 $\sum$ NP 由初始的 154.3ng/L 下降至停止抽水时的 50.7ng/L,降幅达到 67.1%。

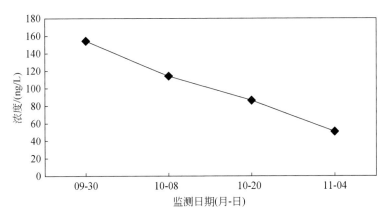

图 5.73　T1-60 含水层 $\sum$ NP 浓度随时间的变化

5.4　小　　结

(1)土沟段、杨堤段及和合站段三个典型河段水位监测结果显示,各河段的水位波动较平缓,且水位变化趋势比较接近。同一河段不同监测井之间水位表现为随着离河流距离的增加,水位逐渐降低,反映出河流补给地下水。三个典型河段地下水水质综合质量评价结果均为Ⅴ类,与流域第一含水层组水质综合质量评价结果基本一致,无机超标指标主要为溶解性总固体、总硬度、高锰酸盐指数、氨氮和亚硝酸盐,有机检出指标主要为总有机碳。河水水质综合质量评价结果表明,三个河段河水样均为Ⅴ类,主要污染指标为氨氮、高锰酸盐指数、有机污染物等。显示了地下水和地表水主要超标指标的一致性。

（2）结合地下水水位变化，分析污染物影响距离以及影响深度，确定土沟段河水的最远影响范围 112～152m，影响深度在 40m 左右；杨堤段河水影响范围小于 90m；和合站段影响距离介于 113～142m，影响深度 30～40m。和合站进行抽水试验及水动力弥散试验表明，该区域渗透系数 1.61×10^{-5} m/s，纵向弥散度 a_L 为 1.02m，横向弥散度 a_T 为 0.32m。氨氮和高锰酸盐指数作为典型污染因子推演结果与实际情况基本一致，6.5 年后的影响距离约为 240m。

（3）研究构建了土沟段的水文地质概念模型，运用 Feflow 建立了地下水渗流和溶质运移模型，在地下水持续开采，河水现状条件不变的情况下，模型预测 2016～2025 年的结果表明：研究区 60m 以上含水层水位略有上升，而 60m 以下承压含水层水位处于下降趋势，但其下降趋势较缓慢，平均下降速率约为 0.28m/a，在 10 年间水位降幅约 3～6m。模型预测 10 年后，20m 和 60m 含水层水平方向受氯离子的影响范围分别为 447.5m 和 332.8m；20m 和 60m 含水层水平方向受氨氮的影响范围分别为 275.1m 和 106.9m；80m 含水层基本未受河水入渗影响。

（4）3 眼 20m 监测井同时抽水 33d 后，20m 含水层水位最大降深为 2.0m，影响半径为 80.2m；4 眼 60m 监测井同时抽水 36d 后，60m 含水层水位最大降深为 1.54m，影响半径为 150.6m。抽水过程中 20m 和 60m 含水层中的氯离子、硫酸盐、总硬度、溶解性总固体、重碳酸盐、氨氮、高锰酸盐指数、钾离子和镁离子浓度呈现不同程度的下降；但 20m 和 60m 含水层中钠和钙离子呈现相反的趋势，可能与 20m 含水层和 60m 发生了相反的阳离子交换吸附作用有关；痕量有机污染物邻苯二甲酸二丁酯（DBP）、邻苯二甲酸（2-乙基己基）酯（DEHP）、菲、苯并（k）莹蒽和 $\sum$ NP 也呈现下降趋势，DEHP 下降幅度最大达到 96.3%。从浅层地下水的水力调控试验结果可以看出，浅层地下水在加速循环后，地下水水质呈现明显好转的趋势。

第6章 再生水补给河湖生态用水对水生态健康
与人居环境的影响

自然界中大多数微生物并不是以游离状态存在于生长环境中的,90％以上的微生物通常附着到固体基底表面以生物膜的形式存在(Costerton et al.,1999),生物膜也成为水环境中微生物群落长期演变的综合表现,有望成为监测和评价水生态系统健康最直接和有效的方法。生物膜是由微生物群体(细菌、原生动物、真菌等)、无机矿物和有机聚合物基质(细菌胞外多聚物质、腐殖质等)等组成的共存体系。在自然水体中,生物膜及各组分对污染物具有较高的表面反应活性和吸附面积(Winpenny,1996;Schorer et al.,1997),对污染物的聚结、吸附和降解等过程体现了水体自净过程中物理净化、化学净化和生物净化三个过程的有机结合,在自净过程中起着重要作用(Sergi et al.,2002)。生物膜对污染物的去除作用已广泛应用于污水处理、人工湿地等方面,且生物膜厚度、金属氧化物、生物膜胞外聚合物、微生物群落结构、生物膜酶活性等生物膜组分指标已成为衡量生物膜去污效率的主要特性参数。监测和评价水生态系统健康最直接和有效的方法就是对生态系统中的生物状态进行监测。在自然界中90％以上的微生物通常附着在固体基质表面以生物膜的形式存在。水环境中生物膜不仅是微生物群落长期地理变迁和生物进化的综合表现,而且它处于上覆水和沉积物之间以综合反映水体和沉积物的状态,是监测和评价水生态系统健康最直接和有效的方法。生物膜是由微生物群体(细菌、原生动物、真菌等)、无机矿物和有机聚合物基质(细菌胞外多聚物质、腐殖质等)等组成的共存体系。生物膜结构特征是膜体表面的粗糙度、孔隙率等微观特征,是其在水力、水质、温度、时间等多因素共同影响下的综合表现(Tatlor,1997),不同水环境中生物膜结构差异很大。因此,对再生水回用河湖生物膜生长过程特征、不同工艺再生水中生物膜结构组分特征差异、生物膜组分特征变化等基本信息的掌握,是监测和评价水生态系统健康直接和有效方法的基础背景。

本章主要阐述了借用现代电子显微、精细分析以及分子生物学等研究手段,对不同工艺再生水中的生物膜生长、组分特征及生物膜在水环境中的净污效应,基于生物膜结构组分的变化和差异,利用生物膜法对水生态系统健康进行评价,分析评价再生水回用河湖的健康水平。

6.1 北京城市中心区再生水回用河湖介质表面附生生物膜特征

利用再生水补充河湖生态用水已成为缓解城市河湖生态危机问题的有力措施之一,再生水虽达到排放标准,但其中仍含有大量的营养盐分、微量有机物、固体悬浮颗粒和微生物,这使得再生水环境中多介质表面附生生物膜特性与一般水体中存在显著区别,生物膜结构特征是膜体表面的粗糙度、孔隙率等微观特征,是其在水力、水质、温度、时间等多因素共同影响下的综合表现(Tatlor,1997),不同水环境中生物膜结构差异很大。现代精细显微技术扫描电子显微镜(SEM)、共聚焦激光扫描显微镜(CLSM)、三维白光干涉形貌仪(3D SWIP)等技术的发展为研究生物膜表面复杂结构提供了有效的工具(王荣昌等,2003;Baloch et al.,2008;Li et al.,2011)。本节以北京城市中心区的地表水和不同处理工艺再生水回用河湖中水生植物、卵石两种介质表面附生生物膜为研究对象,综合利用环境扫描电镜测试技术、X 射线衍射仪、磷脂脂肪酸(PLFA)生物标记、变性梯度凝胶电泳(PCR-DGGE)等技术对生物膜特征进行精细测定,深入研究再生水回用河湖多介质表面附生生物膜形态、结构、组分等特征。

6.1.1　取样地点

对不同工艺再生水回用河湖水系中卵石和水生植物表面附生生物膜进行取样,取样水系的基本水源及水质情况见表 6.1、表 6.2。表中 SM 代表永定河门城湖,SL 代表永定河莲石湖,RJ 代表酒仙桥再生水厂的混凝沉降与砂滤结合法处理工艺,RG 代表高碑店再生水厂的传统活性污泥法处理工艺,RQ 代表清河再生水厂的超滤臭氧技术(A^2/O)处理工艺,R 代表河流,L 代表湖泊,S 代表卵石,P 代表水生植物。

表 6.1　取样地点及编号

水体类型	处理工艺	补给水源	河湖名称	介质类型	编号
自然水体	——	三家店水库	永定河门城湖(SML)	卵石	SMLS
				水生植物	SMLP
			永定河莲石湖(SLL)	卵石	SLLS
				水生植物	SLLP
再生水回用水体	混凝沉降与砂滤结合法	酒仙桥再生水厂	坝河(RJR)	卵石	RJRS
				水生植物	RJRP
			红领巾公园湖(RJL)	卵石	RJLS
				水生植物	RJLP
	传统活性污泥法	高碑店再生水厂	南护城河(RGR)	卵石	RGRS
				水生植物	RGRP
			陶然亭公园湖(RGL)	卵石	RGLS
				水生植物	RGLP
	超滤臭氧技术(A^2/O)	清河再生水厂	清河(RQR)	卵石	RQRS
				水生植物	RQRP
			奥运湖(RQL)	卵石	RQLS
				水生植物	RQLP

表 6.2　水质检测结果

编号	NH$_4^+$-N 浓度 /(mg/L)	NO$_3^-$ 浓度 /(mg/L)	TN 浓度 /(mg/L)	TP 浓度 /(mg/L)	BOD$_5$ /(mg/L)	COD$_{Cr}$ /(mg/L)	SP 浓度 /(mg/L)	Ca^{2+} 浓度 /(mg/L)	Mg^{2+} 浓度 /(mg/L)	PO$_4^{3-}$ 浓度 /(mg/L)	SO$_4^{2-}$ 浓度 /(mg/L)	HCO$_3^-$ 浓度 /(mg/L)	pH
SML	0.40	5.47	7.44	0.04	4.2	4.0	0.02	105.0	33.9	0.06	365.0	170	7.44

续表

编号	NH$_4^+$-N 浓度 /(mg/L)	NO$_3^-$ 浓度 /(mg/L)	TN 浓度 /(mg/L)	TP 浓度 /(mg/L)	BOD$_5$ /(mg/L)	COD$_{Cr}$ /(mg/L)	SP 浓度 /(mg/L)	Ca^{2+} 浓度 /(mg/L)	Mg^{2+} 浓度 /(mg/L)	PO$_4^{3-}$ 浓度 /(mg/L)	SO$_4^{2-}$ 浓度 /(mg/L)	HCO$_3^-$ 浓度 /(mg/L)	pH
SLL	0.39	2.71	4.58	0.11	6.6	29.7	0.05	43.7	34.0	0.02	247.0	125	7.92
RJR	3.24	11.6	16.2	0.38	11.8	47.7	0.32	75.0	31.7	0.96	100.0	344	7.54
RJL	0.81	0.88	1.80	0.22	8.8	38.2	0.08	29.1	20.8	0.24	78.7	163	7.86
RGR	0.46	7.17	9.38	0.11	4.0	19.7	0.10	56.9	20.5	0.22	97.6	197	7.70
RGL	0.24	4.75	6.34	0.03	4.2	20.9	0.01	40.9	22.7	0.01	122.0	125	8.22
RQR	15.8	9.07	28.6	0.82	8.2	36.2	0.50	63.6	21.1	16.10	93.2	298	7.21
RQL	0.33	3.78	5.46	0.17	3.9	19.3	0.14	36.8	22.0	0.34	92.9	110	9.34

6.1.2 生物膜表面形貌表征

1. 生物膜样品的采集、制备及 SEM 扫描

采取水生植物和卵石两种介质表面生物膜样品,用剪刀将处于水中并且表面生物膜量较多的叶片剪下放入密封袋中保存,对于卵石也是在水生植物生长比较旺盛的地点进行选取,将采集的卵石样品及时放入密封袋中保存。采集到的样品快速用车载冰箱转移到实验室冰箱内保存。将采集的水生植物和卵石表面生物膜样品都切割成 0.6cm×0.6cm 的方块,然后进行如下操作。

(1)固定。先用 2.5% 戊二醛固定溶液,在用 0.1mol/L 磷酸钠缓冲液漂洗三次,每次漂洗 15min。接着用 1% 锇酸(O$_s$O$_4$)固定 3h,最后用 0.1mol/L 磷酸钠缓冲液漂洗 3次,每次 15min。

(2)脱水。将样品置于 30%、50%、70%、85%、95% 浓度乙醇梯度脱水一次,时间 5min;置于 100% 乙醇脱水三次,每次 15min。

(3)干燥。用 BAL-TEC CPD030 进行二氧化碳临界点干燥。

(4)喷金。用喷金-离子溅射仪 BAL-TEC SCD005 进行镀金处理。

(5)拍照。用 FEIQUANTA200 型号 SEM 观察拍照。

2. 两种介质表面附生生物膜形貌的 SEM 图像获取及定性分析

首先利用 SEM 对再生水回用水体中的水生植物及卵石两种介质表面附生生物膜的结构特征进行测试,部分样品结果如图 6.1 所示。水生植物和卵石两种介质表面存在大量孔径大小不一的孔隙,生物膜表现为典型的多孔介质;生物膜表面吸附了大量颗粒物,包括无机颗粒物、微生物(主要为球、杆菌等多种形态的菌)、藻类等,这些颗粒物之间的孔隙由细菌分泌的大量的黏性物质-胞外多聚物所填充,正是这些胞外聚合物起到黏结作用,将细菌等微生物群落和附着物黏聚在一起,形成了丝状或网状的稳定复杂结构。两种介质表面生物膜结构差异较大,卵石表面的生物膜结构要比水生植物表面的生物膜致

密,且卵石表面生物膜吸附物质的含量及微生物的种类和数量要比水生植物表面少很多,在水生植物表面可观察到大量藻类的存在,而在卵石表面的生物膜上几乎没有。

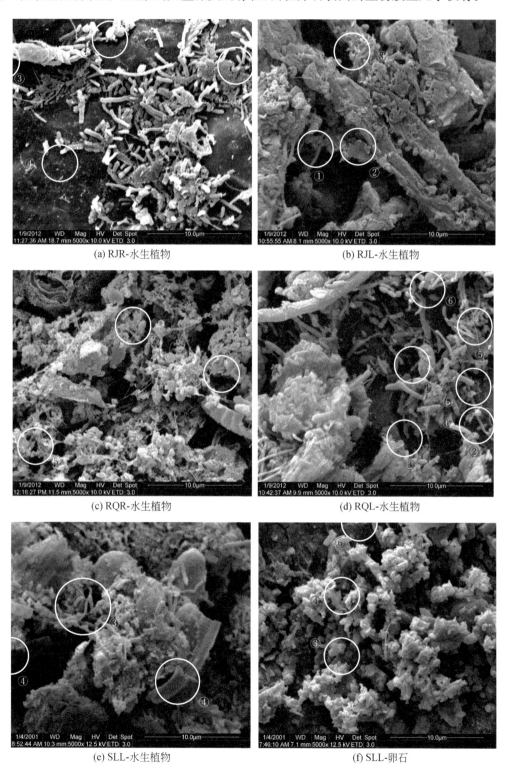

(a) RJR-水生植物　　　　　　　　　　(b) RJL-水生植物

(c) RQR-水生植物　　　　　　　　　　(d) RQL-水生植物

(e) SLL-水生植物　　　　　　　　　　(f) SLL-卵石

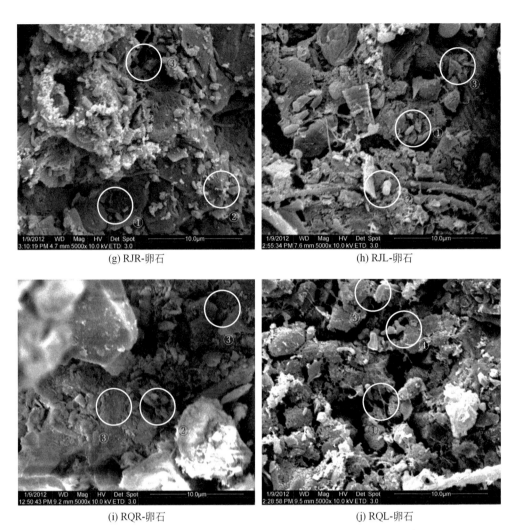

图 6.1　再生水水河湖水生植物卵石表面附生生物膜 SEM 图像
①一字形杆状菌；②球状菌；③藻类；④八字形杆菌；⑤丝状菌；⑥环状菌

6.1.3　分形几何理论及参数计算

1. 两种介质表面生物膜结构的单分形特点

分形维数定量描述了分形的复杂程度，是描述分形的特征量。对生物膜表面结构的分形维数进行分析，采用小岛法进行计算。小岛法是根据测度关系求分形维数的方法：

$$\alpha_D(\varepsilon) = \frac{L^{\frac{1}{D}}(\varepsilon)}{A^{\frac{1}{2}}(\varepsilon)} \tag{6-1}$$

式中，L 为孔隙周长；A 为孔隙面积；D 为分形维数；$\varepsilon = \eta/L_0$，其中 η 为绝对测量尺度，L_0 为初始图形的周长；在固定尺度 η 的情况下，$\alpha_D(\varepsilon)$ 为常数，$\alpha_D(\varepsilon)$ 只与选择的尺度有关，而与图形的大小无关。则式(6-1)两边取对数得

$$\lg L(\varepsilon) = D \lg \alpha_D(\varepsilon) + \frac{D}{2} \lg A(\varepsilon) = C + \frac{D}{2} \lg A(\varepsilon) \tag{6-2}$$

式中,C 为常数。在生物膜表面结构电镜图片中分别测量每个孔隙的周长和面积,面积和周长的双对数绘图所得斜率的两倍即为分形维数 D 值。

将图 6.1 的 SEM 图像进行二值化处理,然后用 Image-Pro 软件对各个二值化处理后的 SEM 图片进行测试分析,测算出试样表面各个孔隙面积、周长。根据式(6-2),在面积与周长的双对数坐标系中,利用散点数据进行 $\lg A$-$\lg L$ 相关关系的回归分析,得到的直线斜率的 2 倍即为样品表面生物膜结构的分形维数,结果见表 6.3。结果表明,各直线拟合结果的 R^2 都在 0.95 以上,$\lg A$ 与 $\lg L$ 表现出良好的线性相关关系。在放大 5000 倍的条件下,莲石湖水体中水生植物和卵石样品表面生物膜结构的分形维数均值分别为 1.45 和 1.47,两者差仅在 0.5% 以内。三个水生植物样品表面生物膜结构的分形维数分别为 1.44、1.48 和 1.44,而三个卵石样品表面生物膜结构的分形维数分别为 1.46、1.48 和 1.46,同种样品表面生物膜结构的分形维数差异极小,偏差在 2.8% 以内。对于其他四种再生水回用河流和湖泊,卵石表面生物膜结构的分形维数大于水生植物表面生物膜结构的分形维数,但两者仅差 0.2%~2.4%。以上结果表明不同水体介质表面附生生物膜结构的边界孔隙分形维数极为接近,利用简单分形维数不能很好地描述两种介质表面生物膜结构特征,需要寻求更为敏感的特征指标。

表 6.3 生物膜孔隙截面边界分形维数及 R^2

编号	R^2	D	编号	R^2	D
SLLP	0.967	1.453	SLLS	0.957	1.467
RJRP	0.974	1.364	RJRS	0.970	1.398
RJLP	0.970	1.404	RJLS	0.971	1.410
RQRP	0.972	1.435	RQRS	0.970	1.438
RQLP	0.969	1.392	RQLS	0.973	1.402

2. 两种介质表面生物膜结构的多重分形特征

多重分形是定义在分形结构上的有无穷多个标度指数所组成的一个集合,可以用一个谱函数来描述几何图形或物理量在空间的概率分布以及自相似或统计自相似性的某种度量,可以揭示不同局域条件或不同层次所导致的特殊结构行为与特征,是从系统的局部出发来研究其整体的特征,并借助统计物理学的方法来讨论特征参量概率测度的分布规律。

多重分形所描述的是定义在某一面积或体积的一种度量,通过这种度量或数值的奇异性可将所定义的区域分解成一系列空间上镶嵌的子区域,每一个子区域均构成单个分形。多重分形除具有分形维数外,还具有各自度量的奇异性。由于多重分形的这种非均匀性,用一个参数不足以描述它,多重分形谱是定量描述多重分形非均匀性的主要参数,可用 α-$f(\alpha)$ 和 q-$D(q)$ 两种语言来表达,由 Legendre 变换可以得到广义维数 $D(q)$ 与 α-$f(\alpha)$ 的关系。

设用尺度为 ε 的盒子去覆盖所研究的多重分形集,所需盒子的总数为 $N(\varepsilon)$,设第 i 个盒子中的测度为 $N_i(\varepsilon)$,分形集测度的总和为 N_t,则第 i 个盒子中的概率测度可以表示为

$$\mu_i(\varepsilon) = \frac{N_i(\varepsilon)}{N_t} \tag{6-3}$$

引入统计物理中配分函数 $\chi_q(\varepsilon)$,即为概率测度 $\mu_i(\varepsilon)$ 的 q 阶矩 $\sum_{i=1}^{N(\varepsilon)} \mu_i(\varepsilon)^q$,在无标度区域内 $\chi_q(\varepsilon)$ 存在如下标度关系:

$$\chi_q(\varepsilon) \propto \varepsilon^{\tau(q)} \tag{6-4}$$

式中,$\tau(q)$ 为标度指数,可通过 $\ln(\chi_q(\varepsilon))$-$\ln\varepsilon$ 拟合直线的斜率来估算一系列 $\tau(q)$ 值,则生物膜表面的广义分形维数 $D(q)$ 为

$$D(q) = \frac{\tau(q)}{(q-1)} \lim_{\varepsilon \to 0} \frac{1}{q-1} \frac{\ln\left[\sum_{i=1}^{N(\varepsilon)} \mu_i(\varepsilon)^q\right]}{\ln\varepsilon}, \quad q \neq 1 \tag{6-5}$$

$$D_1 = \lim_{\varepsilon \to 0} \frac{\sum_{i=1}^{N(\varepsilon)} \mu_i(\varepsilon)\log\mu_i(\varepsilon)}{\log\varepsilon}, \quad q = 1 \tag{6-6}$$

当 $q=0$、1、2 时,$D(q)$ 分别为相应的分形容量维数、信息维数、关联维数(Posadas et al.,2003)。q-$D(q)$ 越陡,$D(q)$ 值域范围越大,表明不同奇异强度分形结构分布范围越宽,反映所测物理量不均匀性、复杂性增加。

通过 Legendre 变化得 α、$f(\alpha)$、$\tau(q)$ 关系如下:

$$\alpha(q) = \frac{\partial}{\partial q}\tau(q), \quad f(\alpha(q)) = q\alpha(q) - \tau(q) \tag{6-7}$$

q-$D(q)$ 和 α-$f(\alpha)$ 对多重分形描述互相等价,且具有不同标度指数的子集通过迭代阶数 q 的改变可以区分开来,因此利用 α-$f(\alpha)$ 多重分形谱来描述多重分形对生物膜表面结构的非均匀性进行表征。

对生物膜进行多重分形特征的计算过程为:先选定盒子尺寸 ε,测量并计算每个盒子内概率测度;选取不同的 q 值,计算配分函数 $\chi_q(\varepsilon)$;然后改变盒子尺寸 ε,重复以上过程计算一系列 $\chi_q(\varepsilon)$;再绘制 $\ln(\chi_q(\varepsilon))$-$\ln\varepsilon$ 关系曲线;并对每个 q 值,利用 $\chi_q(\varepsilon)$-ε 的直线关系拟合算出 $\tau(q)$,绘制出 $\tau(q)$-q 曲线,计算求出 D_q,通过 Legendre 变换求出 $\alpha(q)$ 和 $f(\alpha)$。从而得出最终的多重分形谱 α-$f(\alpha)$。取 $-10 \leqslant q \leqslant 10$,步长为 1,尺度 ε 分别为 64pixels、128pixels、256pixels、512pixels、1024pixels。同样以莲石湖及其他 4 种再生水河湖中的水生植物和卵石样品为例,绘制 $\ln(\chi_q(\varepsilon))$-$\ln\varepsilon$ 关系曲线,如图 6.2 所示(以莲石湖为例)。可以看出配分函数 $\chi_q(\varepsilon)$ 与 ε 在双对数坐标下具有很好的线性关系,直线的斜率即为 q 值条件下的 $f(\alpha)$,且不同的 q 值对应的直线斜率不同,说明水生植物和卵石表面生物膜的表面结构具有明显的多重分形特征。

生物膜表面结构多重分形谱的形状是与生物膜表面孔隙的特征密切相关,而生物膜表面孔隙又从根本上决定了概率分布,因此不同地点、不同介质表面生物膜结构多重分形谱的形状反映了各自的孔隙概率分布特征。图 6.3 和表 6.4 分别显示了生物膜表面

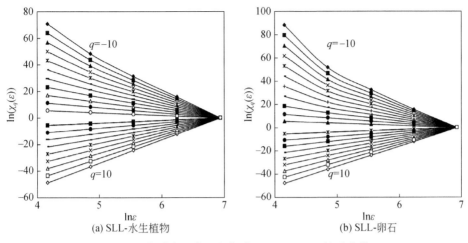

(a) SLL-水生植物　　　　　(b) SLL-卵石

图 6.2　介质表面附生生物膜 $\ln(\chi_q(\varepsilon))$-$\ln\varepsilon$ 关系曲线

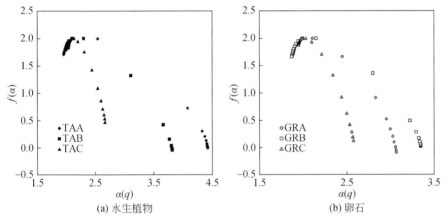

(a) 水生植物　　　　　(b) 卵石

图 6.3　介质表面生物膜的多重分形谱图

结构的多重分形谱 α-$f(\alpha)$ 及其重要参数。图 6.3 展示的两种介质表面生物膜结构的多重分形谱均为不对称的上凸曲线,呈现典型的右偏多重分形,说明细小孔隙多而大孔隙少。$a(q)_{\min}$ 和 $a(q)_{\max}$ 分别为最大、最小孔隙分布概率随 ε 变化时的奇异指数,$a(q)_{\min}$ 越小,最大概率 $\mu_i(\varepsilon)$ 越大;$a(q)_{\max}$ 越大,最小概率 $\mu_i(\varepsilon)$ 越小,因此奇异性指数的跨度 $\Delta a = a_{\max} - a_{\min}$ 能够定量描述生物膜表面孔隙分布概率的不均匀程度。从表 6.4 中可以看出,在五种不同水体中均呈现出 $\Delta a_{\mathrm{P}} > \Delta a_{\mathrm{S}}$,说明水生植物表面生物膜的不均匀程度要高于卵石表面的不均匀程度。此外,莲石湖生物膜结构的 Δa 最小,说明以传统活性污泥法为处理工艺的再生水水体生物膜的不均匀程度低于其他两种处理工艺的再生水水体生物膜。其他两种再生水水体生物膜结构之间呈现出 $\Delta a_{\mathrm{RQ}} > \Delta a_{\mathrm{RJ}}$,说明以混凝沉降与砂滤结合法为处理工艺的再生水体生物膜的不均匀程度高于以超滤臭氧技术(A^2/O)为处理工艺的再生水体生物膜。不同处理工艺的再生水河湖生物膜结构之间呈现不同的规律,在以混凝沉降与砂滤结合法为处理工艺的再生水体生物膜结构呈现出 $\Delta a_{\mathrm{R}} > \Delta a_{\mathrm{L}}$,而在以超滤臭氧技术($A^2/O$)为处理工艺的再生水体生物膜结构的 Δa_{R} 与 Δa_{L} 几乎相等。$f(a_{\min})$

和 $f(a_{\max})$ 分别表示最大、最小孔隙分布概率子集所包含的孔隙数目,则 $\Delta f = f(\alpha_{\min}) - f(\alpha_{\max})$ 对应具有最大、最小概率子集的数目差距,当小概率子集占主要地位时,$\Delta f < 0$;反之,当大概率子集占主要地位时,$\Delta f > 0$。从表 6.4 中发现所有 Δf 均大于零,说明水生植物和卵石样品生物膜表面中孔隙概率分布最大子集的数目大于孔隙概率分布最小子集的数目。

表 6.4　香蒲和卵石表面生物膜结构多重分形谱的重要参数

类别	样品号	$a(q)_{\min}$	$a(q)_{\max}$	$f[a(q)_{\min}]$	$f[a(q)_{\max}]$	Δa	Δf
S	SLLS$_A$	1.892	3.071	1.713	−0.090	1.179	1.803
	SLLS$_B$	1.876	3.356	1.665	0.020	1.480	1.645
	SLLS$_C$	1.940	2.444	1.783	0.253	0.504	1.530
	RJRS	1.862	3.200	1.660	−0.075	1.338	1.735
	RJLS	1.834	2.954	1.546	0.026	1.120	1.520
	RQRS	1.972	3.893	1.927	−0.006	1.921	1.933
	RQLS	1.815	3.783	1.495	−0.170	1.968	1.665
P	SLLP$_A$	1.880	3.935	1.710	−0.012	2.055	1.722
	SLLP$_B$	1.910	3.433	1.795	−0.053	1.523	1.848
	SLLP$_C$	1.945	2.475	1.825	0.463	0.530	1.362
	RJRP	1.853	3.934	1.613	0.172	2.081	1.441
	RJLP	1.863	3.206	1.645	−0.087	1.343	1.732
	RQRP	1.755	4.484	1.358	−0.140	2.729	1.498
	RQLP	1.820	4.587	1.593	0.022	2.767	1.571

　　两种介质表面附生生物膜具有显著的分形特征,香蒲表面附生生物膜分形维数要低于卵石介质表面生物膜,这可能是由于受光照的影响,水生植物临近水体中悬浮颗粒物表面生物膜生长迅速而颗粒较大,这也使得水生植物表面附生生物膜吸附的颗粒物与卵石表面相比较大,因而比较而言生物膜的复杂程度就低一些,这与土壤结构研究领域砂粒、黏粒与土壤粒径分形维数相关关系的研究结果较为一致。但对于水生植物和卵石两种介质及其不同样点表面附生生物膜的分形维数相差较小,偏差仅在 2.8% 以内,这表明采用简单的分形维数不能很好地表征两种介质表面生物膜结构的差异性,这主要是由于生物膜的形成与很多因素有关,它的结构是这些因素综合作用的体现,表面结构极为复杂,而采用简单的分形分析是平均化处理和均分布意义下满足标度不变几何体自相似的表现,不能从整体上表征生物膜结构的复杂性和不规则性,但却缺乏对局部奇异性的刻画,以至于很多有价值的微观信息未能揭示,因而要采用更为敏感的指标来刻画生物膜结构特征。多重分形能够刻画物质内部的精细结构,突出异常局部奇异特性,本研究发现两种介质表面的生物膜具有明显的多重分形特征,不同取样地点、不同介质表面生物膜结构多重分形谱的形状反映了生物膜结构的区别,这表明采用多重分形理论可以很好地刻画生物膜结构的复杂特征。通过多重分形谱图参数分析也发现水生植物表面生物膜的不均匀程度较卵石表面要高,这主要是由于虽然水生植物表面粗糙度要低于卵石表面,但水生植物在水中部分表面能够吸收较多的光能,能为微生物进行光合作用以及生长提供更多的能量;

同时,由于水生植物表面附生生物膜骨架以大颗粒为主而孔隙通道较多,有利于营养物质和污染物质的输送及吸附,加快了微生物对污染物质的分解,易于形成复杂的生物膜结构。而卵石表面微生物获得能量较少,且孔隙比较密集,不利于微生物的生长和对污染物质的吸附,因此对于污染物的降解速率比较低,形成的生物膜结构相对简单。

6.1.4　生物膜无机组分

将干燥、研磨均匀后的水体颗粒物置于 D8-Advance X 射线衍射仪的操作平台进行扫描,扫描过程基本试验条件:电压 40kV,电流 40mA,Cu 靶,波长 $\lambda=1.5406$Å。得到图 6.4 所示的 X 射线衍射图谱(以奥运湖为例)后,用 X 射线衍射仪相应的 Topas 软件分析无机矿物组分,并进行定量分析,结果见表 6.5。

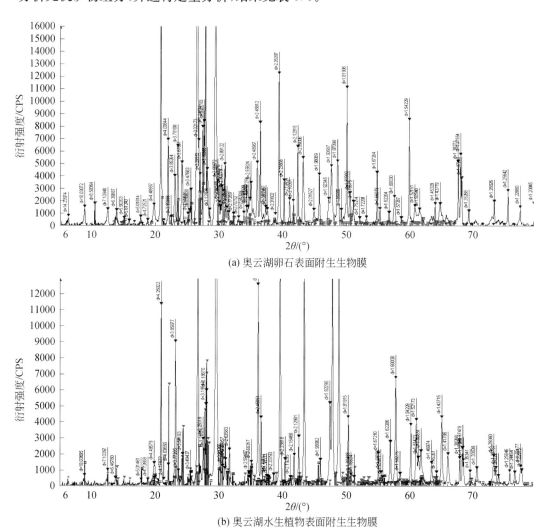

(a) 奥云湖卵石表面附生生物膜

(b) 奥云湖水生植物表面附生生物膜

图 6.4　生物膜 X 射线衍射图谱

表 6.5　不同水体、不同介质表面附生生物膜的物相组成及含量　（单位：%）

编号	石灰石	石英	碱性长石	伊利石	斜绿泥石	白云石	针铁矿	盐
SMLS	20.82	27.97	23.67	14.57	7.31	5.25	0.41	0
SMLP	44.65	12.82	14.29	10.58	10.97	1.61	3.29	1.79
SLLS	19.88	35.10	24.14	10.16	8.68	1.38	0.11	0.55
SLLP	41.76	22.54	13.93	10.32	10.05	0.90	0	0.50
RJRS	19.72	15.32	30.17	10.91	8.55	12.86	1.56	0.93
RJRP	22.93	28.44	18.78	16.92	7.98	4.96	0	0
RJLS	32.18	23.43	16.97	15.77	9.30	1.44	0.25	0.65
RJLP	27.25	18.86	12.49	18.16	19.83	3.42	0	0
RGRS	25.46	18.57	14.63	7.25	6.47	26.45	0.64	0.53
RGRP	68.60	9.24	10.74	7.97	1.51	1.77	0.17	0
RGLS	28.48	19.29	20.38	11.88	7.07	12.23	0	0.67
RGLP	10.00	35.80	26.35	15.08	8.62	3.48	0	0.67
RQRS	5.21	38.33	29.97	11.15	11.24	2.25	1.14	0.72
RQRP	3.02	26.56	29.15	15.75	13.64	6.68	3.99	1.21
RQLS	20.91	28.14	30.52	10.17	6.53	2.92	0.14	0.68
RQLP	56.02	17.52	12.59	6.72	5.33	1.05	0.20	0.57

水体生物膜中含有石灰石、石英、碱性长石、伊利石、斜绿泥石、白云石、针铁矿、盐等无机组分。石灰石、石英、碱性长石、伊利石属于生物膜的主要无机化学组分，含量均在10%以上。石灰石、石英是其中含量最高的两种组分，两者含量之和占生物膜总量的50%左右，再生水与地表水水生植物生物膜中以石灰石为主，含量分别为31.30%、43.21%；而再生水与地表水卵石生物膜中以石英为主，含量分别为23.85%、35.54%。斜绿泥石和白云石含量在5%～10%，属于生物膜的次要组分，同时生物膜中还含有少量的针铁矿和盐，但含量均在5%以内。对卵石表面而言，混凝沉降与砂滤结合法、传统活性污泥法、超滤臭氧技术（A²/O）三种工艺在再生水水体生物膜中石灰石、石英的含量与自然水库水体之间未见规律性变化。但对水生植物表面而言，三种再生水水体生物膜中石灰石的含量分别比自然水库水体低41.93%、9.05%、32.84%，而石英的含量分别比自然水库水体高33.77%、27.38%、24.55%。

6.1.5　生物膜有机组分

EPS 由蛋白质、多糖、核酸、糖醛酸、酯类、腐殖酸、氨基酸等组成，其中胞外蛋白和胞外多糖是主要成分，占总量的 70%～80%（Liu et al.,2002）。采用苯酚硫酸比色法测定胞外多糖、Lowry 法（Lowry et al.,1951）测定胞外蛋白（Nocker et al.,2007）。使用 BSA 标准品分别以葡萄糖、小牛血清白蛋白制作多糖及蛋白质标准曲线。

对 16 种介质表面附生生物膜中胞外蛋白和胞外多糖的含量进行测定,发现卵石表面附生生物膜中胞外聚合物总浓度比水生植物少,幅度达 18.1%～78.4%,而胞外多糖浓度、胞外蛋白浓度总体也呈现类似的变化规律,各污水处理工艺再生水之间还存在一定差异。混凝沉降与砂滤结合法、超滤臭氧技术(A^2/O)两种污水处理工艺再生水水体附生生物膜胞外聚合物浓度均高于自然水库水体,就卵石表面而言,两种工艺再生水水体生物膜中胞外聚合物总浓度分别比自然水库水体高 111.2%、303.9%,胞外蛋白浓度分别比自然水库水体高 32.8%、11.3%,胞外多糖浓度高 243.4%、798.6%;对水生植物表面而言,生物膜中胞外聚合物总浓度高 174.2%、260.0%,胞外蛋白浓度高 90.2%、222.6%,胞外多糖浓度高 247.5%、292.5%。而对于传统活性污泥法再生水回用水水体附生生物膜胞外聚合物浓度要低于自然水库水体,卵石表面胞外蛋白、胞外多糖以及胞外聚合物总浓度分别低 36.7%、6.8%、20.7%;而水生植物表面三者浓度分别比自然水库水体低 36.7%、6.8%、20.7%。

6.1.6　生物膜中微生物群落磷脂脂肪酸

磷脂脂肪酸(PLFA)测试参考 Pennanen 等(1999)等提出的分析方法,具体方法步骤如下:①微生物 PLFA 的提取;②纯化;③甲酯化;④质谱测定(GC-MS);⑤生物量评估,生物膜中细菌的生物量(bacteria PLFAs)通过 PLFA 总量进行估算;⑥数据分析。

不同介质表面附生生物膜中的 PLFA 包括 i13：0、14：0、i15：0、15：0、15：1ω1t、16：1ω7c、16：1ω13t、18：2ω10t、18：1ω9c、18：1ω7t、18：0、18：2ω9t、18：1ω5t。生物膜中微生物种类一般为 2～7 种,水生植物表面附生生物膜中 PLFA 的种类明显比卵石表面附生生物膜中的 PLFA 种类更丰富些,水生植物表面样品 PLFA 的种类一般为 4～7 种,卵石表面样品 PLFA 的种类一般为 2～6 种。i15：0、18：0 是三种污水处理工艺再生水回用水体和自然水库水体生物膜中的优势菌,两者含量之和分别达到 74.4%、62.9%、85.9%、72.8%,而混凝沉降与砂滤结合工艺再生水水体生物膜中还含有优势菌 16：1ω7c(含量为 10.7%),传统活性污泥法处理工艺再生水水体生物膜中还含有优势菌 14：0、i13：0(含量分别为 22.0%、11.3%)。对卵石表面而言,传统活性污泥法再生水水体生物膜中 i15：0、18：0 的含量分别比自然水库水体低 51.8%、26.3%,其他两种再生水中二者的含量与自然水库水体间差异不明显。对水生植物表面而言,三种再生水水体生物膜中 i15：0 的含量分别比自然水库水体高 24.9%、33.4%、42.0%,而 14：0 的含量分别低 66.3%、81.3%、38.5%。对不同的污水处理工艺而言,生物膜中还含有一些独特的菌种,例如,菌种 15：0 和 16：1ω13t 分别为以混凝沉降与砂滤结合法为处理工艺水体介质表面生物膜所特有,菌种 15：1ω1t 和 18：1ω5t 为以传统活性污泥法为处理工艺回用水体生物膜所特有;而菌种 18：1ω7t 为地表水水生植物生物膜所特有。

6.1.7　生物膜中微生物群落结构的分析

生物膜中微生物基因提取方法如下(邢德峰等,2005):①微生物基因组 DNA 的提取,采用略加修改后的化学裂解法,直接从前面试验所收集到的菌体沉淀样品中提取基因组 DNA(Sandhu et al.,2007);②基因组 DNA 的纯化,采用上海生工的玻璃珠 DNA 胶回收试剂盒(产品号为 SK111),按照操作说明书对 DNA 粗提液进行纯化;③基因组 DNA 的 PCR 扩增;④PCR 反应产物的变性梯度凝胶电泳分析(DGGE)得到 DGGE 图谱;⑤条带的回收和测序;⑥系统发育分析,将所得到的序列输入美国国立生物技术信息中心 NCBI 网站(www. ncbi. nih. gov),用 Blast 程序和 GENEBANK 中已有的序列进行比对,下载同源性最高的序列与同源性较高的已知种的序列为参考。

对 16 种介质表面附生生物膜中微生物 DNA 进行变形梯度凝胶电泳分析,所得到的 DGGE 图谱如图 6.5 所示,图中泳道 1～16 依次代表 SMLP、SMLS、SLLP、SLLS、RJLP、RJLS、RJRP、RJRS、RGLP、RGLS、RGRP、RGRS、RQLP、RQLS、RQRP、RQRS 表面附生生物膜中微生物基因组 DNA 进行变性梯度凝胶电泳分析的结果。每一种介质表面附生生物膜样品经过变形梯度凝胶电泳后都可以分离出多条数目不等的电泳条带,不同生物膜样品的 DGGE 条带存在明显差异,传统活性污泥法和超滤臭氧技术(A²/O)再生水湖泊水生植物表面的 DGGE 条带数最多,均为 7 条,自然水库水体永定河门城湖卵石表面最少,仅有 2 个条带。

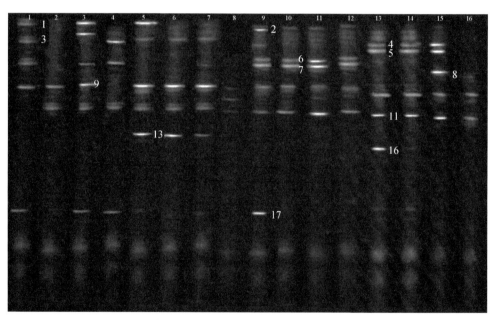

图 6.5　生物膜内微生物的 DGGE 图谱

水生植物生物膜中的微生物种类数量多于卵石表面,所有生物膜样品中都含有假单胞菌 *Pseudomonas* sp. CP1b、不动杆菌 *Uncultured Acinetobacter* sp. clone 3P-3-2-D21、*Acinetobacter* sp. 7-15、丛毛单胞菌 *Comamonas* sp. 01xTSA12A_H10 四种。尽管不同生物膜样品中含有一些共同的条带,但是对不同的样品来说,大部分的优势条带是特异性存在的。以混凝沉降与砂滤结合法为处理工艺的水体生物膜中优势菌为不动杆菌 *Acinetobacter* sp. 7-15、藻青菌 *Uncultured cyanobacterium* isolate DGGE gel band 6,以传统活性污泥法为处理工艺的水体生物膜中优势菌为假单胞菌 *Pseudomonas* sp. CP1b、荧光假单胞菌 *Pseudomonas fluorescens* strain CLW17、金黄杆菌 *Chryseobacterium tai-*

chungense strain YNB68、丛毛单胞菌 *Comamonas* sp. 01xTSA12A_H10,以超滤臭氧技术(A²/O)为处理工艺的水体生物膜中优势菌为不动杆菌 *Uncultured Acinetobacter* sp. clone SL35B- 4、*Uncultured Acinetobacter* sp. clone 402、*Uncultured Acinetobacter* sp. clone SS38B062、*Uncultured Acinetobacter* sp. clone JI71E112、丛毛单胞菌 *Comamonas* sp. 01xTSA12A_H10;地表水水体生物膜中优势菌和三种处理工艺水体均不同,优势菌种为不动杆菌 *Uncultured Acinetobacter* sp. clone 3P-3-2-D21、*Acinetobacter* sp. 2C56、厚壁菌门 *Uncultured Firmicutes* bacterium clone KWK6F. 85。

6.2　再生水回用湖泊多介质表面附生生物膜生长过程

再生水回用已经成为解决河湖水生态缺水危机的重要途径,但是再生水中大量污染物(N、P 的含量一般较高)、微生物等物质的存在,使得再生水中生物膜特性与自然水体、污水存在明显不同,但对于再生水中介质表面附生生物膜特征的研究仅有零星报道(Liang et al.,2013;Wang et al.,2013)。对于再生水回用后介质表面附生生物膜多长时间可以形成而稳定,生物膜形成过程中有机、无机组分的动态变化特征等,这些问题都已经成为再生水回用过程中急需解决的问题。因此,本节阐释基于河湖原位监测和介质培养相结合的方法,利用 $0.1\mu m$、$1.0\mu m$ 和 $10\mu m$ 三种不同表面粗糙度玻璃片为基质,在再生水回用湖泊(奥运湖)进行生物膜原位培养,系统研究再生水中介质表面附生生物膜的固体颗粒物以及有机、无机组分的动态生长变化规律。

6.2.1　野外生物膜培养点

奥运湖位于北京市朝阳区奥林匹克森林公园内,于 2008 年建设完成,是第 29 届奥林匹克运动会水上项目的比赛主场地。水系总水面面积为 16.5 万 m²,水深为 0.6～1.1m,水体体积 15.9 万 m³,是当时世界上规模最大的再生水源人工湿地景观水系。奥林匹克森林公园的再生水补水水源由清河再生水处理厂(8 万 t/d,A²/O)出水和北小河再生水处理厂(6 万 t/d,MBR+RO)出水联网供应,充分保证奥林匹克森林公园的补水要求(7.5 万 t)。奥林匹克森林公园北区水面补水水质为Ⅳ类水体标准,中心区水面补水水质为Ⅲ类水体标准。生物膜培养期间,奥运湖水质的变化特征见表 6.6。生物膜共培养 58d,取样次数为 10 次,前 6 次取样周期为 5d,后 4 次取样周期为 7d。每次取样时将部分载玻片样品在自封袋中以最短时间转移到实验室冰箱内保存,同时将其余部分载玻片样品采用超声波振荡脱落生物膜,先将载玻片置于水体中,放在超声波清洗器中振荡45min 脱落生物膜,得到生物膜悬浊液。

表 6.6　水质的变化情况

时间/d	T/℃	pH	NH_4^+ /(mg/L)	NO_3^- /(mg/L)	TN /(mg/L)	TP /(mg/L)	COD_{Cr} /(mg/L)	BOD /(mg/L)	DO /(mg/L)	Ca^{2+} /(mg/L)	Mg^{2+} /(mg/L)
5	25	7.22	5.400	5.92	12.30	0.02	14.2	6.3	6.74	42.0	26.8
10	26	7.42	7.200	4.78	13.80	0.03	30.2	6.6	7.22	40.1	27.6

时间/d	$T/℃$	pH	NH_4^+ /(mg/L)	NO_3^- /(mg/L)	TN /(mg/L)	TP /(mg/L)	COD_{Cr} /(mg/L)	BOD /(mg/L)	DO /(mg/L)	Ca^{2+} /(mg/L)	Mg^{2+} /(mg/L)
15	26	7.38	12.900	3.67	17.10	0.03	29.0	6.2	5.78	36.5	27.9
20	26	7.29	18.200	2.27	22.80	0.01	28.6	6.0	4.42	34.2	27.3
25	30	7.97	0.128	0.94	6.24	0.09	12.5	6.9	6.90	41.5	29.6
30	32	7.97	0.432	1.86	6.78	0.09	17.5	2.4	6.83	39.8	29.6
37	30	8.00	0.776	0.37	5.72	0.16	16.2	3.4	6.96	40.4	27.2
44	33	8.13	0.668	1.12	8.00	0.06	2.1	10.1	6.92	38.3	25.2
51	33	8.20	0.372	2.19	6.63	0.12	11.7	2.4	6.82	38.3	25.2
58	29	8.19	0.608	2.74	12.00	0.10	8.1	1.6	7.14	40.4	25.2

6.2.2　生物膜生长动力学模型建立

将上述得到的生物膜重量、金属氧化物重量、胞外聚合物重量分别除以载玻片的表面积,得到单位面积生物膜固体颗粒物重量、单位面积金属氧化物重量、单位面积胞外聚合物重量。由于生物膜生长过程通常可以分成适应期、增长期、稳定期和脱落期,同时生物膜的生长量等于生物膜净生长量与脱落量之差。因此进行以下假设:①生物膜的净生长量 Y_1 符合 Logistic(Richards,1959)生长模型;②生物膜脱落量的最大值为生长量的最大值减去最后的稳定值,同时脱落量和生长量呈正相关关系,两者之间存在某种线性或者指数关系;③假设生物膜净生长过程和介质粗糙度 R 线性相关,同时生物膜的稳定值也和粗糙度 R 线性相关。

根据假设①可以得到生物膜的净生长量 Y_1:

$$Y_1 = \frac{y_{max}}{1+b_1 e^{-b_2 T}} \tag{6-8}$$

根据假设②可以得到生物膜的脱落量 Y_2:

$$Y_2 = b_3 \left(\frac{y_{max} - y_{(T \to \infty)}}{1+b_1 e^{-b_2 T}} \right)^{b_4} \tag{6-9}$$

根据假设③可以得到生物膜的净生长量 Y_1 和脱落量 Y_2 分别为

$$Y_1 = b_5 R \left(\frac{y_{max}}{1+b_1 e^{-b_2 T}} \right) \tag{6-10}$$

$$Y_2 = b_3 \left[b_5 R \left(\frac{y_{max} + nR y_{(T \to \infty)}}{1+b_1 e^{-b_2 T}} \right) \right]^{b_4} \tag{6-11}$$

生物膜的生长量 Y 为净生长量和脱落量差值为

$$Y = Y_1 - Y_2 = b_5 R \left(\frac{y_{max}}{1+b_1 e^{-b_2 T}} \right) - b_3 \left[b_5 R \left(\frac{y_{max} + nR y_{(T \to \infty)}}{1+b_1 e^{-b_2 T}} \right) \right]^{b_4} \tag{6-12}$$

式中,Y 为生物膜各组分的单位面积量;Y_1 为生物膜各组分的单位面积净生长量;Y_2 为生物膜各组分的单位面积脱落量;R 为粗糙度;y_{max} 为在生长过程中生物膜各组分含量达到最大值时各组分的单位面积量;$y_{(T \to \infty)}$ 为生长时间趋于无穷大时各组分的单位面积量;

T 为生物膜生长时间；b_1、b_2、b_3、b_4 均为方程参数，其中 n、b_5 为与粗糙度有关的参数。

6.2.3　生物膜生长过程中固体颗粒物的变化特征

　　将带有生物膜的载玻片放在干燥器中至恒重后称量，再用超声波清洗器使载玻片表面生物膜脱落，用二次去离子水冲洗，放于干净的架子上置于阴凉处自然风干，接着放入干燥器中至恒重称量，两次重量的差即为生物膜的重量。三种不同粗糙度介质表面附生生物膜生长过程单位面积固体颗粒物重量变化特征曲线如图 6.6 所示。利用 Levenberg-Marquardt 法对生物膜组分与生长时间的关系进行非线性拟合，见式(6-12)，同时应用计算机程序计算生长模型参数，结果见表 6.7。从表中可以看出，拟合函数的决定系数 R^2 基本上在 0.8 以上，说明拟合效果较好，同时 F 检验($\alpha = 0.05$)的 F 值均远远大于 4.8，说明拟合函数通过检验。从图中可以看出，生物膜生长呈"几"字形分布，大致可分为快速增长、快速脱落和动态稳定三个阶段。在 0～30d 时期，三种介质表面附生生物膜的单位面积固体颗粒物重量快速增加，均在 30d 左右达到最大值，分别为 3.32mg/cm^2、3.54mg/cm^2、4.22mg/cm^2，其中 $10\mu m$ 粗糙度介质表面附生生物膜的单位面积固体颗粒物重量最大，$0.1\mu m$ 粗糙度介质表面附生生物膜的单位面积固体颗粒物重量最小。在 30～50d 时期，三种介质表面附生生物膜的单位面积固体颗粒物重量快速减少，均在 50d 之后达到稳定状态。生物膜生长稳定时，$1.0\mu m$ 粗糙度介质表面附生生物膜的单位面积固体颗粒物重量最大，为 1.80mg/cm^2；$0.1\mu m$ 和 $10\mu m$ 粗糙度介质表面附生生物膜的单位面积固体颗粒物重量相近，为 1.20mg/cm^2，均小于 $1.0\mu m$ 粗糙度介质表面附生生物膜的单位面积固体颗粒物重量。

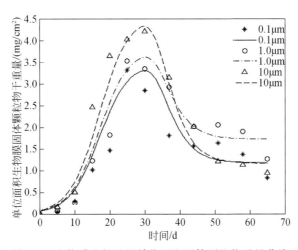

图 6.6　生物膜生长过程单位面积固体颗粒物重量曲线

6.2.4　生物膜生长过程中的胞外聚合物组分变化特征

　　经过超声波振荡后得到的生物膜悬浮液在 4℃ 的条件下离心转速 2000g，时间 15min。采用缓冲液将生物膜沉淀物再次悬浮(缓冲液为：Na_3PO_4 2mmol/L，NaCl 9mmol/L，NaH_2PO_4 4mmol/L，KCl 1mmol/L，pH 7.0)。将生物膜悬浮液在 80℃ 的条件下加热 1h 后,于 4℃条件下 12000g 离心 15min,提取胞外多聚物(EPS)。EPS 由蛋白质、多糖、核酸、糖醛酸、脂类、腐殖酸、氨基酸等组成,其中胞外蛋白和胞外多糖是主要成分。

表 6.7　固体颗粒物生长模型参数

组分	参数								
	$R/\mu m$	b_1	b_2	b_3	b_4	b_5	n	R^2	F
	0.1					10.60	1.67	0.79	49
Y_g	1.0	55	0.24	1.2×10^{-51}	91	1.08	-0.13	0.91	108
	10.0					0.11	-0.09	0.95	193

注:Y_g表示单位面积生物膜固体颗粒物;R 表示粗糙度;R^2 表示拟合函数的决定系数。

　　三种介质表面附生生物膜内胞外蛋白、胞外多糖和胞外聚合物单位面积含量变化特征如图 6.7 所示。利用 Levenberg-Marquardt 法对生物膜组分与生长时间的关系进行非线性拟合,见式(6-12),同时应用计算机程序计算生长模型参数,结果见表 6.8。从表中可以看出,拟合函数的决定系数 R^2 基本在 0.80 以上,说明拟合效果较好,同时 F 检验($\alpha=0.05$)的 F 值均远远大于 4.8,说明拟合函数通过检验。从图 6.6 中可看出,生物膜生长过程中胞外蛋白、胞外多糖和胞外聚合物含量变化均呈"几"字形分布,大致可分为快速生长、快速脱落和动态稳定三个阶段。在 0~30d 时期,三种介质表面附生生物膜中胞外聚合物含量快速增加,均在 30d 左右达到最大值。其中,10μm 粗糙度介质表面附生生物膜中的胞外蛋白、胞外多糖和胞外聚合物含量的最大值均为最大,分别为 0.17mg/cm²、0.70mg/cm²、0.88mg/cm²,0.1μm 粗糙度介质表面附生生物膜中的胞外蛋白、胞外多糖和胞外聚合物含量的最大值均最小,分别为 0.13mg/cm²、0.38mg/cm²、0.53mg/cm²。在 30~50d 时期,三种介质表面附生生物膜中的胞外蛋白、胞外多糖和胞外聚合物含量快速减少,均在 50d 之后达到稳定状态。生物膜生长稳定时,1.0μm 粗糙度介质表面附生生物膜中的胞外蛋白、胞外多糖和胞外聚合物含量均最大,分别为 0.05mg/cm²、0.16mg/cm²、0.26mg/cm²,0.1μm 粗糙度介质表面附生生物膜中的胞外蛋白、胞外多糖

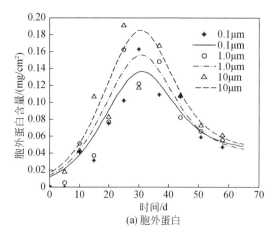
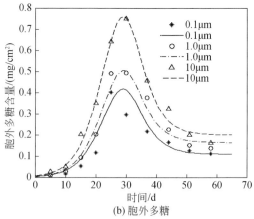

(a) 胞外蛋白　　　　　　　　　　　　(b) 胞外多糖

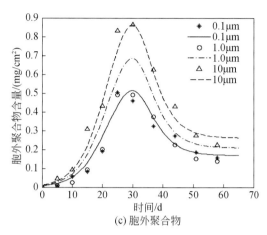

(c) 胞外聚合物

图 6.7　生物膜内胞外聚合物组分含量及总量变化特征

表 6.8　金属氧化物生长模型参数

组分	参数								
	$R/\mu m$	b_1	b_2	b_3	b_4	b_5	n	R^2	F
Y_{pro}	0.1					11.80	0	0.84	57
	1.0	15	0.13	1.1×10^6	10	1.37	-0.33	0.80	40
	10.0					0.14	-0.08	0.70	22
Y_{pol}	0.1					14.30	10.00	0.82	52
	1.0	161	0.22	1.2×10^1	11	1.41	0.25	0.96	263
	10.0					0.14	-0.12	0.99	573
Y_{tEPS}	0.1					12.90	10.00	0.92	98
	1.0	90	0.21	0.6×10^1	16	1.33	0	0.95	167
	10.0					0.123	-0.08	0.96	271

注：Y_{pro} 表示单位面积胞外蛋白重量；Y_{pol} 表示单位面积胞外多糖重量；Y_{tEPS} 表示单位面积胞外聚合物重量；R 表示粗糙度；R^2 表示拟合函数的决定系数。

和胞外聚合物含量均最小，分别为 0.04mg/cm² 、0.10mg/cm² 、0.17mg/cm² 。1.0μm 粗糙度介质表面附生生物膜中的胞外蛋白、胞外多糖和胞外聚合物含量的最大值和稳定值均居中，这说明介质表面生物膜胞外蛋白、胞外多糖和胞外聚合物含量都随介质粗糙度的增大而增大。

　　从生物膜固体颗粒物、金属氧化物含量、生物膜组分含量来研究生物膜的生长规律。研究发现，再生水回用河湖多介质表面生物膜的固体颗粒物、金属氧化物和胞外聚合物的含量均呈"几"字分布，在 0～30d 期间，曲线为上升阶段；在 30～50d 期间，曲线为下降阶段；在 50d 后曲线达到平稳，分别对应生物膜的快速增长、快速脱落和动态稳定三个阶段。Winpenny（1996）从微生物角度研究了生物供水系统中表层生物膜发育形成的条件和时间序列大致为附着、生长、脱落、再附着……这种循环交替重复进行，从而形成了一种稳定的群落。因此，在快速增长阶段，生物膜中微生物数量和种类迅速增多，黏性分泌物质增多,吸附或捕捉固体颗粒及微生物团体容易形成生物膜;同时,这期间也伴随着成熟生物膜的脱落,但此阶段生物膜的净生长量大于脱落量,整体表现为生物膜固体颗粒物及组分含量快速增加;在快速脱落阶段,生物膜生长到一定极限后,营养物质在生物膜系统内传递困难,导致靠近载体的生物膜营养物质浓度过低,从而引起内部微生物代谢速率降低,部分微生物甚至死亡,使得微生物产生的黏性分泌物质减少,造成部分生物膜因为黏附力的降低而脱落,此阶段生物膜的净生长量小于脱落量,整体表现为生物膜固体颗粒物及组分含量快速减少;生物膜的生长在 50d 后达到动态稳定,此时生物膜内的微生物的数量及黏性分泌物维持在相对稳定的状态,生物膜的净生长量和脱落量持平,整体表现为生物膜固体颗粒物及组分含量稳定。因此,可以推断生物膜的生长模型为生长—脱落—再生长的动态平衡模型,由此建立了合适的模型表示生物膜的生长过程。此模型可以明显看出生物膜的生长量等于生物膜净生长量与脱落量之差,在生物膜生长过程中,生物膜净生长量和脱落量既不是简单的线性关系,也不是简单的指数关系,而是一种复杂的函数关系。当 $R=0.1\mu m$ 时,$n>0$;当 $R=1.0\mu m$ 或 $R=10.0\mu m$ 时,$n\leqslant0$,说明当 $R=0.1\mu m$ 时,有利于生物膜脱落,不利于生物膜在介质表面附着。

王雪梅等(2010)研究白洋淀中水生植物和人工基质表面生物膜固体颗粒物在 $1.5\sim2.9mg/cm^2$ 范围内;杨帆(2005 年)研究长春南湖人工基质载玻片表面生物膜生长 30d 时固体颗粒物重量平均值在 $2.35mg/cm^2$ 左右。本试验中 $0.1\mu m$、$1.0\mu m$、$10\mu m$ 三种粗糙度介质表面附生生物膜的固体颗粒物含量在生长过程中的最大值分别为 $3.32mg/cm^2$、$3.54mg/cm^2$、$4.22mg/cm^2$,在动态稳定时固体颗粒物分别为 $1.20mg/cm^2$、$1.80mg/cm^2$、$1.20mg/cm^2$。此外,EPS 是生物膜最主要的成分,EPS 的组成和数量会影响生物膜的很多性质,如孔隙率、扩散性、吸附性能和微生物代谢活动等。本试验再生水回用奥运湖中不同介质表面附生生物膜中胞外蛋白、胞外多糖和 EPS 含量最大值分别为 $0.17mg/cm^2$、$0.70mg/cm^2$、$0.88mg/cm^2$(用固体颗粒物表示分别为 $40mg/g$、$165mg/g$、$208mg/g$),张旭(2010)研究表明,生物膜反应器中的胞外多糖含量随着运行时间的延长先上升后下降,最后达到稳定的趋势,基本呈"几"字分布,最大值为 $100\sim120mg/g$,低于本试验中胞外多糖含量 $165mg/g$。以上分析表明,再生水回用奥运湖中多介质表面生物膜固体颗粒物、EPS 的含量均高于自然水体,这是由于再生水中营养物质的含量高于自然水体,能够为不同的微生物提供足够的营养物质,造成再生水体中微生物的种类和含量高于自然水体,同时,再生水中悬浮颗粒物的浓度要高于自然水体,微生物是生物膜形成的生物基础,能够形成更多的生物膜,因此再生水中多介质表面生物膜各组分含量高于自然水体。

此外,$10\mu m$ 粗糙度介质表面附生生物膜中各组分含量的最大值均大于其他两种生物膜,这说明在快速增长期时,$10\mu m$ 粗糙度介质表面附生生物膜增长速度最快。这是由于粗糙度较大的载体表面增加了微生物与载体表面的有效接触面积,随着介质表面粗糙度的增加,营养物质和微生物在介质表面的附着能力增大,因此,粗糙的表面黏附的营养物质和微生物的量远远大于光滑的表面(Shafagh,1986),这为微生物的代谢提供了充足的营养物质和空间,使得 $10\mu m$ 粗糙度介质表面附生生物膜增长速度最快。在动态稳定时,$1.0\mu m$ 粗糙度介质表面附生生物膜的固体颗粒物含量最大,这是由于在粗糙度为 $10.0\mu m$ 的介质表面,虽然营养物质和微生物的附着能力较大,但由于粗糙度过高形成了表面孔隙,这些载体表面的空洞、裂缝等粗糙部分对已附着的微生物及其形成的生物膜起到屏蔽保护作用,在一定程度上削减了水体对生物膜中微生物栖息地的影响,使得这部分生物膜免受水剪切冲刷作用而脱落。在生物膜生长稳定时,就造成生物膜生长—脱落过程不够频繁,在一定程度上抑制了生物膜的生长,造成生物膜固体颗粒物含量低于 $1.0\mu m$ 粗糙度介质表面附生生物膜的固体颗粒物含量。

6.3　不同工艺再生水回用水体介质表面附生生物膜生长过程

自然界中微生物主要以附着生物膜形式存在于固相介质表面,如河湖、湿地等水体环境中的卵石、沉积物、水生植物等表面都是生物膜的附着介质。因此,河湖水体中污染的迁移、转化、最终归宿等都会受到多介质表面附着生物膜的影响。已有研究表明,生物膜对污染物具有吸附、降解、指示等作用。生物膜的形成和生长受很多因素影响,水体的物理化学性质和地球化学特征对生物膜的形成和生长有明显的影响,水文条件、营养水平、光照、水温等是水环境中生物膜形成的最主要影响因素(Winpenny,1996;Rao,1997;Tatlor,1997);基底介质表面的特性也是影响生物膜的重要因素,在天然河湖中基质类型比较多,对同一水体而言,基底介质粗糙度成为影响生物膜形成和生长的关键要素。如何获取介质表面生物膜是监测成败的核心和关键之一,水体中基质表面生物膜的采集和培养方法主要有三种:第一,从水体中岩石、表层沉积物和水生植物等各种固相表面直接采集(Farag et al.,1998;Behra et al.,2002);第二,采用表面特性类似于天然固体表面惰性的人工基质,如玻璃片、硝酸盐板、瓷片等放到水体中使其表面附着上生物膜;第三,将自然水体转移至实验室,然后在试验条件下用人工基质培养生物膜。但总体而言,采用原位取样来研究生物膜特征缺乏可比性,室内模拟的结果与实际情况有很大差异,采用人工基质和室外培养相结合有望成为其中较为适宜的方式之一。为此,选择 A^2/O、CASS 两种污水处理工艺再生水以及地表水三种水质水体,利用 $0.1\mu m$、$1.0\mu m$ 和 $10\mu m$ 三种不同表面粗糙度玻璃片为基质,借助室外人工模拟环境培养生物膜,研究快速生长期再生水中介质表面附生生物膜的干重以及有机、无机组分的动态变化规律。

6.3.1　生物膜培养试验设计

采用三个尺寸为 $1.5m\times 2.0m\times 1.2m$ 的聚丙烯材料的水池进行人工湿地的模拟,水池底部铺 25cm 厚的永定河表层沉积物,植物选用沉水植物狐尾藻,种植密度为 50 株$/m^2$,培养水体选取 A^2/O、CASS 处理工艺再生水,以地表水(CK)作为对照,水深 85cm(图 6.8),培养时间为 3 个月,培养区间水质变化见表 6.9。将尺寸为 48cm$\times$60cm$\times$7.5cm 载玻片架子悬挂于水下 30cm 处,载玻片架子上放置粗糙度分别为 $0.1\mu m$、$1\mu m$ 和 $10\mu m$ 的三种载玻片,其尺寸为 2.5cm$\times$7.5cm,作为生物膜附着介质。将所用载玻片在使用前,首先要进行彻底清洗,然后放入 $V(H_2O):V(HNO_3)=6:1$ 溶液中浸泡 24h;再用二次去离子水清洗,清洗后再次放入 $V(H_2O):V(HNO_3)=6:1$ 溶液中处理 24h,最后用二次去离子水冲洗。

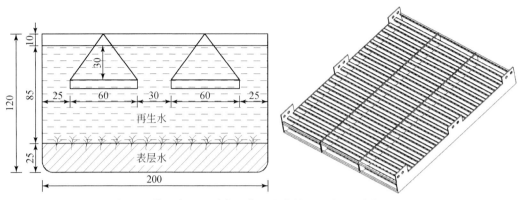

图 6.8　装置布置及玻载生物膜培养装置示意图(单位:mm)

表 6.9　水质变化特征

处理工艺	时间/d	pH	NH₄⁺/(mg/L)	TN/(mg/L)	TP/(mg/L)	COD$_{Cr}$/(mg/L)	BOD/(mg/L)	Ca²⁺/(mg/L)	Mg²⁺/(mg/L)	HCO₃⁻/(mg/L)
A²/O	7	7.37	0.768	2.98	0.07	19.4	4.0	37.8	13.8	102.0
	14	7.49	0.724	2.34	0.09	17.5	3.4	42.9	14.2	92.4
	21	7.42	0.884	1.55	0.04	19.1	3.9	40.6	14.7	89.4
	28	7.61	0.436	1.20	0.09	17.1	3.2	39.4	15.1	87.5
	43	7.78	0.521	1.30	0.07	21.0	2.9	56.1	20.7	78.5
	58	9.08	0.241	10.7	0.04	20.7	4.4	37.8	22.4	68.1
	73	9.62	0.312	9.34	0.03	22.2	4.4	29.0	21.9	39.1
	88	9.69	0.324	9.52	0.09	20.8	4.0	31.3	22.8	22.9
CASS	7	7.46	0.624	6.68	0.07	16.3	3.3	27.4	19.7	77.0
	14	7.23	0.908	4.62	0.08	19.7	3.9	26.7	19.3	72.8
	21	7.76	1.160	2.54	0.09	20.5	6.2	21.3	18.6	61.7
	28	7.37	0.980	1.74	0.09	14.3	4.8	19.7	17.8	56.3
	43	7.81	0.820	8.04	0.13	19.4	2.9	37.4	17.2	156.0
	58	9.49	1.040	4.82	0.12	23.0	3.3	16.9	16.9	110.0
	73	9.52	0.283	3.48	0.16	26.5	3.3	16.4	16.3	96.4
	88	9.42	0.290	2.86	0.15	28.3	3.9	17.6	16.8	106.0
CK	7	8.48	0.568	0.94	0.03	14.2	2.8	30.8	34.4	120.0
	14	8.81	0.576	0.62	0.06	15.1	3.0	32.4	33.8	118.0
	21	8.67	0.552	0.80	0.07	14.7	2.7	23.4	33.5	76.8
	28	9.45	0.595	0.79	0.04	14.9	2.8	22.3	33.1	73.4
	43	9.15	0.698	0.79	0.02	28.4	4.2	25.1	35.6	69.3
	58	9.93	0.649	0.29	0.05	14.8	4.1	18.9	34.0	57.2
	73	10.02	0.691	0.55	0.06	16.5	3.7	18.5	34.0	34.4
	88	9.99	0.673	1.02	0.08	15.3	3.2	20.7	34.6	18.4

6.3.2　多介质表面附生生物膜干重动态变化特征

生物膜干重是生物膜干物质量的整体体现,可直接反映生物膜在河湖生态系统中的物理化学作用。选用粗糙度为 0.1μm、1.0μm、10μm 的三种载玻片进行生物膜培养,培养周期为 3 个月,将带有生物膜的载玻片用二次去离子水润洗后放于干净的架子上,置于阴凉处自然风干,然后将其放在干燥器中至恒重后称量,然后利用超声波清洗器使载玻片表面生物膜脱落,用二次去离子水冲洗,放在干净的架子上置于阴凉处自然风干,接着放入干燥器中至恒重称量,两次重量的差即为生物膜的重量。三种水质中多介质表面生物膜干重(D_w)动态变化特征统计结果如图 6.9 所示。

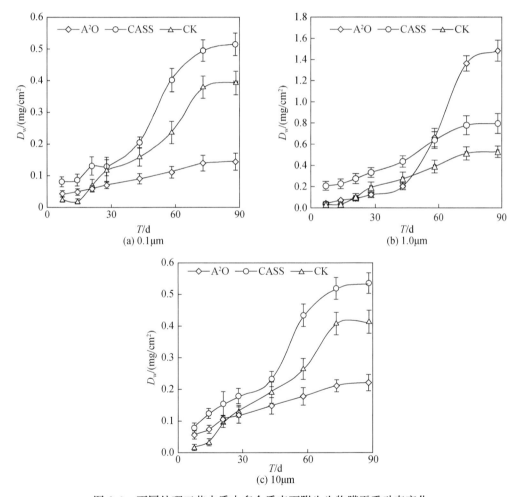

图 6.9　不同处理工艺水质中多介质表面附生生物膜干重动态变化

不同处理工艺水体中水质多介质表面附生生物膜干重均随着时间的推移累积,逐渐达到稳定状态,A^2/O 处理工艺再生水中多介质表面生物膜干重在 0.03~1.39mg/cm² 范围内,CASS 处理工艺再生水中多介质表面生物膜干重在 0.09~0.80mg/cm² 范围内,地表水中多介质表面生物膜干重在 0.02~0.56mg/cm² 范围内;三种不同水体中多介质表面生物膜的干重均以粗糙度为 $1.0\mu m$ 的介质表面含量最大。在 $\alpha=0.05$ 显著水平下，粗糙度为 $0.1\mu m$ 介质表面上 A^2/O 处理工艺再生水中生物膜的干重同 CASS 处理工艺再生水和地表水中存在显著性差异,粗糙度为 $1.0\mu m$ 介质表面只有 CASS 处理工艺再生水和地表水中生物膜干重存在显著性差异,粗糙度为 $10\mu m$ 介质表面上三种不同处理工艺水体中生物膜干重均存在显著性差异。一级动力学方程的双常数速率方程可用于描述不同水体中多介质表面生物膜生长期的变化特征。

6.3.3 多介质表面附生生物膜铁氧化物含量动态变化特征

自然水体生物膜中金属氧化物,随着培养时间的延长,生物膜量越来越多,铁、锰氧化物含量也随之增加,铁、锰、铝氧化物是生物膜的主要金属氧化物,对生物膜富集痕量重金属具有重要作用(Dong et al.,2000)。假定生物膜的铁以氧化物的形式存在。选用粗糙度为 $0.1\mu m$、$1.0\mu m$、$10\mu m$ 的三种载玻片进行生物膜培养,培养周期为 3 个月,生物膜铁氧化物的浓度用相应铁浓度计,采用硝酸酸化的方法测定。取两片生物膜载玻片,利用 $15\%HNO_3$ 溶液萃取生物膜上铁氧化物,然后测定溶液中酸可萃取铁的含量,用单位面积上的铁含量计。不同处理工艺水质中多介质表面附生生物膜铁氧化含量变化动态特征统计结果如图 6.10 所示。可以看出,不同处理工艺水体中多介质表面生物膜内铁氧化物含量随着时间的推移累积增加,A^2/O 处理工艺再生水中多介质表面生物膜铁氧化物含量在 $0.07\sim0.34\mu g/cm^2$ 范围内,CASS 处理工艺再生水中多介质表面生物膜铁氧化物含量在 $0.05\sim0.36\mu g/cm^2$ 范围内,地表水中多介质表面生物膜铁氧化物含量在 $0.06\sim0.36\mu g/cm^2$ 范围内,并且从图中可以看出,三种不同水体中多介质表面生物膜铁氧化物含量均以粗糙度为 $10\mu m$ 介质表面含量最大。在 $\alpha=0.05$ 显著水平下,除粗糙度为 $1.0\mu m$ 介质表面 CASS 处理工艺再生水和地表水中生物膜铁氧化含量有显著性差异外,其余多介质表面不同处理工艺水体中生物膜铁氧化物含量不存在显著性差异,说明不同处理工艺的水质对生物膜金属氧化物含量影响较小。

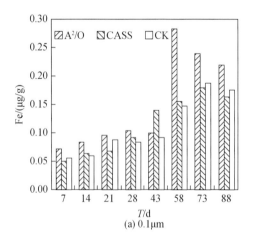

(a) $0.1\mu m$

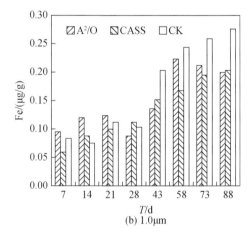

(b) $1.0\mu m$

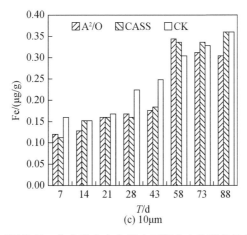

(c) 10μm

图 6.10　不同处理工艺水质中多介质表面附生生物膜的铁氧化物含量

6.3.4　多介质表面附生生物膜有机组分含量动态变化特征

1. 生物膜胞外聚合物

微生物的生长过程中分泌出带有黏性的胞外聚合物(EPS),凝胶状的胞外聚合物首先附着在水环境中各种基质的表面,并借此不断吸附水中的微生物、颗粒物等物质,微生物的数量及其分泌的胞外聚合物是生物膜生长的基础,对生物膜的发展及结构的完整性起着重要作用,其主要组分含有多糖、蛋白质、核酸、脂类、腐殖酸、氨基糖及无机成分等,但蛋白质和多糖占整个 EPS 的 70%~80%(Palmgren et al.,1996;Liu et al.,2002),蛋白质和多糖的绝对含量一定程度上反映了生物膜层的厚度或细胞生物量大小等特性,EPS 有利于细菌黏附到基质表面形成生物膜,尤其是在细菌附着到基质表面的初黏阶段。

不同处理工艺水质多介质表面附生生物膜内胞外聚合物含量动态变化特征统计结果如图 6.11 所示。可以看出,不同处理工艺水体中多介质表面附生生物膜内胞外聚合

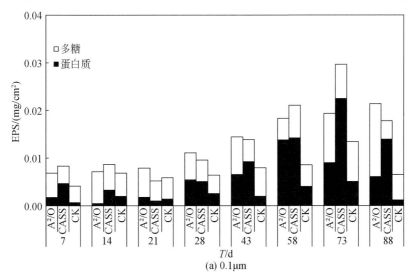

(a) 0.1μm

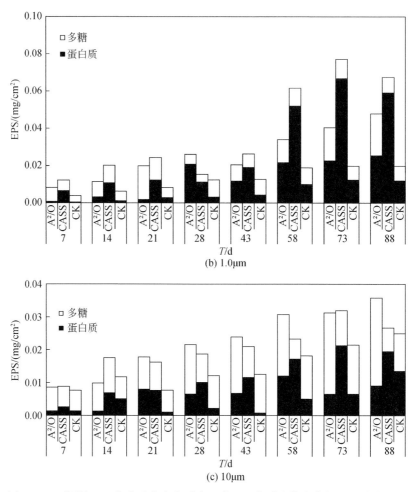

图 6.11　不同处理工艺水质中多介质表面附生生物膜胞外聚合物含量动态变化

物的含量均随着时间的推移累积增加，A²/O 处理工艺再生水中多介质表面生物膜胞外聚合物的含量在 7～44μg/cm² 范围内，CASS 处理工艺再生水中多介质表面生物膜胞外聚合物的含量在 8～77μg/cm² 范围内，地表水中多介质表面生物膜胞外聚合物的含量在 4～21μg/cm² 范围内；从图中还可以看出，A²/O 和 CASS 处理工艺再生水中多介质表面生物胞外聚合物的含量要高于地表水中多介质表面生物膜内胞外聚合物含量，且不同处理工艺水体中均以粗糙度为 1.0μm 介质表面生物膜内胞外聚合物含量最高。在 α＝0.05 显著水平下，多介质表面两种不同处理工艺再生水中生物膜胞外聚合物含量不存在显著性差异，但两种不同处理工艺再生水中生物膜胞外聚合物含量均与地表水中生物膜内胞外聚合物含量存在显著性差异，说明两种处理工艺再生水中生物膜胞外聚合物含量差异不是很大，但再生水中胞外聚合物含量同地表水中胞外聚合物含量有很大差异。

2. 叶绿素

选用粗糙度为 $0.1\mu m$、$1.0\mu m$、$10\mu m$ 的三种载玻片进行生物膜培养,培养周期为 3 个月,采用热乙醇-反复冻融法提取叶绿素,比色法测定。不同处理工艺水质多介质表面附生生物膜内叶绿素 a 浓度动态变化特征如图 6.12 所示。从图中可以看出,不同处理工艺水体中多介质表面附生生物膜内叶绿素 a 浓度均随着时间的推移累积增加,A^2/O 处理工艺再生水中多介质表面生物膜叶绿素 a 浓度在 $0.02\sim0.78\mu g/cm^2$ 范围内,CASS 处理工艺再生水中多介质表面生物膜叶绿素 a 浓度在 $0.04\sim1.40\mu g/cm^2$ 范围内,地表水中多介质表面生物膜叶绿素 a 浓度在 $0.02\sim0.48\mu g/cm^2$ 范围内;从图中还可以看出,A^2/O 和 CASS 处理工艺再生水中多介质表面生物膜叶绿素 a 浓度要高于地表水中多介质表面生物膜叶绿素 a 浓度,且不同处理工艺水体中均以粗糙度为 $1.0\mu m$ 介质表面生物膜内叶绿素 a 浓度最高。在 $\alpha=0.05$ 显著水平下,对不同处理工艺水质中生物膜的叶绿素 a 含量的差异显著性分析得,三种水体中多介质表面生物膜叶绿素 a 的浓度存在显著性差异。

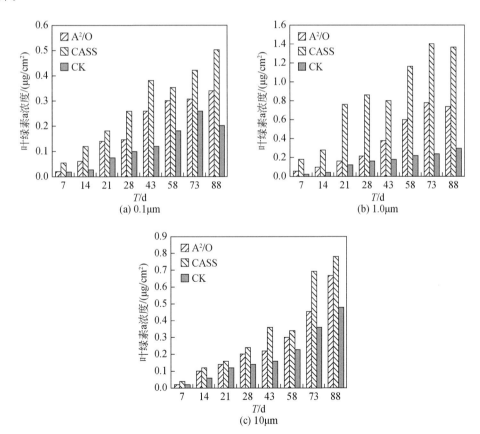

图 6.12　不同处理工艺水质中多介质表面附生生物膜叶绿素 a 浓度的动态变化

A^2O、CASS 分别代表两种处理工艺的再生水,CK 为地表水,作为对照试验。选用粗糙度为 $0.1\mu m$、$1.0\mu m$、$10\mu m$ 的厂中载玻片进行生物膜培养,培养周期为 3 个月,采用热乙醇-反复冻融法提取叶绿素,用比色法测定

3. 磷酸酶活性

生物膜中酶的活性直接反映了微生物的活性,水体中的大量颗粒状有机物只有被胞外酶水解成小分子才能进入微生物细胞并被其吸收和利用(Garcia et al.,1995),富营养湖泊水中磷酸酶的活力与富营养化程度成正相关(Tage et al.,1978)。选用粗糙度为 $0.1\mu m$、$1.0\mu m$、$10\mu m$ 的三种载玻片进行生物膜培养,培养周期为 3 个月,采用人工合成的对硝基苯磷酸二钠(p-NPP)为底物的方法测定酶活性。不同处理工艺水体中多介质表面附生生物膜内磷酸酶活性的动态变化特征如图 6.13 所示。可以看出,介质表面附生生物膜内磷酸酶的活性一直处于波动性变化过程中,A^2/O 处理工艺再生水中介质表面生物膜内磷酸酶的活性在 $0.74\sim19.53$nmol/(cm^2 · h)范围内,平均活性为 5.35nmol/(cm^2 · h),CASS 处理工艺再生水中介质表面生物膜内磷酸酶的活性在 $1.32\sim15.89$nmol/(cm^2 · h)范围内,平均活性为 6.01nmol/(cm^2 · h),地表水中介质表面生物膜内磷酸酶的活性在 $0.66\sim10.29$nmol/(cm^2 · h)范围内,平均活性为 4.52nmol/(cm^2 · h),由此可得出再生水中生物膜磷酸酶活性的平均值要高于地表水生物膜磷酸酶活性;并且从图中可以看出,不同水体中多介质表面生物膜磷酸酶的活性均以粗糙度为 $1.0\mu m$ 介质表面磷酸酶活性最高。在 $\alpha=0.05$ 显著水平下,三种水体中多介质表面生物膜磷酸酶活性不存在显著性差异。

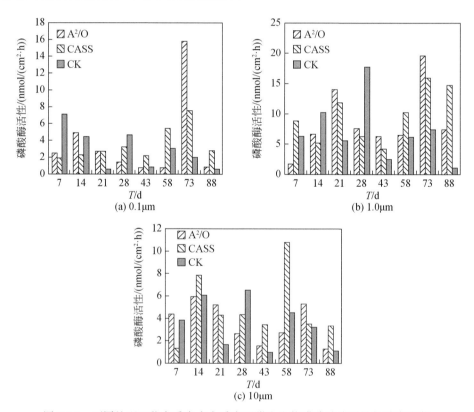

图 6.13　不同处理工艺水质中多介质表面附生生物膜磷酸酶活性的动态变化

6.3.5　多介质表面附生生物膜磷脂脂肪酸含量动态变化特征

磷脂脂肪酸(PLFAs)浓度直接反映了河湖多介质表面附生生物膜中微生物的数量，PLFAs 生物标记多样性测试参考 Pennanen 等(1999)提出的分析方法。不同处理工艺水体中多介质表面附生生物膜不同生长期 PLFAs 百分比见图 6.14，其中图(a)、(b)、(c)分别为 A^2/O、CASS 处理工艺再生水以及地表水(用 CK 表示)中多介质表面附生生物膜

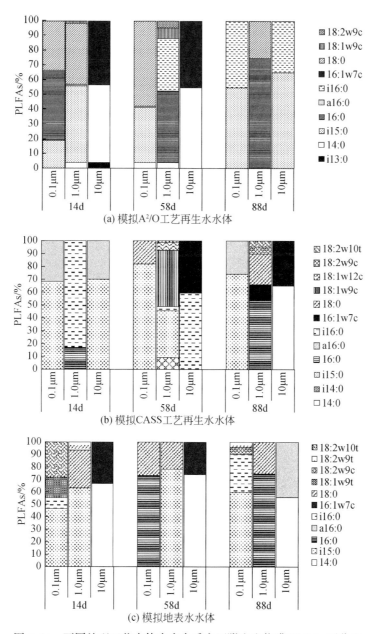

图 6.14　不同处理工艺水体中多介质表面附生生物膜 PLFAs 百分比

不同生长期的 PLFAs 百分比。可以看出,生物膜在不同的生长期内 PLFAs 种类有很大的差别,不同处理工艺再生水中多介质生物膜内 PLFAs 的种类均以生物膜快速生长期时最多,且粗糙度为 1.0 μm 介质表面上生物膜 PLFAs 种类最多,而地表水中多介质表面生物膜在生长初期 PLFAs 种类相对比较多,三种介质中粗糙度为 0.1μm 的介质表面生物膜 PLFAs 种类相对比较多。

从图中还可以看出 A²/O 处理工艺再生水中多介质表面生物膜 PLFA 种类为 10 种,其中细菌 8 种,真菌 2 种,其含量占的比例分别为 98.4% 和 1.6%,优势菌群为 14:0、i15:0、16:0、i16:0,其比例分别为 13.3%、25.4%、18.9% 和 17.52%,均属于细菌;CASS 处理工艺再生水中多介质表面生物膜 PLFAs 种类为 12 种,其中细菌为 9 种,真菌 3 种,其含量占的比例分别为 93.2% 和 6.8%,优势菌群为 i15:0 和 i16:0,其比例分别 36.8% 和 16.18%,均属于细菌;地表水中多介质表面生物膜 PLFAs 中种类为 12 种,其中细菌 8 种,真菌 4 种,其含量占的比例为 93.3% 和 6.7%,优势菌群为 14:0、i15:0、16:0 和 18:0,其比例分别为 21.9%、27.4%、16.5% 和 11.5%,均属于细菌。由此可知,共有的优势菌为 i15:0;A²/O 和 CASS 处理工艺再生水中生物膜内细菌百分比要高于地表水中细菌含量百分比,分别高出 3.7% 和 3.5%。

生物膜生长速率最高的时期内 PLFAs 的种类最多,细菌和真菌是再生水中生物膜内的主要微生物,且细菌占的比例最大,且粗糙度为 1.0 μm 介质表面上生物膜 PLFAs 种类最多,此时生物膜干重、胞外聚合物等组分在 PLFAs 种类最多时期内生长速率最大,这与微生物的生长繁殖规律有关。

6.4　附生生物膜对再生水水质的净化效应与机理

生物膜能通过胞外聚合物、细胞壁、细胞膜、细胞质和颗粒物等提供的吸附位点吸附污染物,其中微生物对污染物有降解作用。国内外众多学者对污水处理多介质表面附生生物膜去除污染物效应开展了大量研究(Zhang et al.,2011),关于自然水体中多介质表面附着生物膜的去污效应也有一定的研究报道,但主要集中于有机污染物、重金属等污染物方面(Headley et al.,1998;Lawrence et al.,2001)。再生水是水质介于污水与地表自然水体之间的一种水体,水质对于水体生物膜有着显著影响,为此再生水与污水、自然水体中介质表面附生生物膜的特性有着明显区别,这势必影响生物膜对污染物的去除效应,因此本节阐述 A²/O 工艺再生水、CASS 工艺再生水、地表水等三种水质水体室外人工模拟环境培养生物膜对氨氮和磷的吸附特征以及再生水对生物膜吸附氮和磷的影响效应。

6.4.1　氨氮在多介质表面附生生物膜上的吸附特性

A²/O、CASS 工艺再生水以及地表水(NWB)中生物膜对氨氮的等温吸附统计结果如图 6.15 所示,三种水质中生物膜对氨氮的吸附量均随着溶液平衡浓度的升高而增加,低浓度区氨氮吸附量增加较快,高浓度区吸附量增加减缓。在试验设置浓度范围内,三种水质生物膜对氨氮的吸附量高低顺序为 CASS＞NWB＞A²/O;三个不同粗糙度介质表面附着生物膜对氨氮的吸附量高低顺序为 $10\mu m > 0.1\mu m > 1.0\mu m$；三种水质为背景溶液时生物膜对氨氮的吸附量明显低于以去离子水为背景溶液时的吸附量。

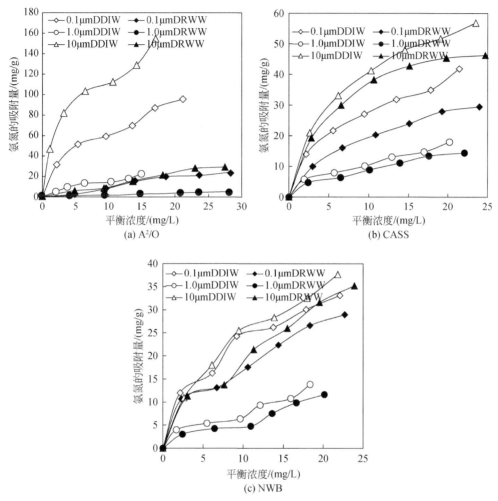

图 6.15 生物膜吸附氨氮等温吸附线

DDIW：以去离子水为背景溶液时生物膜对氨氮的吸附量

DRWW：再生水影响下生物膜对氨氮的吸附量

利用线性方程、Freundlich 方程和 Langmuir 方程等 3 种等温吸附模型对试验数据进行拟合，结果见表 6.10。可以看出，三个方程的拟合结果均较好，R^2 都在 0.90 以上，可以借助线性方程、Freundlich 方程和 Langmuir 方程等温吸附模型来描述生物膜对氨氮的吸附规律；不同粗糙度之间生物膜吸附氨氮的线性吸附常数 K_d 表现出 $K_{d10\mu m} > K_{d0.1\mu m} > K_{d1.0\mu m}$ 的变化趋势，而 $1/n$、最大吸附容量（S_m）、最大缓冲容量（MBC）未出现明显规律；A^2/O、CASS 两种工艺再生水中生物膜吸附氨氮的拟合参数与地表水拟合参数相比，A^2/O 工艺再生水中生物膜的 K_d 分别减小了 5.21%（0.1μm）、66.00%（1.0μm）、8.94%（10.0μm），MBC 分别减小了 51.43%（0.1μm）、75.96%（1.0μm）、74.07%（10.0μm），

$1/n$ 分别增加了 176.09％(0.1μm)、69.81％(1.0μm)、84.91％(10.0μm),说明与地表水相比,A^2/O 工艺再生水生物膜对氨氮的吸附稳定性和缓冲能力降低,易受外界因素的干扰;CASS 工艺再生水中生物膜的 K_d 分别增加了 36.46％(0.1μm)、6.00％(1.0μm)、44.72％(10.0μm),S_m 分别增加了 40.04％(0.1μm)、67.15％(1.0μm)、1.89％(10.0μm)。去离子水为背景溶液时,A^2/O、CASS 两种工艺再生水中生物膜对氨氮的吸附与地表水相比,A^2/O 工艺再生水中生物膜的 K_d 和 S_m 分别增加了 204.76％(0.1μm)、61.97％(1.0μm)、333.59％(10.0μm)和 197.27％(0.1μm)、251.71％(1.0μm)、210.62％(10.0μm),而其他参数未出现规律性变化;CASS 工艺再生水中生物膜的 S_m 和 MBC 分别增加了 26.76％(0.1μm)、46.81％(1.0μm)、24.99％(10.0μm)和 13.40％(0.1μm)、27.22％(1.0μm)、112.99％(10.0μm),而其他参数未出现规律性变化。

表 6.10　生物膜吸附氨氮的吸附模型拟合结果及拟合参数变化率

水质工艺	载体类型	线性方程				Freundlich 方程				Langmuir 方程				
		a	K_d	$\Delta_{K_d}/\%$	R^2	$1/n$	$\Delta_{1/n}/\%$	$\ln K$	R^2	S_m	$\Delta_{s_m}/\%$	MBC	$\Delta_{MBC}/\%$	R^2
处理水质	A^2/O 0.1μm	−0.14	0.91	−5.21	0.94	1.27	176.09	−0.89	0.96	47.61	76.66	3.39	−51.43	0.94
	A^2/O 1.0μm	−0.04	0.17	−66.0	0.97	0.90	69.81	−1.51	0.94	7.33	−17.55	0.25	−75.96	0.91
	A^2/O 10.0μm	−0.04	1.12	−8.94	0.97	0.98	84.91	0.15	0.98	116.28	213.93	1.26	−74.07	0.94
	CASS 0.1μm	4.31	1.31	36.46	0.98	0.53	15.22	1.74	0.98	37.74	40.04	4.47	−35.96	0.98
	CASS 1.0μm	3.39	0.53	6.00	0.98	0.53	0	0.99	0.96	14.86	67.15	2.66	155.77	0.90
	CASS 10.0μm	2.39	1.78	44.72	0.98	0.53	0	1.74	0.98	37.74	1.89	4.47	−8.02	0.98
	NWB 0.1μm	7.76	0.96	—	0.98	0.46	—	1.87	0.92	26.95	—	6.98	—	0.93
	NWB 1.0μm	0.97	0.50	—	0.90	0.53	—	0.41	0.90	8.89	—	1.04	—	0.91
	NWB 10.0μm	6.68	1.23	—	0.98	0.59	—	1.65	0.94	37.04	—	4.86	—	0.93
去离子水	A^2/O 0.1μm	28.41	3.20	204.76	0.98	0.47	4.44	3.08	0.98	101.01	197.27	20.28	147.02	0.96
	A^2/O 1.0μm	3.91	1.15	61.97	0.94	0.68	38.78	1.21	0.96	38.02	251.71	2.89	−17.19	0.98
	A^2/O 10.0μm	54.03	5.68	333.59	0.98	0.40	−18.37	3.84	0.98	151.52	210.62	58.13	994.73	0.98
	CASS 0.1μm	12.99	1.34	27.62	0.98	0.46	2.22	2.28	0.98	43.11	26.76	9.31	13.40	0.98
	CASS 1.0μm	4.22	0.65	−8.45	0.98	0.47	−4.08	1.35	0.96	15.87	46.81	4.44	27.22	0.90
	CASS 10.0μm	19.23	1.89	44.27	0.96	0.48	−2.04	2.60	0.98	60.97	24.99	11.31	112.99	0.98
	NWB 0.1μm	11.15	1.05	—	0.94	0.45	—	2.12	0.96	34.01	—	8.21	—	0.92
	NWB 1.0μm	4.05	0.71	—	0.98	0.49	—	0.99	0.91	10.81	—	3.49	—	0.92
	NWB 10.0μm	9.82	1.31	—	0.96	0.57	—	1.87	0.98	48.78	—	5.31	—	0.98

注:△ 表示相对于地表水的吸附等温线拟合参数的变化率,正数表示增大,负数表示减少。

表 6.11　生物膜吸附磷的吸附模型拟合结果及拟合参数变化率

水质工艺	载体类型	线性方程				Freundlich 方程				Langmuir 方程				
		a	K_d	$\Delta K_d/\%$	R^2	$1/n$	$\Delta_{1/n}/\%$	$\ln K$	R^2	S_m	$\Delta s_m/\%$	MBC	$\Delta_{MBC}/\%$	R^2
处理水质	A²/O 0.1μm	4.32	1.30	154.9	0.99	0.69	30.19	1.34	0.95	46.08	151.53	3.39	40.66	0.90
	A²/O 1.0μm	−0.86	0.56	27.27	0.87	0.99	70.69	−0.70	0.94	34.25	199.13	0.57	−68.16	0.95
	A²/O 10.0μm	2.39	1.78	235.85	0.98	0.87	97.73	1.03	0.98	117.60	513.78	2.62	−33.84	0.98
	CASS 0.1μm	3.35	0.25	−50.98	0.97	0.49	−7.55	0.67	0.99	12.39	−32.37	1.38	−42.74	0.98
	CASS 1.0μm	4.33	0.21	−52.27	0.90	0.45	−22.41	0.65	0.98	9.69	−15.37	1.41	−21.23	0.98
	CASS 10.0μm	3.70	0.27	−49.06	0.95	0.47	6.82	0.80	0.98	12.55	−34.50	1.61	−59.34	0.98
	NWB 0.1μm	4.05	0.51	—	0.97	0.53	—	1.07	0.96	18.32	—	2.41	—	0.93
	NWB 1.0μm	1.99	0.44	—	0.99	0.58	—	0.58	0.95	11.45	—	1.79	—	0.94
	NWB 10.0μm	6.05	0.53	—	0.99	0.44	—	1.49	0.95	19.16	—	3.96	—	0.93
去离子水	A²/O 0.1μm	7.04	1.35	125.00	0.98	0.65	38.30	1.59	0.98	56.82	202.88	3.85	−0.52	0.98
	A²/O 1.0μm	0.61	1.21	157.45	0.96	0.92	70.37	0.43	0.96	59.52	273.17	1.56	−22.00	0.96
	A²/O 10.0μm	7.87	2.98	313.89	0.94	0.86	100.00	1.66	0.96	212.76	893.74	4.70	−14.86	0.96
	CASS 0.1μm	4.66	0.31	−48.33	0.89	0.48	2.13	0.94	0.93	17.12	−8.74	1.64	−57.62	0.98
	CASS 1.0μm	3.39	0.25	−46.81	0.98	0.36	−33.33	0.85	0.92	10.86	−31.91	2.56	28.00	0.95
	CASS 10.0μm	5.68	0.32	−55.56	0.83	0.46	6.98	1.13	0.92	19.05	−11.02	1.91	−65.40	0.96
	NWB 0.1μm	5.03	0.60	—	0.97	0.47	—	1.41	0.91	18.76	—	3.87	—	0.92
	NWB 1.0μm	3.21	0.47	—	0.95	0.54	—	0.88	0.96	15.95	—	2.00	—	0.97
	NWB 10.0μm	6.45	0.72	—	0.98	0.43	—	1.69	0.92	21.41	—	5.52	—	0.92

注:Δ 表示相对于地表水的吸附等温线拟合参数的变化率,正数表示增大,负数表示减少。

6.4.2　磷在多介质表面附生生物膜上的吸附特性

A²/O、CASS 工艺再生水以及地表水(NWB)中生物膜对磷的等温吸附统计结果如图 6.16 所示,标记方式同氨氮。可以看出,在试验所设定的浓度范围内,再生水中不同粗糙度介质附着生物膜对磷的吸附量在低浓度时不同粗糙度之间差异不明显,当平衡浓度 $c_e > 5 \text{mg/L}$ 时吸附量差异性趋于明显,且三种水质水体中生物膜对磷的吸附量随粗糙度均呈现出 $10\mu m > 0.1\mu m > 1.0\mu m$ 的趋势;不同水质为背景溶液时对磷的吸附量呈现出 A²/O>NWB>CASS 的趋势。三种水质为背景溶液时生物膜对磷的吸附量明显低于以去离子水为背景溶液时的吸附量。

利用线性方程、Freundlich 方程和 Langmuir 方程对试验数据拟合的结果见表 6.11,Langmuir 方程、Freundlich 方程对磷在三种水质水体中生物膜上的等温吸附曲线拟合较好,R^2 均在 0.90 以上,线性方程模型相对稍差,因此可以借助 Langmuir 方程、Freundlich 方程描述磷在生物膜上的吸附特征。从表中可以看出,Langmuir 方程的 S_m 在不同粗糙度之间均呈现出 $S_{m10\mu m} > S_{m0.1\mu m} > S_{m1.0\mu m}$ 的趋势,而 $1/n$ 和 MBC 没有明显规律。对于处理水质组,A²/O、CASS 工艺再生水中生物膜吸附磷的拟合参数与地表水相比,A²O 工

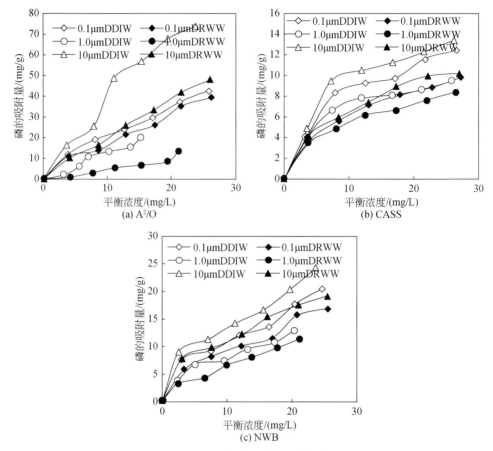

图 6.16 生物膜吸附磷的等温线

DDIW：以去离子水为背景溶液时生物膜对磷的吸附量

DRWW：再生水影响下生物膜对磷的吸附量

艺再生水中生物膜的 S_m 分别增加了 151.53%（0.1μm）、199.13%（1.0μm）、513.78%（10.0μm），MBC 分别变化了 40.66%（0.1μm）、− 68.16%（1.0μm）、− 33.84%（10.0μm），1/n 分别增加了 30.19%（0.1μm）、70.69%（1.0μm）、97.73%（10.0μm），说明 A²/O 工艺再生水中生物膜对磷的最大吸附容量增加，但吸附稳定性降低，缓冲能力降低；CASS 工艺再生水中生物膜的 S_m 分别减小了 32.37%（0.1μm）、15.37%（1.0μm）、34.50%（10.0μm），MBC 分别减小了 42.74%（0.1μm）、21.23%（1.0μm）、59.34%（10.0μm）说明 CASS 工艺再生水中生物膜对磷的最大吸附容量减小，且缓冲能力降低。去离子水为背景溶液时，A²/O、CASS 两种工艺再生水中生物膜对磷酸盐的吸附与地表水相比，A²/O 工艺再生水中生物膜的 K_d、1/n 和 S_m 分别增加了 125.00%（0.1μm）、157.45%（1.0μm）、313.89%（10.0μm），38.30%（0.1μm）、70.37%（1.0μm）、100.00%（10.0μm）和 202.88%（0.1μm）、273.17%（1.0μm）、893.74%（10.0μm），而 MBC 分别减小了 0.52%（0.1μm）、22.00%（1.0μm）、14.86%（10.0μm）；CASS 工艺再生水中生物膜的 K_d 和 S_m 分别减小了 48.33%（0.1μm）、46.81%（1.0μm）、55.56%

（10.0μm）和 8.74%（0.1μm）、31.91%（1.0μm）、11.02%（10.0μm），其他参数未出现规律性变化。

6.4.3　生物膜组分对吸附特性的影响

把生物膜的组分参数与 K_d、1/n、S_m 和 MBC 进行相关分析，结果见表 6.12。可以看出，氨氮的 K_d、S_m 和 MBC 与生物膜的胞外聚合物的含量（0.940**、0.948**、0.628**）、铁氧化物含量（0.839**、0.855**、0.731**）和铝氧化物的含量（0.932**、0.953**、0.834**）呈显著的正相关关系，而 1/n 与磷酶活性（0.889**）呈显著性正相关。磷的 S_m 与生物膜的胞外聚合物含量（0.841**）、铁氧化物含量（0.678*）、铝氧化物含量（0.809*）呈现显著的正相关关系，而 MBC 与铁氧化物（0.730*）和铝氧化物的含量（0.695*）呈正相关关系，而 1/n 未出现显著相关性。

表 6.12　生物膜吸附氨氮和磷的平衡吸附参数与生物膜组分性质关系

污染物	参数	胞外聚合物	铁氧化物	铝氧化物	叶绿素 a	磷酶活性
氨氮	K_d	0.940**	0.839**	0.932**	−0.290	−0.384
	1/n	−0.342	−0.596	−0.605	0.462	0.889**
	S_m	0.948**	0.855**	0.953**	−0.319	−0.373
	MBC	0.682**	0.731*	0.834**	−0.260	−0.340
磷	1/n	0.563	0.364	0.418	−0.322	0.297
	S_m	0.841**	0.678*	0.809**	−0.228	−0.126
	MBC	0.420	0.730*	0.695*	−0.254	−0.710*

* 表示在 0.05 上显著相关。

** 表示在 0.01 上显著相关。

再生水中生物膜对氨氮、磷的吸附也呈现出与土壤、沉积物吸附同样的规律：A^2/O、CASS 工艺再生水中生物膜的 K_d、S_m、MBC 均降低，而 1/n 均有所增加，这是因为再生水复杂水质是一个多物质共存体系，其中所含有的大量离子、有机物等物质会与氨氮、磷竞争吸附位点，从而减弱生物膜对氨氮、磷的吸附作用。通过 $S_{A^2/O}$、S_{CASS} 两个处理及 S_{NWB} 对照试验研究发现，生物膜对氨氮的吸附能力呈现 $K_{dCASS}>K_{dNWB}>K_{dA^2/O}$ 的规律，这与三种水质中阳离子（Ca^{2+} + Mg^{2+}）浓度呈现出 C_{CASS}（43.36mg/L+15.70mg/L）>C_{NWB}（26.8mg/L+34.08mg/L）>$C_{A^2/O}$（26.50mg/L+ 18.52mg/L）的规律有关，在生物膜形成过程中氨氮的吸附位点已被水体中的阳离子（Ca^{2+}、Mg^{2+}）占据，而磷酸盐的最大吸附容量呈现出 $S_{mA^2/O}>S_{mNWB}>S_{mCASS}$ 的规律，其他参数未出现规律性变化；两种再生水中生物膜对氨氮、磷酸盐的缓冲能力均比地表水中的低，这是因为两种再生水水体中氨氮浓度（0.67mg/L、0.90mg/L）、磷酸盐浓度（0.07mg/L、0.09mg/L）均比地表水（0.60mg/L、0.04mg/L）中高，使得其中形成的生物膜中含有的氨氮、磷酸盐浓度比地表水中的高，从而降低其对目标污染物的缓冲能力。

生物膜对氨氮和磷的平衡吸附与生物膜本身的性质密切相关，为了进一步揭示氨氮和磷在生物膜中的吸附行为。氨氮在再生水中生物膜上的 K_d、S_m 和 MBC 与生物膜的胞外聚合物的含量呈显著正相关关系,这是因为胞外多糖与水接触的表面是带负电的,氨氮的吸附主要是靠静电力;磷酸盐在再生水中生物膜上的最大吸附量 S_m 与生物膜的胞外聚合物含量呈正相关关系,这是因为胞外聚合物含量越大,胞外聚合物可提供的磷酸根配位点越多。

6.5　基于生物膜法的水生态系统健康评价方法及应用

再生水水质复杂,这使得再生水环境中多介质表面附生生物膜结构特征与一般水体中存在显著差异;不同处理工艺再生水之间也有很大差别,这使得不同处理工艺再生水环境中多介质表面生物膜结构特征也存在一定的差异。除此之外,原位培养和人工模拟环境中培养的多介质表面生物膜结构特征也有一定的差异性,近年来,微生物群落结构测试方法也日益成熟,在生物处理领域使用最为广泛的以微生物细胞组分含量检测为基础的磷脂脂肪酸(PLFAs)测试方法及分析生物学变性梯度凝胶电泳(PCR-DGGE)测试方法分析微生物群落结构。本节以原位培养和物理模拟试验中培养的多介质表面附生生物膜为研究对象,采用粗糙度分别为 $0.1\mu m$、$1.0\mu m$ 和 $10\mu m$ 三种介质分别在再生水回用的天然湖泊(奥运湖)、A^2/O 处理工艺再生水、CASS 处理工艺再生水和地表水中进行生物膜培养。联合运用 SEM 测试方法和分子生物学分析方法研究生物膜表面结构特征及微生物群落特征,并通过数学评价方法对再生水回用湖泊水生态系统健康进行评价。

6.5.1　水生态系统健康评价模型

1. 模糊隶属函数

对论域 U 上的模糊集合 $\underline{A}$,指定一个从 U 到 $[0,1]$ 的映射:

$$\mu_{\underline{A}}:U\rightarrow[0,1]$$
$$u\rightarrow\mu_{\underline{A}}(u\in[0,1])$$

式中,$\mu_{\underline{A}}$ 就是 $\underline{A}$ 的隶属函数,$\mu_{\underline{A}}$ 即为 u 对 $\underline{A}$ 的隶属度。当 $\mu_{\underline{A}}(u)=1$ 时,$\mu\in\underline{A}$;当 $\mu_{\underline{A}}(u)=0$ 时,$\mu\notin\underline{A}$。当 $\mu_{\underline{A}}(u)$ 在 0 和 1 之间取值,隶属函数 $\mu_{\underline{A}}$ 就退化为普通集合的特征函数。

本研究在确定隶属函数以及隶属度时,按照评估要求确定模糊集合 $\underline{A}=\{\underline{A}_1,\underline{A}_2,\cdots,\underline{A}_i\}$,$i=1,2,\cdots,n$,并按照已知评估划分标准范围,选取 $\lambda_1,\lambda_2,\cdots,\lambda_n$ 为各个范围的分界点,则相应的模糊隶属函数示意图见图 6.17。

对任意的观测值 x 有如下结论。

当 $k=0$ 时:

$$f(x)=\begin{cases}1, & x\in[0,\lambda_0]\\\dfrac{\lambda_1-x}{\lambda_1-\lambda_0}, & x\in(\lambda_0,\lambda_1)\end{cases} \tag{6-13}$$

当 $k=n$ 时:

$$f(x)=\begin{cases}1, & x\in[\lambda_n,+\infty)\\\dfrac{x-\lambda_{n-1}}{\lambda_n-\lambda_{n-1}}, & x\in(\lambda_{n-1},\lambda_n)\end{cases} \tag{6-14}$$

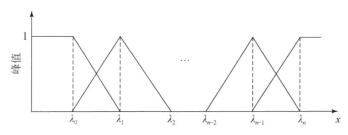

图 6.17　模糊隶属函数示意图

当 $k \notin \{1, n\}$ 时：

$$f(x) = \begin{cases} 0, & x \notin [\lambda_{k-1}, \lambda_{k+1}] \\ \dfrac{x - \lambda_{k-1}}{\lambda_k - \lambda_{k-1}}, & x \in (\lambda_{k-1}, \lambda_k] \\ \dfrac{\lambda_{k+1} - x}{\lambda_{k+1} - \lambda_k}, & x \in (\lambda_k, \lambda_{k+1}) \end{cases} \tag{6-15}$$

最大隶属度原则：设论域 U 上的 n 个模糊子集 $\underline{A}_1, \underline{A}_2, \cdots, \underline{A}_n$ 构成一个标准模型库，若对任意元素 $u_0 \in U$ 有

$$\mu_{\underline{A}_i} = \max\{\mu_{\underline{A}_1}(u_0), \mu_{\underline{A}_2}(u_0), \cdots, \mu_{\underline{A}_n}(u_0)\}$$

则认为 u_0 相对隶属于 $\underline{A}_i$。

2. 改进层次分析

假设有 n 个指标参与评价，$N = \{1, 2, \cdots, n\}$，V 为指标的健康评判级，根据本研究的划分 $V = \{$健康, 亚健康, 一般, 病态, 疾病$\}$，任意一项指标的数值都会被转换为这五个评判等级。$\mu_{\underline{A}_i}(u_i)$ 为指标 u_i 的最大隶属度，根据最大隶属度原则属于 A_i 类。

指标 u_i 的最大隶属度 $\mu_{\underline{A}_i}(u_i)$ 所属的分类级别越差，该指标的健康型越差，其对基准层造成的健康性影响越大。当某一基准层中的两个指标都处于同一级别时，他们对基准层的健康性影响同等重要，当指标 i 对基准层的健康性影响比指标 j 重要，令

$$d_{ij} = \begin{cases} 9, & \text{指标 } i \text{ 的健康程度比指标 } j \text{ 的健康程度差 4 个级别} \\ 7, & \text{指标 } i \text{ 的健康程度比指标 } j \text{ 的健康程度差 3 个级别} \\ 5, & \text{指标 } i \text{ 的健康程度比指标 } j \text{ 的健康程度差 2 个级别} \\ 3, & \text{指标 } i \text{ 的健康程度比指标 } j \text{ 的健康程度差 1 个级别} \\ 1, & \text{指标 } i \text{ 的健康程度与指标 } j \text{ 的健康程度相同} \\ 1/3, & \text{指标 } i \text{ 的健康程度比指标 } j \text{ 的健康程度好 1 个级别} \\ 1/5, & \text{指标 } i \text{ 的健康程度比指标 } j \text{ 的健康程度好 2 个级别} \\ 1/7, & \text{指标 } i \text{ 的健康程度比指标 } j \text{ 的健康程度好 3 个级别} \\ 1/9, & \text{指标 } i \text{ 的健康程度比指标 } j \text{ 的健康程度好 4 个级别} \end{cases} \tag{6-16}$$

构造判别矩阵：

$$D = \begin{bmatrix} d_{11} & \cdots & d_{1n} \\ \vdots & & \vdots \\ d_{ni} & \cdots & d_{nn} \end{bmatrix} \tag{6-17}$$

数值判断矩阵 D 还需要满足 $\forall i,j,k \in K, d_{ij}=d_{ik} \cdot d_{kj}$，则称 D 为完全一致性的数值判断矩阵。一致阵的特性如下。

(1) $d_{ij}=\dfrac{1}{d_{ji}}, d_{ii}=1; i,j=1,2,\cdots,n$。

(2) D^{T} 也是一致阵。

(3) D 的各行成比例，则 $\mathrm{rank}(D)=1$。

(4) D 的最大特征根为 $\lambda=n$，其余 $n-1$ 个特征根均为 0。

(5) 任意一列(行)都是对应于特征根 n 的特征向量。

当数值判断矩阵具有完全一致行时，可以通过求解特征根问题 $D\omega=\lambda_{\max}(D)\omega$，求出正规化特征向量 $\omega=[\omega_1,\omega_2,\cdots,\omega_n]^{\mathrm{T}}$，从而得到 n 个排列元素的权重向量。Saaty 给出了判断矩阵一致性的检验方法，具体步骤如下。

(1) 计算判断矩阵的一致性指标为

$$\mathrm{CI}=\frac{\lambda_{\max}-n}{n-1} \tag{6-18}$$

(2) 求平均随机一致性指标 RI (可查表获得)。

(3) 计算判断矩阵的随机一致性指标:

$$\mathrm{CR}=\frac{\mathrm{CI}}{\mathrm{RI}} \tag{6-19}$$

(4) 当 CR<0.1 时，判断矩阵具有一致性，否则对数值矩阵进行调整直至满足一致性。

由于层次分析法的关键是构造一个具有满意一致性的数值判断矩阵，但是实际问题都比较复杂，对各系统要素的优劣情况无法做出准确的判断，构造出来的矩阵往往很难满足一致性。判断矩阵的一致性程度取决于判断各个系统各个要素之间关系的把握程度，对各个要素认识越清楚，一致性需要越高，但因为人们对各个要素的优劣程度不清楚，所以采用层次分析法进行评价，以便更清楚的认识各个要素，否则就没有必要使用层次分析法。但是可以尽量减少误差，通过构造优化函数，由遗传算法得到比 Saaty 法更为精确的解。

设各要素的排列权重为 $\omega=[\omega_1,\omega_2,\cdots,\omega_n]^{\mathrm{T}}$，若判断矩阵能够满足:

$$d_{ij}=\frac{\omega_i}{\omega_j} \tag{6-20}$$

则决策者能够精确度量，判断矩阵 D 具有完全一致性，则有

$$\sum_{k=1}^{n}(d_{ik}\omega_k)=\sum_{k=1}^{n}\left(\frac{\omega_i}{\omega_k} \cdot \omega_k\right)=n\omega_i, \quad i=1,2,\cdots,n \tag{6-21}$$

$$\sum_{i=1}^{n}\left|\sum_{k=1}^{n}(d_{ik}\omega_k)-n\omega_i\right|=0 \tag{6-22}$$

式中，$|\cdot|$ 表示取绝对值。判断矩阵的一致性条件不满足是客观存在的，无法消除的，但是显然使式(6-22)左边越小，越接近于 0，则判断矩阵的一致性越高，基于此，可将判断矩阵一致性问题归为如下优化问题:

$$\min\mathrm{CIF}(n)=\left|\sum_{i=1}^{n}\sum_{k=1}^{n}(d_{ik}\omega_k)-n\omega_i\right|/n \tag{6-23}$$

$$s.t. \quad \omega_k > 0, \quad k=1,2,\cdots,n$$

$$\sum_{k=1}^{n} \omega_k = 1 \tag{6-24}$$

式中，$CIF(n)$ 为一致性指标函数；$\omega=[\omega_1,\omega_2,\cdots,\omega_n]^T$ 为优化变量。根据约束条件可知，该问题全局最小值是唯一的。

通过求解出来的准则层相对于总目标层的权值 $\omega=[\omega_1,\omega_2,\cdots,\omega_n]^T$，并根据准则层因素的隶属度，便可求得总目标的权值，其计算式为

$$Q(A_k) = \sum_{i=1}^{n} \mu_{A_i}(u_i) \times \omega_i \tag{6-25}$$

式中，A_k 表示第 k 个方案；$\mu_{A_i}(u_i)$ 表示第 i 个指标的隶属度；ω_i 表示第 i 个因素相对于总目标的权重。

6.5.2　生物膜中微生物群落分布与结构

1. 多介质表面附生生物膜 PLFAs 分布

再生水回用湖泊中 PLFAs 的种类为 13 种，其中细菌 9 种，真菌 4 种，其含量占的比例分别为 93.6% 和 6.4%，优势细菌菌群为 i15：0、16：0、18：0；A^2/O 处理工艺再生水中多介质表面生物膜 PLFAs 种类为 10 种，其中细菌 8 种，真菌 2 种，其含量占的比例分别为 98.4% 和 1.6%，优势细菌菌群为 14：0、i15：0、16：0、i16：0；CASS 处理工艺再生水中多介质表面生物膜 PLFAs 种类为 12 种，其中细菌 9 种，真菌 3 种，其含量占的比例分别为 93.2% 和 6.8%，优势细菌菌群为 i15：0 和 i16：0；地表水中多介质表面生物膜 PLFAs 种类为 12 种，其中细菌为 8 种，真菌为 4 种，其含量占的比例为 93.3% 和 6.7%，优势细菌菌群为 14：0、i15：0、16：0 和 18：0。通过比较再生水回用奥运湖和模拟环境中 A^2/O 处理工艺再生水中多介质表面生物膜微生物群落特征可知，天然湖泊和模拟环境中微生物的类别相同，但天然湖泊中微生物的数量要多于模拟环境中，优势菌群有差别，但共有的优势菌为 i15：0、16：0，说明模拟环境可以一定程度上反映湖泊状态；不同处理工艺水体中多介质表面生物膜内微生物基本上均为细菌和真菌，细菌占的比例最大，共有的优势菌为 i15：0，再生水回用湖泊内多介质表面微生物的种类数要多于人工环境中，且在再生水回用湖泊中有 2.2% 厌氧细菌，模拟水环境中没有；A^2/O 和 CASS 处理工艺再生水中生物膜内细菌百分比要高于地表水中细菌含量百分比，分别高出 3.7% 和 3.5%。

2. 多介质表面附生生物膜 PCR-DGGE 分布

不同处理工艺水体中多介质表面生物膜内微生物 DGGE 图如图 6.18 所示，测试样品均选自不同处理工艺水体中三种载体表面生物膜重量最多的样品，样品的顺序为地表水、CASS 处理工艺再生水、A^2/O 处理工艺再生水和奥运湖中的三种载体表面生物膜，地表水中 $10\mu m$、$1.0\mu m$ 和 $0.1\mu m$ 三种介质的序号分别为 12、11、10，依次往后类推共 12 个样品。

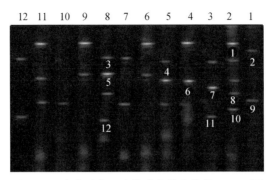

图 6.18　多介质表面生物膜内微生物的 DGGE 图

生物膜内微生物 DGGE 条带序列分析见表 6.13。可以看出,12 种细菌属于 6 类,1、3、7、11 号菌属于 γ-变形菌,2 号菌属于 δ-变形菌,4、6、8、10 号菌属于 α-变形菌,5 号菌属于鞘脂杆菌,9 号属于黄杆菌,12 号属于蓝藻细菌。由此可见,生物膜内的细菌大多数属于变形菌门,占的比例为 75%,γ-变形菌和 α-变形菌是变形菌门中较多的两种菌类。

表 6.13　DGGE 条带序列分析

DGGE 条带	菌属类型	相似程度/%
1	Gammaproteobacteria	99
2	Deltaproteobacteria	94
3	Gammaproteobacteria	99
4	Alphaproteobacteria	99
5	Sphingobacteria	99
6	Alphaproteobacteria	99
7	Gammaproteobacteria	99
8	Alphaproteobacteria	100
9	Flavobacteria	98
10	Alphaproteobacteria	100
11	Gammaproteobacteria	100
12	Cyanobacteria	100

6.5.3　评价方法及应用

从水质和生物膜中微生物的群落结构两方面对奥运湖水生态系统进行健康评价,评价指标 9 个,数据来源于地面水质标准和国外文献。水质指标为 DO、氨氮、总磷、COD 和总硬度,微生物群落结构指标为多样性指数、均匀度指数和丰富度指数,其含义与计算方法如下。

Shannon-Weaver 多样性指数又称信息多样性指数,综合反映了群落的种类多少、个体在群落中所占比例及比例的均匀程度。

$$H' = \sum_{i=1}^{S} \frac{n_i}{N} \times \ln\frac{n_i}{N} \tag{6-26}$$

式中，S 为群落中所有物种数目；n_i 为 i 种个体数；N 为总个体数。

均匀度指数（evenness index）：由上述多样性指数的计算公式可知，多样性指数取决于种类数（s）、总个体数（N）和每种的个体数（n_i）。每种的个体数越接近，即 $n_1 \approx n_2 \approx \cdots \approx n_s$ 时，则各种个体数分布的均匀度就越高，反之则越低。Pielou 提出的均匀度指数公式为

$$e = \frac{H'}{\ln S} \tag{6-27}$$

式中，H' 为 Shannon-Weaver 指数；S 为样品中总的物种数目。

Margalef 丰富度指数：Margalef 多样性指数又称种类差异指数，用于对同一地点或相似环境条件做群落种类的多样性进行比较，这一指数的优点是计算方法相对简单，敏感性较好。用马加莱夫（Margalef）指数对所监测到的浮游动物进行多样性分析，丰富度指数公式如下：

$$D_{Mg} = (S-1)/\ln N \tag{6-28}$$

不同处理工艺水体中生物膜微生物指数见表 6.14。可以看出，再生水回用湖泊内微生物的个数要多于人工模拟环境中，多样性指数、均匀度指数、丰富度指数均低于再生水模拟人工环境中，但高于地表水模拟人工环境中；CASS 处理工艺再生水中生物膜内微生物的个体数、物种数目、多样性指数、均匀度指数和丰富度指数要高于 A²/O 处理工艺再生水中，且两种处理工艺再生水中生物膜微生物的个数、物种数目、多样性指数、均匀度指数和丰富度指数均高于地表水中。

表 6.14　不同处理工艺水体中生物膜微生物指数

水体	物种数目（S）	总个体数（N）	多样性指数 H	均匀度指数 e	丰富度指数 D_{Mg}
奥运湖	4	10	1.168	0.843	1.303
A²/O	4	7	1.277	0.921	1.542
CASS	5	8	1.494	0.928	1.924
CK	3	6	1.011	0.920	1.116

PCR-DGGE 的结果显示，奥运湖水体中，微生物物种数目为 4，样品总的个数为 10，多样性指数 H' 为 1.168，均匀度指数 e 为 0.843，丰富度指数 D_{Mg} 为 1.303。将其与水质指标结合起来进行水生态系统健康评价。奥运湖水生态健康评价的各指标权重及其隶属度见表 6.15。在通过对奥运湖水环境调查以及参阅大量文献的基础上，计算奥运湖生态系统健康评价指标综合权重，指标权重计算运用改进的层次分析法，结果见表 6.16。

表 6.15　奥运湖水生态健康评价各指标权重及其隶属度

指标	I 类	II 类	III 类	IV 类	V 类
DO	0.20	0.80	0.00	0.00	0.00
氨氮	1.00	0.00	0.00	0.00	0.00

续表

指标	Ⅰ类	Ⅱ类	Ⅲ类	Ⅳ类	Ⅴ类
总磷	0.00	0.00	0.00	0.00	1.00
COD	1.00	0.00	0.00	0.00	0.00
总硬度	1.00	0.00	0.00	0.00	0.00
多样性指数	0.00	0.00	0.00	0.56	0.44
均匀度指数	1.00	0.00	0.00	0.00	0.00
丰富度指数	0.00	0.00	0.00	0.00	1.00

表 6.16　奥运湖水生态健康评价指标综合权重

指标	DO	氨氮	总磷	COD	总硬度	多样性指数	均匀度指数	丰富度指数
权重	0.0742	0.2225	0.0106	0.2225	0.2225	0.0148	0.2225	0.0106

奥运湖水生态系统健康评价结果见表 6.17。根据最终的评价结果对奥运湖水生态系统健康性进行评价,奥运湖健康状况属于第Ⅰ类的模糊隶属度为 0.911,属于第Ⅱ类的模糊隶属度为 0.057,属于第Ⅲ类的模糊隶属度为 0,属于第Ⅳ类的模糊隶属度为 0.005,属于第Ⅴ类的模糊隶属度为 0.027。由此可见,奥运湖水生态系统健康。

表 6.17　奥运湖水生态系统健康评价结果

分类	指标	Ⅰ类	Ⅱ类	Ⅲ类	Ⅳ类	Ⅴ类
水质	DO	0.015	0.057	0	0	0
	氨氮	0.224	0	0	0	0
	总磷	0	0	0	0	0.010
	COD	0.224	0	0	0	0
	总硬度	0.224	0	0	0.005	0
群落多样性	多样性指数	0	0	0	0	0.007
	均匀度指数	0.224	0	0	0	0
	丰富度指数	0	0	0	0	0.010
评价结果		0.911	0.057	0	0.005	0.027

6.6　再生水回用对周边地区人居环境的影响

以再生水回用北京市永定河为例,为了考察永定河补充再生水中的挥发性有机物对周边人居环境是否带来健康风险,对永定河沿岸的气体进行采样检测,检测补充水是否引起周边大气中挥发性有机物(VOCs)浓度增加。对永定河沿岸挥发性有机物进行测定,可以检出的组分有 51 种,其余有机物以甲苯计(表 6.18)。分析结果表明,排污口附近的采样点与三家店水库附近(本底)的采样点,挥发性有机物检出情况相近,可见再生水回用永定河引起的挥发性有机物对空气中 VOCs 影响不显著,再生水的回用河湖不会显著影响周边地区人们的居住环境。

表 6.18 永定河沿岸挥发性有机物测定结果

编号	组分	编号	组分
1	丙烯	27	庚烷
2	氟氯烷-12	28	三氯乙烯
3	三氯甲烷	29	1,2-二氯丙烷
4	氟氯烷-114	30	溴二氯甲烷
5	丁二烯	31	甲基异丁基甲酮
6	氟氯烷-11	32	顺-1,3-二氯丙烯
7	丙酮	33	甲苯
8	异丙醇	34	1,1,2-三氯乙烷
9	氟氯烷-113	35	甲基异丁酮
10	二氯甲烷	36	二溴氯甲烷
11	烯丙基氯	37	四氯乙烯
12	二硫化碳	38	氯苯
13	反-1,2-二氯乙烯	39	乙苯
14	甲基叔丁基醚	40	三溴甲烷
15	醋酸乙烯酯	41	对二甲苯
16	甲基乙基酮	42	间二甲苯
17	顺-1,2-二氯乙烯	43	苯乙烯
18	乙酸乙酯	44	邻二甲苯
19	n-己烷	45	对甲基乙基苯
20	氯仿	46	1,3,5-三甲基苯
21	四氢呋喃	47	1,2,4-三甲基苯甲醚
22	1,2-二氯乙烷	48	苯酰氯
23	苯	49	1,4-二氯代苯
24	四氯化碳	50	1,2,4-三氯苯
25	环己烷	51	贝沙氯-1,3-丁二烯
26	2,2,4-三甲基戊烷	52	其余的有机物(以甲苯计)

6.7 小 结

(1)天然河湖和再生水回用河湖内卵石和水生植物表面生物膜均为多孔介质,表面吸附了大量颗粒物,水生植物和卵石表面生物膜组分别以 $CaCO_3$ 和 SiO_2 为主,水生植物表面生物膜的 EPS 含量和微生物的种类要高于卵石,A^2/O 和 CASS 处理工艺的再生水和地表水中生物膜中微生物群落主要为细菌和真菌,细菌比例占到 90% 以上,再生水中微生物的种类要多于地表水中,再生水水体生物膜中优势菌为不动杆菌、藻青菌假单胞菌、荧光假单胞菌、金黄杆菌毛单胞菌和毛单胞菌;而天然水体生物膜中优势菌为不动杆菌和厚壁菌门。

(2)再生水回用奥运湖中多介质表面生物膜的干重、金属氧化物含量和胞外聚合物含量在生物膜培养期间基本呈几字形,分为快速生长阶段、快速脱落阶段、动态平衡阶段,生长过程符合双常数速率方程,其含量分别在 $0.01 \sim 4.03 mg/cm^2$、$1.23 \sim 45.92 \mu g/cm^2$、$0.02 \sim 0.87 mg/cm^2$ 范围内,叶绿素 a 浓度和磷酸酶活性分别在 $0.17 \sim 1.39 \mu g/cm^2$ 和 $0.23 \sim 30.614 nmol/(cm^2 \cdot h)$ 范围内,三种介质表面生物膜组分均以粗糙度为 $10 \mu m$ 介质表面最高,且生物膜组分与水质指标有着密切相关性。

(3)A^2/O 和 CASS 处理工艺的再生水和地表水中多介质生物膜的干重、金属氧化物、胞外聚合物、叶绿素 a 浓度均随着时间的推移显著增加,其中干重和叶绿素 a 浓度变化符合双常数速率方程,铁氧化物和胞外聚合物变化符合抛物线扩散方程。三种介质表面均以粗糙度为 $1.0 \mu m$ 介质表面含量最高,磷酸酶的活性一直处于波动状态;再生水中多介质表面生物膜的组分含量及酶的活性要高于地表水中的生物膜,同样生物膜的组分与水质指标有密切相关性。

(4)生物膜对氨氮和磷的吸附量均随着平衡浓度的升高而增加,且均可以用线性方程、Langmuir 方程和 Freundlich 方程拟合,R^2 均在 0.90 以上,且模型参数与生物膜胞外聚合物、铁氧化物、锰氧化物含量有良好的相关性;三种水质中生物膜对氨氮的最大吸附量从大到小的顺序为 A^2/O、CK、CASS,三种水质中生物膜对磷的最大吸附量从大到小的顺序为 A^2/O、CASS、CK,三种介质表面生物膜对氨氮和磷的最大吸附量从大到小的顺序为 $10 \mu m$、$0.1 \mu m$、$1.0 \mu m$;再生水不仅会抑制生物膜对氨氮和磷的吸附量,并且会降低生物膜系统吸附氨氮和磷的稳定性。

(5)综合水质指标、微生物群落多样性指数、丰富度指数和均匀度指数建立评价体系,采用模糊隶属函数和改进层次分析法评价出奥运湖水生态系统健康状况属于第 I 类的模糊隶属度为 0.911,奥运湖水生态系统健康。综合奥运湖水质特征和生物膜群落结构特征对奥运湖水生态系统健康评价得出再生水回用奥运湖水生态系统处于健康状态,并且研究得出再生水的回用不会显著影响人们的居住环境。

参 考 文 献

王荣昌,文湘华,钱易. 2003. 激光扫描共聚焦显微镜用于生物膜研究[J]. 中国给水排水,19(12):23-25.

王雪梅,刘静玲,马牧源. 2010. 生物膜法应用于白洋淀湿地生态监测的基质筛选研究[J]. 农业环境科学学报,29(10):1876-1883.

邢德峰,任南琪,宫曼丽. 2005. PCR-DGGE 技术解析生物制氢反应器微生物多样性[J]. 环境科学,26(2):172-176.

杨帆. 2005. 自然水体生物膜上主要组分生长规律及吸附特性[D]. 长春:吉林大学.

张旭. 2010. 移动床生物膜反应器处理染料废水的研究[D]. 北京:北京林业大学.

Baloch M I, Akunna J C, Kierans M, et al. 2008. Structural analysis of anaerobic granules in a phase separated reactor by electron microscopy[J]. Bioresource Technology,99(5):922-929.

Behra R,Landwehrjohann R,Vogal L,et al. 2002. Copper and zinc content of periphyton from two rivers as a function of dissolved metal concentration[J]. Aquatic Sciences,64(3):300-306.

Costerton J W, Stewat P S, Greenberg E P. 1999. Bacterial biofilms: A common cause of persistent infections[J]. Science,284(5418):1318.

Dong D,Nelson Y W, Lion L W, et al. 2000. Adsorption of Pb and Cd onto metal oxides and organic material in natural surface coatings as determined by selective extractions: New evidence for the importance for Mn and Fe oxides[J]. Water Research,34(2):427-436.

Farag A M,Woodward D F,Goldstein J M,et al. 1998. Concentrations of metals associated with mining waste in sediments,biofilm,benthic macroinvertebrates and fish from the Coeur d'Alene River Basin, Idaho[J]. Archives of Environmental Contamination and Toxicology,34(2):119-127.

Frølund B, Palmgren R, Keiding K, et al. 1996. Extraction of extracurricular polymers from activated sludge using a cation exchange resin[J]. Water Resource,30(8):1749-1758.

Garcia C, Ceccanti B, Masciandaro G, et al. 1995. Phosphatase and β-glucosidase activites in humic substance from animal wastes[J]. Bioresource Technology,53(1):79-87.

Headley J V,Gandrass J,Kuballa J,et al. 1998. Rates of sorption and partitioning of contaminants in river biofilm[J]. Environmental Science and Technology,32(24):3968-3973.

Lawrence J R,Kopf G,Headley J V. 2001. Sorption and metabolism of selected herbicides in river biofilm communities[J]. Canadian Journal of Microbiology,47:634-641.

Li G B,Li Y K,Xu T W,et al. 2011. Effects of average velocity on the growth and surface topography of biofilms attached to the reclaimed wastewater drip irrigation system laterals[J]. Irrigation Science, 30(2):103-113.

Liang M C,Wang T Z,Li Y K,et al. 2013. Structural and fractal characteristics of biofilm attached on the surfaces of aquatic plants and gravels in the rivers and lakes reusing reclaimed wastewater[J]. Environmental Earth Sciences,70(5):2319-2333.

Liu H,Fang H. 2002. Extraction of extracurricular polymeric substances (EPS) of sludges[J]. Journal of Biotechnology,95(3):249-256.

Lowry O H,Rosebrough N J,Farr A L,et al. 1951. Protein measurement with the Folin phenol reagent[J]. Journal of Biological Chemistry,193(1):265-275.

Nocker A, Lepo J E, Martin L L, et al. 2007. Response of estuarine biofilm microbial community development to changes in dissolved oxygen and nutrient concentrations[J]. Microbial Ecology,54(3): 532-542.

Pennanen T,Liski J,Bååth E,et al. 1999. Structure of the microbial communities in coniferous forest soils in relation to site fertility and stand development stage[J]. Microbial Ecology,38(2):168-179.

Posadas A N D, Giménez D, Quiroz R, et al. 2003. Multifractal characterization of soil pore spatial distributions[J]. Soil Science Society of America Journal,67:1361-1369.

Rao T S. 1997. Biofilm formation in a freshwater environment under photic and aphotic conditions[J]. Biofouling,11(4):265-282.

Reichert P,Wanner O. 1997. Movement of solids in biofilms: Significance of liquid phase transport[J]. Water Science and Technology,36(1):321-328.

Richards F J. 1959. A flexible growth function for empirical use[J]. Journal of Experimental Botany, 10(2):290-300.

Sandhu A,Halverson L J,Beattie G A. 2007. Bacterial degradation of airborne phenol in the phyllosphere[J]. Environmental Microbiology,9(3):383-392.

Schorer M,Eicele M. 1997. Accumulation of inorganic and organic pollutants by biofilm in the aquatic environment[J]. Water,Air,& Soil Pollution,99:651-659.

Sergi S,Helena G,Anna R,et al. 2002. The effect biological factors on the efficiency of river bioflims in improving water quality[J]. Hydrobiologia,469(1-3):149-156.

Shafagh J. 1986. Plaque accumulation of cast gold complete crown[J]. Journal of Prosthetic Dentistry,55(3):339-342.

Tage N,Kobori H. 1978. Phosphatase cutivity in eutrophic Tokyo Bay[J]. Marine Biology,49(3):223-229.

Tatlor G T. 1997. Influence of surface properties on accumulation of conditioning flims and marine bacterial on substrata exposed to oligotrophic water[J]. Biofouling,11(1):31-57.

Wang T Z,Li Y K,Liang M C,et al. 2013. Biofilms on the surface of gravels and aquatic plants in rivers and lakes with reusing reclaimed water[J]. Environmental Earth Sciences,72(3):743-755.

Winpenny J. 1996. Ecological determinants of bioflim formation[J]. Biofouling,10(1-3):43-63.

Zhang R,Han Z Y,Chen C J,et al. 2011. Microstructure and microbial ecology of biofilm in the bioreactor for nitrogen removing from wastewater:A review[J]. Chinese Journal of Ecology,30(11):2628-2636.

第7章 再生水补给型河道膨润土-黏土混配控渗净污机制及应用

在地下水超采、城市河道干涸、河流水生态危机的严峻形势下,就地取材利用城市再生水补给河道,达到河流景观及生态功能修复,地下水回补的目的,已经成为当前环境保护工作的热点。在进行回灌时,应当兼顾考虑景观生态效应与安全性。再生水中含有的大量营养盐分、微量有机污染物、固体悬浮微粒和微生物,会给回用区及临近区域水生态环境带来一定的污染风险(李云开等,2012),再生水经过由淤泥层、包气带层等组成的河流渗滤系统进入地下水,其水质关系到饮用水安全,因此作为地下水的最后一道安全屏障,河流渗滤系统对再生水能否起到净化去污的作用,机制如何,自身效果如若不佳,能否通过科学措施,使渗滤后的水体达到饮用水安全标准,这些都是应用过程中的热点及关键问题。

基于此,本章以典型再生水补给型河道,北京市的母亲河——永定河为例,阐述生态减渗措施对再生水控渗及净污的作用机理,探索适宜的生态减渗模式。研究包括了解河床包气带宏观与微观结构,铺设生态减渗材料,开展再生水回用及减渗条件下永定河包气带大尺度土柱模拟试验,对其进行长效性观测以了解其维持特征,掌握不同减渗条件下永定河包气带中水分的迁移转化规律及污染物的去除效应。此外,针对不同性质及配比的生态减渗材料进行综合性能测试,对再生水补给型河道提出合理的减渗需求与技术模式,理论与现实意义深远。

7.1 典型河湖包气带结构特征

7.1.1 河流渗滤系统

河流渗滤系统被认为是河道天然的净化器,河床沉积层中有机质丰富、粒度细小,它通过一系列的物理、化学与生物作用,可以使渗流水中的 N、P、颗粒污染物、胶体、微生物(细菌、病毒、病原体生物、原生生物)等污染物部分或完全去除。

河流渗滤系统中的包气带作为保护地下水安全的最后一道屏障,在河流渗滤系统的自净作用中起到关键作用,天然河床的包气带是一种典型的多孔介质,对水质的净化起到控制作用(李金荣,2006)。因此明确包气带宏观分布特征及微观孔隙结构特征对于探索包气带中污染物迁移转化机制及地下水污染控制具有重要的理论与现实意义。

7.1.2 永定河包气带宏观结构特征

本节以永定河为例,研究其包气带宏观及微观结构特征,为河湖减渗研究奠定了理论基础。永定河是北京市的母亲河,全长 740 多千米,其中北京境内长约 170km,是北京地区的第一大河。自西北向东南穿北京而过,流经北京市门头沟、石景山、丰台、大兴、房山五区,最终在天津注入渤海。她孕育了北京深厚的文化底蕴和独特的人文资源,是北京市重要的水源地。近年来,北京市人口激增,人口饮用水需求量大幅增加,永定河的水量远远无法满足,自20世纪70年代起,永定河水位便开始急剧下降,河流水陆生态系统严重退化,几经断流。永定河的断流不仅造成地表干枯、河床沙化、植被退化、还使流域地区生态环境遭到严重破坏。水、陆生鱼、鸟等野生动物濒临绝迹,卢沟晓月的美景也不复存在,原有的水文化景观名存实亡,曾经的防汛重点河流变成了防沙河(尹钧科,2003)。2009年,北京市通过了《永定河绿色生态走廊建设规划方案》。规划在2010~2014年投资170亿元重塑永定河生态走廊,对北京市的生态环境和可持续发展意义重大(李云开等,2012)。政府不失时机地提出利用再生水回补作为其生态用水,一方面拯救濒临死亡的永定河水生态系统,另一方面为地下水回灌工程注入水源。永定河地处北西向地质断裂带,是北京市平原区地下水主要补给区,再生水中的污染物若不经过任何天然或人为的渗滤措施,会随着水体下渗并参与地下水的回补,这将严重污染地下水。永定河长期断流,河床严重沙化,经过风蚀作用,原有的河床沉积层早已不复存在,包气带直接裸露于表面。因此,探究永定河平原段包气带结构特征,研究其水分下渗状况显得至关重要。

按照永定河地理位置及河道特征,可将其分为三段:官厅水库至三家店水库的山峡段,三家店水库下游至北京市南六环路的城市平原河段以及郊野段,如图7.1(a)所示。永定河生态构建与修复工程主要面向城市段,项目打造了以"四湖一线"贯穿的永定河生态走廊。从三家店水库向下游方向,四湖自上而下分布:门城湖、莲石湖、晓月湖及宛平湖,一线指河道供水循环管线,如图7.1(b)所示。本章面向永定河城市河段四湖包气带,搜集整理大量研究区资料,摸清研究区概况,选择具有代表性的河段进行包气带介质孔隙结构特征的研究以及包气带模拟。

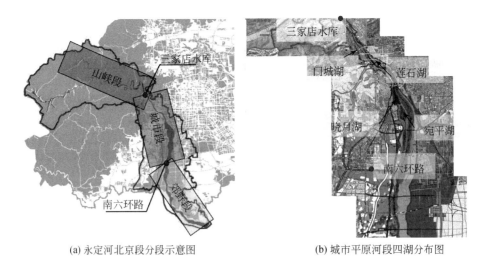

(a) 永定河北京段分段示意图　　　　　　(b) 城市平原河段四湖分布图

图7.1　永定河北京段地理位置及规划概况(北京市水利规划设计研究院)

研究区位于北京西郊地区,地处西山东部前缘,地势西北高东南低,东灵山海拔

2303m,百花山海拔 1991m,香峪大梁构成北部主要地表分水岭,主要山峰高度 650m 左右。东南部为永定河冲洪积作用形成的平原区,山前坡降为 2‰ 左右,高程一般为 70～50m。

研究区可划分为两个地貌单元:侵蚀构造地貌和平原堆积地貌。侵蚀构造地貌是以侵蚀切割作用为主形成的,分布于区内西部及西北部,标高一般为 100～500m,北部香峪大梁为东西向的分水岭,西部香山—福惠寺为南北向的分水岭。分水岭两侧冲沟发育,其次在山前地带分布有高程在 90～150m 的残山,如玉泉山、老山、田村山等。平原堆积地貌是以永定河携带的冲洪积物堆积为主形成的,分布在研究区的东部平原区,其地貌形态表现为河漫滩和一级阶地(杨庆等,2010)。

研究区的第四系主要由永定河河流冲洪积作用形成。第四系岩性除山前坡积、洪积的亚砂土和碎石外,大部分均由永定河冲洪积砂卵石、含砾石砂及砂组成。含水层的主要作用是接受大气降水、河谷潜流、山前侧向径流、河渠、灌溉及人工回灌水的入渗补给,水在含水层中传输运移,经历许多水文循环过程。植被吸收、蒸发、包气带消耗、人工开采等在系统中均可产生不同作用。

根据钻井分析,位于北京市丰台区莲石路以北,永定河东岸的永定河冲洪积扇顶部地区的河床包气带及含水层结构单一,为粗颗粒的砂卵砾石,属于单一的含水层结构。第四系厚度 67m,上部为单一的砂卵石结构,地下水位埋深 34.1m。永定河卢沟桥段第四系厚度约 60m,砂卵砾石厚度从地表往下 25m 左右,25m 以下至基岩为泥包砾,含水层岩性为砂卵砾石,地下水位埋深 22m 左右。

根据北京市水文地质工程地质大队相关研究,永定河规划四湖的河床地质状况见表 7.1。

表 7.1　研究区地质状况

研究区	包气带厚度/m	地下水位埋深/m	岩性
门城湖	4.9	34.1	黏砂
莲石湖	30.93	34.1	砂砾石
晓月湖	24.5	22	砂卵砾石
宛平湖	35.5	22	泥包砾

数据来源:北京市水文地质工程地质大队。

由表可知,门城湖河床包气带厚度在所有四湖中最小,仅为 4.9m,地下水位埋深较大,其包气带主要由黏砂构成。

7.1.3　永定河包气带孔隙微观结构特征

孔隙直径、边缘轮廓弯曲程度、连通状况等微观结构特征是影响多孔介质内部微观水流运动的直接影响因素,并间接影响了介质内部溶质的迁移转化过程,溶质迁移的机械弥散作用也是由此产生的。因此,明确包气带微观孔隙结构特征对于探索包气带中污染物迁移转化机制及地下水污染控制具有重要的理论与现实意义。国内外众多研究人员针对测试与定量表征多孔介质孔隙结构特征开展了大量的研究工作。CT 扫描法以获得样品的断面图像为基础,直接观测其孔隙结构。冯杰等(2002)利用医用 CT 测试了耕作土壤孔隙结构特征。包气带介质通常由一系列基质粒径较大、级配不连续的泥沙颗粒组成,这使得包气带介质中的孔隙尺度往往较大,这也为利用 CT 技术研究包气带孔隙结构特征提供了可能。

本节在 7.1.2 节研究区包气带宏观特征的基础上,利用工业 CT 成像技术和分形理论对包气带微观孔隙结构进行测试与定量表征,为包气带对污染物的削减行为以及地下水保护提供理论基础与技术支持。

1. 材料与方法

永定河河床包气带微观观测 CT 扫描试验于 2010 年在中国矿业大学(北京)煤炭资源与安全开采国家重点实验室,借助从美国引进由 BIR 公司研发的 ACTIS300-320/225型高端 X 射线工业 CT 扫描系统进行。

试验选取北京市永定河门城湖天然河床包气带作为样品采集区域,结合 CT 设备对扫描试样的技术及分辨率要求,选取直径 50mm、高 50mm 的圆柱形土柱试样。利用钢制环刀取得非扰动原状土,环刀为钢质,进行 CT 扫描时会影响图像的分辨率,故将土柱非扰动地推入有机玻璃柱中,有机玻璃柱的内径、高度与环刀完全相同,并在内壁涂有凡士林。

试验时扫描图像视场为 $54000\mu m$,得出的图像分辨率达到 $54000/1024=52.7\mu m/ppi$。管电压为 160kV,管电流为 $250\mu A$。

扫描范围设定为土样正中 30cm 高度内的土体,拟间距为 1mm,即 30mm 高度范围内扫描 30 层,得到 30 幅逐层扫描的 .tif 图像。

逐层扫描得到的原始图像为 unit8 灰度图像,为了得到孔隙特征及分形分析软件MATLAB 6.0 适合的图像格式,如图 7.2 所示将图像进行处理,在 MATLAB 6.0 中编写程序代码,选择能够真实反映孔隙大小的阈值 70,使其成为只有黑白两种颜色,直观显示孔隙分布的二值化图像,如图 7.2(b)所示,黑色为孔隙,白色为固相物质。在二值图像的基础上,利用软件 Image-Pro Plus 分析其孔隙的结构特征参数,软件将自动识别封闭的黑色区域为孔隙,计算其面积、周长和等效直径,故图像边缘封闭的黑色区域应当去掉,用软件 Photoshop 5.0 去背景命令实现,如图 7.2(c)所示,图像主区域的圆形以外为空背景,并非白色。

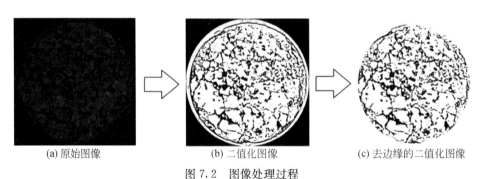

(a) 原始图像　　　　　　　(b) 二值化图像　　　　　　(c) 去边缘的二值化图像

图 7.2　图像处理过程

　　描述孔隙微观特征主要考虑面积 A、周长 P、等效直径 L、孔隙度 f 以及孔隙重叠度 O_p 等孔隙结构参数。其中面积 A、周长 P、等效直径 L 等包气带孔隙结构参数，可借助 Image-Pro Plus 6.0 等软件进行分析直接得到，而其他参数则是在以上基本参数的基础上由以下公式计算得到。

　　孔隙度 f 是指多孔介质中孔隙或空洞占总体积的份额。取决于多孔介质的类型，孔隙度的数值范围为从 0 到 1 的开区间（李德成等，2003）。

$$f = \sum_{i=1}^{N} \frac{\pi d_i^2 n_i}{4S} \tag{7-1}$$

式中，N 为孔隙等效直径分类数；d 为孔隙等效直径；n 为各等效直径孔隙所对应的孔隙数；i 为孔隙孔径分类数序列，$i=1 \sim N$；S 为扫描图像总面积。

　　孔隙的重叠度 O_p 用于反映土体纵向孔隙连通性以及水和溶质等物质在孔隙中的运移难易程度（李德成等，2003）。重叠度越大，说明孔隙总体上的连通性越高，物质在孔隙中的运移越容易。孔隙重叠度的计算是把土样切成一定厚度的"饼"，通过分析其上表面和下表面的孔隙面积来得出：

$$O_p = \frac{2S_{pm \cap pn}}{S_{pm} + S_{pn}} \times 100\% \tag{7-2}$$

式中，$S_{pm \cap pn}$ 为上下土饼孔隙相重叠的面积；S_{pm} 为土饼上界面的孔隙面积；S_{pn} 为土饼下界面的孔隙面积。

　　图像孔隙平均孔径 D_p 用于反映土体中孔隙总体上的"粗细"，反映液体在孔隙系统中的流通特性。利用 Opening 原理分析出图像的孔隙孔径分布（李德成等，2003）：

$$D_p = \frac{\sum_{i=1}^{i} (d_i \times S_i)}{S_p} \tag{7-3}$$

式中，d_i 为孔隙的等效直径；S_i 为孔隙的面积；S_p 为图像中孔隙的总面积。

　　分形维数 D_m 定量描述了分形的复杂程度，是描述分形的特征量。采用小岛法进行计算。小岛法是根据测度关系求分形维数的方法。Mandelbrot 等（1984）指出：

$$\alpha_D(\varepsilon) = \frac{L^{\frac{1}{D}}(\varepsilon)}{A^{\frac{1}{2}}(\varepsilon)} \tag{7-4}$$

式中，L 为孔隙周长；A 为孔隙面积；D 为分形维数；$\varepsilon = \eta / L_0$，其中 η 为绝对测量尺度，L_0 为初始图形的周长。

　　在固定尺度 η 的情况下，$\alpha_D(\varepsilon)$ 为常数，只与选择的尺度有关，与图形的大小无关，则式（7-4）两边取对数得

$$\lg L(\varepsilon) = D \lg \alpha_D(\varepsilon) + \frac{D}{2} \lg A(\varepsilon) = C + \frac{D}{2} \lg A(\varepsilon) \tag{7-5}$$

式中，C 为常数。测出每个孔隙的面积和周长，取对数后绘于双对数坐标中，添加系列点的直线拟合趋势线，其斜率的两倍即为分形维数 D_m 值。

　　2. 包气带介质形貌的微形态及孔隙结构特征参数分析

　　逐层扫描得到 30 层连续 .tif 格式 8 位灰度图像，如图 7.3 所示。利用软件 Image-Pro

Plus 6.0 分析其孔隙特征,得到每一层图像所包含的全部孔隙的数目、每一个可见孔隙的面积 A、周长 P、等效直径 L 等参数,由式(7-1)和式(7-3)可以计算出这一层包气带介质的孔隙度 f 和平均孔径 D_p,列于表 7.1,由式(7-2)计算得到 30 层图像的孔隙重叠度,如图 7.4 所示。

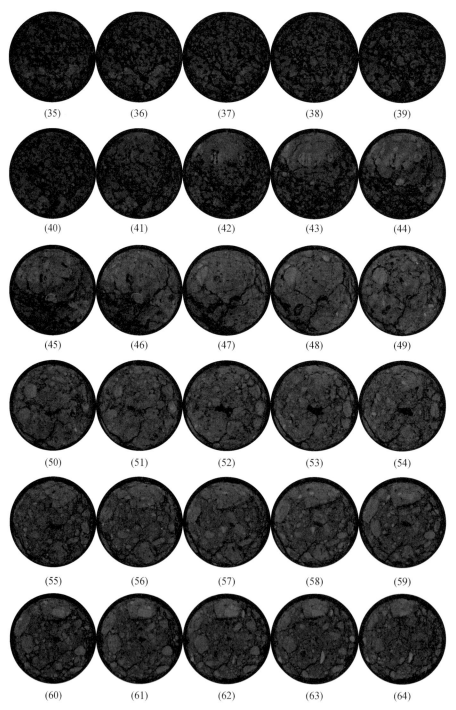

图 7.3　包气带介质 1mm 间距逐层扫描图像(括号中的数字表示深度 35~64mm)

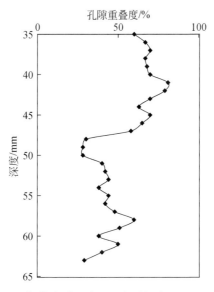

图 7.4　包气带介质孔隙重叠度随深度 1mm 尺度变化

从图 7.3 和表 7.2 可以看出,包气带介质由一系列大小不一的泥沙颗粒组成,孔隙形状也极不规则,孔隙大小差异较大,等效直径在 0.5～1mm 范围内的孔隙数目最大(平均占总孔隙数的 54%),其次为 1～1.5mm。与此同时,包气带介质的微形态及诸多特征参数在深度方向存在显著差异,在 30mm 的深度范围内依然存在明显的层状结构特征。总体而言,以地表以下 46mm 层为界明显分为上下两层。上层细粒黏土物质分布较多,孔隙的总体特点是尺度小、数目大、分布广;板结的岩性物质较少,小尺度孔隙密集,呈明显的堆集性分布;孔隙度较大,均在 0.1 以上,这主要是由孔隙数目大造成的,该层孔隙数目均在 100 以上,是深层介质孔隙数量的 2～3 倍;孔隙重叠度均在 60% 以上,最大的达到 82%,且差异小于 15%,上下两层孔隙的重叠面积较大,孔隙平均孔径也较大,连通性较好,易发生优先流与渗漏,不易于水质的净化。而下层介质的母岩物质开始发展,出现了面积较大的岩性板结,小孔隙的分布减少,孔隙数目显著下降,出现有中央大孔隙,与一些呈树枝状的裂隙末梢相连通;孔隙度显著下降,孔隙重叠度明显较上层变小,平均孔隙重叠度仅为 40.3%,这可能与孔隙度的减小有较大的关系,固相物质增加,孔隙数目减少,重叠的概率也将变小,故下层介质连通性变差,有益于介质对水体的持留,增加净化时间。

表 7.2　包气带介质孔隙结构特征分层统计

取土深度 /mm	各尺度孔隙数占总数百分比 (等效直径)/%					孔隙总数	孔隙度	平均孔径 /mm
	<0.5mm	0.5～1mm	1～1.5mm	1.5～2mm	>2mm			
35	1.70	47.73	22.16	7.95	20.45	176	0.1859	4.21
36	5.26	50.88	15.20	8.19	20.47	171	0.1726	5.10
37	6.67	48.57	19.05	9.05	16.67	210	0.2020	3.83

取土深度 /mm	各尺度孔隙数占总数百分比 (等效直径)/%					孔隙总数	孔隙度	平均孔径 /mm
	<0.5mm	0.5~1mm	1~1.5mm	1.5~2mm	>2mm			
38	7.98	44.60	19.25	12.21	15.96	213	0.2120	3.13
39	6.12	46.94	17.35	8.67	20.92	196	0.2035	3.40
40	10.34	40.69	18.62	8.97	21.38	145	0.1526	4.36
41	6.06	52.73	16.36	7.27	17.58	165	0.1548	3.94
42	7.56	39.50	16.81	10.08	26.05	119	0.1387	4.94
43	6.25	50.00	19.53	12.50	11.72	128	0.1169	9.21
44	11.93	49.54	11.93	10.09	16.51	109	0.1003	3.56
45	9.90	46.53	18.81	10.89	13.86	101	0.0932	3.67
46	10.78	54.90	16.67	6.86	10.78	102	0.0793	3.08
47	5.26	49.12	15.79	12.28	17.54	57	0.0578	3.32
48	10.34	56.90	10.34	8.62	13.79	58	0.0482	2.95
49	14.58	60.42	12.50	6.25	6.25	48	0.0306	4.27
50	7.89	65.79	13.16	5.26	7.89	38	0.0256	1.71
51	6.67	66.67	6.67	6.67	13.33	45	0.0349	2.24
52	10.00	63.33	10.00	3.33	13.33	30	0.0221	4.03
53	14.58	60.42	8.33	4.17	12.50	48	0.0342	4.23
54	10.42	62.50	12.50	4.17	10.42	48	0.0337	3.77
55	15.91	63.64	9.09	4.55	6.82	44	0.0263	2.21
56	13.64	59.09	13.64	6.82	6.82	44	0.0293	1.53
57	14.58	58.33	18.75	4.17	4.17	48	0.0287	2.35
58	20.00	51.43	17.14	2.86	8.57	35	0.0228	2.16
59	18.87	50.94	13.21	7.55	9.43	53	0.0382	3.30
60	8.00	64.00	12.00	4.00	12.00	50	0.0368	3.05
61	15.38	53.85	13.46	5.77	11.54	52	0.0389	5.02
62	9.52	54.76	16.67	11.90	7.14	42	0.0328	5.02
63	11.76	66.67	11.76	0.00	9.80	51	0.0314	3.49
64	10.00	60.00	18.00	4.00	8.00	50	0.0341	2.87
均值							0.0806	3.67
合计						2676		

3. 包气带介质孔隙分形特征

利用散点数据进行 lgA-lgL 相关关系的回归分析,得到的直线斜率的 2 倍即为孔隙结构的分形维数,结果见图 7.5。可以看出,各直线拟合结果的 R^2 都在 0.95 以上,lgA 与

lgL 表现出良好的线性相关关系,即表明包气带介质不同深度的孔隙结构在局部和整体上都具有很好的自相似性,即分形特征。

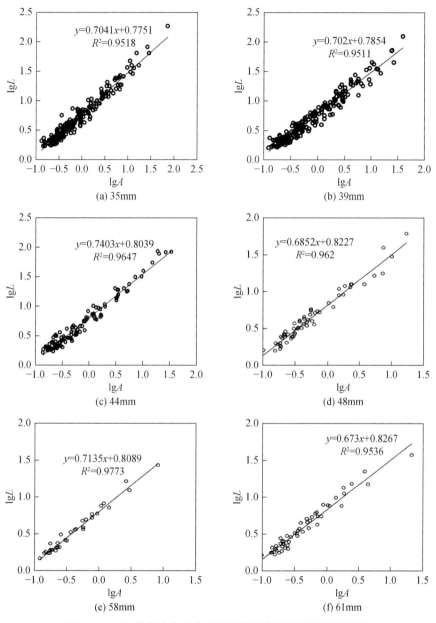

图 7.5　包气带介质典型代表层孔隙轮廓线分形维数的计算

　　包气带介质孔隙的分形维数随深度的变化如图 7.6 所示。可以看出,永定河包气带介质的孔隙分形维数整体水平较小,最大仅为 1.43。从分形维数随深度的分布也可以看出包气带介质明显的分层特性,上层分形维数较小,均保持在 1.10～1.25,波动较小;下层分形维数明显高于上层,在 1.30～1.45。

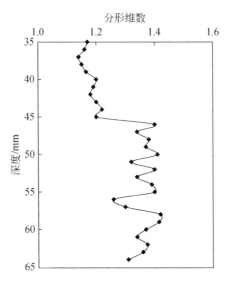

图 7.6 包气带介质孔隙轮廓线分形维数随深度 1mm 尺度的变化

4. 包气带介质孔隙度和分形维数之间的关系

包气带介质孔隙轮廓线分形维数与孔隙度相关关系的统计结果如图 7.7 所示。可以看出，当孔隙度在 0.09 以内时，孔隙轮廓线的分形维数与孔隙度未存在明显的相关关系，需要寻求更为适当的指标进行表征；而孔隙度达到 0.09～0.23 时，孔隙轮廓线分形维数与孔隙度存在明显的负相关关系，R^2 在 0.74 以上，这说明当孔隙度达到一定程度后，孔隙度越大，分形维数将越小，边界轮廓线就越简单，反之亦然。

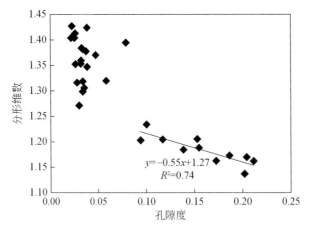

图 7.7 包气带土体孔隙轮廓线分形维数与孔隙度的关系曲线

7.2 典型河湖生态减渗材料结构特性与减渗效应

在负电荷作用下，钠基膨润土每个薄层表面的钠离子吸附水分子，并使水分子充满层与层之间而产生膨胀,膨润土表面的阳离子也因此吸附一定量的水分子而形成凝胶。钠基膨润土的这种吸水性、膨胀性使其具有良好的阻水性能,透水系数达到 10^{-11} m/s,广泛应用于河、湖、渠道的生态减渗(王贵和等,2005)。另外,钠基膨润土层间可膨胀性及阳离子交换容量(cation exchange capacity,CEC)较大,使得钠基膨润土及其改性材料对污染物具有良好的吸附性能,是一种兼具减渗、净污效应的良好材料(段雅丽,2011)。但是单纯的膨润土造价过高以及渗透系数极低,影响了膨润土在再生水补给型河湖中的应用,采用价格低廉的黏土和钠基膨润土混配是解决这一问题的有效途径之一。

本节介绍了两种主流生态减渗材料钠基膨润土和凹凸棒黏土,在与黏土的不同配比条件下,其减渗及净污的效应,从受水后内部微观孔隙的结构特征,到材料在去离子水及再生水为背景溶液的条件下的氮磷吸附解吸特征,以及累积入渗量、入渗率随时间的变化特征等多方面考量减渗材料的综合性能。此外,还利用环境扫描电镜(ESEM)对不同减渗材料在不同深度的内部结构进行观察研究,试图从深层次揭示其吸水溶胀机理。

7.2.1 材料与方法

小土柱定水头入渗试验于 2011 年在中国农业大学水利与土木工程学院进行。试验探究了膨润土黏土不同配比梯度及不同水力负荷下对水量入渗的影响作用,并引入新型生态减渗材料凹凸棒黏土 JC-J002、JC-J003 和三维网络吸附剂的配比,设置不同填装厚度,深入研究不同减渗材料的减渗性能。在入渗试验结束后,观测不同类型减渗材料的微型态结构,对比不同填装厚度处材料微观孔隙特征,进一步研究其吸水溶胀机理。研究不同配比条件下减渗材料对再生水中氨氮和磷酸盐的吸附-解吸特性,通过深入分析其构-效关系,探寻一种既能符合永定河再生水回补区减渗需求又具有良好净污效应并具有经济环保等可持续利用性的减渗材料及其配比,为促进减渗材料在环境工程及城市河湖减渗工程等领域的推广及应用提供理论依据与技术支持。

1. 膨润土-黏土混合型减渗材料减渗性能研究

供试再生水水质见表 7.3。再生水由清源中水运输集团提供,取自清河再生水厂的二级出水。

表 7.3 再生水水质

COD_{Cr} /(mg/L)	BOD_5 /(mg/L)	总氮 /(mg/L)	总磷 /(mg/L)	氨氮 /(mg/L)	硝态氮 /(mg/L)	pH
23.58	6.02	35.69	0.28	2.98	31.26	7.16

本试验利用室内小型土柱以膨润土-黏土混合型减渗材料为研究对象,进行再生水定水头入渗试验(图 7.8),开展只针对膨润土-黏土混合型减渗材料的净污及控水性能研究,重点关注水力负荷对入渗特性的影响。

采用两种配比方案,强减渗处理的膨润土与黏土质量配比比例为:B:C=20:80,弱减渗处理的质量配比比例为:B:C=10:90。试验共设置 4 个处理,2 个重复,见表 7.4。选用的土柱为有机玻璃柱,规格为高 65cm,内径 15cm。

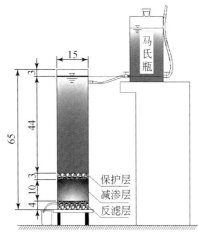

图 7.8　小土柱定水头入渗试验布置(单位:cm)

表 7.4　小土柱入渗试验处理

处理编号	减渗层质量配比	淹水水头/mm
1	BC20(B:C=20:80)	440
2	BC10(B:C=10:90)	440
3	BC20(B:C=20:80)	220
4	BC10(B:C=10:90)	220

2. 凹凸棒黏土-三维网络吸附剂混合型减渗材料减渗性能研究

本试验材料为中国科学院兰州化学物理研究所与江苏玖川黏土科技发展有限公司共同研发,采用水溶液分散聚合法一步制备的有机-无机凹凸棒黏土颗粒状三维网络型复合吸附剂"三维网络型高效氮磷复合吸附剂",是一种改性的凹凸棒黏土材料。通过将100g 粒径 0.05mm 以下的凹凸棒黏土在室温下用 1000mL、1mol/L 氯化铁溶液搅拌 2h后,加入 2g 聚乙烯醇,待溶解后加入含丙烯酸 80g 和苯乙烯 20g 的水溶液,再加入200mL 质量分数为 30% 的乙醇的水溶液,搅拌均匀后加入硫酸铝钾 0.5g,搅拌 30min 后加入过硫酸钾 0.2g。升温至 90℃保持 5h。反应完成后用氯化钙进行交联处理,过滤后于 70℃下烘干至恒重即可得到。

利用规格为高 40cm、内径 4cm 小土柱,以编号为粗颗粒型和细颗粒型的凹凸棒黏土与三维网络吸附剂的不同混配比例减渗材料为研究对象,进行再生水室内定水头入渗试验。再生水水质见表 7.3,试验材料物理性质见表 7.5,试验布置见图 7.9,共设置 30 个土柱入渗试验处理,5 个填装厚度,分别为 20mm、40mm、60mm、80mm、100mm;3 个混配比例:95:5、96:4、97:3;水力负荷均为 220mm,于 2011 年 11 月 9 日开始运行,连续90d 每天观测 1 次马氏瓶水量下降累计读数。并于入渗试验观测结束后,对各处理进行破坏性取样,取不同深度处湿润状减渗材料,利用 ESEM 技术观测其微形态特征。在5℃条件下,将处理好的减渗材料试样置于扫描电镜观察台上,加速电压为 30kV,放大

1000倍,在高真空条件下观察得到减渗材料的 ESEM 照片。试验设备采用北京工业大学固体微结构与性能研究所 FEI Quanta 200 环境扫描电镜。

表 7.5 凹凸棒黏土物理性质

材料	分散粒度 (<6.5μm) /(mPa·s)	黏度 /(mPa·s)	目数	重金属 含量 (Pb) /(mg/kg)	砷含量 /(mg/kg)	pH	比表面积 /(m²/g)	堆积密度 /(g/cm³)	凹土纯 度/%	耐热温 度/℃	胶体率 /%
粗颗粒型 ACL	≥98	3000	≥200	≤15	≤5	7~9	150	0.10	95	>380	≥95
细颗粒型 ACF	≥98	3000	≥20000	≤15	≤5	7~9	280	0.08	—	>380	≥95

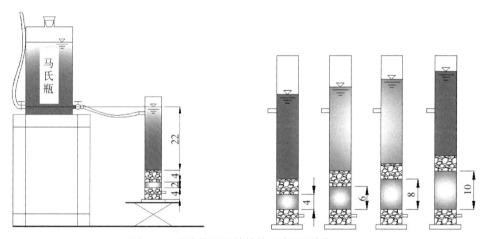

图 7.9 试验装置及其结构示意图(单位:cm)

此外,该研究还进行了混合材料对 N、P 的吸附、解吸特性的试验,试验采用循环往复法,针对两种凹凸棒黏土颗粒和三维网络吸附剂在 3 种配比条件下,共 6 种混合减渗材料对 N、P 等温吸附和解吸特性进行测试。

称取各混合减渗材料 2.0g,将每种材料置入 50mL 离心管中,在装有相同材料的离心管中分别加入 0mg/L、20mg/L、40mg/L、80mg/L、160mg/L、240mg/L、320mg/L 的 7 种不同浓度的 NH_4Cl 和相同浓度梯度的 KH_2PO_4 溶液,各 25mL。然后,将离心管加盖在 25℃下振荡 24h 后取样,在转速为 4000r/min 的离心机中离心 10min,取上清液,经 0.45μm 滤膜过滤后,测定溶液中氨氮和磷酸盐的浓度。用差减法计算土壤吸收的氨氮和磷酸盐量。将吸附试验 24h 处理后的溶液取出,加入 25mL 浓度为 0.04mol/L 的 NaCl 溶液,加盖 25℃恒温振荡 24h,于 4000rad/min 条件下离心 10min,取上清液,经 0.45μm 滤膜过滤后,测定溶液中氨氮和磷酸盐浓度。由于吸附力的差异,可将吸附理论模型分为单层吸附和多层吸附理论模型。一般情况下最常见的是单层吸附理论模型,借助 Origin 8.0 软件,利用线性方程、Langmuir 方程、Freundlich 方程三种等温吸附方程来拟合吸附与解吸等温线。表达式见表 7.6。

表 7.6　三种等温吸附方程

序号	吸附模式	表达式	备注
1	线性方程	$S = K_d C$	S 为平衡吸附量,mg/kg;C 为平衡浓度,mg/L K_d 为平衡吸附系数
2	Langmuir 方程	$C/S = 1/(S_{max}K) + C/S_{max}$	S_{max} 为单位表面达到饱和吸附时的最大吸附量,mg/kg MBC$= S_{max} \times K$ 为土壤对吸附剂的最大缓冲容量
3	Freundlich 方程	$S = KC^{1/n}$	$1/n$ 表示吸附行为的非线性吸附程度,可表示系统吸附稳定性能

7.2.2　膨润土-黏土混合型减渗材料减渗性能分析

本试验历时 120d,各土柱入渗呈现出一定的入渗规律,图 7.10 为各土柱累积入渗量及入渗率随时间变化的监测数据。

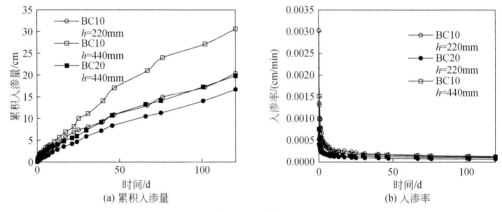

图 7.10　累积入渗量及入渗率随时间的变化曲线

从图 7.10(a)中可以看出,累积入渗量最大的是 440mm 淹水水头的弱减渗处理,且从入渗初期到试验结束,其累积入渗量一直处于最大。以累计运行 120d 的总入渗量计算,在淹水水头同为 220mm 的处理中,膨润土含量为 20%的强减渗方案的累积入渗量比膨润土含量的 10%的小 21%,而当淹水水头为 440mm 时,累积入渗量为 58%。由此可见,淹水水头的增加,能够使强减渗材料的减渗性能大幅增加。水头的增加能够加大水体入渗的水力坡度,并且对减渗层有"压密"的作用,故高水头的处理中,减渗材料的减渗性能较好。因此,在自然水体中,水深较大的区域,铺设减渗材料的意义更大,使用适当的减渗配比也显得更为重要。

在配比相同的条件下,不同的水深对材料的减渗性能也有显著影响。在配比条件为膨润土和黏土为 10∶90 的处理中,淹水水头为 440mm 的土柱的累积入渗量是 220mm 的 2.34 倍,当膨润土和黏土配比为 20∶80 时,高淹水水头的累积入渗量是低淹水水头的 1.25 倍,由此可看出,在一定范围内,膨润土的含量越高,水深的不同对其减渗性能的影响越小,说明与黏土相比,水头深度对膨润土的敏感度更小一些,因此在实际施工中,可以增加减渗材料中膨润土的含量来解决不同水深处河水渗漏差异性大的现象。

表 7.7 为四个处理的渗透系数。可以看出,对于河水的渗流速率,减渗材料也表现出与累积入渗量相同的减渗性能。

表 7.7　膨润土-黏土混合型减渗材料渗透系数表

处理	渗透系数 K_s/(cm/s)
BC10 $h=220$	6.33×10^{-6}
BC10 $h=440$	4.65×10^{-6}
BC20 $h=220$	4.39×10^{-6}
BC20 $h=440$	2.92×10^{-6}

7.2.3　凹凸棒黏土-三维网络吸附剂混合型减渗材料减渗及吸附/解析性能分析

1. 混合减渗材料的减渗性能

减渗材料累积入渗量和平均渗透系数的分析结果如图 7.11 和图 7.12 所示。

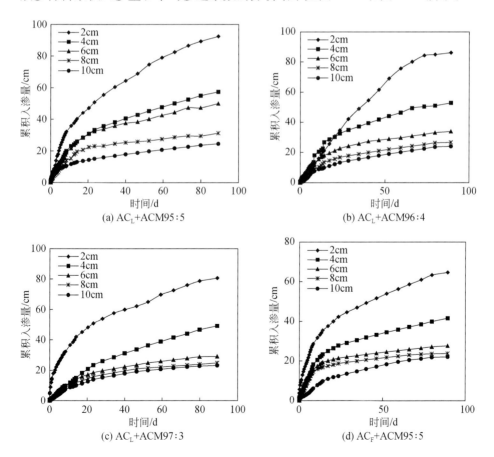

(a) AC_L+ACM95:5

(b) AC_L+ACM96:4

(c) AC_L+ACM97:3

(d) AC_F+ACM95:5

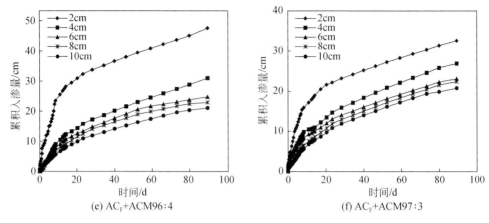

(e) AC$_F$+ACM96:4   (f) AC$_F$+ACM97:3

图 7.11   两种颗粒类型不同配比材料的累积入渗量随时间的变化曲线

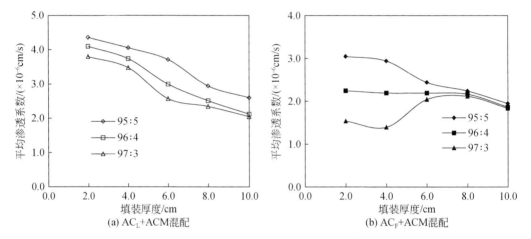

(a) AC$_L$+ACM混配   (b) AC$_F$+ACM混配

图 7.12   不同混配材料不同配比和填装厚度条件下的平均渗透系数

随着混配减渗材料铺设厚度的增加，累积入渗量显著减小。粗颗粒型混配减渗材料和细颗粒型混配减渗材料三种配比的 2cm 填装处理累积入渗量比其他厚度处理大37.96% 和 17.41%。如 96∶4 的粗颗粒型混配材料，经过 90d 的入渗，5 种铺装厚度的土柱累积入渗量分别达到 86.25cm、52.87cm、33.88cm、26.63cm、23.98cm，而平均渗透系数分别为 4.10×10^{-6} cm/s、3.74×10^{-6} cm/s、3.00×10^{-6} cm/s、2.51×10^{-6} cm/s、2.12×10^{-6} cm/s，在显著水平 $\alpha=0.01$ 下，对累积入渗量进行单方差分析结果显示，累积入渗量和不同厚度设置处理 $F=52.77 > F_{0.05}=3.48$（粗颗粒型），$F=5.74 > F_{0.05}=3.48$（细颗粒型），说明累积入渗量和不同设置厚度处理差异显著；粗颗粒不同铺设厚度间存在显著差异（$P=1.09 \times 10^{-6}$），细颗粒不同铺设厚度间存在显著差异（$P=0.0115$）。但随着铺设厚度增加，减渗效果的增加幅度也呈现出变小的趋势，当填装厚度由 2cm 增加到 4cm时，累积入渗量和渗透系数分别减小 38.70%、8.78%，而 8cm 增加到 10cm 时，累积入渗量和渗透系数分别仅减小 9.85%、15.58%。对渗透系数进行单方差分析结果显示，渗透系数和不同厚度设置处理 $F=12.96 > F_{0.05}=3.48$（粗颗粒型），$F=0.29 < F_{0.05}=3.48$（细颗

粒型),说明粗颗粒不同铺设厚度间存在显著差异($P=0.0006$),细颗粒不同铺设厚度间不存在显著差异($P=0.8783$)。这说明凹凸棒黏土与三维网络吸附剂混合物作为减渗材料,当铺设到一定厚度后,再增加铺设厚度对材料减渗性能的影响不显著,减渗性能逐渐趋于统一。

随着凹凸棒黏土含量的增大,累积入渗量、渗透系数均呈现减小的趋势,即 I95:5>I96:4>I97:3 和 P95:5>P96:4>P97:3。例如,填装厚度为 4cm 的粗颗粒型减渗材料,97:3、96:4、95:5 三种配比条件下减渗材料施用条件下土柱累积入渗量分别为 57.36cm、52.87cm、49.15cm,而平均渗透系数分别为 4.06×10^{-6} cm/s、3.74×10^{-6} cm/s、3.48×10^{-6} cm/s,配比为 95:5 的混合物施用条件下土柱的累积入渗量分别比96:4、97:3 两种配比高 8.19%、16.7%。对累积入渗量进行单方差分析结果显示,三种配比条件下累积入渗量和不同配比设置处理 $F=0.19<F_{0.05}=3.89$(粗颗粒型),$F=0.97<F_{0.05}=3.89$(细颗粒型),对于累积入渗量粗、细颗粒型凹凸棒黏土与三维网络吸附剂的不同混配比例无显著差异($P=0.8322$,粗颗粒型)、($P=0.4081$,细颗粒型);对渗透系数进行单方差分析结果显示,渗透系数和不同配比设置处理 $F=1.01<F_{0.05}=3.89$(粗颗粒型),$F=6.05>F_{0.05}=3.89$(细颗粒型),说明渗透系数和不同设置厚度处理差异显著;粗颗粒不同铺设厚度间不存在显著差异($P=0.3947$),细颗粒不同配比间存在显著差异($P=0.0152$),细颗粒与三维网络吸附剂混配减渗效果更明显。

对于粗、细两种凹凸棒黏土颗粒物,同种填装厚度和配比条件下,粗颗粒型的累积入渗量和渗透系数明显大于细颗粒,但渗透系数均处于 10^{-6} cm/s 级量级,满足北京永定河北京平原区段渗透系数合理控制目标 $10^{-7}\sim10^{-5}$ cm/s 的要求。在显著水平 $\alpha=0.05$ 水平下,对两种型号混配材料的累积入渗量进行差异检验发现,$T=16.72>t$ 双尾$=4.30$,$P=0.004$,说明粗颗粒型混配材料处理的累积入渗量显著大于细颗粒型混配材料处理,即细颗粒型混配材料的减渗性能显著好于粗颗粒型混配材料,这主要跟减渗材料的性质有关。试验结束后利用 ESEM,对混合物的微形态结构特征进行测试,结果如图 7.13 所示。可以发现,细颗粒型与三维网络吸附剂混配材料的微形态特征呈明显的均一状,结构致密,随着三维网络吸附剂含量的减少,其致密程度增加,孔隙数明显少于粗颗粒型。利用 Image-Pro Plus 6.0 软件对减渗材料截面平均孔径及分形维数进行分析(图 7.14),发现减渗材料截面孔隙 $logA$ 与 $logL$ 表现出良好的线性相关关系,减渗材料的孔隙结构在局部和整体上都具有很好的自相似性,即存在分形特征。可以看出,对于粗、细两种凹凸棒黏土颗粒与三维网络吸附剂在三种配比 95:5、96:4、97:3 和 95:5、96:4、97:3 条件下的平均孔隙直径分别为 17.274μm、15.541μm、15.219μm 和 13.079μm、13.020μm、12.363μm,分形维数分别为 1.432、1.374、1.372 和 1.400、1.358、1.308。这说明粗颗粒和细颗粒随着配比的增加,平均孔径和分形维数总体呈现出逐渐减小的趋势。在显著水平 $\alpha=0.01$ 时,对两种材料不同配比间分形维数和平均孔径进行单方差分析,分形维数在三种配比条件下 $F=3.33<F_{0.01}=30.82$,说明分形维数在不同配比条件下的差异不显著($P=0.1730$)。平均孔径在三种配比条件下 $F=0.18<F_{0.01}=30.82$,说明平均孔径在不同配比条件下的差异不显著($P=0.8407$)。在显著水平 $\alpha=0.01$ 时,对分形维数和平均孔径进行单方差分析结果显示,分形维数和两种不同颗粒粒径类型材料

间$F=1.27<F_{0.01}=21.20$,说明分形维数在不同颗粒粒径材料间差异不显著($P=0.3221$);平均孔径和不同颗粒粒径类型材料 $F=22.16>F_{0.01}=21.20$,说明平均孔径在两种不同颗粒粒径材料间差异极显著($P=9.25\times10^{-3}$)。这主要与材料颗粒细度有关,材料目数越大,其堆积密度越大,形成的孔隙将越小,两种颗粒类型材料,随着配比中三维网络吸附剂含量增加,材料微观空间结构更为明显,分形维数增加,使得孔隙边界复杂程度增加。但由于配比相对较少,所以配比对孔隙边界复杂程度的影响可以忽略不计,故平均孔径的大小直接控制减渗作用。

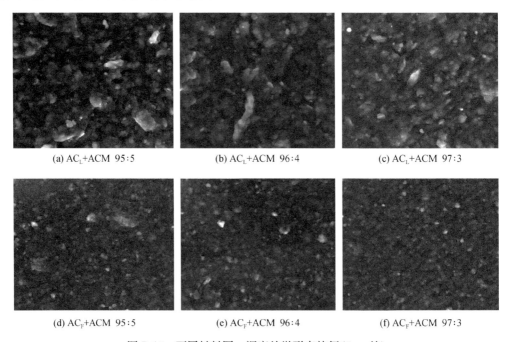

图 7.13　不同材料同一深度处微形态特征(6cm 处)

因此,在考虑使用凹凸棒黏土与三维网络吸附剂混配作为减渗材料时,可以通过选用不同型号的凹凸棒黏土、不同混配比例及铺设厚度以满足减渗需求。针对永定河减渗需求而言,同时考虑经济对于采用此混配模式时,可以认为两种型号凹凸棒黏土与三维网络吸附剂在三种混配模式下铺设厚度为 2~4cm 即可满足其减渗要求。

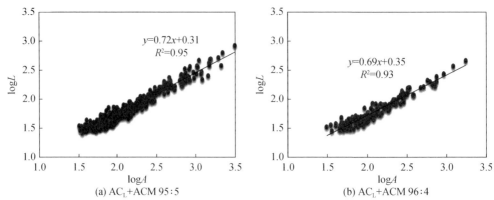

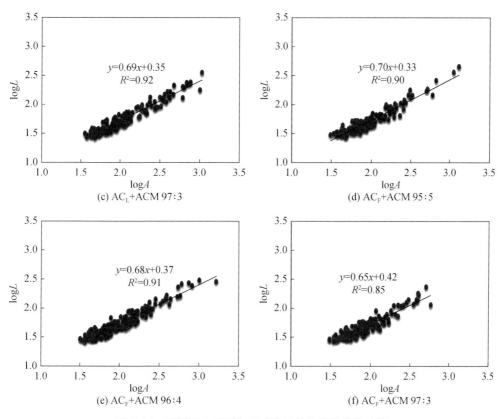

图 7.14 不同配比不同类型减渗材料的分形维数计算

2. 对氨氮的等温吸附-解吸特征的影响

从图 7.15 和表 7.8 中可以看出,总体来说,氨氮在粗、细两种颗粒凹凸棒黏土与三维网络吸附剂的混合减渗材料上的吸附-解吸量随着平衡浓度的增加而增加,线性等温吸

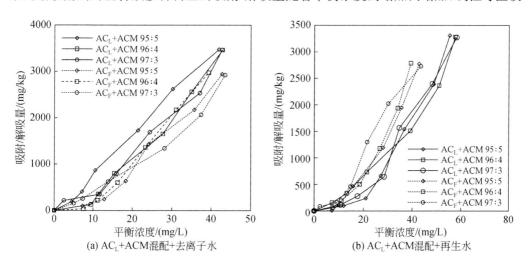

(a) AC_L+ACM混配+去离子水   (b) AC_L+ACM混配+再生水

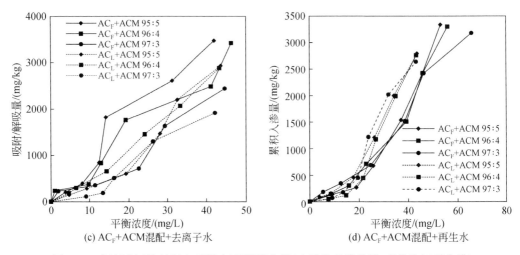

图 7.15　氨氮在减渗材料上吸附-解吸等温曲线(实线为吸附曲线,虚线为解吸曲线)

表 7.8　线性方程拟合结果

吸附质	背景溶液	K_d	$\Delta/\%$	R^2
$AC_{L+}ACM$　95∶5	DW	83.03	−42.11	0.99
	RW	48.07		0.87
$AC_{L+}ACM$　96∶4	DW	71.67	−35.30	0.93
	RW	46.37		0.95
$AC_{L+}ACM$　97∶3	DW	68.02	−34.49	0.93
	RW	44.56		0.88
$AC_{F+}ACM$　95∶5	DW	84.23	−39.31	0.95
	RW	51.12		0.87
$AC_{F+}ACM$　96∶4	DW	73.70	−34.41	0.98
	RW	48.34		0.90
$AC_{F+}ACM$　97∶3	DW	68.50	−32.61	0.96
	RW	46.16		0.95

注:DW 表示去离子水;RW 表示再生水。

附方程可以很好地描述氨氮在混合减渗材料上的吸附特征,如图 7.16 所示。以去离子水和再生水为吸附剂的拟合方程 R^2 分别在 0.92 和 0.85 以上。

线性拟合方程中的平衡吸附系数 K_d 可以反映同等平衡浓度条件下吸附质的吸附能力,以去离子水为背景溶液时,对粗颗粒型混合材料而言,平衡吸附系数分别为 83.03($AC_L＋ACM$ 95∶5)、71.67($AC_L＋ACM$ 96∶4)、68.02($AC_L＋ACM$ 97∶3),表现出随着三维网络吸附剂含量的减少逐渐减小的趋势,偏差在 18.1% 以内,这说明由于三维网络吸附剂本身具有较为强大的吸附去污功能;而对于细颗粒型混合材料,平衡吸附系数 K_d 大小顺序依次为 84.23($AC_F＋ACM$ 95∶5)＞73.70($AC_F＋ACM$ 96∶4)＞68.50($AC_F＋ACM$ 97∶3),即随着三维网络吸附剂含量的减小吸附能力持续降低,偏差在

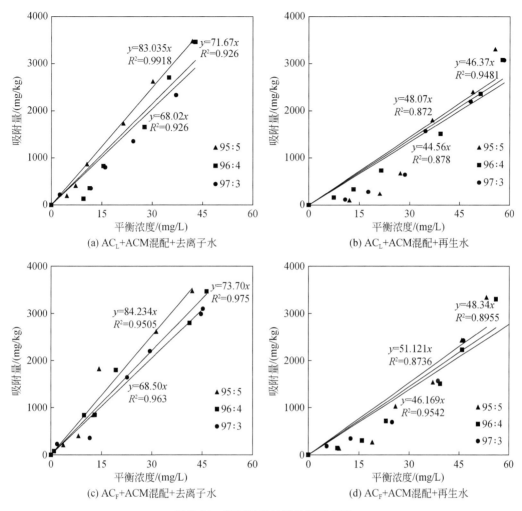

图 7.16　氨氮吸附的线性模型模拟

18.7％以内。对于再生水为背景溶液时,氨氮在粗颗粒型混合减渗材料上的吸附平衡系数分别为 48.07(AC_L＋ACM 95：5)、46.37(AC_L＋ACM 96：4)、44.56(AC_L＋ACM 97：3),说明三种混配比例之间也存在随着三维网络吸附剂含量减少而吸附能力降低的趋势,偏差在 7.1％以内;在细颗粒型混合材料上的平衡吸附系数分别为 51.12(AC_F＋ACM 95：5)、48.34(AC_F＋ACM 96：4)、46.16(AC_F＋ACM 97：3),也存在同样的变化趋势,偏差在 10.1％以内。总体而言,对于两种背景溶液,三维网络吸附剂与细颗粒型混合材料的吸附能力的影响均比与粗颗粒型混合材料大,这是由于细颗粒型混合材料本身的比表面积大于粗颗粒型混合材料。

　　以去离子水背景溶液时的平衡吸附系数 K_d 相比,再生水为背景溶液时 K_d 分别减小了 42.11％、35.30％、34.49％和 39.31％、34.41％、32.61％。这主要是由于再生水是一种多物质共存的复杂体系,其中的各种离子、有机物会竞争氨氮的吸附位点(秦万德,1987;李丽等,2000),从而抑制了氨氮在混合材料上的吸附能力,这跟 Zhao 等(2012)的研究结果相似,但是究竟竞争机理如何还需要进一步研究。也正是因为这种竞争吸附,再生水中不同配比之间的差异逐渐减少,三维网络吸附剂在混合减渗材料中对氨氮的吸附贡献作用减弱。

同时还发现,吸附等温线和解吸等温线不重合,说明吸附-解吸之间存在滞后现象,吸附-解吸存在滞后性,因为混合材料吸附氨氮时存在高、低能结合点(Yu et al.,1982),而氨氮的解吸过程一般分为快速和慢速两个阶段(Wang et al.,2010),快速阶段主要是把对物理吸附的 NH_4^+ 解吸下来,慢速阶段则是把键能较低的共价键和高能键集合牢固的 NH_4^+ 的解吸,这一过程很缓慢,使得氨氮吸附-解吸存在一定的滞后性(Hedstrom et al., 2008)。

3. 对磷酸盐的等温吸附-解吸特征的影响

从图 7.17 和表 7.9 中可以看出,再生水和去离子水两种背景溶液条件下,磷酸盐在两种类型凹凸棒黏土-三维网络吸附剂混合材料上的吸附/解吸量均随平衡浓度的增大而

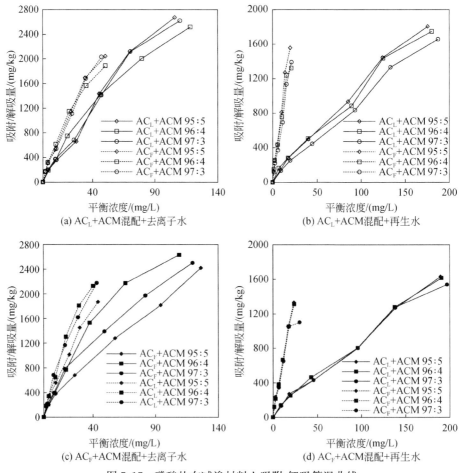

图 7.17　磷酸盐在减渗材料上吸附-解吸等温曲线

增大,表现出较为一致的变化趋势。如图 7.18 所示,线性方程、Freundlich 方程以及 Langmuir 方程三种等温吸附模型均可以很好地对磷酸盐吸附特性进行拟合(R^2 均在 0.95 以上),但平衡吸附曲线随平衡浓度的增大有趋于平缓的趋势,说明磷酸盐在减渗材料上的吸附量与平衡浓度存在非线性关系,因此认为利用 Freundlich 方程及 Langmuir 方程可以更好地刻画磷酸盐在凹凸棒黏土-三维网络吸附剂材料上的等温吸附行为。

表 7.9　磷酸盐在凹凸棒黏土-三维网络吸附剂材料上吸附等温线
对不同模型拟合结果及拟合参数变化率

吸附质	背景溶液	线性方程			Freundlich 方程				Langmuir 方程				
		K_d	$\Delta_{K_d}/\%$	R^2	$1/n$	$\Delta_{1/n}/\%$	K_f	R^2	S_m	$\Delta_{S_m}/\%$	MBC	$\Delta_{MBC}/\%$	R^2
AC$_L$+ACM	DW	27.14	−60.02	0.988	0.865	3.58	48.98	0.982	5994	−9.46	34.48	−60.88	0.986
95:5	RW	10.85		0.994	0.896		22.04	0.996	5427		13.49		0.995
AC$_L$+ACM	DW	23.54	−59.98	0.974	0.710	11.41	87.16	0.993	4910	−9.19	41.83	−61.87	0.999
96:4	RW	9.42		0.967	0.791		40.46	0.970	4459		15.95		0.974
AC$_L$+ACM	DW	26.14	−64.58	0.984	0.804	10.82	62.28	0.984	5730	−22.93	36.73	−70.71	0.989
97:3	RW	9.26		0.995	0.891		15.92	0.993	4416		10.76		0.992
AC$_F$+ACM	DW	19.77	−55.54	0.989	0.771	16.99	56.58	0.997	5090	−12.59	27.84	−64.87	0.991
95:5	RW	8.79		0.995	0.902		14.35	0.993	4449		9.78		0.991
AC$_F$+ACM	DW	27.88	−68.47	0.951	0.657	31.51	126.31	0.978	5129	−21.49	56.85	−81.48	0.995
96:4	RW	8.79		0.994	0.864		17.32	0.993	4027		10.53		0.991
AC$_F$+ACM	DW	26.19	−69.22	0.983	0.750	4.40	78.90	0.984	5626	−23.59	37.68	−69.32	0.973
97:3	RW	8.06		0.983	0.783		24.05	0.983	4299		11.56		0.985

注:DW 表示去离子水;RW 表示再生水。

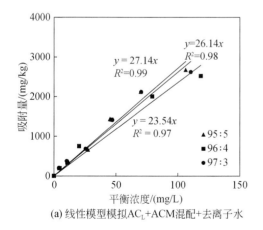

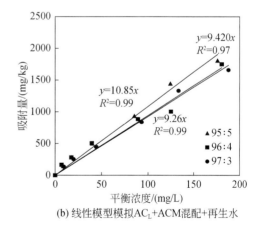

(a) 线性模型模拟AC$_L$+ACM混配+去离子水　　　(b) 线性模型模拟AC$_L$+ACM混配+再生水

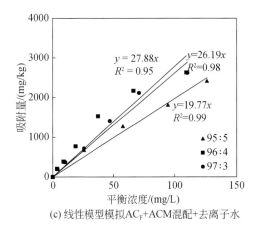

(c) 线性模型模拟AC_F+ACM混配+去离子水

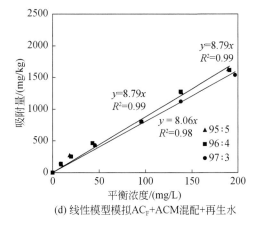

(d) 线性模型模拟AC_F+ACM混配+再生水

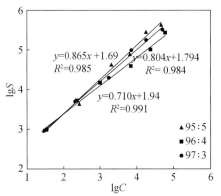

(e) Freundlich模型模拟AC_L+ACM混配+去离子水

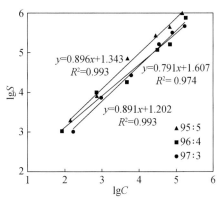
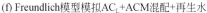

(f) Freundlich模型模拟AC_L+ACM混配+再生水

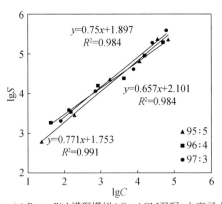

(g) Freundlich模型模拟AC_F+ACM混配+去离子水

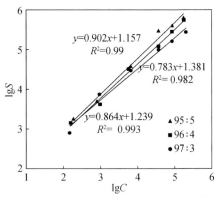

(h) Freundlich模型模拟AC_F+ACM混配+再生水

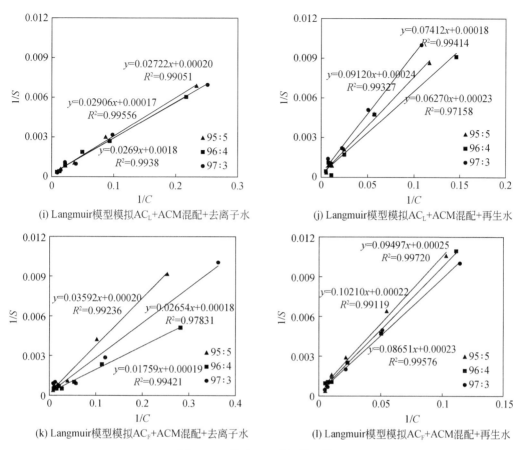

图 7.18　磷酸盐吸附的模型模拟

非线性吸附程度指标 $1/n$，通常也被视为吸附位点位能分布指数，$1/n$ 值越小，位能差别越大，孔隙填充机制作用也就越明显，吸附的非线性程度越高（Margaret et al.，1995）。在本试验中拟合参数 $1/n$ 均小于 1，说明磷酸盐在凹凸棒黏土-三维网络吸附剂材料上的吸附存在一定的非线性吸附，这是由于凹凸棒黏土-三维网络吸附剂材料颗粒物表面的不均匀性引起的。比较两种型号凹凸棒黏土的 $1/n$ 值发现，三个三维网络吸附剂的混配比例均呈现 $1/n$（粗颗粒型）＞$1/n$（细颗粒型），即粗颗粒型混合减渗材料对磷酸盐的吸附稳定性能低于细颗粒型。随着细颗粒型混合材料中三维网络吸附剂的减小，磷酸盐的最大吸附容量 S_m 呈现增加趋势，而粗颗粒型混合材料无规律变化。

在置信度 $\alpha=0.05$ 水平下，去离子水、再生水等两种水为背景溶液时的非线性吸附参数 $1/n$、S_m、MBC 之间存在显著差异。$1/n$ 分别增大了 3.58%、11.41%、10.82%、16.99%、31.51%、4.40%，最大吸附容量分别降低了 9.46%、9.19%、22.93%、12.59%、21.49%、23.59%，最大缓冲容量 MBC 分别减小了 60.88%、61.87%、70.71%、64.87%、81.48%、69.32%，说明再生水的应用同样会抑制磷酸盐在凹凸棒黏土-三维网络吸附剂上的吸附，并会降低吸附系统的稳定性。

同时，从图 7.15 还可以看出，两种背景溶液条件下的解吸等温线均滞后于吸附等温线，说明吸附解吸之间存在滞后现象,磷的解吸可以分成三个代表不同能级的解吸区域,即快速解吸区、慢速解吸区和特慢速解吸区,磷的解吸实质上是吸附—解吸—再吸附的动态循环过程(Saltali et al.,2007),使得平衡进程大大减速,磷的吸附-解吸存在不可逆性,使得凹凸棒黏土-三维网络吸附剂混合材料对磷酸盐的吸附-解吸存在滞后现象。

7.3 典型河湖减渗材料对包气带水分入渗的调控效应与维持特性

再生水补给型城市河湖需要考虑地下水补给量和再生水中污染物去除效应的协调问题,同时由于城市河湖地理位置的特殊性,需要保证一定的景观水面和防止城市地下工程受地下水位上升的影响,所以需要对再生水回补城市河湖进行减渗处理。但衬砌、土工膜等减渗措施本身缺乏净污效应,所以难以实现协调发展。

基于此,借助本课题组独立构建的包气带净污效应研究大型土柱模拟系统,本节选取永定河河床天然淤泥与不同配比的膨润土-黏土混合型生态减渗材料为减渗处理,研究在此处理长时间序列观测条件下永定河包气带的水分入渗特征,探究不同减渗处理对水分入渗的影响作用与机制,为生态减渗材料用于城市河湖减渗工程实践提供理论依据。

7.3.1 材料与方法

试验设备如图 4.1 和图 4.2 所示。试验用以模拟包气带的河床砂取自永定河中门寺沟下游临近南大荒段河床表层砂土,取样深度为 1～3m,剔除较大颗粒的石块和植物根系并过 2cm 筛后用塑料袋包装,运回实验室后测土壤含水率,计算原状土容重,备用作试验用土。供试减渗材料由黏土土料和天然钠基膨润土按质量比例混合而成,膨润土选用密云云峰土石方开采厂提供的宣化天然钠基膨润土,黏土选自阁村土料场。为了进行对比,本试验选取的减渗处理除膨润土-黏土混配材料外,还加入河床天然淤泥作为对比,淤泥取自永定河莲石湖退水后干河床表层 0～6cm 的天然淤泥。在取样点用环刀取回原状土,测定原状土容重及初始含水率,以了解其基本物理特征参数。各土料理化性质见表 7.10 及表 7.11。试验用再生水为清源中水运输集团提供,取自清河再生水厂的二级出水。

表 7.10 试验材料基本物理特征参数

名称	粒组含量/%					干容重 /(g/cm³)	初始含水率 /%
	粗砂 2.0～0.5mm	中砂 0.5～0.25mm	细砂 0.25～0.1mm	极细砂 0.1～0.05mm	粗粉粒 <0.05mm		
河床原状土	8.6	37.3	24.2	22.8	7.1	2.1	4.0
淤泥	7.5	28.1	30.4	16.0	14.0	1.2	158.9
膨润土	0.5	2.6	18.9	15.0	63.0	0.8	12.0
黏土	—	2.5	10.5	63.0	24.0	1.8	16.7

表 7.11　钠基膨润土质量指标

吸兰量 /(g/100g)	胶质价 /(mL/15g)	膨胀容 /(mL/g)	吸水率 /%	粒度(200 目) /%	水分 /%
≥30	≥450	≥25	≥500	≥90	≤12

经过预备试验,发现当膨润土-黏土混合材料中膨润土含量在 $10\% \sim 20\%$ 时,入渗水体的渗透系数 K_s 在 $5.27 \times 10^{-5} \sim 2.87 \times 10^{-7}$ cm/s,而当膨润土掺混比例大于 16% 时,混合材料的 K_s 明显减小,当比例为 20% 时,K_s 接近 1.0×10^{-7} cm/s。为此,本试验选择膨润土含量分别为 12%、16%、20% 的三种减渗材料作为减渗处理,与天然沉积物和无减渗处理作为对照,并考虑了两种水力负荷,见表 7.12。

表 7.12　模拟系统不同试验处理的设计

名称	土柱编号	减渗材料构成	装填介质	进水水质	淹水水头 /cm
对照组	CK	无	200cm 河床原状土	清水	30
	BC16-60	16%膨润土	5cm 反滤层+2cm BC16+200cm 河床原状土	再生水	60
	RM	天然淤泥	5cm 反滤层+6cm RM+200cm 河床原状土	再生水	30
处理组	BC12	12%膨润土	5cm 反滤层+2cm BC12+200cm 河床原状土	再生水	30
	BC16	16%膨润土	5cm 反滤层+2cm BC16+200cm 河床原状土	再生水	30
	BC20	20%膨润土	5cm 反滤层+2cm BC20+200cm 河床原状土	再生水	30

注:RM 表示河床淤泥;BC 表示膨润土-黏土减渗材料。

将野外取回的土样运回实验室后,即进行模拟包气带土柱的填装,填装顺序为:反滤层→河床质→减渗层→保护层。河床质按照初始含水率、土壤干容重和装土体积填装,每隔 7.6cm 填装一次,相邻两次填装时接触平面要用刀片刮毛,使上下两层土壤充分接触,避免明显分层现象的出现。

入渗试验持续 425d,期间对系统中各土柱的入渗过程进行连续观测,记录试验数据。其中 CK 土柱穿透时间较短,对其连续监测 220min 后,便结束监测。

根据试验观测的马氏瓶水位变化和入渗锋面变化,计算时段内单位面积土面入渗的水量,即累积入渗量 I;单位时间内单位面积土面入渗的水量,即入渗率 i;单位时间内入渗锋面前进的距离,即入渗锋面前进速率 v_{zf}。

7.3.2　包气带入渗锋面随时间变化特征

图 7.19 反映了各土柱入渗锋面穿透土柱的过程。可以看出,处理组 BC 柱入渗锋面深度随时间的变化关系均呈现先指数后线性的入渗规律,但指数阶段均持续较短时间;相比之下,对照组 RM 柱的前期入渗阶段呈现出更为明显的指数特征。从整体入渗穿透情况来看,未采取减渗措施的对照 CK 柱的穿透时间极短,从入渗开始到底端出流仅用时 30min;相应地,其入渗锋面前进速率最大,即使在监测末期入渗达到稳定后也在 5cm/min 以上;BC 型减渗材料的土柱穿透时间在 $900 \sim 5046$min,并且随膨润土含量的增

加而增加。而以 RM 土柱穿透耗时最长,达 7318min。相同配比的减渗材料,其水力负荷越大,入渗锋面穿透历时越短,但其影响甚微,两者穿透用时仅相差 42min,占用时较少的 60cm 水头处理的总时长仅 2.4%。产生该现象的原因是膨润土在此阶段表现出较强的吸水能力和阳离子交换能力,相比入渗水头,其对水分子的吸附力和离子交换行为而产生的传导阻力是影响入渗率的主要因素,故同种配比的材料在此阶段的入渗锋面变化状况相似。

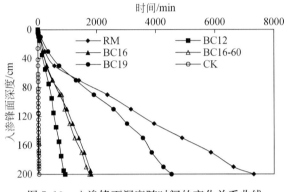

图 7.19 入渗锋面深度随时间的变化关系曲线

各入渗锋穿透土柱的速率变化情况如图 7.20 所示,其中图(a)为 CK 土柱,图(b)为不同减渗处理的土柱。可以看出,对各个处理土柱入渗锋面前进速率与时间的关系曲线进行乘幂拟合,且只有对照组的 CK 柱、RM 柱以及处理组的 BC20 柱的拟合情况较好,其他曲线拟合度均较差。对照组 CK 土柱为均质土柱,入渗锋面前进速率随时间变化曲线与均质土入渗率普遍规律相似并严格符合乘幂函数,R^2 为 0.99,即入渗初期入渗速率较大,随之迅速减小并达到稳定速率;天然淤泥 RM 柱在整个穿透过程中也表现出入渗锋面前进速率持续降低的现象以及较好的乘幂拟合关系,R^2 为 0.98。铺设了减渗材料的BC 土柱入渗锋面前进速率随时间变化关系表现出不同的规律,只有膨润土含量最高的

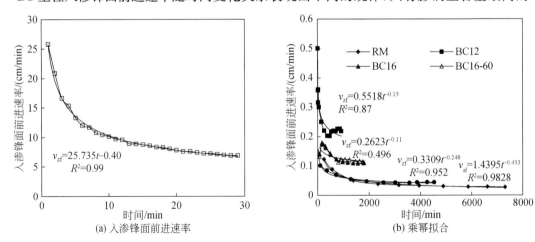

图 7.20 入渗锋面前进速率随时间的变化关系曲线及其乘幂拟合

BC20 处理柱在整个穿透过程中表现出入渗锋面前进速率持续降低的现象以及较好的乘幂拟合关系,R^2 为 0.95;膨润土含量为 12% 的处理入渗初期速率较大,之后迅速减小,穿透土柱 95cm 时又开始缓慢上升并达到稳定速率最终穿透土柱,这一现象产生的原因是,此处理中,膨润土含量较少,在入渗锋到达下层轻质土体后,减渗层逐渐达到饱和状态,较少的膨润土含量决定了其内部结构的迅速稳定,此时水流通道变得有序规则,因此入渗锋面的前进速率会缓慢升高。

7.3.3　包气带累积入渗量、入渗率随时间变化特征及经验模型模拟

未铺设减渗材料的 CK 土柱的累积入渗量、入渗率随时间的变化曲线及 Kostiakov (1932) 拟合结果如图 7.21 所示。可以看出,累积入渗量的 Kostiakov 方程拟合度较好,R^2 达到 0.9977,入渗初期由于河床原状土初始含水率较低,仅为 3.99%(表 7.10),水势梯度较大,故入渗的速率较大,累积入渗量随时间呈幂指数关系增长,随着入渗锋面穿透土柱,河床原状土含水率增高,累积入渗量随时间变为线性增长。CK 土柱的入渗率持续降低,变化规律符合乘幂拟合曲线 $i = 2.0578t^{-0.232}$,$R^2 = 0.9565$,当入渗时间 $t = 1\mathrm{min}$ 时,入渗率 $i = 2.04\mathrm{cm/min}$,约到 90min 时,入渗过程开始趋于稳定,稳定入渗率为 $i = 0.63\mathrm{cm/min}$。

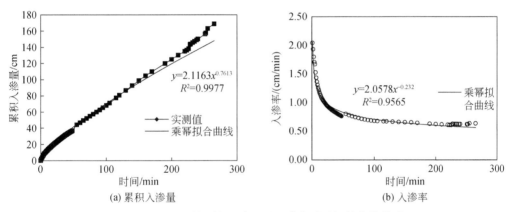

图 7.21　CK 土柱累积入渗量及入渗率随时间的变化关系

图 7.22 为对照组天然淤泥 RM 柱和处理组膨润土-黏土减渗材料减渗处理土柱的累积入渗量、入渗率随时间变化曲线。累积入渗量的 Kostiakov 入渗模型拟合结果见表 7.13。由图可见,在运行 425d 的历时时间内,对照组 RM 柱及处理组 BC 柱的累积入渗量的变化均可分为 4 个阶段。

第一阶段各土柱持续时间均为 50d,在 30cm 水头下,与对照组 RM 柱相比,3 个不同减渗处理 BC 柱的累积入渗量均较大,且呈现 $I_{BC12} > I_{BC16} > I_{BC20}$ 的趋势;对于 BC16 的两个不同水头的累积入渗量和入渗率呈现出 $I_{BC16\text{-}30} < I_{BC16\text{-}60}$ 的趋势,但是两者差异较小,可忽略不计;对照组 RM 土柱的累积入渗量表现出较好的线性增长趋势,增长速率 k 为 1.65cm/d,但各处理组 BC 土柱的累积入渗量随时间的变化在入渗初期均表现出明显的幂函数增长关系,较好地符合了 Kostiakov 入渗模型,乘幂拟合度 R^2 均在 0.916 以上。

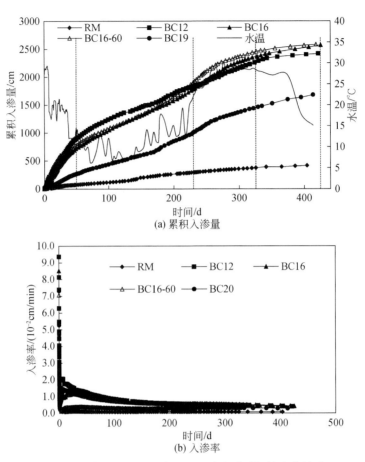

(a) 累积入渗量

(b) 入渗率

图 7.22　各处理累积入渗量及入渗率随时间的变化关系

表 7.13　各处理不同阶段累积入渗曲线模拟方程

处理	第一阶段 $0<t\leqslant50$d	第二阶段 50d$<t\leqslant230$d	第三阶段 230d$<t\leqslant325$d	第四阶段 325d$<t\leqslant425$d
RM	$I=1.65t+0.76$ $R^2=0.99$	$I=0.86t+30.18$ $R^2=0.99$	$I=1.09t+34.26$ $R^2=0.970$	$I=0.47t+223.14$ $R^2=0.95$
BC12	$I=36.37t^{0.68}$ $R^2=0.92$	$I=4.90t+722.67$ $R^2=0.99$	$I=4.64t+760.65$ $R^2=0.99$	$I=1.03t+1985.3$ $R^2=0.99$
BC16	$I=17.08t^{0.87}$ $R^2=0.92$	$I=5.60t+471.29$ $R^2=0.99$	$I=6.28t+372.31$ $R^2=0.98$	$I=1.98t+1731$ $R^2=0.99$
BC16-60	$I=16.65t^{0.95}$ $R^2=0.94$	$I=5.40t+527.46$ $R^2=0.99$	$I=6.67t+379.72$ $R^2=0.95$	$I=1.36t+2022.70$ $R^2=0.98$
BC20	$I=8.73t^{0.82}$ $R^2=0.94$	$I=3.26t+111.65$ $R^2=0.99$	$I=5.34t-216.04$ $R^2=0.99$	$I=2.63t+598.54$ $R^2=0.99$

不同减渗处理之间的入渗率大小关系与累积入渗量相同,但在试验初期入渗率均较大,均经历了试验初期的快速增长—快速下降和缓慢增长—缓慢下降 4 个阶段,且减渗性能越强,不同变化阶段的持续时间越长,变化速率越小。第二阶段 RM 柱和 BC 柱持续时间均是 180d,在此阶段内,30cm 水头下的累积入渗量的关系为 $I_{BC12} > I_{BC16} > I_{BC20} > I_{RM}$,与第一阶段一致;BC16 减渗条件下的两个不同水头的累积入渗量几乎相同,无显著差异。进入第二阶段以后,累积入渗量逐渐稳定为线性入渗,拟合度 R^2 均在 0.99 以上,平均增长速率分别为 0.86cm/d(RM)、4.90cm/d(BC12)、5.60cm/d(BC16)、5.40cm/d(BC16-60)、3.26cm/d(BC20);而入渗速率持续下降。当试验持续运行到 230d 左右时,RM、BC16、BC16-60、BC20 柱出现累积入渗量“陡增”现象,单位时间内累积入渗量显著增大,且此时入渗率也出现了较小幅度的回升,但 BC12 柱无显著变化。第三阶段持续时间是 95d,仍呈现线性增长趋势,线性拟合度 R^2 均在 0.95 以上,除 BC12 柱增长速率小于第二阶段外,其他几个处理增长速率均大于第二阶段(增长率分别为 26.74%(RM)、12.14%(BC16)、23.52%(BC16-60)、63.80%(BC20),对膨润土-黏土减渗材料而言,膨润土含量越大,增长率越大),且 BC16、BC16-60 柱的累积入渗量大于 BC12 柱,累积入渗量呈现出 $I_{BC16-60} > I_{BC16} > I_{BC12} > I_{BC20} > I_{RM}$ 的规律;入渗率经历第二阶段末期的回升后,在此阶段内持续下降,且下降速率小于第二阶段。系统持续运行到 325d 左右时,进入第四阶段,此阶段内的累积入渗量的大小关系同第三阶段,仍是线性增长,线性拟合度 R^2 均在 0.94 以上,但是线性增长速率均小于第一、二、三阶段,分别为 0.47cm/d(RM)、1.03cm/d(BC12)、1.98cm/d(BC16)、1.36cm/d(BC16-60)、2.63cm/d(BC20),与第二阶段增长速率相比可以发现,膨润土含量越大,受陡增现象的影响持续时间越长;此阶段入渗率趋于稳定,对照组 RM 柱入渗率最小,处理组 BC 柱之间入渗率的大小关系是 $i_{BC20} < i_{BC16} < i_{BC16-60} < i_{BC12}$。

研究结果显示,CK 柱穿透历时最短,仅为 30min,而 6cm 厚天然淤泥减渗处理柱穿透历时最长,为 7318min,不同混配比膨润土-黏土减渗处理柱穿透历时依次为:916min(BC12)、1808min(BC16)、1758min(BC16-60)、4530min(BC20),这与材料的减渗性能相关;入渗锋随时间均呈现先指数后线性的变化规律,且初始的指数阶段维持时间较短,造成这些处理指数入渗阶段极短的原因是:本研究的处理事实上为典型的“垆盖砂”层状土壤入渗概化模型,入渗锋面穿透减渗材料进入轻质土后,将在均质土中所表现出的非线性变化过程转化为线性变化过程(Zhang,2004),而各处理减渗层太薄,仅为 2cm,使得指数入渗特性发挥不充分。累积入渗量随时间的变化可分为 4 个阶段:在第一阶段时,膨润土-黏土减渗处理均呈现幂函数增长关系,而 RM 柱呈现线性增长,第二阶段均呈现线性增长,第二阶段末期,除 BC12 柱之外,累积入渗量均出现“陡增”现象,使得在第三阶段时,减渗性能较好的 BC16 柱的累积入渗量超过了 BC12 柱,这主要是随着环境温度的升高,使得各土柱水温升高,水的黏性降低,水分入渗的黏滞阻力相应减小,故入渗率的增大,且 Pitzer(1984)、DOW(1997)及 Archer(1999)研究发现,在含水膨润土中,膨润土的孔隙水总吸力与环境温度有着密切的关系,总吸力会随着温度的升高而增大,此外,Tang 等(2005)和 Romero 等(2005)研究发现,膨润土作为输水介质,其持水能力也会受到环境温度的影响,温度的升高会造成其持水能力的减弱,因此,温度的升高会使得膨润土中水分的输移加快,所以膨润土含量越高,混合材料所表现出的这种现象越明显。入渗进入最后一个阶段,水分的入渗过程变得缓慢,属于稳定入渗的阶段,但入渗速率总的趋势是减小的,这是因为随着系统的累计运行包气带孔隙发生了堵塞的缘故。国内外研究显示,入渗界面压力势变大,入渗能力将增强,即随着水头的增大,累积入渗量随之增大(Ma et al.,2004),而本节对 BC16 减渗处理的 30cm 水头和 60cm 水头研究发现,水力负荷变为原来的两倍,并没有显著地增加入渗率,这是因为水头的增加一方面使入渗界面压力势变大,直接使入渗率增大,但同时膨润土-黏土这种混合减渗材料受压骨架容易变形,致使结构密实,容重增大,即水头的"压密"作用使介质导水性能减弱。对于入渗率而言,第一阶段出现快速增长—快速下降和缓慢增长—缓慢下降 4 个阶段:试验启动时由于土柱初始含水量较低,土壤水势梯度大,水力传导度比较大,入渗率也较大;随后由于水势梯度减小、土壤孔隙通道堵塞及钠基膨润土的吸湿膨胀性和阳离子交换性,膨胀后颗粒间孔隙直径减小,孔隙度降低,利用环境扫描电镜(ESEM)技术对减渗层不同深度处的膨润土吸水膨胀微观形态进行测试,通过图 7.23 可以发现,膨润土的膨胀需要一定的时间,不同深度处膨润土吸水膨胀不同步,从而导致入渗率快速下降;随后由于膨润土的晶层间距是固定的,决定了其有限的吸附能力,离子交换和吸附作用都达到平衡状态时,其亲水性减弱,此时该层接近饱和状态,孔隙结构较为稳定,且从图 7.23(c)、(d)的ESEM 结果可以看出膨润土吸水膨胀过程的末期孔隙结构整体呈现出数量均匀增加、孔径均匀增大的现象,因此水的传导阻力减小,入渗率回升;从图 7.23(a)、(c)的 ESEM 结

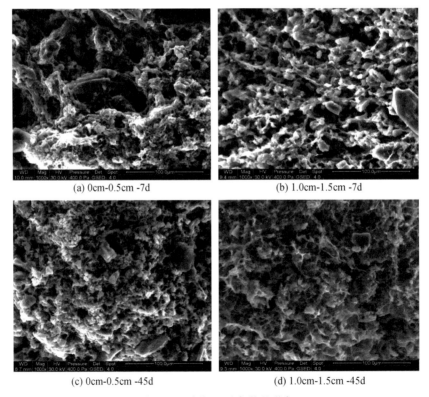

(a) 0cm-0.5cm -7d　　　　　　　　　　(b) 1.0cm-1.5cm -7d

(c) 0cm-0.5cm -45d　　　　　　　　　　(d) 1.0cm-1.5cm -45d

图 7.23　膨润土吸水微观形态

果可以看出,吸水 7d,45d 后的湿润体表层膨润土附着有少量的片状与块状物质,这与其吸附拦截了再生水中的粒径较大的颗粒有关,并随着系统运行时间增加而杂质数量及种类明显增加,从而引起孔隙堵塞,使得入渗率缓慢减小。

7.4 减渗条件下包气带对再生水中污染物的去除效应与机制

河床介质可以通过一系列的物理、生化作用去除渗滤水中的污染物(Drzyzga et al.,1997;Quanrud et al.,2003;Rauch-Williams et al.,2006),净污效果与河床介质岩性和结构、水力停留时间、微生物种类及数量等紧密相关(Shuang,2008;Liu et al.,2009)。例如,Grischek 等(1998)研究表明夏季微生物活性高有利于硝态氮的去除,Yu 等(2011)则认为水力停留时间越长污染物去除效果越好。但河床介质的结构、微生物群落及外在条件都较为复杂,土壤对于污染物的净化仍处于探索阶段,不能很好地应用于生产实际。

7.3 节研究结果显示,钠基膨润土和黏土混配减渗材料具有减渗效果,膨润土含量越高减渗性能越强。此外,钠基膨润土具有良好的物理和化学稳定性,铺设减渗材料后仍能保证水体与土壤间物质和能量正常循环。这种混配减渗材料可以通过自身的净污能力及其对水分运移的调控,影响河床介质中污染物的去除效应,但是影响尺度有多大、出流水质状况如何等,都是急需解决的问题。

因此,借助本课题组独立构建的包气带净污效应研究大型土柱模拟系统,本节研究了减渗条件下河床介质的净污效应,探讨了去污效应在深度方向上的动态变化,为再生水回用河湖生态用水对地下水安全的影响研究提供理论依据。

7.4.1 材料与方法

1. 试验材料

试验共设置 6 组试验处理,见表 7.14。天然淤泥减渗层(RM)土柱、无减渗处理(CK)土柱以及铺设厚度为 60cm 的膨润土质量比 16％的减渗层(BC16-60)土柱为三组对照,其污染物初始值见表 7.15。以底端出流为零点时间,连续监测 20h 的出流液中污染物变化情况,见表 7.16。

表 7.14　包气带净污效应试验处理

项目	土柱编号	减渗材料构成	装填介质	进水水质	淹水水头/cm
对照组	CK	无	200cm 河床原状土	清水	30
	BC16-60	16％膨润土	5cm 反滤层＋2cm BC16＋200cm 河床原状土	再生水	60
	RM	天然淤泥	5cm 反滤层＋6cm RM＋200cm 河床原状土	再生水	30
处理组	BC12	12％膨润土	5cm 反滤层＋2cm BC12＋200cm 河床原状土	再生水	30
	BC16	16％膨润土	5cm 反滤层＋2cm BC16＋200cm 河床原状土	再生水	30
	BC19	19％膨润土	5cm 反滤层＋2cm BC19 ＋200cm 河床原状土	再生水	30

表 7.15　天然河床淤泥典型污染物初始值

pH	氨氮 /(mg/kg)	有效磷 /(mg/kg)	总氮 /(g/kg)	总磷 /(g/kg)	有机质 /(g/kg)	总有机碳 /(g/kg)	阴离子 交换量 /(mmol/kg)	电导率 /(μS/cm)
7.68	50.8	107	4.16	1.51	83.4	48.4	174	31.4

表 7.16　永定河河床原状土各污染物本底值

淋溶时间 /h	总氮 /(mg/L)	氨氮 /(mg/L)	硝态氮 /(mg/L)	总磷 /(mg/L)	COD$_{Cr}$ /(mg/L)	BOD$_5$ /(mg/L)
0	124.00	0.43	115.00	0.33	32.90	10.2
3	2.21	未检出	1.94	0.72	9.67	1.9
10	1.91	未检出	1.61	0.78	8.02	1.8
15	1.70	未检出	1.39	0.75	未检出	0.8
20	1.57	未检出	1.27	0.76	未检出	0.7

注：COD$_{Cr}$的检出限为 5.0mg/L，氨氮的检出限为 0.02mg/L。

2. 试验用水水质

试验所用再生水取自清河再生水厂的二级出水。从 2010 年 9 月 6 日开始，共计 28 次观测其水质变化。无机污染物监测指标为回用中应重点关注的水质指标，包括总氮、氨氮、硝态氮、总磷及微量有机污染物需氧量指标 COD$_{Cr}$、BOD$_5$，同时监测水样的 pH 变化。再生水原水水质情况如图 7.24 所示。

3. 出流水质监测方法

再生水穿透各土柱后，用烧杯盛接各土柱底端（200cm 处）出水口出流，并利用土壤水采集器定期定点从各减渗处理土柱侧面 20cm、60cm、100cm、140cm、180cm 处采集土壤水，跟踪监测其水质。对于未铺设减渗材料的 CK 土柱，再生水到达土柱底端出流口穿透土柱后，开始采集其底端出水口出流，分别对 1h、3h、5h、10h、15h、20h 的渗滤液进行水质监测以得到各土柱中污染物的本底情况。对于各减渗处理土柱，再生水穿透初期，每 3d 采集一次，持续 30d，之后每 7d 采集一次，持续 60d，之后每 15d 采集一次，持续 30d，之后每 30d 采集一次，直到试验结束，并及时对所取水样的总氮、氨氮、硝态氮、总磷、COD$_{Cr}$、BOD$_5$ 指标进行测试。

4. 污染物去除率计算方法

由于本次试验中土柱深度较大，污染物穿透时间相对较长，入流与出流之间存在滞后性；另外，再生水原水入水浓度是一个动态变化值，在计算去除率时入水浓度和出水浓度对应问题上存在难点。因此，难以利用污染物浓度计算去除率，为此利用污染物总量来进行污染物去除率的计算，并提出如下假定。

（1）土柱储水量基本稳定。基于长期运行土柱系统处于稳定状态下，根据物质守恒原

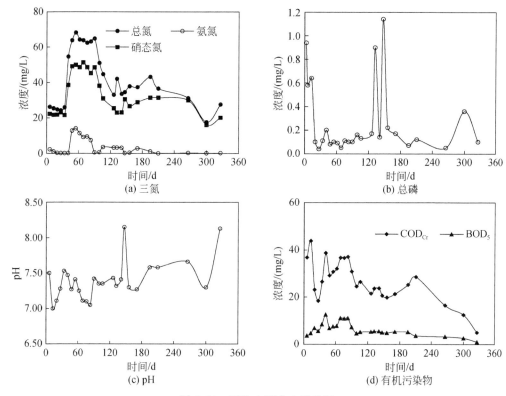

图 7.24　再生水原水水质状况

理,假设在特定时段内,土柱内水量处于平衡状态,即土柱顶端输入水量等于底端输出水量。

(2)计算时段内土柱内污染物未发生明显淋溶时,固相中污染物残留量变化对去除率的影响可以忽略不计。表 7.17 和表 7.18 分别是各个土柱中初始和连续运行一年后的污染物含量,前后发生了明显变化。但污染物残留量的变化量相比于入流污染物的总

表 7.17　土相各污染物的初始含量

项目	总氮/(g/kg)	总磷/(g/kg)	氨氮/(mg/kg)	硝态氮/(mg/kg)
河床介质	0.36	0.34	未检出(<1.25)	3.46
天然沉积物	4.16	1.51	50.8	—
膨润土	0	0	0	0

表 7.18　再生水连续入渗一年时固相中的污染物含量

编号	指标	减渗层		河床介质				
		表层	底层	0cm	20cm	60cm	120cm	200cm
RM柱	总氮/(g/kg)	2.80	3.02	0.32	0.31	0.30	0.28	0.38
	总磷/(g/kg)	1.48	1.67	0.61	0.63	0.67	0.66	0.76
	氨氮/(mg/kg)	6.49	62.80	0.41	0.55	0.43	0.75	0.39
	硝态氮/(mg/kg)	32.70	28.90	7.59	7.75	8.21	8.89	7.89

编号	指标	减渗层		河床介质				
		表层	底层	0cm	20cm	60cm	120cm	200cm
BC12柱	总氮/(g/kg)	0.63	0.56	0.34	0.30	0.35	0.32	0.39
	总磷/(g/kg)	0.39	0.38	0.50	0.57	0.69	0.70	0.64
	氨氮/(mg/kg)	1.33	0.56	0.26	0.39	0.81	0.52	0.14
	硝态氮/(mg/kg)	17.30	8.48	8.69	6.59	8.42	6.72	6.55
BC16柱	总氮/(g/kg)	0.66	0.57	0.35	0.35	0.33	0.30	0.35
	总磷/(g/kg)	0.38	0.36	0.49	0.55	0.60	0.69	0.74
	氨氮/(mg/kg)	0.67	0.42	0.28	0.32	0.44	0.77	0.92
	硝态氮/(mg/kg)	11.40	9.84	6.99	6.53	6.50	5.29	6.58
BC16-60柱	总氮/(g/kg)	0.75	0.59	0.48	0.35	0.33	0.35	0.40
	总磷/(g/kg)	0.36	0.32	0.65	0.62	0.62	0.74	0.63
	氨氮/(mg/kg)	6.11	0.73	1.23	0.20	0.60	0.22	1.08
	硝态氮/(mg/kg)	16.20	8.96	10.5	7.66	7.59	7.44	11.20
BC20柱	总氮/(g/kg)	0.60	0.54	0.34	0.35	0.24	0.26	0.34
	总磷/(g/kg)	0.38	0.38	0.63	0.60	0.59	0.72	0.72
	氨氮/(mg/kg)	0.65	0.72	0.23	0.26	0.52	0.10	1.08
	硝态氮/(mg/kg)	12.30	4.69	7.63	6.48	5.98	6.48	7.48

量一般很小(两者比例多处于1‰以下),变化量相对较大的污染物为磷元素和天然沉积物中的硝态氮,前者并未考虑去除效应,后者在试验前期发生了较为明显的淋溶,可以通过后续的出流检测来判断污染物的去除效果,所以只考虑水相中污染物的去除率。

(3)短期内去除率基本稳定假设。土柱长期运行时段内会多次补给再生水,由于入流水质的改变,经历一定时间后某一深度下的污染物出流浓度将会发生变化,而后期检测周期较长,实际出流的检测节点中可能并不包含出流瞬态变化的关键点。可以假设在一定时段内污染物的去除率基本稳定,即出流浓度与入流浓度的比值是恒定值,通过两次相邻再生水的入流浓度和其中某一节点的出流浓度来推求这一瞬态变化点的出流浓度。

(4)两个出流节点时段内污染物浓度呈线性变化。取相邻出流检测节点间隔为一时段,由于在此时段内入流水质和入渗率都非常稳定,出流水质的变化相对平缓,故假定此时段内污染物浓度呈线性变化。

在计算水相中污染物总量时,划分出流计算时段(T_i)和入流计算时段(T_j),根据该时段内水量(W)和浓度(C),叠加各时段的污染物质量即为总的污染物质量S。基于污染物去除假设,可以得到如下参数。

①瞬态变化点出流浓度($C_{k_2 \text{ OUT}}$)。

若某土柱某次更换再生水节点为k_1,根据7.3.2节入渗锋面深度随时间变化关系曲线,便可得出出流节点k_2。若需要推求节点k_2出流浓度,则取与节点k_1的相邻的再生水

补给节点 l_1，同理得出相应的出流节点 l_2，找出与时间节点 l_2 相同或与其相隔最近的出流检测节点 l_3（其必须是在再生水补给节点 l_1 影响范围之内），则节点 k_2 的出流浓度为

$$C_{k_2\,\text{OUT}} = \frac{C_{k_1\,\text{IN}}}{C_{l_1\,\text{IN}}} C_{l_3\,\text{OUT}} \tag{7-6}$$

式中，$C_{k_2\,\text{OUT}}$ 为 k_2 节点的出流浓度；$C_{k_1\,\text{IN}}$ 为 k_1 节点的入流浓度；$C_{l_1\,\text{IN}}$ 为 l_1 节点的入流浓度；$C_{l_3\,\text{OUT}}$ 为 l_3 节点的出流浓度。

②计算时段出流浓度（$C_{i\,\text{OUT}}$）。

$$C_{i\text{OUT}} = \frac{C_{(k-1)\,\text{OUT}} + C_{k\text{OUT}}}{2} \tag{7-7}$$

式中，$C_{i\,\text{OUT}}$ 为第 i 时段的出流浓度；$C_{(k-1)\,\text{OUT}}$ 和 $C_{k\,\text{OUT}}$ 分别为第 $k-1$ 个和第 k 个时间节点的出流浓度。

③计算时段内的入流浓度（$C_{i\,\text{IN}}$）。

相邻入流检测节点间隔也经常用来作为一入流时段，此时该时段内入流浓度为前一节点的入流检测浓度，如果所取时段包含多个检测节点，则根据各浓度持续时间，采用加权平均法计算该时段入流浓度：

$$C_{i\text{IN}} = \frac{C_{(k-1)\text{IN}} d_{k-1} + C_{k\text{IN}} d_k + \cdots + C_{l\text{IN}} d_l}{d_{k-1} + d_k + \cdots + d_l} \tag{7-8}$$

式中，$C_{i\,\text{IN}}$ 为第 i 时段的入流浓度；$C_{(k-1)\text{IN}}$、$C_{k\text{IN}}$、$C_{l\text{IN}}$ 分别为第 $k-1$、k、l 个时间节点的入流浓度；d_{k-1}、d_k、d_l 分别为其所对应入流浓度的持续时间。

④计算时段内水量（W_i）。

根据实测中所得的马氏瓶中水量变化情况，计算出不同时间节点的累积入渗量，则有

$$W_i = F(t_k) - F(t_{k-1}) \tag{7-9}$$

式中，W_i 为第 i 时段内的入流水量或出流水量；$F(t_k)$、$F(t_{k-1})$ 分别为第 i 时段内第 k 个时间节点和第 $k-1$ 个时间节点的累积入渗量。

⑤水相中污染物总量（S_W）。

$$S_i = C_i - W_i \tag{7-10}$$

$$S_\text{W} = \sum_{i=1}^{n} T_i \tag{7-11}$$

式中，S_i 为第 i 时段内的污染物质量；S_W 为水相污染物总质量。

污染物去除率（Re）计算：

$$Re = \frac{T_{\text{wIN}} - T_{\text{wOUT}}}{T_{\text{wIN}}} \times 100\% \tag{7-12}$$

式中，T_{wIN}、T_{wOUT} 分别为入流水相和出流水相中污染物的总质量。

7.4.2　氨氮的去除

图 7.25 为再生水中氨氮入流浓度及 BC12、BC16、BC20、BC16-60、RM 中不同河床介质厚度（20cm、60cm、100cm、140cm、200cm）下氨氮的出流浓度随时间变化的情况，以及在实验运行 300d 左右各土柱对氨氮的去除效果。

从图中可以看出，各处理组对氨氮都表现出良好的去除效果，当膨润土含量分别为

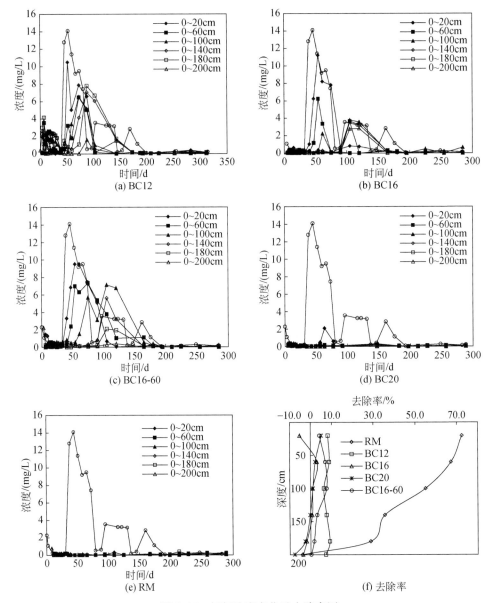

图 7.25　氨氮浓度变化及去除率图

12%、16%、20%时,底端出流液中氨氮的浓度主要介于 0.01~1.61mg/L、0.01~0.25mg/L、0.01~0.19mg/L,且膨润土含量越高出流水质越好,除 BC12 之外,可达Ⅲ类地下水水质标准(GB/T 14848—2017)。天然沉积物减渗条件下,底端出流液中氨氮的浓度主要介于 0.01~0.19mg/L,可达Ⅲ类地下水水质标准(GB/T 14848—2017),相比于此,BC12 与 BC16 中出流水质相对较差,BC20 则与其相当。

　　当膨润土含量分别为 12%、16%、20%时,整个计算时段内,2m 深的河床介质对氨氮的去除率(下文中若未详细说明,则所述去除率都为整个计算时段内 2m 深的河床介质对于污染物的去除率)分别为 81.2%、85.6%、97.4%,当膨润土含量由 12%增加到 20%时,去除率增加了 16.2%,处理组之间对氨氮的去除差异显著(单因素方差分析,显著水平 $\alpha=0.05$)。RM 中去除率为 95.3%,BC20 对氨氮去除效果与此相当,BC12、BC16 对氨氮的去除效果相对略差。压力水头对氨氮的去除有一定影响,BC16-60 中去除率(92.6%)比 BC16 中高 7.0%,但沿着深度变化上的去除效果并未存在显著差异(F 单尾检验,显著水平 $\alpha=0.05$)。

随着河床介质厚度的增加,各处理组对氨氮的去除效果呈增加趋势,BC12 和 BC16 中增幅相对较大,200cm 处比 20cm 处去除率分别高出 41.3%和 40.0%,但 BC20 中减渗层中去除效果已经很好,20cm 处对氨氮的去除率高达 90.7%,下层的增加幅度也就很小,这与 RM 中的变化规律较为一致。总体而言,各土柱对氨氮的去除主要集中在减渗层段,BC12、BC16 中该层与 20cm 厚的河床介质对氨氮的去除率均占到 200cm 处去除率的 40%以上,BC20 和 RM 中则可达到 90%以上。

7.4.3　硝态氮的去除

硝态氮的不同深度出流浓度规律及去除效果如图 7.26 所示。各 BC 处理组对硝态氮基本无去除效果,Kopchynski 等(1996)认为大部分条件下氨氮在土壤-含水层中能够有效地被硝化,但反硝化作用并不是随时发生的,本节的结论在一定程度上印证了这一观点。当处理组中膨润土含量分别为 12%、16%、20%时,底端出流液中硝态氮的浓度主要介于 10.4~47.8mg/L、6.42~45mg/L、8.21~50.4mg/L,多处于Ⅳ类地下水质标准(GB/T 14848—2017)。天然沉积物减渗条件下,底端出流液硝态氮浓度最高可达 259mg/L,20~289d 出水浓度介于 12.6~33.2mg/L,最好出流水质可达Ⅱ类地下水水质标准(GB/T 14848—2017),相比于此,各处理组中试验初期出流水质远优于 RM,后期出流水质则劣于 RM。

BC12、BC16 和 BC20 中硝态氮去除率分别为 7.2%、-3.7%、-7.6%,其值随着膨润土含量的增加而减少,当膨润土含量由 12%增加到 20%时,去除率减少了 14.8%,差异显著(显著水平 $\alpha=0.05$)。RM 中去除率为 -4.0%,但 20~289d 内去除率可达 38.6%,相比于此,各 BC 处理组对硝态氮的去除效果均较差。BC16-60 中去除率为 0.22%,BC16 与此仅相差 3.9%,并未存在显著差异(显著水平 $\alpha=0.05$)。

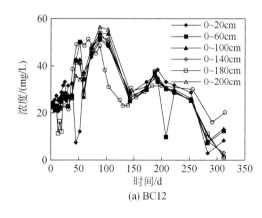

(a) BC12

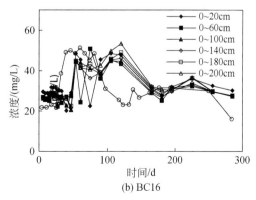

(b) BC16

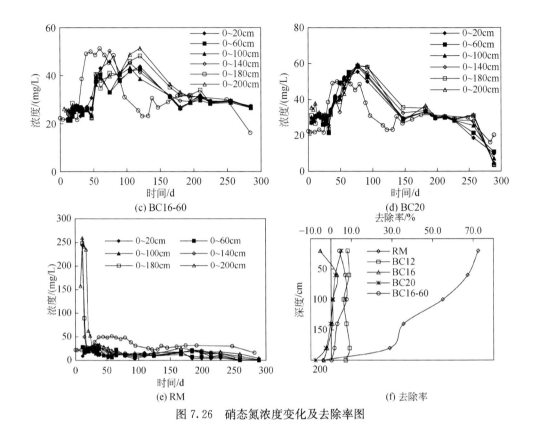

图 7.26　硝态氮浓度变化及去除率图

　　随着河床介质厚度的增加,BC12 中不同深度下的硝态氮去除率较为接近,表现为先减少后增大再减少,BC12 中氨氮去除率则先增大后减少再增加,两者恰好相反,这一点在 BC20 和 BC16-60 中也是如此,随着深度的增加两个土柱中硝态氮的去除率逐渐降低,其中 BC20 中 20cm 处的去除率比 200cm 处高 12.7%,但两个土柱中氨氮的去除率却在逐渐上升,BC16 中随着深度的增加氨氮的去除率呈增加趋势,而其对硝态氮的去除率只在 20~60cm 处有所增加(两者的差值为 8.3%)外,60~200cm 处的去除率则逐渐降低(60cm 处与 200cm 处的去除率差值为 6.8%),这表明各 BC 型处理组中由于河床介质对硝态氮基本无去除效果,使得沿深度变化上的去除率与氨氮的去除率存在一定的负相关关系。当河床介质厚度由 20cm 增加到 200cm 时,RM 中硝态氮的去除率由 72.5% 降为 0,相比于此,各 BC 处理组中的去除率变幅明显较小。

7.4.4　总氮的去除

　　总氮不同深度出流浓度规律及去除效果如图 7.27 所示。Suzuki 等(1992)所利用的土壤渗滤装置对总氮的去除率约为 50%,本节试验的研究表明各处理组对总氮的去除较差,这主要是由于所用再生水中氮素的存在形式主要为硝态氮,所以表现为各土柱对总氮的去除效果与硝态氮类似。当处理组中膨润土含量分别为 12%、16%、20% 时,底端出流液总氮浓度分别介于 11.3~69.5mg/L、25.48~48.9mg/L、21.0~51.6mg/L。天然沉积物减渗条件下,底端出流液中 20～289d 总氮浓度主要介于 4.84～34.5mg/L,相比于此,各处理组中试验初期出流水质优于 RM,但后期出流水质明显劣于 RM。

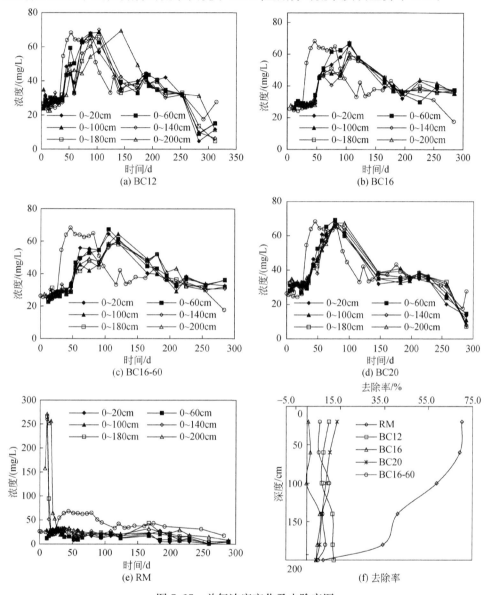

图 7.27　总氮浓度变化及去除率图

BC12、BC16 和 BC20 中总氮的去除率分别为 12.2%、4.3%、4.4%,当膨润土含量由 12% 增加到 20% 时,去除率仅降低 7.8%,各处理之间存在显著差异(显著水平 $\alpha=$ 0.05)。RM 中去除率为 7.5%,但 20～289d 内去除率可达 44.6%,各 BC 处理组中总氮的去除效果明显比 RM 中差,去除率最高差值可达 40.2%。BC16-60 中去除率为 5.1%,BC16 仅与此相差 0.8%,并无显著差异(显著水平 $\alpha=0.05$)。

当河床介质厚度由 20cm 增加到 200cm 时,BC20 中总氮的去除率逐渐降低,20cm 与

200cm 的去除率差值为 9.2%，BC12 与 BC16 不同深度处去除率则无明显规律。RM 中总氮的去除率则由 70.1% 降低为 7.5%，各 BC 处理组中的去除率变幅相比于 RM 明显较小。

7.4.5 总磷的去除

总磷不同深度的出流浓度规律及去除效果如图 7.28 所示。

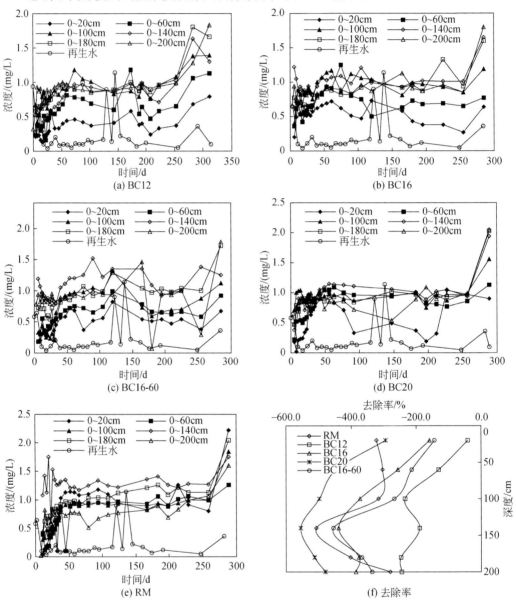

图 7.28 总磷浓度变化及去除率

由图 7.28 可以看出，长期监测后，自再生水穿透土柱，底端出流，各深度的土壤水中总磷浓度均处于一个比较高的水平。当处理组中膨润土含量分别为 12%、16%、20% 时，底端出流水相中磷浓度分别为 0.32~1.28mg/L、0.66~1.13mg/L、0.49~1.12mg/L，淋出量分别为入流量的 2.4 倍、3.9 倍、4.8 倍。天然沉积物减渗条件下,底端出流水相中磷浓度处于 0.02~1.6mg/L,淋出量分别为入流量的 2.8 倍。

随着河床介质深度的增加,除 BC12 外,其余各土柱的去除率呈降低趋势,并在 140cm 深度处达到最小值,此后去除率有所增加,BC12 也基本呈现随深度增加去除率降低的趋势,这表明水流在下渗过程中淋洗去除了河床介质中的磷。

7.4.6　有机污染物的去除

利用 BOD_5、COD_{Cr} 表征有机污染物,其在各试验柱的不同深度的浓度变化规律及去除效果如图 7.29 和图 7.30 所示。

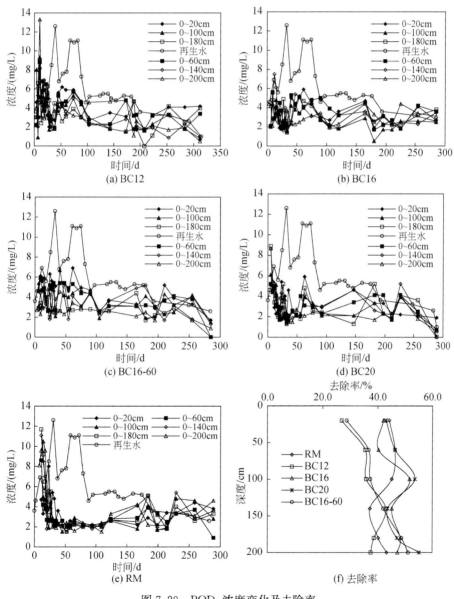

图 7.29　BOD_5 浓度变化及去除率

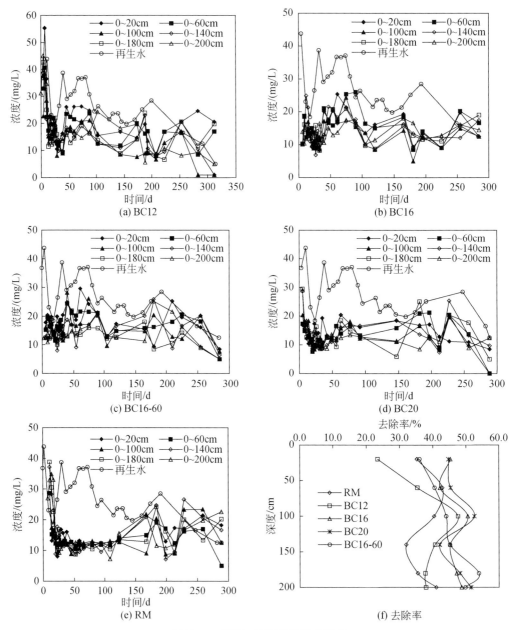

图 7.30 COD$_{Cr}$浓度变化及去除率

总体说来,各土柱对有机物的去除都表现出一定的去除效果。当处理组中膨润土含量分别为 12%、16%、20% 时,底端出流液 BOD$_5$ 分别介于 0.5~4.8mg/L、2.00~3.4mg/L、0.6~2.7mg/L,COD$_{Cr}$ 则为 5.0~24.3mg/L、8.2~18.0mg/L、7.2~14.8mg/L,随着膨润土含量的增加出流水质较好。天然沉积物减渗条件下,底端出流液中 BOD$_5$、COD$_{Cr}$ 浓度分别介于 1.6~4.6mg/L、7.2~22.6mg/L。相比于此,试验前 20d 左右除 BC12 外处理组中底端出流水质比 RM 中较好,20~120d 内出流水质劣于 RM,此后则略优于 RM。

BC12、BC16、BC20 中 BOD_5 去除率分别为 37.5%、47.5%、55.2%，COD_{Cr} 则为 37.8%、48.6、51.5%。Magdoff 等(1974)研究发现，相同试验条件下，通气良好的砂滤土柱中有机物的去除率高达 90%，但采用淹没配水的方式对土柱进行供水时，去除率仅为 40% 左右，这与本章的试验结果较为一致。随着膨润土含量的增加，处理组中 BOD_5、COD_{Cr} 的去除率增加，当膨润土含量由 12% 增加到 20% 时，BOD_5、COD_{Cr} 的去除率分别增加了 17.7%、13.7%，处理组之间 BOD_5、COD_{Cr} 的去除存在显著差异(显著水平 $\alpha=$ 0.05)。RM 中去除率分别为 43.43%、40.96%，当膨润土含量低于 16% 时，对 BOD_5、COD_{Cr} 的去除率比 RM 低；而当膨润土含量达到 16% 后，去除率则比 RM 高。其中，BC20 中 BOD_5、COD_{Cr} 的去除率分别比 RM 高出 11.7%、10.5%。此外，从图中可知，试验前期各土柱对有机物的去除效果相对较好，例如，RM 中 20～120d 内 BOD_5、COD_{Cr} 的去除率可达 61.3%、64.6%。此时处理组中去除效果相比于 RM 较差，但在试验后期各土柱对有机物的去除效果则相对略差，此时处理组中去除效果则优于 RM。BC16-60 中 BOD_5、COD_{Cr} 的去除率分别为 51.3%、49.7%，BC16 仅与此相差 3.8%、1.1%，均无显著差异(显著水平 $\alpha=0.05$)。

随着河床介质厚度的增加，各土柱对 BOD_5、COD_{Cr} 的去除率均未呈现明显规律。BC12 中 BOD_5、COD_{Cr} 去除率均先增加，分别在 140cm 和 100cm 处达到最大去除率，随后则逐渐减少；BC16 中 BOD_5、COD_{Cr} 的去除率表现为先减少后增大，并在 100cm 处达到最大去除率，随后处于波动状态；BC20 中 BOD_5、COD_{Cr} 的去除率在 20～100cm 三个浅层深度是呈增加趋势，在 100～140cm 时出现陡降现象，之后在 140～200cm 处逐渐增大。RM 中 BOD_5、COD_{Cr} 的去除率则表现为先增大后减少再增大，最大去除率和最小去除率分别处在 60cm 和 140cm 处。相比于此，BC 处理组中的最大去除率基本处于 100cm 以下，最小去除率则处于 20cm 或 60cm 处。

各土柱对 BOD_5、COD_{Cr} 的去除效果主要集中在土柱的减渗层段，当河床介质厚度由 20cm 增加到 200cm 时，BC12、BC16、BC19 中 BOD_5 的去除率分别增加了 10.6%、5.4%、12.1%，COD_{Cr} 的去除率分别增加了 14.4%、3.3%、6.8%，减渗层与 20cm 的河床介质对 BOD_5、COD_{Cr} 的去除效率分别占整个土柱总去除率的 70%、60% 以上。

7.5　小　　结

(1)永定河包气带呈现出以砂卵砾石为主的单介质结构特点，连通性较好，极易产生优先流。若直接回补再生水作为其生态用水，形成的地表水经包气带下渗的过程将极为迅速，过快的水分入渗速率不仅会造成地表水体达不到规划水位，影响其景观效应，还将导致包气带净污时间缩短，河流渗滤作用难以充分发挥，因此必须采取适宜的减渗措施。工业 CT 扫描技术可以应用于河湖包气带介质微观孔隙结构特征研究，包气带介质也如同土壤、沉积物、滤饼等多孔介质一样具有明显的分形特征。

(2)不同减渗材料间减渗性能差异显著，无减渗处理土柱穿透时间仅用时 30min，6cm 天然淤泥耗时最长，达到 7318min，膨润土-黏土混合型减渗材料的穿透时间介于 900～5046min，且随膨润土含量的增加而增加，与包气带宏观结构研究的结论一致。膨润土含量越高,不同配比减渗材料的减渗性能梯度差异越明显,且其对外界环境的变化越敏感;水头的"压密"作用使膨润土-黏土混合型减渗材料的导水性能减弱,抵消了一部分由水力负荷本身带来的入渗率增大的作用,故水力负荷对其减渗处理的包气带中水分入渗性能影响不显著。

(3)膨润土-黏土混合型减渗材料是氨氮和有机物去除的主要部位;除了氨氮,河床介质对硝态氮、总氮、BOD_5 和 COD_{Cr} 基本无去除效果。当膨润土含量达到 12% 以上时,2m 深的河床介质对于氨氮的去除率均在 80% 以上,当含量达到 20% 时则与天然沉积物作用(RM)下河床介质的去除效果相当;随着河床介质深度的增加氨氮的去除率增加。混合材料对硝态氮和总氮的去除率不足 15%,去除效果远低于 RM;随着河床介质深度的增加,硝态氮的去除率并未呈现出增加趋势。对于磷素,反而表现出明显的淋溶现象,处理组中淋出量分别为入流量的 2.4 倍、3.9 倍、4.8 倍。

参 考 文 献

段雅丽. 2011. 丙烯酰胺系高吸水性树脂的改性及吸附性能研究[D]. 秦皇岛:燕山大学.

冯杰,郝振纯. 2002. CT 扫描确定土壤大孔隙分布[J]. 水科学进展,13(5):611-617.

李德成,Velde B,张桃林. 2003. 利用土壤的序列数字图像技术研究孔隙小尺度特征[J]. 土壤学报,(4):524-528.

李金荣. 2006. 河流渗滤系统的自净作用[M]. 郑州:黄河水利出版社.

李丽,武丽萍,成绍鑫. 2000. 腐殖酸钾与速效磷肥结合形态对磷的有效性影响[J]. 土壤肥料,(3):7-9.

李云开,杨培岭,刘培斌,等. 2012. 再生水补给永定河生态用水的环境影响及保障关键技术研究[J]. 中国水利,(5):30-34.

秦万德. 1987. 腐殖酸的综合利用[M]. 北京:科学出版社.

王贵和,王定峰,崔迎春,等. 2005. 钻井液固体润滑剂的试验研究[J]. 石油钻探技术,33(3):19-21.

杨庆,郭萌,刘予,等. 2010. 北京利用土地处理技术将再生水回补地下水可行性探讨[J]. 城市地质,1:7-10.

尹钧科. 2003. 论永定河与北京城的关系[J]. 北京社会科学,(4):12-18.

Archer D G. 1999. Thermodynamic properties of the KCl + H₂O system[J]. Journal Physical and Chemical Reference Data,28(1):1-16.

DOW. 1997. Calcium Chloride Handbook:A Guide to Properties,Forms,Storage,and handling[M]. Cincinnati:DOW Chemical Company.

Drzyzga O,Blotevogel K H. 1997. Microbial degradation of diphenylamine under anoxic conditions[J]. Current Microbiology,35(6):343-347.

Grischek T,Hiscock K M,Metschies T,et al. 1998. Factors affecting denitrification during infiltration of river water into a sand and gravel aquifer in Saxony,Germany[J]. Water Research,32(2):450-460.

Hedstrom A,Amofah L R. 2008. Adsorption and desorption of ammonium by clinoptilolite adsorbent in municipal wastewater treatment systems[J]. Journal of Environmental Engineering and Science,7(1):53-61.

Kopchynski T,Fox P,Alsmadi B,et al. 1996. The effects of soil type and effluent pre-treatment on soil aquifer treatment[J]. Water Science and Technology,34(11):235-242.

Kostikov A N. 1932. On the dynamics of the coefficient of water percolation in sails and on the necessity of studying it from dynamic point of view for purpose of amelioration[J]. Transaction of International

Congress on Soil Science,(6):17-21.

Liu X M,Wang X G. 2009. Primary research on the self-purification of contamination in unsaturated zone[J]. Ground Water,31(5):79-82.

Ma J J,Sun X H,Li Z B. 2004. Effect on soil infiltration parameters of infiltration head[J]. Journal of Irrigation and Drainage,23(5):53-55.

Magdoff F R,Keeney D R,Bouma J,et al. 1974. Columns representing mound-type disposal system for septic tank effluent. Ⅱ. Nutrient transformations and bacteria pollutions[J]. Journal of Environmental Quality,3(3):228-234.

Mandelbrot B B,Passoja D E,Paullay A J. 1984. Fractal character of fracture surfaces of metals[J]. Nature,308(5961):721-722.

Margaret C C,James E K,Walter J W. 1995. Site energy distribution analysis of preloaded adsorbents[J]. Environmental Science and Technology,29(7):1773-1780.

Pitzer K S,Pelper J C. 1984. Thermodynamic properties of aqueous sodium chloride solutions[J]. Journal Physical and Chemical Reference Data,13(1):1-102.

Quanrud D M,Hafer J,Karpiscak M M,et al. 2003. Fate of organics during soil-aquifer treatment:Sustainability of removals in the field[J]. Water Research,37(14):3401-3411.

Rauch-Williams T,Drewes J E. 2006. Using soil biomass as an indicator for the biological removal of effluent-derived organic carbon during soil infiltration[J]. Water Research,40(5):961-968.

Romero E, Villar M V, Lloret A. 2005. Thermo-hydro-mechanical behaviour of two heavily overconsolidated clays[J]. Engineering Geology,81(3):255-268.

Saltali K,Sari A,Aydin M. 2007. Removal of ammonium ion from aqueous solution by natural Turkish (Yildizeli) zeolite for environmental quality[J]. Journal of Hazardous Materials,141(1):258-263.

Shuang X. 2008. Removals of dissolved organic matter in secondary effluents by soil-aquifer treatment techniques[D]. Harbin:Harbin Institute of Technology.

Suzuki T,Katsuno T,Yamaura G. 1992. Land application of wastewater using three types of trenches set in lysimeters and its mass balance of nitrogen[J]. Water Research,26(11):1433-1444.

Tang A M, Cui Y J. 2005. Controlling suction by the vapor equilibrium technique at different temperatures and its application in determining the water retention properties of MX80 clay[J]. Canadian Geotechnical Journal, 42(1):287-296.

Wang S B, Peng Y L. 2010. Natural zeolites as effective adsorbents in water and wastewater treatment[J]. Chemical Engineering Journal,156(1):11-24.

Yu S F,Chen J F. 1982. Preliminary study on ammonium adsorbed by soil from binary solution of NH_4^+ Ca^{2+} chloride[J]. Acta Pedologica Sinica,3:248-256.

Yu Z M,Yuan X Y,Liu S L,et al. 2011. Effect of hydraulic conditions on treatment of polluted river water by hybrid constructed wetlands[J]. Chinese Journal Environmental Engineering,5(4):757-762.

Zhang J F. 2004. Experimental study on infiltration characteristics and finger flow in layer soils of the loess area[D]. Yulin:North West Agriculture and Forestry University.

Zhao W,Li Y K,Zhao Q,et al. 2012. Adsorption and desorption characteristics of ammonium in eight loams irrigated with reclaimed wastewater from intensive hogpen[J]. Environmental Earth Science, 69(1):41-49.

第8章 再生水补给型河道河床介质堵塞特性与形成机理

河床渗滤系统堵塞问题的产生与回灌水质、入渗介质的矿物成分及颗粒组成特征等多种因素有关,通常根据成因可分为物理堵塞、化学堵塞和生物堵塞(杜新强等,2009)。路莹(2009)研究发现回灌水中的悬浮颗粒物会造成回灌系统的表面淤堵与介质内部堵塞;回灌水中含有一定的氮、磷、有机质等会给微生物、藻类生长提供营养物质,促进渗滤介质表面附生生物膜生长,生物膜体积的增加以及所产生的代谢产物极易引起介质渗流性能降低。近年来,国内外研究人员对渗滤系统的堵塞问题给予了广泛关注,但多针对较大粒径的悬浮颗粒物的堵塞规律(Siriwardene et al.,2007),对于较小粒径的颗粒物以及引起堵塞的多因素之间相互作用体系的研究较少,探索再生水补给型河道渗滤介质在物理、化学及生物等因素作用下的渗流-堵塞过程耦合机理十分必要。基于此,本章着眼于再生水回灌河湖渗滤系统堵塞发生机理,通过开展再生水入渗室内大型土柱模拟试验,观测典型河道断面河床渗滤介质渗流-堵塞发生过程;开展再生水回用条件下渗滤介质生物堵塞发生规律试验研究,揭示再生水回用条件下水力负荷、介质形貌与粒径级配对回灌介质生物堵塞的影响效应,以及不同堵塞程度对颗粒物运移能力的影响;通过开展系列饱和土柱颗粒物穿透试验揭示不同环境因子影响下再生水回灌介质中颗粒物运移的特征,联合运用 Derjaguin-Landau-Verwey-Overbeek (DLVO)理论与 Maxwell 扩展模型,进行再生水 DOM 对颗粒物黏附效率影响的动力学分析,从试验与理论方面比较再生水回用条件下颗粒物在回灌介质中的滞留规律;开展再生水补给型河道沉积物的自然减渗效应研究,揭示沉积物在河床减渗中的影响效应;提出再生水补给型河道的微生物减渗应用模式。研究可为再生水回用河湖河床渗滤介质堵塞问题的解决及再生水长期安全回用提供理论基础和技术支撑。

8.1 再生水回用河道河床介质堵塞发生特性

8.1.1 材料与方法

1. 试验装置

试验装置设计以本研究团队自主研发的室内大型土柱模拟试验装置(李云开等,2012)为基础进行加高改装,试验台加高至 7m,有机玻璃柱体总高度 $H=600\text{cm}$,内径 $d=50\text{cm}$。土壤水采集器与张力计的安装方式参见 4.1 节。

2. 试验步骤

根据土沟与和合站野外勘测结果选择取样点,获取河床表层 5m 原状土,取样深度为 5m,剔除较大颗粒的石块和植物根系并过 2cm 筛,运回实验室后检测试验介质理化性质,采用环刀法和烘干法,测试介质含水率和干容重,然后进行介质的填装与入渗试验的启动。本试验共设置 2 个试验处理,每个处理均使用 3 支大型土柱及配套设施。具体试验步骤如下。

(1)填装反滤层:在土柱底部铺设由卵砾石、石英砂和 200 目锦纶布构成的反滤层,高 30cm。反滤层从下到上所用材料分别为粒径 2cm 的卵砾石、粒径 1cm 的卵砾石、粒径 0.1～0.2cm 的石英砂,各材料均需用去离子水清洗三遍,再用去离子水浸泡 24h 并冲洗三遍以达到反滤层超净的目的。

(2)填装天然河床质:填装厚度为 500cm。将野外取回的土样分层按照测定的初始含水率、土壤干容重和装土体积等基本数据分层填装、压实填装到土柱中。用夯实器将土壤夯成原状土,每隔 7.6cm 填装一次,相邻两次装填时接触平面要用刀片刮毛使上下两层土壤充分接触,避免明显分层现象的出现。在土柱上端加设与土柱底部反滤层结构相同的反滤层,共高 5cm,介质装填配置情况见表 8.1。

表 8.1　试验配置

典型断面	装填介质	进水水质	淹没水头/cm
土沟	3cm 沉积物＋3.5m 素填土＋1.5m 砂质粉土	再生水	50
和合站	3cm 沉积物＋4.2m 细砂＋0.8m 粉砂	再生水	50

(3)安装张力计和土壤水采集器:张力计陶土头与土壤水采集器均安装 18 支,张力计与土壤水采集器分别安装在土柱的两侧,错位安装。张力计陶土管安装的深度为: $h_1 = 20cm$、$h_2 = 40cm$、$h_3 = 60cm$、$h_4 = 80cm$、$h_5 = 100cm$、$h_6 = 120cm$、$h_7 = 140cm$、$h_8 = 160cm$、$h_9 = 180cm$、$h_{10} = 200cm$、$h_{11} = 230cm$、$h_{12} = 260cm$、$h_{13} = 290cm$、$h_{14} = 320cm$、$h_{15} = 350cm$、$h_{16} = 390cm$、$h_{17} = 430cm$、$h_{18} = 470cm$。土壤水采集器陶土管安装的深度为:$h_1 = 10cm$、$h_2 = 30cm$、$h_3 = 50cm$、$h_4 = 70cm$、$h_5 = 90cm$、$h_6 = 110cm$、$h_7 = 130cm$、$h_8 = 150cm$、$h_9 = 170cm$、$h_{10} = 190cm$、$h_{11} = 220cm$、$h_{12} = 250cm$、$h_{13} = 280cm$、$h_{14} = 310cm$、$h_{15} = 340cm$、$h_{16} = 380cm$、$h_{17} = 420cm$、$h_{18} = 460cm$。陶土管中心与设计安装深度处相平。陶土管头部向下与水平线成 30°角,出气方向为斜向上方向,以保证陶土管中的气体能够排出,保证张力计读数准确。埋放前先将陶土管在水中浸泡 2h,排出陶土管孔隙中的气体。陶土管集气瓶安放在张力计的最高位置使陶土管与导压管内产生的气体能自动升至集气瓶。组装好的张力计各连接处要保证接牢、密封,以防漏气。

(4)入渗:模拟系统全部安装完毕后,将马氏瓶中充满相应的试验用水,准备启动入渗试验。土柱在上边界条件为恒定水头、下边界条件为自由排水、各层土壤初始含水率均匀的条件下进行入渗。入渗时,为了保证定水头入渗条件,在马氏瓶准备就绪的状态下,将足够大的塑料布铺于填装好的上层反滤层上方,均匀铺展,形成以土柱外壁为约束条件的塑料布容器,缓慢将与马氏瓶中水质相同的水体倒入容器,到达预定水位线为止。

然后在开启马氏瓶出水口阀门的同时,迅速抽出塑料布,入渗过程即开始,由于入渗初期人工加水等误差,水位可能会出现小幅度的上升或下降,若水位上升,打开土柱溢流口,并用烧杯盛接溢流水体并读出其水量,若水位下降,则人工对其进行补水并记录补水水量。水位稳定后,连续观测供水装置马氏瓶中水量随时间的变化,即为包气带累积入渗量,观测张力计读数的变化情况,以此判断入渗锋面随时间的变化,此外还要监测土柱上部水体水温。

3. 数据监测与分析

水量入渗监测与计算方法:试验初期,每隔2min观测一次马氏瓶水量变化,10min后,每隔5min观测一次,50min后每隔10min观测一次,100min后,每隔30min观测一次,310min后,每隔60min观测一次,1510min后,每隔120min观测一次,2230min后,每隔360min观测一次,3670min后,每隔480min观测一次,10d后,每隔12h观测一次,16d后,每隔24h观测一次,当入渗稳定后,每次马氏瓶加水时观测一次,为4~5d,直到试验观测结束。由于室内温度相对恒定,相比于入渗量,室内蒸发量相对较少,因此在土壤入渗的过程中,其蒸发量可忽略不计。

根据试验观测的马氏瓶水位变化和入渗锋面变化,计算时段内单位面积土面入渗的水量,即累积入渗量 V;单位时间内单位面积土面入渗的水量,即入渗率 i;单位时间内入渗锋面前进的距离,即入渗锋面前进速率 v_{zf}。

本试验采用渗透系数随时间的变化、初始及末期水动力弥散系数变化来表征包气带的堵塞情况。渗透系数利用 Darcy 定律进行计算。水动力弥散系数利用 NaCl 溶液穿透土柱试验测得,实时监测出流液电导率 EC,得出 Cl^- 浓度随时间变化关系,再利用 PHREEQC 软件对其进行拟合,得出水动力弥散系数 D_α。

8.1.2 北运河典型河段理化性质

对北运河河道沉积物与表层河床介质理化性质的测试是选择典型断面的重要依据。通过对北运河河道沉积物理化性质的空间分异规律研究,本节选择北运河土沟与和合站为典型河道断面开展定水头入渗试验。北运河典型河段位置参考北京市水科学技术研究院承担的水利部公益性行业科研专项项目"北运河典型污染河段对地下水环境的影响行为研究"中的流域水文地质单元分区图。

土沟与和合站段包气带理化性质见表 8.2。表中数据显示,土沟河床介质粒径在 0.05~2mm 分布整体粒径级配较好,呈现粗粉粒较多,细砂、极细砂次之,大粒径中砂、粗砂比较少;介质干容重为 1.57g/cm³,含水率为 13.15%。土沟沉积物层粒径以粗粉粒为主,占 40.35%,干容重较小,为 1.16g/cm³。和合站河床质则以中砂为主,占 36.51%,细砂占 22.87%、粗粉粒占 21.27%,极细砂相对较少,占 14.37%,粗砂含量最少,占 4.97%;粒径级配比较差,以粒径较大的中砂、细砂为主,相应地干容重较大为 1.83g/cm³,含水量较少,为 10.77%。和合站沉积物层相对于土沟沉积物层,含有较多细砂粒,干容重 (1.37g/cm³)相较于土沟沉积物层较大。

表 8.2　土沟与和合站包气带理化性质

项目	粒组含量/%					干容重 /(g/cm³)	初始含水率/%
	粗砂 2~0.5mm	中砂 0.5~0.25mm	细砂 0.25~0.1mm	极细砂 0.1~0.05mm	粗粉粒 <0.05mm		
土沟河床质	1.21	17.06	26.23	23.21	32.28	1.57	13.15
土沟沉积物	0.74	5.3	22.39	31.22	40.35	1.16	32.08
和合站河床质	4.97	36.51	22.87	14.37	21.27	1.83	10.77
和合站沉积物	2.84	20.7	27.36	30.02	19.07	1.37	31.6

8.1.3　包气带入渗锋面随时间变化特征

图 8.1 为入渗锋面深度与入渗锋面前进速率随时间的变化情况。由图可知,土沟与和合站典型断面均呈现出前期入渗速率较快,后期入渗过程变慢,并且土沟穿透时间明显较和合站长,土沟与和合站由上部入流到下部开始出流间隔时间分别为 6.33d、3.28d。对土沟与和合站入渗锋面深度随时间的变化关系进行拟合,发现土沟呈现出先乘幂后线性的入渗规律,前期符合乘幂拟合时间段为 0~3310min,拟合度 $R^2=0.993$,随后 3310~9120min 为线性拟合,拟合度 $R^2=0.992$;相比之下,和合站的前期入渗阶段 0~2590min 为乘幂特征,拟合度 $R^2=0.993$,随后在 2590~4730min 表现为对数入渗特征,拟合度 $R^2=0.991$。入渗锋面前进速率随时间变化关系曲线如图 8.1(b)所示,土沟与和合站的入渗锋面前进速率均表现为乘幂拟合;两处理组在入渗末期入渗锋面前进速率达到相对稳定,土沟为 0.05cm/min,和合站 0.12cm/min;在入渗穿透期间,和合站平均入渗锋面前进速率为 0.31cm/min,大于土沟平均入渗锋面前进速率 0.22cm/min,和合站河床包气带的渗滤能力大于土沟段。这是由于和合站介质 3cm 沉积物层+4.2m 细砂+0.8m 粉砂,介质粒径相对较大,孔隙度较大,而土沟站介质是 3cm 沉积物层+3.5m 素填土+1.5m 砂质粉土,介质各层差别较大,渗滤介质理化性质的差异影响再生水的入渗过程。

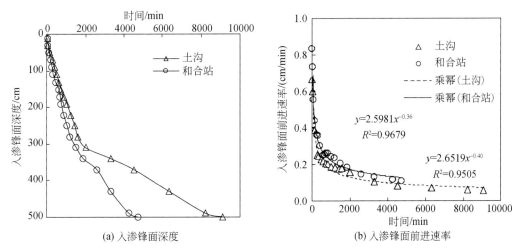

(a) 入渗锋面深度　　　　　　　　　(b) 入渗锋面前进速率

图 8.1　入渗锋面深度与入渗锋面前进速率随时间变化情况

8.1.4 包气带累积入渗量、入渗率随时间变化特征及模型拟合

各处理累积入渗量及入渗率随时间的变化关系如图 8.2、图 8.3 所示。由图 8.2 可知，土沟与和合站处理组累积入渗量均随时间延长而增加，和合站处理组累积入渗量明显高于土沟介质断面，和合站与土沟累积入渗量分别为 789.413cm、491.522cm。对土沟与和合站累积入渗量随时间延长的变化进行拟合，得出两个处理组均可分为两个阶段（表 8.3），土沟与和合站在 $0<t<10$d、11d$<t<75$d 两阶段均乘幂拟合效果较好。在 $0<t<10$d，土沟站拟合度 $R^2=0.935$，和合站乘幂拟合的拟合度 $R^2=0.976$；在 11d$<t<75$d，两个处理组乘幂拟合结果较好，土沟与和合站拟合度 R^2 分别为 0.998、0.997。

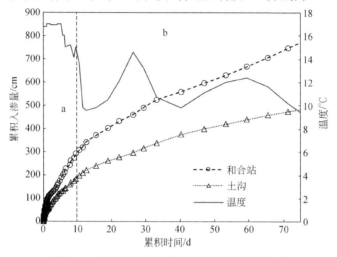

图 8.2　各处理累积入渗量随时间的变化关系

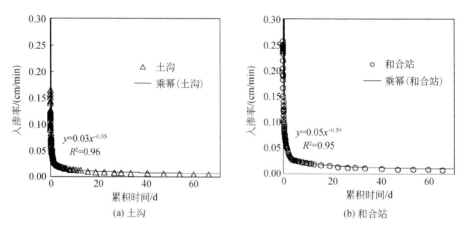

(a) 土沟　　　　　　　　　　　(b) 和合站

图 8.3　各处理入渗率随时间的变化情况

根据土沟与和合站模拟土柱的入渗实测资料，以及累积入渗量和时间的关系，得到入渗率随时间的动态变化关系曲线，如图 8.3 所示。在入渗初始阶段，上层河床土壤处含水率极低，入渗时间极短，在初始入渗 120min 内，入渗率在土沟与和合站介质中均普遍较大，这主要是因为水力梯度大，渗滤介质吸渗作用起主导作用。随着入渗

表 8.3　各处理不同阶段累积入渗曲线模拟方程

断面	第一阶段($0<t<10$d)	第二阶段(11d$<t<75$d)
土沟	$I=48.031t^{0.67}, R^2=0.935$	$I=68.58t^{0.45}, R^2=0.998$
和合站	$I=82.851t^{0.65}, R^2=0.976$	$I=105.41t^{0.46}, R^2=0.997$

时间的延长,介质中含水量逐渐增加,介质中原存在的微小黏粒与河道污水携带的颗粒物将包气带介质中的小空隙堵塞,并且土壤空隙中的气体没有排出土柱而形成气堵现象,均能够导致水势梯度减小,促使各处理入渗率迅速下降。至试验末期,土沟与和合站断面的入渗率稳定在 4.9×10^{-3} cm/min、7.5×10^{-3} cm/min。在 0d$<t<10$d,土沟与和合站平均入渗率分别为 5.88×10^{-2} cm/min、1.08×10^{-1} cm/min,在 11d$<t<75$d,入渗率分别为 8.6×10^{-3} cm/min、1.31×10^{-2} cm/min。总体而言,和合站的入渗能力明显高于土沟站,这是由于和合站主要由 3cm 沉积物层＋4.2m 细砂＋0.8m 粉砂组成,而土沟由 3cm 沉积物层＋3.5m 素填土＋1.5m 砂质粉土组成,和合站断面介质粒径相对较大,孔隙率大,入渗能力强,导致渗滤能力明显高于土沟断面。

8.1.5　包气带堵塞情况分析

1. 孔隙度动态变化规律

由图 8.4 可以看出,在土沟与和合站处理组在各孔隙度模型的模拟结果中,孔隙度均随时间的延长而降低,和合站孔隙度波动较大。观测结束时土沟处理组孔隙度分别减小为:$\beta(C)=0.555, \beta(T_{0.5})=0.634, \beta(T_{0.75})=0.817$;和合站处理组孔隙度减小为:$\beta(C)=0.728, \beta(T_{0.5})=0.713, \beta(T_{0.75})=0.856$。由此可知,Clement 模型模拟的结果,孔隙度降低得最大,Thullner(0.5)模型模拟的结果,孔隙度降低得次之,Thullner(0.75)模型模拟的结果,孔隙度降低最少。Thullner 等(2004)利用二维砂箱模拟堵塞的发生过程,研究发现堵塞物质较多地分布在砂箱入流口上部 5cm 处,这表明在水流入渗的起始位置堵塞程度较大,运用 Thullner(0.75)模型模拟结果吻合度较高;在试验中观察到土沟与和合站的上部淤泥层相较于试验初期厚度增大;通过以上分析,可判断采用的三种模型模拟结果以 Thullner(0.75)模型较为准确,土沟与和合站堵塞程度分别为 19.3%、14.4%。对比土沟与和合站介质理化性质,土沟断面以素填土为主,和合站断面以细砂和粉砂为主,两种差异较大的包气带结构在入渗末期其堵塞程度并没有显著差异,随着回灌水入渗较多的悬浮颗粒物在渗滤介质表面发生淤堵,沉积物层的孔隙度较低,而包气带下层介质的孔隙度相对较高,整个包气带断面对回灌水的入渗能力由较为致密的沉积物层决定。该现象也说明,土沟与和合站的堵塞部位主要发生在沉积物层及与其毗邻的渗滤介质表面。

2. 弥散度变化规律

对室内大型包气带模拟试验系统监测初期、末期 Cl^- 的穿透试验数据进行整理分析,得出 Cl^- 穿透以及包气带弥散度的变化情况,以及包气带相对孔隙度随时间变化关系,综

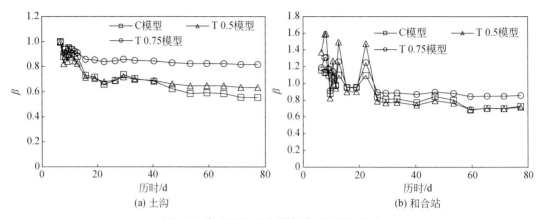

图 8.4　各处理相对孔隙度随时间变化关系

合对包气带孔隙的堵塞状况进行分析。

图 8.5 为入渗初期与入渗末期各处理 Cl^- 穿透情况。对比试验初期 NaCl 穿透情况，各处理在试验末期达到最大穿透浓度的时间延长约 20h。通过 8.1.4 节研究发现，土沟与和合站在入渗初期穿透土柱的用时较长（图 8.2），与和合站相比穿透时间增加 3.05d，而 NaCl 穿透试验则仅延迟 20h，这种现象是由于再生水在不同理化性质的河道断面中下渗，当湿润锋到达不同介质断面时，入渗率基本达到稳定，当水体穿透饱和导水率较低的沉积物层时，介质的入渗率基本由上层沉积物层决定，下层则出现指流现象。土壤为层状结构时，若细质土层位于粗质土层之上，则水流下渗过程中易出现指流。同时，土沟介质中粉质黏土多，容易出现裂隙和大孔隙，而和合站多为细砂或者粉砂，因裂隙和大孔隙原因土沟中出现指流的可能性明显大于和合站段。另外，试验土柱为从土沟与和合站典型河道断面进行野外取样，再按照相同的比例进行填装，土柱的结构与典型河道断面实际结构还有一定区别，造成试验结果与预期有一定差异。

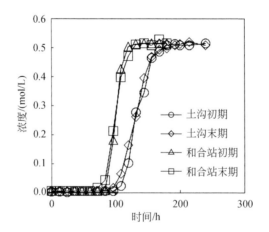

图 8.5　入渗初期与入渗末期各处理 Cl^- 穿透情况

研究利用 PHREEQC 双区反应模型对 NaCl 穿透曲线进行模拟，得到各处理组在试验初期、末期的弥散度,见表 8.4,在试验初期与末期,土沟弥散度分别为 0.19cm、1.42cm,弥散度增加 1.23cm,和合站弥散度分别为 0.13cm、1.06cm,弥散度增加 0.93cm,这说明堵塞使孔隙内的水流速度减小,溶质运移变慢,弥散度增加。研究指出,多孔介质中,随着渗滤介质内部颗粒物滞留与微生物的生长,生物膜体积增大,占据介质孔隙,使弥散度增加,即孔隙的堵塞使弥散度增大。因此,本试验所得到的结果也表明各处理的包气带都发生了不同程度的堵塞,土沟处理组相对于和合站处理组堵塞情况较为严重。

表 8.4　不同处理弥散度变化情况

处理		弥散度 D/cm
土沟	初期	0.19
	末期	1.42
和合站	初期	0.13
	末期	1.06

根据累积入渗量(图 8.3)与孔隙度拟合结果(图 8.4),再生水在两个土柱中的入渗可分为两个阶段,在入渗第一阶段(0~30d),随着水流的入渗,再生水所携带的较大粒径的悬浮颗粒物通过重力沉降与拦截作用沉积在渗滤介质表面,这一阶段主要发生以表面淤堵为主的物理堵塞(Beek et al.,2009);第二阶段(31~77d)随着大的颗粒物在渗滤介质表面滤除,较小粒径颗粒物、污染物、微生物随着再生水进入介质内部,随着颗粒物吸附与微生物生长作用,生物淤堵作用随着时间增加而快速增加(Vigenswaran et al.,1987),这一阶段主要为物理-生物堵塞。由于本试验始终使用再生水淋溶,未发生水体交换,故系统所发生的堵塞主要为物理堵塞与生物堵塞,化学堵塞可以忽略不计。

通过再生水在典型河段的渗流-堵塞试验研究,明确了再生水在河段中的入渗主要包括两个阶段,第一阶段为物理堵塞,第二阶段为物理-生物堵塞。而试验采集北运河河床渗滤介质,介质结构不均一,并含有多种污染物质,成分复杂,造成研究过程中难以区分各因素对堵塞的影响。针对这一问题,有必要根据再生水的水质特性针对不同类型的堵塞机理进行深入研究。研究表明,再生水回灌河湖渗滤介质过程中,随着入渗时间的增加,当再生水在回灌介质渗流满足微生物生长繁殖条件时,生物堵塞就会产生,并且生物堵塞会与物理化学堵塞相关联,这将会对回灌系统的运行效率产生较大影响(杜新强等,2009;路莹,2009;Siriwardene et al.,2007)。

8.2　再生水回用对多孔介质发生生物堵塞及颗粒物运移能力的影响

自然界 90%以上的微生物通常会附着到固体基质表面以生物膜的形式存在(White et al.,1998;Dong et al.,2002)。生物膜是由微生物群体、固体颗粒物以及有机聚合物基质(细菌分泌的胞外多聚物质、腐殖质等)等组成的共存体系,在自然环境条件下生物膜存在于几乎所有暴露于水中的固体表面(Kang et al.,2006;Dong et al.,2004)。再生水回灌过程中,渗滤系统是微生物大量生长繁殖的优良处所,再生水携带的无机养分(N、P等)、有机养分(DOM)、盐分离子是微生物生长的重要营养物质来源,再生水中的颗粒物与渗滤介质是微生物生长的最佳载体,在适宜条件下,微生物快速生长繁殖形成生物膜,其所分泌的胞外蛋白和胞外聚合物等,可以吸附更多的颗粒物,使生物膜产生聚积效应,显著堵塞渗滤介质孔隙。堵塞发生后,渗滤介质的渗透率、孔隙度、弥散度等将发生变化,造成渗滤介质的水力特性发生较大改变。研究表明,劣质水回灌河湖过程中渗滤介质的生物堵塞过程影响因素众多,包括颗粒物粒径、介质表面性质、pH、离子含量、有机质、微生物、藻类等。Pavelic等(2011)评价了水源处理程度、土壤类型、温度、积水深度等因素对土壤含水层处理系统(SAT)生物堵塞效果的影响,结果显示渗透性较高的砂土中微生物聚集最为严重。比较两种流速和两种营养水平的微生物堵塞效应,结果发现流速对堵塞开始发生时间有显著的影响,而流量大小决定了堵塞发展速度和生物膜的密度。但针对再生水这一特定非常规水源对于回灌系统生物堵塞方面的研究还比较少。

野外现场试验与室内模拟是研究回灌系统生物堵塞规律的常用方法,野外现场试验可以在真实场景下观察回灌系统渗流-堵塞过程的发生与发展。但野外现场试验存在着诸多不确定因素,如温度、降雨、水流来源的不确定性,造成研究过程中难以区分各因素的作用。而室内模拟试验则可以回避这些不确定因素,便于从机理上研究回灌系统的渗流-堵塞发生过程。因此,本部分采用室内小土柱模拟试验,监测再生水回灌多孔介质的生物堵塞发生过程,分析不同水力负荷、介质粒径、介质粗糙度对堵塞程度的影响;并开展了颗粒物在不同堵塞程度土柱中的穿透试验,揭示再生水回灌过程中渗滤系统生物堵塞的积聚效应。

8.2.1　材料与方法

1. 试验材料

供试多孔介质石英砂与玻璃珠产自石家庄托玛琳矿产品有限公司,密度为2.65g/cm³。供试再生水由北京京城中水有限责任公司提供,出水水质符合二级出水标准。再生水DOM溶液过滤膜购自上海海凡滤材有限公司生产的尼龙(聚酰胺)膜,滤膜孔径为0.45μm。试验中所用到的常用化学试剂与器皿均购自北京蓝弋化工产品有限责任公司。

2. 试验设计

试验装置采用李云开等(2013)发明的多孔介质生物堵塞模拟测试装置,装置主要包括可拆卸式有机玻璃柱(高10cm,内径4cm)、供水系统、测试系统和辅助器具。系统结构如图8.6所示。其中,供水系统包括蠕动泵、导管、供水箱、定时搅拌器(以保证回灌悬浊液浓度稳定);测试系统包括压力传感器、紫外分光光度计;辅助器具包括自动部分收集器、秒表、量筒、烧杯、天平、电导率仪、洗瓶、滤膜、超声波清洗器、恒温培养箱、超净台、超声波振荡器、pH计。

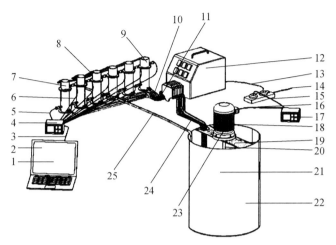

图 8.6　系统结构图

1-笔记本电脑;2-控制系统;3-传输线;4-压力传感器;5-压力传感器输入电缆;6-压力传感器输入电缆;

7-土柱;8-回流出水管口;9-压力水头;10-固相收集器;11-蠕动泵入口管;12-蠕动泵;13-电缆线;14-插线板;

15-电缆线;16-电机接线;17-压力传感器;18-电磁传感器;19-固定挡板;20-搅拌轴;21-供水管;

22-块模拟系统;23-自动搅拌装置;24-供水管道;25-回水管道

3. 试验处理

微生物堵塞效应试验共设计了 6 组处理,每组处理 12 个平行样品,试验装置包括 72 个土柱。试验处理分别设置两种不同粗糙度介质:石英砂(quartz sand,QS)、中粒径玻璃珠(glass bead,GB)为对照;三种不同介质粒径分别为 120~150μm(小砂简称 QS-S)、450~500μm(中砂简称 QS-M 和 GB-M)、850~1000μm(大砂简称 QS-L),孔隙大约为 (0.51mm、0.35mm、0.12mm)。三种水力负荷;设置三种孔隙水流速(以泵速表征):流速设 0.5mL/min(slow flowrate,S),2.5mL/min(medium flowrate,M),12.5mL/min (large flowrate,L)。土柱试验处理见表 8.5。

表 8.5　土柱试验处理

序号	处理编号	介质粒径/μm	泵速 V/(mL/min)	孔隙 Darcy 流速 /(m/s)	样品个数
1	QS-M-L	450~500	12.5	1.66×10^{-4}	砂柱 12 个
2	QS-M-M	450~500	2.5	2.98×10^{-5}	砂柱 12 个
3	GB-M-M	450~500	2.5	2.98×10^{-5}	珠柱 12 个
4	QS-M-S	450~500	0.5	5.63×10^{-6}	砂柱 12 个
5	QS-L-M	850~1000	2.5	2.98×10^{-5}	砂柱 12 个
6	QS-S-M	120~150	2.5	2.98×10^{-5}	砂柱 12 个

4. 微生物预培养

试验微生物菌剂采用铜绿假单胞菌,铜绿假单胞菌是一种广泛存在于自然界的假单胞菌,在普通培养基上生长良好,专性需氧,在液体中培养呈混浊生长,容易附着在介质表面形成生物膜。

微生物培养背景溶液:用 $0.45\mu m$ 尼龙滤膜(型号:47NYm45,新亚,上海)过滤的再生水、加入碳源(葡萄糖)与氮源(氯化铵)。

采用 0.1mol/L 的 NaCl 溶液进行示踪剂穿透试验,反应渗滤介质内弥散度的变化。

供试颗粒物选用苏州纳微科技有限公司生产的聚苯乙烯乳胶颗粒物,分别选择 60nm、260nm、960nm 三种直径颗粒物,密度为 $1.055g/cm^3$。采用自动部分收集器收集出流颗粒物溶液,采用紫外分光光度计测定颗粒物的出流浓度。

5. 试验方法

1)试验步骤

将石英砂与玻璃珠介质按照试验处理设计要求进行填装,并连接好相应供水管与出水管,准备开展试验。

微生物预培养:将选择好的菌种铜绿假单胞菌放在超净台上接种,接种采用医疗用针管注射的方式,向 500mL 培养基上注射 6mL 的接种菌液,恒温培养箱中(35℃)培养一个星期。每周涂板一次,观察微生物菌落生长情况,微生物含量控制在 $10^6 \sim 10^7$ 个/mL。

试验过程中采取循环入水模式,用蠕动泵将接种微生物的再生水通入土柱中。在土柱出流处收集回流菌液至供水桶中循环使用,每 7d 更换一次试验用水。

2)试验测试内容与方法

(1)渗透系数的测定。

采用相对渗透系数 K/K_0(实测渗透系数 K 与该层位初始渗透系数 K_0 之比)随时间的变化规律反映土柱渗透能力的变化。

渗透系数测试方法:多孔介质的渗透系数反应内部导水能力。数据监测频率在 $0\sim 7d$ 为 0.5d/次;在 $7\sim 30d$ 为 1d/次;在 30d 以后为 3d/次。在规定时段读取压力数据,然后根据 Darcy 定律计算渗透系数,其计算公式如下:

$$K = \frac{4Q\Delta x}{\pi d^2 \Delta h} \tag{8-1}$$

式中,Q 为出水口的流量,m^3/d;Δx 为柱高,m;Δh 为土柱出入水口的压强差,Pa;d 为土柱的内径,m。

(2)弥散度测定。

取 0.1mol/L 的 NaCl 溶液做穿透试验,用自动部分收集器收集出流液,电导率仪测试出流液的电导率,绘制 NaCl 的示踪剂穿透曲线,采用 CXTFIT 软件拟合多孔介质内的弥散度参数,以反映不同堵塞程度下弥散度的变化。

根据堵塞程度的动态变化,分别在堵塞程度约为 0、10%、30%、50% 时进行 NaCl 的示踪剂穿透试验。

(3)不同堵塞程度对颗粒物运移能力的影响试验。

选用直径为 60nm、260nm、960nm 的聚苯乙烯橡胶颗粒物,供试颗粒物购自苏州纳微科技有限公司,密度为 1.055g/cm³,为疏水性颗粒物。将颗粒物原液在超声波清洗器中分散 1min,再用去离子水溶液配制颗粒物溶液,颗粒物溶液浓度为 100mg/L。

试验开始前,首先通入去离子水对土柱进行淋洗,直至出流浓度与去离子水较接近时,开始通入 100mg/L 的颗粒物溶液,用自动部分收集器收集出流液,通入颗粒物溶液 4h 后,通入去离子水直至出流溶液中颗粒物浓度接近零时停止。采用紫外分光光度计测量出流颗粒物的浓度。

6. 试验数据分析

1)试验计算分析方法

通过开展室内再生水回灌多孔介质生物堵塞发生规律试验可得到多孔介质渗透系数,渗透系数的改变与孔隙度的变化直接相关,因此研究运用试验所得渗透系数数据通过生物堵塞模型模拟孔隙度的变化规律,预测生物堵塞的发生程度。主要考虑两种模型进行渗滤介质移动孔隙度的计算,分别是 Darcy 尺度移动孔隙度计算模型(Clement 模型)与孔隙尺度移动孔隙度计算模型(Thullner 模型)。

Clement 模型(Clement et al.,1996)通过采用 Darcy 尺度的水力特性参数相对渗透系数 $K_{rel}=K/K_0$(K 是渗透系数,K_0 是渗透系数的初始值)模拟微生物生长所造成的相对孔隙度 $\beta_{rel}=n_m/n_0$(n_m 是移动孔隙度,n_0 是孔隙度的初始值)的变化规律,其 K-β 模型表达式如下:

$$K_{rel}(\beta_{rel})=(\beta_{rel})^{19/6} \tag{8-2}$$

Thullner 等(2004)模型假定多孔介质中的孔隙与孔隙之间垂直连接,每个孔隙形状假定为圆柱形,具有相同的长度和半径,孔隙与孔隙之间的连接通道体积忽略不计。生物膜在多孔介质表面的生长不断占据孔隙体积,模型假定生物膜通过不断占据水流通道中的孔隙造成渗透系数的下降与孔隙度的降低。其模型表达式如下:

$$K_{rel}(\beta_{rel})=a\left(\frac{\beta_{rel}-\beta_{min}}{1-\beta_{min}}\right)^3+(1-a)\left(\frac{\beta_{rel}-\beta_{min}}{1-\beta_{min}}\right)^2 \tag{8-3}$$

式中,β_{min} 是指最小可变孔隙率,即孔隙率 β 的临界值,即渗透系数接近 0。$\beta\in[\beta_{min},1]$。a 是可变参数,取值范围为 $[-2,-0.5]$。β_{min} 与 a 是根据渗滤介质粒径与形貌特征进行取值的参数。从式(8-3)可以看出,Thullner 模型与 β_{min} 呈指数关系,对 β_{min} 变化很敏感,而与 a 呈线性关系,其变化相对不太敏感。

Kildsgaard 等(2001)和 Thullner 等(2004)利用生物堵塞模型估算多孔介质中的孔隙率,可变参数值分别为 $a=-1.7$,$\beta_{min}=0.75$。在使用生物堵塞模型来计算孔隙度与渗透系数之间的关系时,必须根据多孔介质粒径级配与形貌特征改变参数值,在本研究中,模拟参数选定为 $a=-1.7$,β_{min} 分别考虑 0.75 与 0.5 两种情况。

2)拟合结果评价

本研究采用标准均方根误差(normalized root mean square error,NRMSE)、决定系数 R^2 和回归平方和(sum of squares due to regression,SSR)评价颗粒物穿透试验与示踪

剂穿透试验数据的拟合结果。NRMSE 越小,表明模型拟合结果越精确;R^2 越接近 1,表明相关性越好;SSR 越大,表明线性关系越显著。

8.2.2　渗透系数的动态变化规律

试验为期 122d,采用相对渗透系数 K/K_0(实测渗透系数 K 与初始渗透系数 K_0 的比值)随时间的变化来描述土柱渗滤介质渗透系统的变化规律。

图 8.7 为再生水回用土柱相对渗透系数的变化。

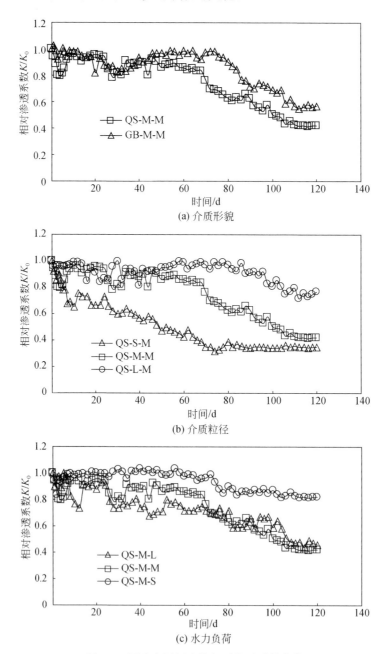

(a) 介质形貌

(b) 介质粒径

(c) 水力负荷

图 8.7　再生水回用土柱相对渗透系数变化

　　图 8.7(a)为石英砂与玻璃珠两种介质类型在 2.5mL/min 流速条件下相对渗透系数随时间的变化过程。其中,石英砂与玻璃珠介质粒径均为 450～500μm。可以看出,石英砂与玻璃珠处理组相对渗透系数的变化呈现两个阶段:在 0～45d,相对渗透系数呈现波动下降的趋势,下降速度较慢;在46～122d,相对渗透系数快速下降,在试验末期石英砂和玻璃珠处理组的相对渗透系数分别降为 42.05% 和 57.12%。值得注意的是,中砂柱的相对渗透系数在最初 5d 内降为初始值的 0.8,中珠柱中降低幅度略小,为初始值的0.91,这种现象是由于最初几天随着再生水的通入,其中较大粒径颗粒物在渗滤介质通过重力沉降、拦截等作用堵塞了部分孔隙,而随着水流的通入,多孔介质完成内部介质的孔隙重构,相对渗透系数有一定程度回升,在这个时期主要发生物理堵塞,此时生物堵塞还没有发挥作用。田崶(2012)等研究也表明在渗滤系统运行的前 60～80h 内生物堵塞没有发挥作用,主要发生物理堵塞,生物堵塞的作用时间是在 20d 之后。根据相对渗透系数规律发现,40d 后生物堵塞作用开始加剧,介质附生生物膜的体积占据渗滤介质孔隙,相对渗透系数快速降低。试验过程中,石英砂处理组相对渗透系数降低的速度明显大于玻璃珠处理组,这说明介质表面粗糙度对介质堵塞发挥重要作用,介质表面越粗糙,堵塞的形成时间越早,堵塞程度越重。

　　图 8.7(b)为不同粒径石英砂介质在中流速 2.5mL/min 条件下相对渗透系数随时间的变化过程,介质粒径为 850～1000μm、450～500μm 和 120～150μm。可以看出,三种粒径石英砂土柱的相对渗透系数均随运行时间的延长呈现波动下降的趋势,在入渗初期,波动较大,这与图 8.7(a)呈现出一致的规律,是由于在试验初期渗透系数的变化主要是再生水中的悬浮颗粒物与剥落生物膜堵塞介质孔隙所造成的,而这种堵塞并不稳定,一方面颗粒物会在水流剪切力的作用下搬运颗粒物至受水流扰动作用较小的介质后驻点部位;另一方面生物膜在初始阶段的附着并不稳定,会在水流剪切力的作用下发生剥离,这种剥离生物膜在水流运移过程中会造成渗透系数的波动变化。随着入渗时间的延长,生物膜快速积聚,占据渗滤介质中的重要通道,相对渗透系数快速下降。在试验末期,相对渗透系数的下降幅度逐渐减小,最后趋于稳定,850～1000μm、450～500μm 和 120～150μm 三种粒径石英砂柱的相对渗透系数分别降为 77.00%、42.05%、35.11%。多孔介质的相对渗透系数变化与石英砂介质的粒径呈线性关系,粒径减小,相对渗透系数随之降低。

　　图 8.7(c)为 450～500μm 石英砂介质在流速分别为 0.5mL/min、2.5mL/min、12.5mL/min 条件下相对渗透系数随运行时间的变化。可以看出,0.5mL/min、2.5mL/min、12.5 mL/min 三种流速下的处理组随运行时间同样表现为波动下降的规律,在试验末期相对渗透系数分别降为 46.23%、42.05%、82.05%,这表明水力负荷条件对渗滤介质的堵塞程度影响较大。在 0.5mL/min 水力负荷条件下,堵塞程度较小,这主要是由于水流速度较慢,携带进入渗滤介质内的颗粒物与营养物质均较少,附生生物膜生长速度较慢,对系数堵塞作用不显著。而在 12.5mL/min 水力负荷条件下,水流速度大,对附生生物膜的剪切作用大,不利于生物膜的附着,在试验末期,相对渗透系数小于2.5mL/min 水力负荷相对渗透系数。渗滤系统的堵塞程度对水力负荷较敏感,较小流速输运颗粒物与营养物质的能力较小,而较大流速不利于生物膜的附着生长,2.5mL/min 水

力负荷条件对于生物膜的生长与积聚最为有利。

通过以上分析,渗滤介质渗透系数的降低主要是由于堵塞物质填充介质孔隙,使多孔介质的渗流能力下降。随着时间的推移,水流中的颗粒物进入土柱内部,被石英砂或玻璃珠拦截过滤,滞留在土柱中。颗粒物上附着的生物膜中含有大量细菌、藻类等微生物,这些微生物利用再生水中的营养物质作为碳源,利用氯化铵作为氮源,迅速繁殖生长,占据多孔介质的孔隙,造成多孔介质的堵塞。在试验过程中,对渗滤系统采用循环式供水,保证了供水中的氧含量,促进微生物生长繁殖,加快了渗滤介质的堵塞。在实际回灌系统运行过程中,一般是采用自然入渗的方式,渗滤系统的堵塞一般发生在系统运行半年以上,严重堵塞情况根据渗滤系统的运行条件一般发生在运行3~5年以上。

8.2.3　孔隙度的动态变化规律

1. Clement 模型模拟的相对移动孔隙度结果

图 8.8 为运用 Clement 模型模拟的相对移动孔隙结果。由图可知,石英砂与玻璃珠处理组在 2.5mL/min 水力负荷条件下,用 Clement 模型模拟的相对移动孔隙的变化,石英砂和玻璃珠介质的相对移动孔隙度分别降为 75.91% 和 84.02%。在 2.5mL/min 条件下,石英砂介质在粒径分别为 850~1000μm、450~500μm 和 120~150μm 时,Clement 模型模拟的三种不同粒径石英砂的相对移动孔隙在试验末期分别降为 92.15%、75.91%、71.71%。石英砂介质在 0.5mL/min、2.5mL/min 和 12.5mL/min 三种水力负荷条件下,在试验末期的相对移动孔隙分别降为 93.85%、75.91%、78.20%。通过 Clement 模型对不同处理组的相对移动孔隙度的模拟结果发现,介质类型、介质形貌与水力粗糙度对相对移动孔隙度均有不同程度的影响,相对于玻璃珠介质,石英砂表面粗糙,相对移动孔隙度减小 8.11%;相对移动孔隙度的变化与介质粒径呈线性相关关系,粒径越小,孔隙度降低越多;较大水力负荷不利于生物堵塞的发生,在 2.5mL/min 水力负荷条件下,孔隙度降低最多。

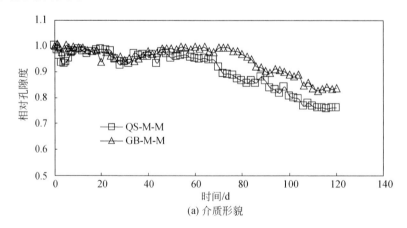

(a) 介质形貌

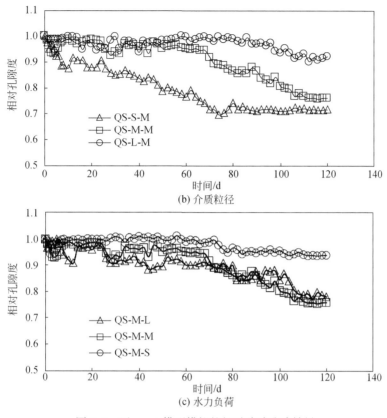

图 8.8　Clement 模型模拟的相对移动孔隙结果

2. Thullner(0.5)模型模拟的相对移动孔隙度结果

图 8.9 为运用 Thullner(0.5)模型模拟的相对移动孔隙结果。由图可知,石英砂与玻璃珠处理组在 2.5mL/min 水力负荷条件下,用 Thullner(0.5)模型模拟相对移动孔隙的变化,石英砂和玻璃珠介质的相对移动孔隙度分别降为 73.28% 和 79.02%。在 2.5mL/min 条件下,石英砂介质在粒径分别为 850~1000μm、450~500μm 和 120~150μm 时,Thullner(0.5)模型模拟的三种不同粒径石英砂的相对移动孔隙在试验末期分别降为 86.03%、73.28%、70.72%。石英砂介质在 0.5mL/min、2.5mL/min 和 12.5mL/min 三种水力负荷条件下,在试验末期的相对移动孔隙分别降为 75.63%、73.28%、87.98%。通过 Thullner(0.5)模型对不同处理组的相对移动孔隙度的模拟结果发现,介质类型、介质形貌与水力粗糙度对相对移动孔隙度均有不同程度的影响,相对于玻璃珠介质,石英砂表面粗糙,相对移动孔隙度减小 5.74%;相对移动孔隙度的变化与介质粒径呈线性相关关系,粒径越小,孔隙度降低越多;较小水力负荷不利于生物堵塞的发生,在 2.5mL/min 水力负荷条件下,孔隙度降低最多。

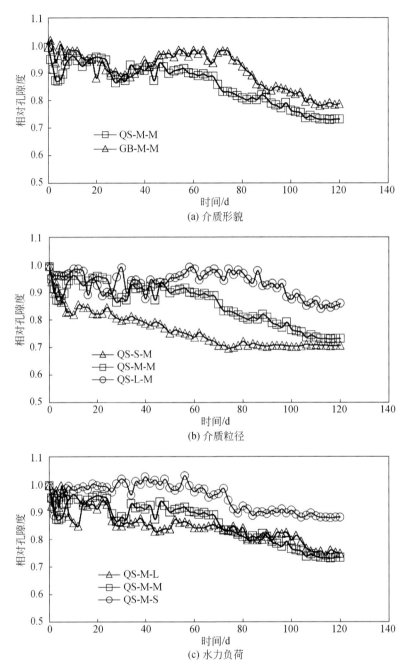

图 8.9　Thullner(0.5)模型模拟相对移动孔隙的变化

3. Thullner(0.75)模型模拟的相对移动孔隙度结果

图 8.10 为运用 Thullner(0.75)模型模拟的相对移动孔隙结果。如图所示,石英砂与玻璃珠处理组在 2.5mL/min 水力负荷条件下,用 Thullner(0.75)模型模拟的相对移

动孔隙的变化,石英砂和玻璃珠介质的相对移动孔隙度分别降为 86.64％和 89.05％。在 2.5mL/min 条件下,石英砂介质在粒径分别为 850～1000μm、450～500μm 和 120～150μm 时,Thullner(0.75)模型模拟的三种不同粒径石英砂的相对移动孔隙在试验末期分别降为 93.12％,86.64％,85.35％。石英砂介质在 0.5mL/min、2.5mL/min 和 12.5mL/min 三种水力负荷条件下,在试验末期的相对移动孔隙分别降为 87.82％、

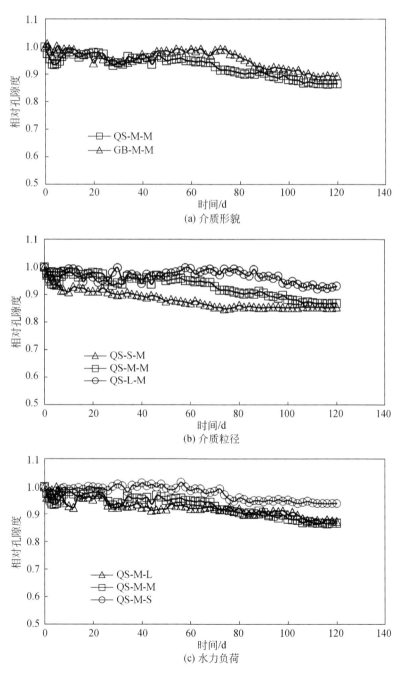

图 8.10　Thullner(0.75)模型模拟相对移动孔隙的变化

86.64%、94.06%。通过 Thullner(0.75)模型对不同处理组的相对移动孔隙度的模拟结果发现,介质类型、介质形貌与水力粗糙度对相对移动孔隙度均有不同程度的影响,相对于玻璃珠介质,石英砂表面粗糙,相对移动孔隙度减小 2.41%;相对移动孔隙度的变化与介质粒径呈线性相关关系,粒径越小,孔隙度降低越多;较小水力负荷不利于生物堵塞的发生,在 2.5mL/min 水力负荷条件下,孔隙度降低最多。

由图 8.8～图 8.10 可以看出,在 122d 的试验运行过程中,相对移动孔隙均有一定程度的降低,但降幅存在差异。对比材料为石英砂和材料为玻璃珠的多孔介质孔隙度的变化可知,石英砂土柱的孔隙度降低得稍多,这是由于相比玻璃珠,石英砂的表面更为粗糙,几何形状更为不均匀,很容易吸附更多的悬浮颗粒物,并且为微生物的生长提供了更多的附着点,因此微生物生长的相对较好。对比三种粒径的介质可以看出,小粒径的介质,其孔隙度降低得稍多,这说明小粒径的介质能拦截更多的颗粒物,且表面积比大粒径的介质更大,因此有更多的附着点。堵塞也更易发生。由上述三种不同模型模拟的结果可知,Clement 模型、Thullner(0.5)与 Thullner(0.75)相对移动孔隙平均水平分别降低为 80%、75%、85% 左右。根据试验中观察到的堵塞物主要存在于土柱底部的 4cm 以下,这与 Thullner 等的研究结果一致,Thullner 等(2004)利用二维砂箱模拟生物堵塞的发生过程,发现堵塞物质较多地分布在砂箱入流口上部 5cm 处,这表明在水流入口位置堵塞程度较大。

8.2.4　弥散程度的变化规律

在试验运行期间,在堵塞程度为 0、10%、30%、50%、70% 时,对不同堵塞程度下的各处理组进行示踪剂穿透试验,示踪剂选用 NaCl 溶液,浓度为 0.1mol/L。

图 8.11 为流速在 2.5mL/min 时 450～500μm 粒径玻璃珠与石英砂在不同堵塞程度时的 Cl^- 穿透曲线。图 8.12 为流速在 2.5mL/min 时不同粒径(850～1000μm、450～500μm、120～150μm)石英砂介质在不同堵塞程度时的 Cl^- 穿透曲线。图 8.13 为流速在 12.5mL/min、2.5mL/min、0.5mL/min 时 450～500μm 粒径石英砂在不同堵塞程度时的 Cl^- 穿透曲线。从以上各图可以看出,初始未形成堵塞时的穿透曲线到达最大穿透浓

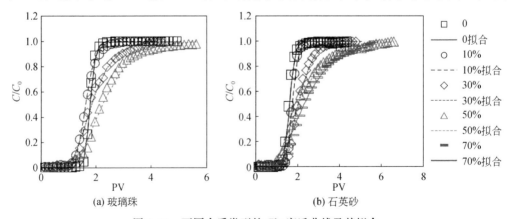

(a) 玻璃珠　　　　　　　(b) 石英砂

图 8.11　不同介质类型的 Cl^- 穿透曲线及其拟合

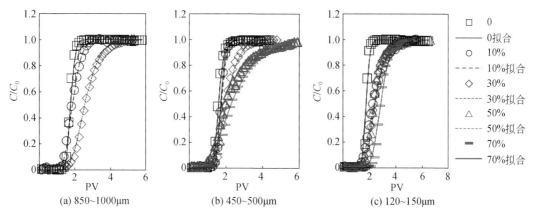

图 8.12 不同介质粒径条件下 Cl⁻ 穿透曲线及其拟合

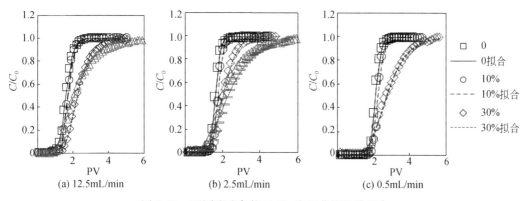

图 8.13 不同流速条件下 Cl⁻ 穿透曲线及其拟合

度的时间短,速度快。随着生物膜的形成,穿透曲线相应爬升速度变慢,斜率变小。

通过 CXTFIT 拟合得到不同堵塞程度下各处理组的弥散度,见图 8.14。各处理组在不同堵塞程度下均表现出随堵塞程度的增加弥散度增加。图 8.14(a)为不同介质类型石英砂与玻璃珠的弥散度变化情况,在孔隙度降低 40% 以前,玻璃珠介质弥散度大于石英砂,随后表现为石英砂介质大于玻璃珠介质,这可能是由于玻璃珠介质形状较为均一,生物膜在玻璃珠介质表面的附着较均匀,而石英砂介质表面生物膜通常以聚集状态生长,容易形成优先流。而随着生物膜的生长,占据大孔隙通道,造成石英砂的弥散度增大。图 8.14(b)为不同流速情况下,石英砂处理组内的弥散度变化,其弥散度结果只与堵塞程度有关,而随流速变化没有明显规律。图 8.14(c)为不同粒径石英砂介质内的弥散度变化,在 120~150μm 介质内,弥散度增大较快,而后期弥散度减小,则可能是土柱内出现优先流而造成的。值得指出的是,相同粒径的石英砂处理组堵塞发展情况相较于玻璃珠处理组较快,达到相同堵塞程度,石英砂较玻璃珠介质平均快 20d。

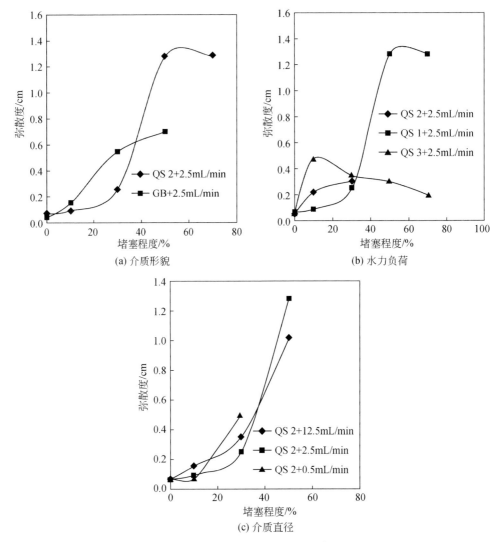

图 8.14　不同处理组在各堵塞程度的弥散度变化

8.2.5　不同堵塞程度下介质对颗粒物的滞留能力分析

在对渗透系数的动态变化规律分析的基础上,本节利用相对渗透系数的变化表征土柱的堵塞程度,选择 $450\sim500\mu m$ 粒径的玻璃珠与石英砂介质,对不同堵塞程度下介质对颗粒物的滞留能力进行分析。

通过试验观测,在玻璃珠土柱中,当堵塞程度达到 10%、30% 时,所需时间分别为 $36d$、$86d$;在石英砂土柱中,当堵塞程度达到 10%、30% 时,所需时间分别为 $28d$、$66d$。对比以上数据发现,当堵塞程度为一定值时,石英砂土柱用时较玻璃珠土柱短,当堵塞程度为 10% 时,石英砂土柱比玻璃珠土柱用时少 $8d$,当堵塞程度为 30% 时,石英砂土柱比玻璃珠土柱用时少 $20d$,在试验末期($122d$),石英砂土柱堵塞程度达到 60%,玻璃珠土柱堵塞程度达到 44%。这种现象表明石英砂介质相对于玻璃珠介质的堵塞更容易发生。为定量分析土柱堵塞的积聚效应及不同直径颗粒物在各堵塞程度土柱中的运移能力,开展系列室内穿透试验。

1. 57nm 颗粒物穿透

图 8.15 为 57nm 颗粒物在不同堵塞程度土柱中的穿透曲线及其渗流拟合模型(CXTFIT)拟合。由图 8.15(a)可知,在玻璃珠填装土柱中,当未进行土柱微生物培养时(堵塞程度为 0),57nm 颗粒物峰值出流比为 93.71%;堵塞程度为 10%、30% 时,57nm 颗粒物峰值出流比分别为 18.9%、16.37%。这表明当堵塞程度增大 10% 时,57nm 颗粒物在玻璃珠土柱中的滞留量增加 74.81%,当堵塞程度继续增大 20% 时,滞留量增加 2.53%,在初始 10% 堵塞程度下,对颗粒物的滞留作用最为显著。由图 8.15(b)可知,在石英砂土柱中,当未进行土柱微生物培养时(堵塞程度为 0)57nm 颗粒物峰值出流比为 84.57%,堵塞程度为 10%、30%、50% 时,57nm 颗粒物峰值出流比分别为 9.57%、20.09%、3.62%。当堵塞程度增大 10% 时,57nm 颗粒物在石英砂土柱中的滞留量增加 75%,当堵塞程度继续增大至 50% 时,滞留量达到 96.38%,而当堵塞程度为 30% 时,其堵塞程度相对于 10% 时颗粒物峰值出流比反而增大,这可能是由于在土柱中产生了较大孔隙优先流。对比 57nm 颗粒物在玻璃珠与石英砂中的穿透结果,发现在相同堵塞程度下石英砂介质对颗粒物的滞留能力较强,滞留量增大约 9%,这与石英砂有较多的粗糙凸起与凹陷,一方面复杂的表面形貌为颗粒物吸附增加了较多的吸附位点,另一方面石英砂介质表面粗糙是微生物良好的附着载体,可以促进生物膜的形成,生物膜分泌的胞外聚合物又可以促进对颗粒物的黏附。通过对 57nm 颗粒物的 CXTFIT 模拟结果误差统计,见表 8.6,发现 R^2 基本都在 0.96 以上,SSR 与 RMSE 值均较小,表明 CXTFIT 可以较好地模拟试验结果。

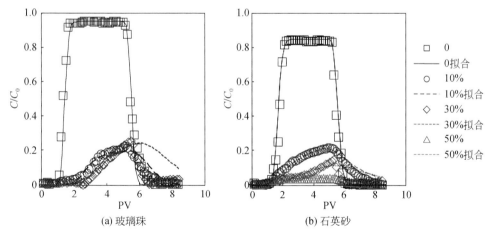

(a) 玻璃珠　　　　　　　　　　(b) 石英砂

图 8.15　57nm 颗粒物在不同堵塞程度土柱中的穿透曲线及其 CXTFIT 拟合

表 8.6　57nm 颗粒物的 CXTFIT 模拟结果误差统计

堵塞程度	石英砂				玻璃珠		
	0	10%	30%	50%	0	10%	30%
SSR	0.053	0.001	0.005	0.001	0.020	0.008	0.005
R^2	0.990	0.995	0.900	0.902	0.997	0.964	0.976
RMSE	0.040	0.006	0.012	0.004	0.025	0.015	0.012

2. 260nm 颗粒物穿透

图 8.16 为 260nm 颗粒物在不同堵塞程度土柱中的穿透曲线及其 CXTFIT 拟合。由图 8.16(a)可知,在玻璃珠填装土柱中,当未进行土柱微生物培养时(堵塞程度为 0)260nm 颗粒物峰值出流比为 84.93%,堵塞程度为 10%、30% 时,260nm 颗粒物峰值出流比分别为 14.13%、3.80%。这表明当堵塞程度增大 10% 时,260nm 颗粒物在玻璃珠土柱中的滞留量增加 70.80%,当堵塞程度继续增大 20% 时,滞留量增加 10.33%,在初始 10% 堵塞程度下,对颗粒物的滞留影响最大。由图 8.16(b)可知,在石英砂土柱中,当未进行土柱微生物培养时(堵塞程度为 0)260nm,颗粒物峰值出流比为 84.70%,堵塞程度为 10%、30%、50% 时,57nm 颗粒物峰值出流比分别为 19.57%、2.09%、0.14%。当堵塞程度增大 10% 时,260nm 颗粒物在石英砂土柱中的滞留量增加 65.13%,当堵塞程度继续增大时,滞留量随之减小,当堵塞程度为 50% 时,几乎检测不到颗粒物流出,说明当堵塞程度为 50% 时,颗粒物几乎全部滞留在石英砂介质内。对比 260nm 颗粒物在玻璃珠与石英砂中的穿透结果,发现在相同堵塞程度下石英砂介质对颗粒物的滞留量增大约 1%。通过对 260nm 颗粒物的 CXTFIT 模拟结果误差统计,见表 8.7,表明 CXTFIT 对 260nm 的试验模拟结果除在较大堵塞程度土柱中外,其结果均可以接受。

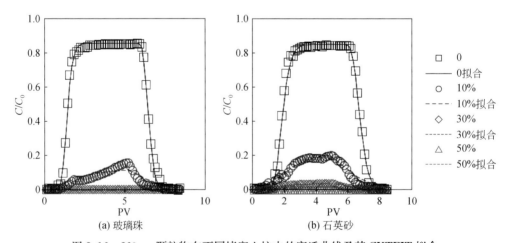

图 8.16　260nm 颗粒物在不同堵塞土柱中的穿透曲线及其 CXTFIT 拟合

表 8.7 260nm 颗粒物的 CXTFIT 模拟结果误差统计

堵塞程度	石英砂				玻璃珠		
	0	10%	30%	50%	0	10%	30%
SSR	0.017	0.005	0.000	0.000	0.012	0.010	0.000
R^2	0.997	0.971	0.963	−0.040	0.998	0.876	0.014
RMSE	0.023	0.012	0.003	0.000	0.019	0.018	0.000

3. 960nm 颗粒物穿透

图 8.17 为 960nm 颗粒物在不同堵塞程度土柱中的穿透曲线及其 CXTFIT 拟合。由图 8.17(a)可知,在玻璃珠填装土柱中,当未进行土柱微生物培养时(堵塞程度为 0),960nm 颗粒物峰值出流比为 92.41%,堵塞程度为 10%、30% 时,960nm 颗粒物峰值出流比分别为 30.72%、4.07%。这表明当堵塞程度增大 10% 时,960nm 颗粒物在玻璃珠土柱中的滞留量增加 61.69%,当堵塞程度继续增大 20% 时,滞留量增加 26.65%,在初始 10% 堵塞程度下,对颗粒物的滞留作用最为显著。由图 8.17(b)可知,在石英砂土柱中,当未进行土柱微生物培养时(堵塞程度为 0),960nm 颗粒物峰值出流比为 89.08%,堵塞程度为 10%、30%、50% 时,960nm 颗粒物峰值出流比分别为 24.41%、3.81%、0.37%。当堵塞程度增大 10% 时,960nm 颗粒物在石英砂土柱中的滞留量增加 64.67%,当堵塞程度继续增大至 50% 时,滞留量达到 99.62%。对比 960nm 颗粒物在玻璃珠与石英砂中的穿透结果发现,在相同堵塞程度下石英砂介质对颗粒物的滞留能力较强,滞留量增大 0.26%~6.31%。通过对 960nm 颗粒物的 CXTFIT 模拟结果误差统计,见表 8.8,发现 R^2 均在 0.93 以上,SSR 与 RMSE 值均较小,表明 CXTFIT 可以较好地模拟试验结果。

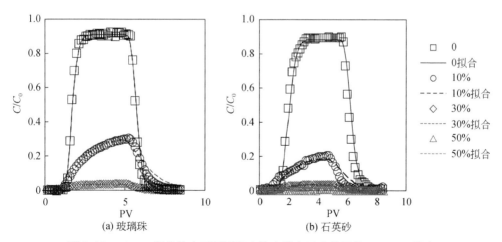

图 8.17 960nm 颗粒物在不同堵塞土柱中的穿透曲线及其 CXTFIT 拟合

表 8.8   960nm 颗粒物 CXTFIT 模拟结果误差统计

堵塞程度	石英砂				玻璃珠		
	0	10%	30%	50%	0	10%	30%
SSR	0.016	0.005	9.513×10^{-5}	6.791×10^{-7}	0.021	0.002	0.000
R^2	0.997	0.970	0.986	0.990	0.997	0.995	0.930
RMSE	0.022	0.012	0.002	1.435×10^{-4}	0.025	0.008	0.003

4. 颗粒物在不同堵塞介质中的滞留能力分析

图 8.18 为不同堵塞程度下颗粒物的黏附效率。从图中可以看出,随土柱堵塞程度的增加,颗粒物黏附效率增加,这是由于堵塞程度越大,一方面介质表面附着的生物膜量增大,生物膜所包被的颗粒物与微生物所分泌的胞外聚合物量越大,对颗粒物的吸附提供了较多的附着位点;另一方面,堵塞程度增加,孔隙度降低,弥散度增加(表 8.9),颗粒物在介质中的碰撞效率增多,黏附效率增加,滞留量增多。260nm 颗粒物相对于 57nm、960nm 颗粒物,弥散度较大,在各堵塞程度下有较大的黏附效率。石英砂处理组相对于玻璃珠处理组,颗粒物黏附效率较大,这种现象是由于石英砂表面粗糙,可以为微生物生长与颗粒物吸附提供较多的位点。

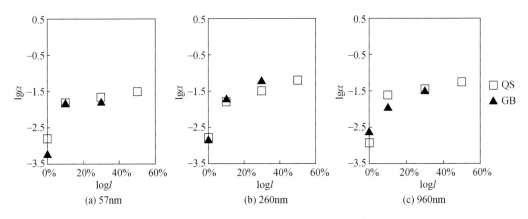

图 8.18   不同堵塞程度下颗粒物黏附效率

表 8.9   不同堵塞程度处理组弥散度

堵塞程度	石英砂				玻璃珠		
	0	10%	30%	50%	0	10%	30%
57nm	0.092	3.150	3.526	5.696	0.082	0.356	0.656
260nm	0.232	3.250	5.696	10.996	0.212	5.656	10.996
960nm	0.183	2.15	5.998	6.098	0.143	2.250	5.998

通过研究 57nm、260nm、960nm 三种直径颗粒物在不同堵塞程度土柱中的穿透规

律,发现堵塞程度越大,颗粒物的出流比越小,黏附效率越大,滞留能力越强;在相对渗透系数降低为 50% 左右时,即相对移动孔隙度约降低 20% 左右时,颗粒物的出流浓度接近于 0,这表明多孔介质的生物堵塞作用显著增加了对较小粒径颗粒物的滞留,堵塞程度增大,颗粒物的滞留能力越强,这一方面是由于生物膜中包含大量的胞外蛋白,对颗粒物的吸附能力较强,另一方面与多孔介质表面附生生物膜改变了介质表面的形貌、电荷性质有关。而颗粒物在生物膜中的吸附会为微生物生长提供附着位点,提供营养物质和生长空间,而有些颗粒物本身就是病毒或细菌,将会进一步促进生物膜的生长。这种现象表明颗粒物与生物膜之间具有相互促进作用,使生物堵塞程度快速增加。

8.3　再生水水质对颗粒物在多孔介质中迁移-滞留能力的影响

8.3.1　材料与方法

1. 试验材料

供试颗粒物选用苏州纳微科技有限公司生产的聚苯乙烯乳胶颗粒物,密度为 1.055g/cm^3,为疏水性颗粒物。供试多孔介质石英砂、玻璃珠材料、再生水与 8.2.1 试验材料一致。再生水 DOM 溶液过滤膜购自上海海凡滤材有限公司生产的尼龙(聚酰胺)膜,滤膜孔径为 $0.45\mu\text{m}$。试验中所用到的常用化学试剂与器皿均购自北京蓝弋化工产品有限责任公司。

供试有机玻璃土柱长 10cm,直径 4cm。采用自动部分收集器收集出流颗粒物浓度。

2. 试验设计

试验目的:研究再生水 DOM 作用下,不同影响因素,即颗粒物直径、介质粒径级配、电解质溶液类型、离子强度和水流流速,对颗粒物在介质中迁移能力的影响。

试验方案设计:设计再生水 DOM 作用下不同直径颗粒物在多孔介质中的穿透试验、再生水 DOM 作用下颗粒物在不同粒径介质中的穿透试验、再生水 DOM 耦合离子强度对颗粒物在介质中穿透能力的影响试验,以及再生水 DOM 作用下不同流速对颗粒物迁移能力影响试验。

试验影响因素编号:颗粒物采用 7 种直径,分别为 10nm、30nm、57nm、260nm、530nm、960nm、1650nm,编号依次为 A_1、A_2、A_3、A_4、A_5、A_6、A_7;介质粒径分别采用 $850\sim1000\mu\text{m}$、$450\sim500\mu\text{m}$、$120\sim150\mu\text{m}$,编号依次为 B_1、B_2、B_3;离子强度分别采用 0.001mol/L、0.01mol/L、0.04mol/L、0.1mol/L、0.2mol/L,编号依次为 C_1、C_2、C_3、C_4、C_5;水流流速分别采用 $6\times10^{-6}\text{m/s}$、$1.2\times10^{-5}\text{m/s}$、$2.4\times10^{-5}\text{m/s}$,编号依次为 D_1、D_2、D_3。同时,在每种处理组中考虑再生水 DOM 与介质粗糙度对颗粒物穿透的影响,再生水 DOM 对颗粒物运移能力的影响,设置去离子水背景液为对照,介质粗糙度设置石英砂与玻璃珠两种不同粗糙度介质。试验设计见表 8.10。试验共计 156 组,每种试验处理设置 2 组或 3 组平行。

试验处理:测定穿透曲线时在土柱两端放置孔隙约为 0.45mm(40~50 目)的石英板作为反滤层。用蠕动泵为土柱供水,用自动部分收集器收集出流。为了确保土柱充分饱和,采用湿法填装土柱,具体操作为:装好土柱底部后先输入少量蒸馏水(高约 1cm),加入少量介质材料的同时不断搅拌去除气泡,但介质不要超过水面高度,略微压实后再加水,水面高出固体约 1cm 后再加介质,重复上一过程直至土柱完全装满,并确保土柱完全饱和后装好土柱顶部。

试验步骤:对于每一土柱进行颗粒物穿透试验:①通入约 4 孔隙体积(PV)电解质溶液,然后通入 4 孔隙体积颗粒物悬液(100mg/L);②再通入电解质溶液,直至出流液中不再含颗粒物。之后用紫外分光光度计(UV-8000S)建立颗粒物浓度的标准曲线并测试颗粒物的浓度。

多孔介质孔隙度采用重力法测定,不同粒径多孔介质孔隙度见表 8.11。

表 8.10 试验方案设计

试验内容	颗粒物	介质粒径	离子强度	水流流速
不同直径颗粒物运移试验	A_1		$B_2 C_1 D_2$	
	A_2			
	A_3			
	A_4			
	A_5			
	A_6			
	A_7			
介质粒径对典型颗粒物滞留的影响试验	A_3	B_1	$C_1 D_2$	
	A_4	B_2		
	A_5	B_3		
离子强度对典型颗粒物滞留的影响试验	A_3		C_1	D_2
			C_2	
	A_4	B_2	C_3	
			C_4	
	A_5		C_5	
水流速度对典型颗粒物滞留的影响试验	A_3			D_1
	A_4	$B_2 C_1$		D_2
	A_5			D_3

表 8.11 多孔介质孔隙度

参数	石英砂			玻璃珠		
	$120\sim150\mu m$	$450\sim500\mu m$	$850\sim900\mu m$	$120\sim150\mu m$	$450\sim500\mu m$	$850\sim900\mu m$
孔隙度	0.102	0.347	0.501	0.124	0.365	0.521

3. 数据分析

颗粒物穿透曲线:计算颗粒物出流浓度随通入溶液体积之间的关系,分析及作图采用 Origin 9.0 绘图软件完成。

试验黏附效率:较小直径颗粒物在饱和多孔介质中的初始吸附速率一般采用胶体过滤理论进行计算,而通过胶体过滤理论仅能得到颗粒物在介质中的浓度分配,而这种浓度分配并不能直观描述颗粒物的吸附速率。因此,在胶体过滤理论中一般采用单收集器吸附速率来计算颗粒的吸附速率。单收集器吸附速率是指颗粒物从溶液中向介质表面的迁移比率与颗粒物在介质表面的吸附比率之比。由于在无利条件下理论预测值与试验结果有较大差异,研究者采用试验黏附效率来表征颗粒物在固相介质中的吸附能力(式(8-4))。

根据 Tufenkji 等(2004)的研究,采用回归的方法考虑了所有的颗粒物吸附机制,主要包括布朗运动、拦截、重力沉降作用,以及施加在颗粒物上的外力包括 DLVO 力与水动力作用,是目前比较完善的吸附速率求解方法。

试验黏附效率 α_{exp} 可描述为

$$\alpha_{exp} = -\frac{4}{3}\frac{a_c}{(1-f)L\eta_0}\ln(C/C_0) \tag{8-4}$$

式中,C 和 C_0 分别为出流和入流颗粒物浓度;a_c 为颗粒物半径;f 为多孔介质的孔隙度;L 为土柱长度;η_0 为不考虑双电层相互作用力时的单收集器吸附速率(理论值),其计算公式如下(Tufenkji et al.,2004)。

$$\eta_0 = 2.4A_s^{1/3}N_R^{-0.081}N_{Pe}^{-0.715}N_{vdw}^{0.052} + 0.55A_sN_R^{1.675}N_A^{0.125} + 0.22N_R^{-0.24}N_G^{1.11}N_{vdw}^{0.053}$$

$$\tag{8-5}$$

式中,A_s 为 Happle 模型中依赖于孔隙度的参数;N_R 为颗粒物与介质颗粒物的直径比;N_A 为吸引力常数;N_G 为重力常数;N_{Pe} 为 Pe,即佩克莱数;N_{vdw} 为范德瓦耳斯常数,上述参数均无量纲。

8.3.2　示踪剂穿透曲线及其拟合

研究采用 100mg/L 的保守性示踪剂 NaCl 溶液进行示踪剂穿透曲线,利用 CXTFIT 模型进行拟合,得到 450～500μm 饱和多孔介质孔隙平均流速和弥散度(表 8.12)。在再生水水质对颗粒物迁移-滞留能力影响的穿透试验中,保持溶液中运移和吸附的水动力条件基本一致,忽略水动力条件变化对颗粒物在多孔介质中吸附的影响。

表 8.12　450～500μm 饱和多孔介质 CXTFIT 拟合示踪剂穿透曲线参数

参数	石英砂	玻璃珠
孔隙度	0.347	0.365
孔隙平均流速/(m/d)	2.987	2.367
弥散度/m	2.9×10^{-4}	2.45×10^{-4}

　　图 8.19 为 450~500μm 多孔介质 NaCl 溶液示踪剂穿透曲线及 CXTFIT 拟合情况，CXTFIT 拟合参数见表 8.12。由表可知，在 450~500μm 粒径的石英砂与玻璃珠介质中，示踪剂穿透试验结果与 CXTFIT 模型拟合效果较好。在 450~500μm 石英砂介质中，孔隙平均流速为 2.987m/d；在相同粒径玻璃珠介质中为 2.367m/d。相同粒径级配的石英砂介质弥散度大于玻璃珠介质弥散度，石英砂介质弥散度 $2.9×10^{-4}$m，玻璃珠介质弥散度为 $2.45×10^{-4}$m；这可能是由于玻璃珠为均匀球形结构，而石英砂形状不规则，表面粗糙，介质弥散度与介质表面形貌密切相关，表面形貌越规则，弥散度越小。

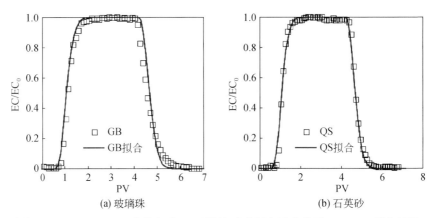

图 8.19　450~500μm 多孔介质 NaCl 溶液示踪剂穿透曲线及 CXTFIT 拟合情况

8.3.3　颗粒物在介质中的运移特性

　　颗粒物穿透试验首先采用去离子水淋洗填充柱使介质中小粒径颗粒物排出填充柱，然后通入电解质溶液至填充柱中环境相同为止，再通入 5 孔隙体积颗粒物悬液；用电解质溶液洗脱填充柱至收集液中检测不到颗粒物为止。因此，颗粒物穿透曲线可大致分为三个阶段：阶段一，颗粒物穿透浓度从 0 逐渐爬升至出流浓度稳定；阶段二，出流颗粒物浓度稳定在峰值附近的平衡阶段，但当颗粒物在土柱中的吸附未达到平衡时，该阶段不会出现(图 8.20(b)、(d))；阶段三，出流颗粒物浓度下降至检测不到颗粒物为止。本试验中颗粒物穿透曲线均符合以上规律。

1. 纳米颗粒物在多孔介质中的运移

　　图 8.20 为再生水 DOM 影响下纳米颗粒物在多孔介质中的吸附试验结果。可以看出，在去离子水溶液对照组中，随着纳米颗粒物粒径的增加，出流浓度峰值减小，在玻璃珠介质中，10nm、30nm、57nm 的峰值出流比表现为 0.999、0.810、0.745，在石英砂介质中，10nm、30nm、57nm 的峰值出流比为 0.810、0.703、0.638。在 DOM 处理组中，纳米颗粒物的出流浓度峰值显著下降，除 10nm 颗粒物的穿透曲线基本符合三段式穿透规律外，30nm 与 57nm 颗粒物在土柱中的穿透过程未达到平衡阶段，这表明再生水 DOM 的影响下，对颗粒物的吸附能力显著增强；在玻璃珠介质中，10nm、30nm、57nm 峰值出流比为 0.665、0.520、0.425，在石英砂介质中，10nm、30nm、57nm 峰值出流比为 0.498、

0.288、0.329；在 DOM 处理中，三种粒径颗粒物的爬升和下降速率变缓，即再生水 DOM 作用下对悬浮颗粒物的滞留能力增强，更易引起回灌介质的堵塞。通过石英砂介质与玻璃珠介质的对比，发现背景条件相同时，石英砂介质对颗粒物的滞留量大于玻璃珠介质，10nm、30nm、57nm 颗粒物在去离子水电解质中其出流比减小值分别为 0.189、0.107、0.107，在 DOM 电解质中分别为 0.167、0.232、0.096，这表明石英砂介质由于其形状不规则、表面粗糙度较大，会对颗粒物的沉积产生重要影响。

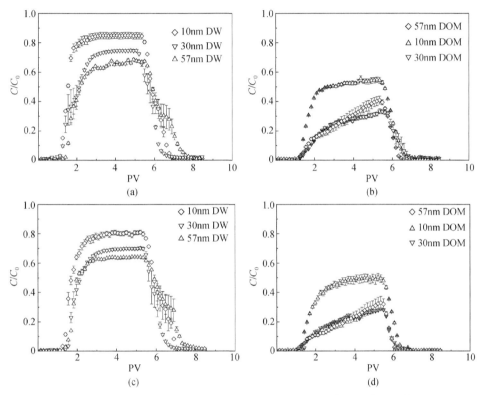

图 8.20　再生水 DOM 影响下纳米颗粒物在多孔介质中的吸附试验结果

(a)去离子水电解质条件下，纳米颗粒物在玻璃珠介质中的穿透曲线；(b)再生水 DOM 电解质条件下，纳米颗粒物在玻璃珠介质中的穿透曲线；(c)去离子水电解质条件下，纳米颗粒物在石英砂介质中的穿透曲线；(d)再生水 DOM 电解质条件下，纳米颗粒物在石英砂介质中的穿透曲线

2. 较大粒径颗粒物在多孔介质中的运移

图 8.21 为再生水 DOM 影响下颗粒物在多孔介质中的吸附试验结果。可以看出，在对照组与 DOM 处理组中，颗粒物出流比随粒径变化规律不明显。相同粒径条件下，DOM 处理组明显降低了颗粒物出流，增加了颗粒物的滞留。在玻璃珠介质中，260nm、530nm、960nm、1650nm 颗粒物的峰值出流比分别为 0.626、0.757、0.561、0.376；在石英砂介质中，260nm、530nm、960nm、1650nm 颗粒物的峰值出流比分别为 0.586、0.534、0.622、0.343。通过石英砂介质与玻璃珠介质中颗粒物出流浓度的对比，发现石英砂介质对颗粒物的滞留量较大，260nm、530nm、960nm、1650nm 颗粒物在去离子水电解质中

其出流比减小值分别为 0.231、0.143、−0.067、−0.057,在 DOM 电解质中分别为 0.04、0.223、−0.061、0.033;说明石英砂介质对于中等粒径颗粒物(260nm、530nm)的滞留能力大于玻璃珠介质,对于较大粒径颗粒物(960nm、1650nm)则未达到显著差异;而在 DOM 处理组中,石英砂除对 960nm 颗粒物滞留能力较小外,其余均大于玻璃珠介质,整体来说,石英砂介质表面形貌与 DOM 的耦合作用显著增大了颗粒物在介质中的吸附。

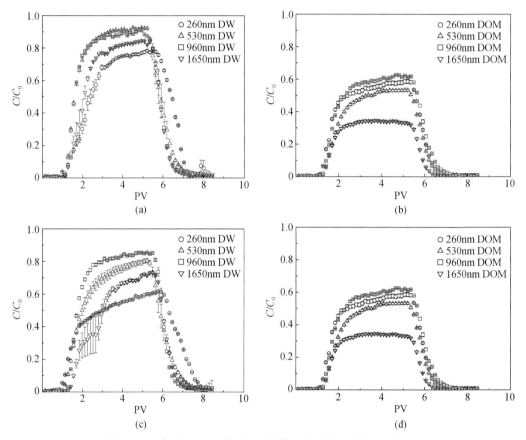

图 8.21　再生水 DOM 影响下颗粒物在多孔介质中的吸附试验

(a)去离子水电解质条件下,颗粒物在玻璃珠介质中的穿透曲线;(b)再生水 DOM 电解质条件下,颗粒物在玻璃珠介质中的穿透曲线;(c)去离子水电解质条件下,颗粒物在石英砂介质中的穿透曲线;(d)再生水 DOM 电解质条件下,颗粒物在石英砂介质中的穿透曲线

　　本试验选择 7 种不同粒径颗粒物,观察颗粒物在再生水 DOM 影响下的吸附过程,研究发现,7 种粒径颗粒物在介质中的出流比表现为减小—增大—减小的趋势,这是初级势阱、次级势阱吸附与阻塞作用联合作用的结果;纳米颗粒物在介质表面主要表现为初级势阱吸附,随着颗粒物粒径增大,初级势阱吸附作用逐渐减弱,次级势阱吸附作用开始显著,而当颗粒物粒径增大到一定程度时,较大粒径的次级势阱与颗粒物表面的距离增加,次级势阱变得不稳定,并且阻塞作用开始显著。而再生水 DOM 的存在,对于小粒径颗粒物的滞留量显著增加,在颗粒物为 260nm 时,滞留量最多,当颗粒物粒径继续增加时,再生水 DOM 对其滞留能力的影响开始减弱。

8.3.4 离子强度对颗粒物运移特性的影响

1. 各离子强度条件下 57nm 颗粒物在多孔介质中的运移

图 8.22 为不同离子强度条件下 57nm 颗粒物在土柱中的穿透试验。可以看出,各处理均表现出随着离子强度的增加,颗粒物的出流浓度峰值降低,滞留能力增强;再生水 DOM 与离子强度的耦合作用使各颗粒物表现出随离子强度的增大滞留能力增强。DOM 处理组中,在 0.001mol/L、0.01mol/L、0.04mol/L、0.1mol/L 和 0.2mol/L 离子强度条件下,57nm 颗粒物在玻璃珠介质中的出流比为 0.271、0.166、0.164、0.198、0.102;与 DW 对照组相比,DOM 使 57nm 颗粒物的出流比降低了 59.594%、65.772%、58.048%、44.939%、58.953%;57nm 颗粒物在石英砂介质中的出流比为 0.235、0.160、0.100、0.096、0.054;与 DW 对照组相比,DOM 使 57nm 颗粒物的出流比降低了 63.377%、66.548%、72.445%、46.740%、67.599%。相对于玻璃珠介质,57nm 颗粒物在石英砂介质中的出流比较小,吸附能力增强。57nm 颗粒物随离子强度的增大,峰值出流比降低,吸附作用增强,即 57nm 颗粒物在 DOM 作用下表现为憎溶作用,使颗粒物在介质中的滞留量增多。

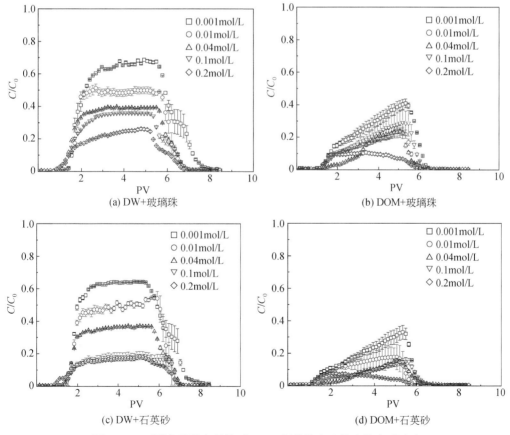

(a) DW+玻璃珠 (b) DOM+玻璃珠 (c) DW+石英砂 (d) DOM+石英砂

图 8.22　不同离子强度条件下 57nm 颗粒物在土柱中的穿透试验

2. 各离子强度条件下 260nm 颗粒物在多孔介质中的运移

图 8.23 为不同离子强度条件下 260nm 颗粒物在土柱中的穿透试验。可以看出,在对照组中,颗粒物的出流浓度峰值随离子强度的增加而降低;在再生水 DOM 处理组中,颗粒物与离子强度的耦合作用,使相同离子强度条件下的颗粒物出流比降低,增加了颗粒物在多孔介质中的吸附。DOM 处理组中,在 0.001mol/L、0.01mol/L、0.04mol/L、0.1mol/L 和 0.2mol/L 五种离子强度条件下,260nm 颗粒物在玻璃珠介质中的出流比为 0.729、0.276、0.130、0.113、0.080;与 DW 对照组相比,DOM 使 260nm 颗粒物的出流比降低了 2.630%、53.221%、67.409%、−6.368%、39.635%;260nm 颗粒物在石英砂介质中的出流比为 0.575、0.239、0.076、0.099、0.042;与 DW 对照组相比,DOM 使 57nm 颗粒物的出流比降低了 −1.931%、54.977%、77.221%、−21.248%、47.441%。当离子强度为 0.001mol/L 时,对照组与 DOM 处理组对颗粒物出流比的影响并不显著,这是由于在较低离子强度条件下,颗粒物与介质之间的排斥势垒较大,颗粒物难以越过排斥势垒吸附进初级势阱,随着离子强度增加到 0.04mol/L 时,颗粒物在介质中的出流比在 0.13 以下,已经达到降低水平,在这个范围内颗粒物容易越过排斥势垒吸附进初级势阱,当离子强度增大到 0.1mol/L 以上时,主要表现为范德瓦耳斯引力,颗粒物在介质中的吸

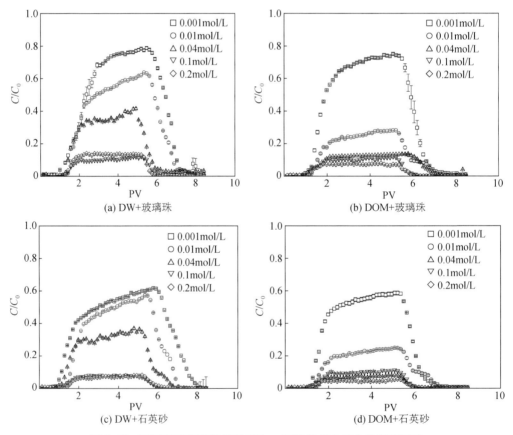

图 8.23 不同离子强度条件下 260nm 颗粒物在土柱中的穿透试验

附作用强,滞留能力达到最大。相对于玻璃珠介质,260nm 颗粒物在石英砂介质中的出流比较小,石英砂介质对颗粒物的滞留量较玻璃珠介质强。总体而言,260nm 颗粒物随着离子强度的增加,出流比降低,吸附作用增强,即 260nm 颗粒物在 DOM 作用下在低离子强度条件下主要表现为憎溶作用,使颗粒物在介质中的滞留量增多,在高离子强度条件下,会表现为一定的促溶作用,使颗粒物的出流量增多。

3. 各离子强度条件下 960nm 颗粒物在多孔介质中的运移

图 8.24 为不同离子强度条件下 960nm 颗粒物在土柱中的穿透试验。可以看出,在对照组中,颗粒物的出流浓度峰值随离子强度的增加而降低;但在再生水 DOM 处理组中,低离子强度条件下,颗粒物出流比降低,在高离子强度条件下,颗粒物出流比高于对照组,960nm 颗粒物在介质中的运移规律异于较小粒径颗粒物的运移规律。DOM 处理组中,在 0.001mol/L、0.01mol/L、0.04mol/L、0.1mol/L 和 0.2mol/L 离子强度条件下,960nm 颗粒物在玻璃珠介质中的出流比为 0.602、0.657、0.661、0.666、0.680;与 DW 对照组相比,DOM 使 960nm 颗粒物的出流比降低了 33.757%、24.301%、7.990%、−45.982%、−74.206%;960nm 颗粒物在石英砂介质中的出流比为 0.613、0.607、0.601、0.595、0.635;与 DW 对照组相比,DOM 使 57nm 颗粒物的出流比降低了

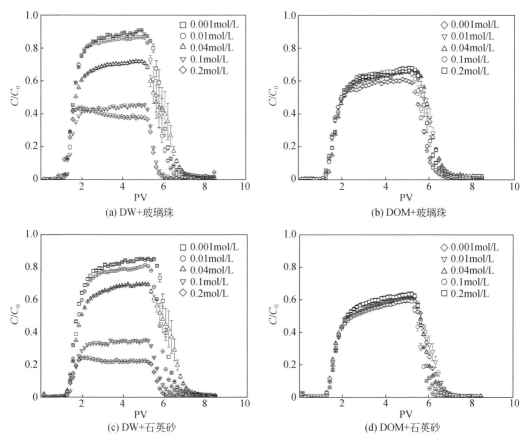

图 8.24　不同离子强度条件下 960nm 颗粒物在土柱中的穿透试验

28.077%、25.273%、13.740%、−68.999%、−180.501%。这种现象表明,当离子强度为 0.001mol/L、0.01mol/L、0.04mol/L 时,DOM 与离子强度的耦合作用使颗粒物在介质中的出流比降低,DOM 对颗粒物为促溶作用;当离子强度为 0.1mol/L、0.2mol/L 时,颗粒物在介质中的出流比增加,DOM 对颗粒物表现为促溶作用。这种现象是由于对于较大粒径颗粒物,DOM 容易吸附在颗粒物表面,使颗粒物表面活性增加;另外,颗粒物在较高离子强度作用下容易与 DOM 发生离子络合作用。总体而言,960nm 颗粒物在低离子强度条件下表现为憎溶作用,而在较高离子强度条件下表现为促溶作用。

通过 57nm、260nm、960nm 三种粒径颗粒物在 0.001mol/L、0.01mol/L、0.04mol/L、0.1mol/L 和 0.2mol/L 离子强度条件下的穿透试验发现,对于 57nm 颗粒物,再生水 DOM 的存在使颗粒物吸附能力增强,且吸附能力随离子强度增加而增强,即再生水 DOM 对 57nm 颗粒物的运移表现为憎溶作用,增加了颗粒物的滞留量;对于 260nm 与 960nm 颗粒物,再生水 DOM 对低离子强度中的颗粒物表现为促溶作用,对高离子强度的颗粒物表现为憎溶作用。这表明 DOM 与离子强度的耦合作用显著增加较小粒径颗粒物的吸附,而对于较大粒径颗粒物,则 DOM 影响下,颗粒物的运移与离子强度的大小密切相关,在 0.04mol/L 以下低离子强度表现为增加颗粒物吸附,在 0.1mol/L 以上较高离子强度表现为减小颗粒物吸附。

8.4 再生水回用水流速度与介质粒径对颗粒物迁移-滞留能力的影响

8.4.1 材料与方法

材料与方法同 8.3.1 节。

8.4.2 示踪剂穿透曲线及其拟合

在 450~500μm 介质粒径颗粒物穿透试验的基础上,为观测介质粒径(孔隙度)对颗粒物运移能力的影响,试验选择 850~1000μm、120~150μm 两种不同粒径级配的石英砂介质,以玻璃珠介质为对照,采用 100mg/L 的保守性示踪剂 NaCl 溶液进行示踪剂穿透曲线,并利用 CXTFIT 模型进行拟合,得到饱和多孔介质孔隙平均流速和弥散度(表 8.13)。

表 8.13 CXTFIT 拟合示踪剂穿透曲线参数

参数	石英砂		玻璃珠	
	850~1000μm	120~150μm	850~1000μm	120~150μm
孔隙度	0.501	0.102	0.521	0.124
孔隙平均流速/(m/d)	2.069	11.030	1.585	8.361
弥散度/m	2.5×10^{-4}	5.0×10^{-4}	1.38×10^{-4}	4.2×10^{-4}

图 8.25、图 8.26 为不同粒径多孔介质中 NaCl 溶液示踪剂穿透曲线及 CXTFIT 拟合结果。由图可知,850~1000μm、120~150μm 两种粒径的石英砂与玻璃珠介质中,示

踪剂穿透试验结果与 CXTFIT 拟合效果均较好。在 $850\sim1000\mu m$、$120\sim150\mu m$ 石英砂介质中，空隙平均流速分别为 2.069m/d、11.030m/d；玻璃珠介质中为 1.585m/d、8.361m/d。相同粒径级配的石英砂介质弥散度大于玻璃珠介质弥散度，石英砂介质弥散度为 $2.5\times10^{-4}m$、$5.0\times10^{-4}m$，玻璃珠介质弥散度为 $1.38\times10^{-4}m$、$4.2\times10^{-4}m$。这种现象表明，多孔介质粒径级配与介质形貌对介质的水力特性参数有重要影响，当介质形貌不均一、表面粗糙时，其弥散度较大；相对于较小粒径介质，较大的介质粒径级配孔隙度较大，水流中的颗粒物对流能力较强，弥散作用较弱。而值得注意的是当介质粒径减小时，颗粒物与介质的直径比(d_p/d_c)增大，阻塞作用开始对介质的运移起到越来越重要的影响。

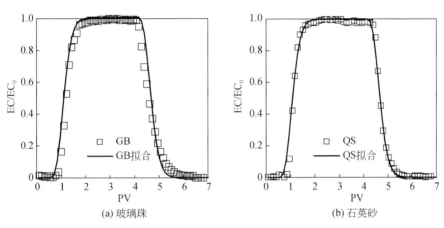

图 8.25　$850\sim1000\mu m$ 多孔介质 NaCl 溶液示踪剂穿透曲线及 CXTFIT 拟合

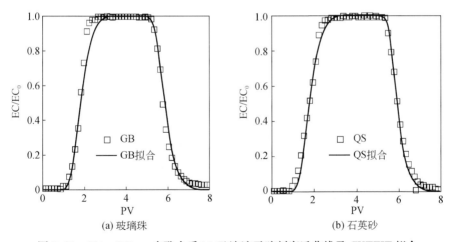

图 8.26　$120\sim150\mu m$ 多孔介质 NaCl 溶液示踪剂穿透曲线及 CXTFIT 拟合

8.4.3　介质粒径对颗粒物运移特性的影响

1.57nm 颗粒物在不同粒径多孔介质中的运移

图 8.27 为 57nm 颗粒物在不同粒径多孔介质土柱中的穿透试验。可以看出,各处理均表现出随着介质平均粒径的减小,介质孔隙度变小,颗粒物峰值出流比降低,滞留能力增强;再生水 DOM 的存在增加了对颗粒物的吸附作用。在石英砂介质中,57nm 颗粒物在 $925\mu m$、$475\mu m$、$135\mu m$ 介质中的平均峰值出流比为 0.358、0.258、0.001;在玻璃珠介质中,分别为 0.389、0.312、0.080。在石英砂介质中,与 DW 对照组相比,DOM 的存在使 57nm 颗粒物的出流比降低了 0.417、0.430、0.524;在玻璃珠介质中,与对照组相比,DOM 的存在使 57nm 颗粒物的出流比降低了 0.441、0.445、0.581。从 DOM 对不同类型介质中颗粒物运移能力的降低数值可以看出,DOM 对石英砂介质中的颗粒物运移能力影响弱于玻璃珠介质。颗粒物在平均粒径为 $135\mu m$ 的石英砂与玻璃珠介质中的出流比均小于 0.1,这是由于颗粒物与介质的粒径比增大,孔隙度减小,颗粒物与介质之间碰撞效率增加,在颗粒物中的吸附作用增强。

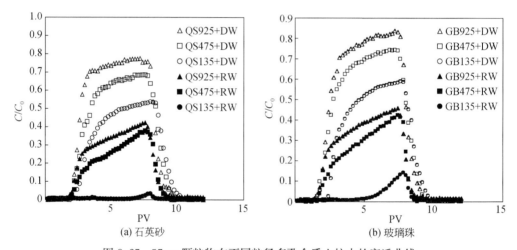

图 8.27　57nm 颗粒物在不同粒径多孔介质土柱中的穿透曲线

2.260nm 颗粒物在不同粒径多孔介质中的运移

图 8.28 为 260nm 颗粒物在不同粒径多孔介质土柱中的穿透试验。可以看出,在对照组中,颗粒物在 $925\mu m$、$475\mu m$ 介质中的出流比相当,而在 $135\mu m$ 介质中出流比处于缓慢升高状态,未达到平衡阶段。在 DOM 处理组中,260nm 颗粒物出流比随介质粒径的减小而减小,当介质粒径为 $135\mu m$ 时,颗粒物出流比接近 0。在 DOM 处理组中,57nm 颗粒物在 $925\mu m$、$475\mu m$、$135\mu m$ 石英砂介质中的平均峰值出流比为 0.684、0.601、0.018;在玻璃珠介质中,平均峰值出流比分别为 0.736、0.626、0.048。在石英砂介质中,与 DW 对照组相比,DOM 的存在使 260nm 颗粒物的出流比降低了 0.161、0.239、0.779;在玻璃珠介质中,与对照组相比,DOM 的存在使 57nm 颗粒物的出流比降低了 0.090、

0.222、0.728；表明 DOM 的存在显著影响颗粒物在多孔介质中的吸附，孔隙度越小，DOM 对颗粒物的滞留作用越显著。

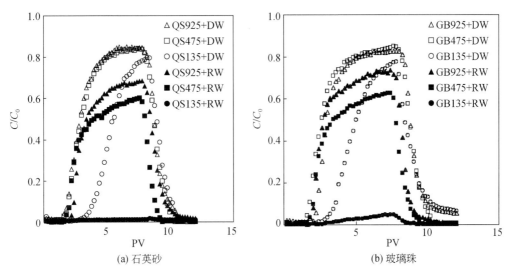

图 8.28　260nm 颗粒物在不同粒径多孔介质土柱中的穿透试验

3. 960nm 颗粒物在不同粒径多孔介质中的运移

图 8.29 为 960nm 颗粒物在不同粒径多孔介质土柱中的穿透试验。可以看出，960nm 颗粒物在介质中的滞留量表现为随介质粒径降低而增大，再生水 DOM 处理组降低了颗粒物在介质中的出流比。在石英砂介质中，960nm 颗粒物在 $925\mu m$、$475\mu m$、$135\mu m$ 介质中的平均峰值出流比为 0.523、0.526、0.209；在玻璃珠介质中，平均峰值出流比分别为 0.568、0.561、0.338。在石英砂介质中，与 DW 对照组相比，DOM 的存在使 960nm 颗粒物的出流比降低了 0.446、0.226、0.139；在玻璃珠介质中，与对照组相比，

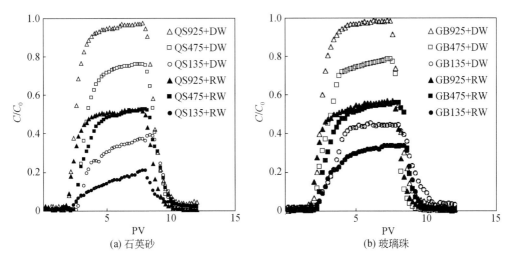

图 8.29　960nm 颗粒物在不同粒径多孔介质土柱中的穿透试验

DOM 的存在使 960nm 颗粒物的出流比降低了 0.419、0.226、0.108；这表明 DOM 对石英砂介质中颗粒物的运移相对较大，DOM 可使颗粒物与介质之间的排斥势垒降低，石英砂表面粗糙度较大，为颗粒物在介质表面的吸附提供较多的吸附位点；因此相对于玻璃珠介质，DOM 与石英砂的耦合作用对颗粒物的吸附能力增强。

通过 57nm、260nm、960nm 颗粒物在三种粒径级配的石英砂与玻璃珠介质中的穿透试验发现，再生水 DOM 与石英砂介质的耦合作用显著降低颗粒物在介质中的滞留，颗粒物粒径越小，影响程度越大。对于 57nm 颗粒物，$925\mu m$、$475\mu m$、$135\mu m$ 石英砂介质在 DOM 的作用下颗粒物的出流比分别降低了 45.503%、44.834%、93.674%，玻璃珠介质在 DOM 的作用下分别降低了 45.045%、42.928%、75.807%；对于 260nm 颗粒物，$925\mu m$、$475\mu m$、$135\mu m$ 石英砂介质在 DOM 的作用下颗粒物的出流比分别降低了 19.098%、28.473%、97.693%，玻璃珠介质在 DOM 的作用下分别降低了 10.868%、26.173%、93.797%；对于 960nm 颗粒物，$925\mu m$、$475\mu m$、$135\mu m$ 石英砂介质在 DOM 的作用下颗粒物的出流比分别降低了 46.046%、30.045%、39.955%，玻璃珠介质在 DOM 的作用下分别降低了 42.469%、28.751%、24.154%。从 DOM 对颗粒物出流比的降低率可以发现，DOM 的存在对 57nm、260nm 颗粒物在 $135\mu m$ 介质中的出流比降低较多，这是由于介质粒径较小，为 DOM 与颗粒物吸附提供了较多的吸附位点，而颗粒物与介质之间的排斥势垒高度相对较低，颗粒物容易越过排斥势垒发生初级势阱吸附。对于 960nm 颗粒物，则表现为随着介质粒径的减小，DOM 的存在对出流比的降低作用减小，这种现象是由于 960nm 颗粒物粒径相对较大，颗粒物与排斥势垒高度较高，颗粒物难以越过排斥势垒吸附进初级势阱，颗粒物在介质中的吸附开始以次级势阱吸附为主，DOM 的存在使 960nm 颗粒物与较大粒径介质之间的次级势阱深度加大，发生次级势阱吸附的能力增强。

8.4.4　水流速度对颗粒物运移特性的影响

选用 57nm、260nm、960nm 三种粒径颗粒物进行穿透试验，三种流速分别为 2.4×10^{-5} m/s、1.2×10^{-5} m/s、0.6×10^{-5} m/s，采用去离子水电解质溶液为对照组，观测再生水 DOM 的影响下水流速度对颗粒物穿透能力的影响，介质分别采用玻璃珠介质与石英砂介质。

1. 不同流速条件下 57nm 颗粒物在多孔介质中的运移

图 8.30 为不同流速条件下 57nm 颗粒物在土柱中的穿透试验。可以看出，颗粒物的峰值出流比随着流速的减小而降低，颗粒物在小流速中的滞留能力较强；再生水 DOM 的存在，使颗粒物滞留能力增强。DOM 处理组中，在 2.4×10^{-5} m/s、1.2×10^{-5} m/s、0.6×10^{-5} m/s 流速条件下，57nm 颗粒物在玻璃珠介质中的出流比为 0.668、0.568、0.507；与 DW 对照组相比，DOM 使 57nm 颗粒物的出流比降低了 21.419%、5.284%、4.885%；57nm 颗粒物在石英砂介质中的出流比为 0.559、0.549、0.446；与 DW 对照组相比，DOM 使 57nm 颗粒物的出流比降低了 31.091%、12.368%、17.173%。相对于玻璃珠介质，57nm 颗粒物在石英砂介质中的出流比减小较多，吸附能力增强。

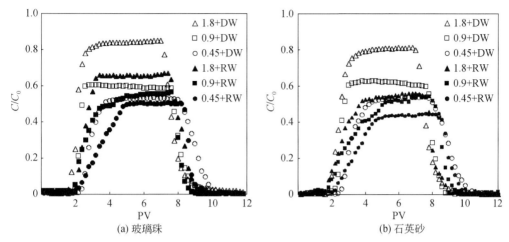

图 8.30　不同流速条件下 57nm 颗粒物在土柱中的穿透试验
流速 1.8:2.4×10⁻⁵m/s,流速 0.9:1.2×10⁻⁵m/s,流速 0.45:0.6×10⁻⁵m/s

　　随着流速的降低,57nm 颗粒物出流比降低,吸附作用增强,这是由于随着流速的增加,水流对颗粒物的流动剪切力增大,使颗粒物在介质中的稳定性降低,更容易解吸回溶液中,减小颗粒物的滞留量;而 DOM 的存在使颗粒物滞留量增加则主要是通过降低排斥势垒高度,次级势阱加深,在相同流速条件下,57nm 颗粒物在介质中的吸附作用较大。

2. 不同流速条件下 260nm 颗粒物在多孔介质中的运移

　　图 8.31 为不同流速条件下 260nm 颗粒物在土柱中的穿透试验。可以看出,260nm 颗粒物在不同流速条件下的出流规律与 57nm 颗粒物一致,颗粒物的出流浓度峰值随着流速的减小而降低,颗粒物在小流速中的滞留能力较强;再生水 DOM 的存在,同样使颗

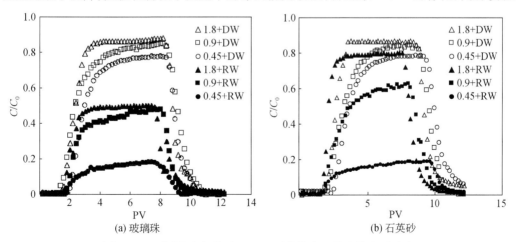

图 8.31　不同流速条件下 260nm 颗粒物在土柱中的穿透试验
流速 1.8:2.4×10⁻⁵m/s,流速 0.9:1.2×10⁻⁵m/s,流速 0.45:0.6×10⁻⁵m/s

粒物滞留能力增强。DOM 处理组中,在 2.4×10^{-5} m/s、1.2×10^{-5} m/s、0.6×10^{-5} m/s 流速条件下,260nm 颗粒物在玻璃珠介质中的出流比为 0.499、0.481、0.184;与 DW 对照组相比,DOM 使 57nm 颗粒物的出流比降低了 43.346%、43.325%、76.305%;260nm 颗粒物在石英砂介质中的出流比为 0.801、0.625、0.183;与 DW 对照组相比,DOM 使 260nm 颗粒物的出流比降低了 7.881%、25.081%、76.576%。

3. 不同流速条件下 960nm 颗粒物在多孔介质中的运移

图 8.32 为不同流速条件下 960nm 颗粒物在土柱中的穿透试验。可以看出,颗粒物的出流浓度峰值随着流速的减小而降低,颗粒物在小流速中的滞留能力较强;再生水 DOM 的存在,使颗粒物滞留能力增强。DOM 处理组中,在 2.4×10^{-5} m/s、1.2×10^{-5} m/s、0.6×10^{-5} m/s 流速条件下,960nm 颗粒物在玻璃珠介质中的出流比为 0.660、0.561、0.267;与 DW 对照组相比,DOM 使 960nm 颗粒物的出流比降低了 27.813%、28.751%、54.376%;960nm 颗粒物在石英砂介质中的出流比为 0.755、0.526、0.350;与 DW 对照组相比,DOM 使 960nm 颗粒物的出流比降低了 15.098%、31.060%、39.297%。相对于玻璃珠介质,960nm 颗粒物在石英砂介质中的出流比减小较多,吸附能力增强。960nm 颗粒物随着流速的降低,出流比降低,吸附作用增强,这是由于随着流速的增加,水流对颗粒物的流动剪切力增大,使颗粒物在介质中的稳定性降低,更容易解吸回溶液中,减小颗粒的滞留量;而 DOM 的存在使颗粒物滞留量增加则主要是通过降低排斥势垒高度,次级势阱加深,在相同流速条件下 960nm 颗粒在介质中的吸附作用较大。

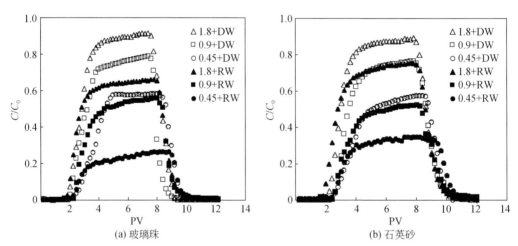

图 8.32 不同流速条件下 960nm 颗粒物在土柱中的穿透试验

流速 1.8:2.4×10^{-5} m/s,流速 0.9:1.2×10^{-5} m/s,流速 0.45:0.6×10^{-5} m/s

本节通过 57nm、260nm、960nm 三种粒径颗粒物在 2.4×10^{-5} m/s、1.2×10^{-5} m/s、0.6×10^{-5} m/s 流速条件的穿透试验,随着流速的降低,颗粒物滞留量增加,再生水 DOM 的存在使颗粒物吸附能力增强,DOM 对相同流速条件下颗粒物吸附的影响表现为 57nm 颗粒物>260nm 颗粒物>960nm 颗粒物;对 57nm 颗粒物,DOM 对颗粒物的降低率随流速的减小而影响程度减小,对于 260nm 颗粒物与 960nm 颗粒物,随着流速的减小,DOM 对颗粒物的降低率影响程度增大。

8.5　再生水 DOM 对颗粒物黏附效率影响的动力学分析

8.5.1　材料与方法

1. 动电性质测量

1)试验材料

供试颗粒物选用苏州纳微科技有限公司生产的聚苯乙烯乳胶颗粒物,密度为 1.055g/cm³,为疏水性颗粒物。供试多孔介质石英砂与玻璃珠产自石家庄托玛琳矿产品有限公司,密度为 2.65g/cm³。供试再生水由北京京城中水有限责任公司提供,出水水质符合《城镇污水处理厂污染物排放标准》(GB 18918—2002)二级出水标准。再生水 DOM 溶液过滤膜购自上海海凡滤材有限公司生产的尼龙(聚酰胺)膜,滤膜孔径为 0.45μm。试验中用到的常用化学试剂与器皿均购自北京蓝弋化工产品有限责任公司。

电位测量采用中国农业大学食品科学与营养工程学院 309 实验室的马尔文电位仪(Malvern Instruments,MA)。

2)试验设计

目的:研究颗粒物与介质在不同离子强度的再生水 DOM 背景溶液条件下表面电位特征,并能为颗粒物与介质之间的 DLVO 相互作用分析提供基础数据。

处理和方法:选用七种颗粒物粒径:10nm、30nm、60nm、260nm、528nm、960nm、1650nm,石英砂与玻璃珠介质平均粒径级配分别为 120~150μm、450~500μm、850~900μm,其平均值分别为 135μm、475μm、925μm。对石英砂与玻璃珠进行酸碱清洗去除介质表面的金属氧化物,具体方法如下。

首先对试验介质进行预处理,石英砂及玻璃珠的处理步骤如下:①用自来水清洗材料,直到水体清澈无杂物;②采用 6mol/L 的硝酸溶液在 80℃下浸泡 10h,再用去离子水清洗;③为了去除介质表面吸附的金属和非金属氧化物,将每 300g 酸溶液处理后的石英砂在 80℃条件下用温水浸润在 500mL 浓度为 0.2mol/L 的柠檬酸缓冲稀溶液(由 44.1g/L 的柠檬酸二钠溶液($Na_2C_6H_5O_7 \cdot 2H_2O$)和 10.5g/L 的柠檬酸溶液($H_2C_6H_5O_7$)配制而成)中 24h 后,加入 15g 连二亚硫酸钠($Na_2S_2O_4$),振荡悬液 5min;④步骤③重复三次后用去离子水反复冲洗,直至上清液的电导率接近 0,105℃烘干,备用。

颗粒物溶液动电特征测定方法:将颗粒物原液在超声波清洗器中分散 1min。将去离子水及过 0.45μm 滤膜的再生水 DOM 溶液(水质指标见表 8.14)分别用氯化钠配制 0.001mol/L、0.01mol/L、0.04mol/L、0.1mol/L 和 0.2mol/L 的五种离子强度的电解质溶液,pH 约为 7.1,再用电解质溶液分别配制相应离子强度的颗粒物溶液,颗粒物溶液浓度为 100mg/L,最后用马尔文电位仪在 25℃条件下测定。

表 8.14　再生水水质指标 （单位：mg/L）

pH	DOC	COD_{Cr}	BOD_5	总氮	总磷	氨氮	硝态氮	Ca^{2+}	Mg^{2+}	K^+	Na^+
7.6 ± 0.2	5.4	11.7	2.3	10.2	0.12	0.247	7.8	72.5	29.7	24.1	98.7

多孔介质石英砂和玻璃珠介质表面的动电特征测定方法如下（Tufenkji et al.，2004）：首先称取 7g 酸碱处理的介质材料置于 50mL 三角瓶中，加入 12mL 五种不同离子强度电解质溶液后于超声波中分散 20min，然后吸取 1mL 上清液，用该浓度电解质溶液稀释 10 倍后，再用马尔文电位仪在 25℃条件下测定。

2. 颗粒物稳定性分析

目的：根据 8.3.1 节颗粒物与介质在不同离子强度的再生水 DOM 背景溶液条件下表面电位基础数据，运用 DLVO 理论进行颗粒物与介质表面相互作用能曲线绘制，并计算颗粒物与介质表面的排斥势垒与次级势阱，为运用 Maxwell 模型进行颗粒物在介质中的黏附效率分析提供理论基础。

分析方法：较小直径颗粒物（0～10μm）与固相介质颗粒表面之间的相互作用力主要包括范德瓦耳斯吸引力、双电层力、水合力和空间排斥力等，这些作用力可采用 DLVO 理论进行定量描述（Frens et al.，1972）。DLVO 理论一般采用颗粒物与介质之间的相互作用势能图描述范德瓦耳斯引力和双电层力这两种最主要的作用力，通过 DLVO 势能图表征了颗粒物和固相颗粒之间的相互作用能随间距的变化。

颗粒物与固相介质之间的 DLVO 理论相互作用能计算公式为

$$\Phi_{Total}(h) = \Phi_{EDL}(h) + \Phi_{vdw}(h) \tag{8-6}$$

式中，Φ_{Total}、Φ_{EDL}、Φ_{vdw} 分别为总势能、静电势能、范德瓦耳斯势能，kT；h 为两者之间的距离，nm。

$$\Phi_{EDL}(h) = \pi\varepsilon_0\varepsilon_r a_p \left\{ 2\Psi_1\Psi_2 \ln\left[\frac{1+\exp(-\kappa h)}{1-\exp(-\kappa h)}\right] + (\Psi_1^2 + \Psi_2^2)\ln[1-\exp(-2\kappa h)] \right\} \tag{8-7}$$

式中，ε_0 为真空介电常数，$\varepsilon_0 = 8.85\times10^{-12}$ C/(V·m)；ε_r 为相对介电常数；a_p 为颗粒物的半径，m；Ψ_1 和 Ψ_2 分别为颗粒物和介质的 ζ 电位，V；κ 为德拜-休克尔参数，m。

$$\kappa^2 = \frac{1000e^2 \cdot N_A}{\varepsilon_0\varepsilon_r\kappa_B T_\kappa} \sum_i M_i Z_i^2 \tag{8-8}$$

式中，e 为电子的电荷量，1.60×10^{-19} C；N_A 为阿伏伽德罗常数，6.02×10^{23} mol^{-1}；M_i 为电解质的浓度，mol/L；Z_i 为电解质离子的价态，无量纲。

颗粒间的相互作用力除了双电层力，还存在由表面分子偶极作用产生的伦敦-范德瓦耳斯吸引力，这种分子作用力主要受电子轨道的重叠、原子的空间排列以及水分子结构的影响。自然条件下，双电层排斥力会被范德瓦耳斯吸引力中和。在颗粒与介质相互作用距离很小的情况下，范德瓦耳斯引力可以克服双电层斥力和水动力。颗粒物与介质颗粒表面的范德瓦耳斯力可用 Gregory（1981）提出的表达式来计算。

$$\Phi_{vdw}(h) = -\frac{Aa_p}{6h}\left(1 + \frac{14h}{\lambda}\right) \tag{8-9}$$

式中,A 为 Hamaker 常数,J;λ 为特征波长(通常为 100nm)。

3. 理论黏附效率分析

目的:根据 2.4.2 节颗粒物与介质表面相互作用能曲线,运用 Maxwell 扩展模型对颗粒物在介质中的黏附效率进行分析,分析再生水 DOM 作用下颗粒物粒径大小与离子强度对颗粒物黏附效率的影响。

分析方法:运用 Maxwell 扩展模型,分析及作图软件采用 AutoFit 2.0 与 Python。

根据 Hahn 等(2004)与 Shen 等(2007)的研究,认为较小直径颗粒物从多孔介质溶液中运移至次级势阱位置,被假定为受质流控制,当颗粒物到达次级势阱后,颗粒物可能滞留在次级势阱中,或者克服排斥势垒吸附进初级势阱中,或者从次级势阱中解吸重新释放运移进入溶液中。较小直径颗粒物在固相介质中的去留主要取决于颗粒物的布朗热力学动能。Maxwell 扩展模型考虑了颗粒物初级势阱与次级势阱吸附的耦合作用,可对颗粒物在固相介质中的黏附效率进行有效预测。

研究采用 Maxwell 扩展模型进行颗粒物黏附效率的假定(Shen et al.,2007)。

假定一:颗粒物在次级势阱中的能量分配符合 Maxwell 模型。

假定二:若颗粒物的热力学能小于次级势阱,颗粒物将滞留于次级势阱。

假定三:若颗粒物的热力学能大于排斥势垒,颗粒物将越过排斥势垒吸附于初级势阱中。

第三个假定条件可能会使理论黏附效率结果偏大,这是由于颗粒物的热力学能大于排斥势垒时也有可能从次级势阱解吸释放到介质溶液中。

基于假定一颗粒物在次级势阱的热力学能分配描述如下:

$$f(v) = 4\pi \left(\frac{m_p}{2\pi kT} \right)^{\frac{3}{2}} v^2 \exp\left(-\frac{m_p v^2}{2kT} \right) \tag{8-10}$$

$$\int_0^\infty f(v)\mathrm{d}v = 1 \tag{8-11}$$

式中,m_p 为颗粒物的质量;v 为颗粒物的速度。式(8-12)定义了颗粒物的无量纲动力学能表达式:

$$x^2 = \left(\frac{m_p v^2}{2kT} \right) \tag{8-12}$$

基于假定二,颗粒物次级势阱黏附效率为

$$\alpha_{sec} = \int_0^{\sqrt{\Phi_{sec}}} \frac{4}{\pi^{\frac{1}{2}}} x^2 \exp(-x^2)\mathrm{d}x \tag{8-13}$$

同理,颗粒物初级势阱黏附效率为

$$\alpha_{pri} = \int_{\sqrt{\Delta\Phi}}^\infty \frac{4}{\pi^{\frac{1}{2}}} x^2 \exp(-x^2)\mathrm{d}x \tag{8-14}$$

式中,$\Delta\Phi$ 为排斥势垒和次级势阱之和。总黏附效率为

$$\alpha = \alpha_{pri} + \alpha_{sec} = 1 - \int_{\sqrt{\Phi_{sec}}}^{\sqrt{\Delta\Phi}} \frac{4}{\pi^{\frac{1}{2}}} x^2 \exp(-x^2)\mathrm{d}x \tag{8-15}$$

除 Maxwell 模型外,颗粒物理论黏附效率 α 也可通过 Boltzmann 因素方程近似求解:

$$\alpha = \exp(-\Phi_{max}) \tag{8-16}$$

由于再生水在河湖渗滤过程中,地下水流速一般较慢,胶体颗粒物密度(1.05g/m^3)与水密度比较接近,颗粒物在次级势阱位置受到水流速的水动力曳力与重力作用较小,因此在 Maxwell 扩展模型中不考虑水动力曳力与重力沉降的作用。另外 Maxwell 扩展模型没有考虑颗粒物在次级势阱中的解吸这一慢动力学过程,这都造成 Maxwell 扩展模型仅对初始黏附效率预测比较有效。根据 Shen(2007)的研究发现,Maxwell 扩展模型由于不考虑次级势阱中颗粒物的重新释放现象与水流动力学的影响,使其对于预测颗粒物黏附效率有一定的误差。但 Maxwell 扩展模型可以相对全面地揭示颗粒物与固相介质之间的相互作用能过程,仍然被多数研究者采用。

8.5.2 颗粒物与介质表面电动势

颗粒物与多孔介质表面的 Zeta 电动势在 pH 为 7.1 的再生水 DOM 背景液条件下进行测定,以去离子水背景液为对照。根据测试数据,各处理条件下颗粒物与介质表面的电动势均为负值,说明本研究中颗粒物在介质表面的吸附均为无利条件下的吸附。

1. 不同粒径颗粒物表面电动势

再生水 DOM 影响下不同粒径颗粒物 Zeta 电势见图 8.33。颗粒物 Zeta 电势为负,表明颗粒物表面带负电荷,其 Zeta 电势随颗粒物粒径的增大而减小,颗粒物 Zeta 电势为颗粒物表面 Stern 层与扩散层的电位差,在相同离子强度条件下,颗粒物表面的电荷主要通过吸附溶液中的同号离子至颗粒物表面而获得,当颗粒物粒径增大时,颗粒物表面的电荷量密度减小,进而表现为随颗粒物直径增大,Zeta 电势值减小。通过再生水 DOM 处理组与对照组的对比,DOM 背景液中颗粒物 Zeta 电势绝对值明显减小,10nm、30nm、57nm、260nm、960nm、1650nm 颗粒物 Zeta 电势绝对值分别减小了 7.820mV、6.700mV、6.567mV、3.107mV、3.473mV、5.740mV 和 4.333mV,平均减小 5.391mV;再生水 DOM 对纳米级颗粒物(10nm、30nm 与 57nm)Zeta 电势影响较大,绝对值减小了 6.567mV 以上。这种现象可能是由于再生水 DOM 是能通过 $0.45\mu\text{m}$ 滤膜的溶解性有机质,主要由碳水化合物、蛋白质、氨基酸、脂肪、酚类、酒精、有机酸和固醇类组成,DOM 的存在一方面通过静电吸附、离子络合作用与颗粒物竞争吸附溶液中离子,另一方面 DOM 吸附在颗粒物表面使颗粒物表面电荷减少,造成颗粒物的 Zeta 电势绝对值减小。对于纳米颗粒物,比表面积小,表面活性较大,容易与 DOM 发生静电吸附,从而影响颗粒物表面的电荷分布,减小颗粒物表面 Zeta 电势的绝对值。因此,再生水 DOM 的存在显著减小颗粒物 Zeta 电势这一特性会对颗粒物在多孔介质中的迁移产生重要影响。

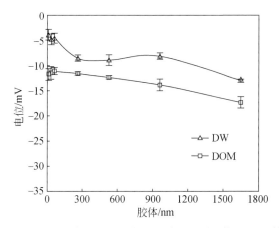

图 8.33 再生水 DOM 影响下不同粒径颗粒物 Zeta 电势

2. 颗粒物在各离子强度条件下的表面电动势

图 8.34 为各离子强度(IS)条件下颗粒物 Zeta 电势图。可以看出,在各离子强度背景液中颗粒物表面均带负电,随着离子强度增加,颗粒物 Zeta 电势减小。Shen 等(2007)研究表明,随着离子强度的升高,颗粒物电势电位(负电势)出现下降趋势,即离子强度增大,颗粒物稳定性降低。在相同离子强度条件下,DOM 处理组颗粒物 Zeta 电势值小于对照组,其中 57nm、260nm、960nm 颗粒物 Zeta 电势平均减小了 9.009mV、2.427mV、4.532mV,这一现象表明 DOM 的存在明显减小了颗粒物 Zeta 电势绝对值,降低了颗粒物稳定性,这也说明 DOM 耦合离子强度的变化会显著改变颗粒物在多孔介质表面的吸附特性。

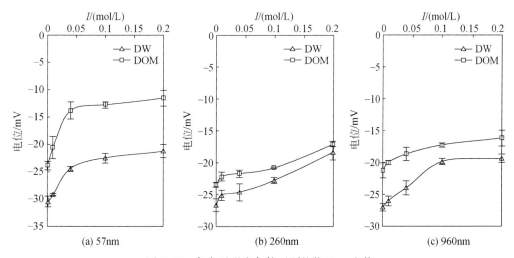

图 8.34 各离子强度条件下颗粒物 Zeta 电势

3. 介质在各离子强度条件下的表面电动势

图 8.35 为各离子强度条件下介质 Zeta 电势。从图中可以看出,石英砂与玻璃珠介质表面均带负电,介质表面 Zeta 电势与颗粒物 Zeta 电势规律一致,表现为电势绝对值均随离子强度的增加而减小,DOM 的存在可使介质表面 Zeta 电势减小。而从图 8.35(b)中发现,石英砂在再生水 DOM 处理组中随着 IS 增加,Zeta 电势变化相对较小,其值约为 −22.68mV,而玻璃珠则随离子强度的增加而快速增加,这表明不同的介质结构与 DOM 耦合作用对介质 Zeta 电势影响不同。在玻璃珠介质中,玻璃珠为均质球形结构,表面较为光滑(图 8.36(a)),表面电荷在玻璃珠上的分布较为均匀,再生水 DOM 在玻璃珠表面的吸附也较为均匀,呈现出随离子强度的增加 Zeta 电势减小;而石英砂介质形状不规则,表面粗糙,表面凸起与凹陷区均较多(图 8.36(b)),这导致石英砂介质表面的电荷的空间分布不均一,石英砂表面粗糙突起部分的 Zeta 电势相对较大。

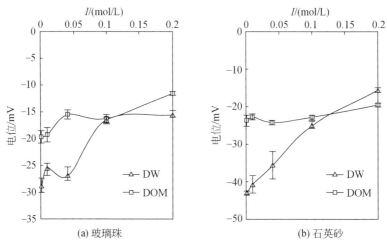

(a) 玻璃珠　　　　　　　　　　(b) 石英砂

图 8.35　各离子强度条件下介质 Zeta 电势

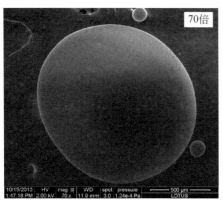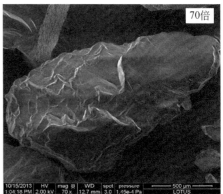

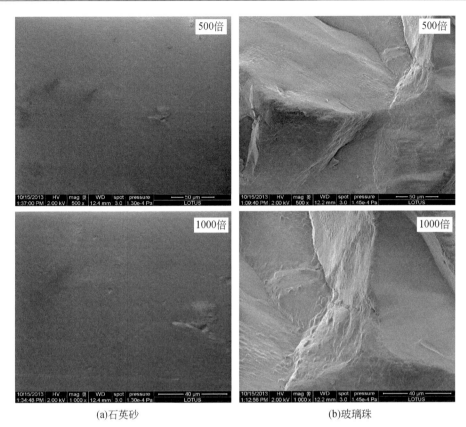

(a)石英砂　　　　　　　　　　　　　　　(b)玻璃珠

图 8.36　石英砂和玻璃珠介质在不同分辨率条件下的扫描电镜图

8.5.3　DLVO 相互作用能分析

1. 不同直径颗粒物的 DLVO 势能

本节采用 DLVO 理论计算颗粒物与介质之间的 DLVO 相互作用能,DLVO 相互作用能是双电层排斥势能与范德瓦耳斯吸引势能之和,由于双电层排斥势能随间距的增加呈指数递减,但范德瓦耳斯引力势能则呈幂数递减,使 DLVO 相互作用能曲线上随着颗粒物与介质间隔距离的增加出现极小值初级势阱、最大值排斥势垒以及最小值次级势阱,排斥势垒和次级势阱见表 8.15。

表 8.15　介质与各粒径颗粒物之间的排斥势垒以及次级势阱

颗粒物/nm	排斥势垒/kT				次级势阱/kT			
	玻璃珠		石英砂		玻璃珠		石英砂	
	DW	DOM	DW	DOM	DW	DOM	DW	DOM
10	5.795	2.777	8.250	3.432	1.867×10^{-5}	1.822×10^{-6}	1.867×10^{-5}	1.738×10^{-6}
30	16.188	8.024	23.015	10.040	4.216×10^{-4}	7.348×10^{-5}	4.216×10^{-4}	6.994×10^{-5}
57	30.359	14.998	43.629	18.906	0.002	0.001	0.002	0.001

续表

颗粒物 /nm	排斥势垒/kT				次级势阱/kT			
	玻璃珠		石英砂		玻璃珠		石英砂	
	DW	DOM	DW	DOM	DW	DOM	DW	DOM
260	116.439	64.402	159.307	81.617	0.074	0.041	0.074	0.040
530	231.700	125.569	315.355	158.598	0.269	0.185	0.269	0.178
960	433.337	209.850	597.716	262.461	0.680	0.523	0.680	0.503
1650	574.005	286.918	729.498	348.539	1.447	1.216	1.447	1.168

图 8.37(a)为通过电动势计算得到的玻璃珠与各直径颗粒物之间的 DLVO 势能曲线图,图 8.37(b)为突出纳米颗粒物的排斥势垒,将图(a)进行局部放大后的势能曲线图。可以看出,在 0.001mol/L 离子强度条件下,大直径颗粒物的排斥势垒较大,颗粒物粒径减小,排斥势垒随之减小;次级势阱深度则随颗粒物粒径的增大而加深,由于离子强度较低,小颗粒物的次级势阱并不明显,较大粒径颗粒物(960nm 与 1650nm)的次级势阱与布朗离子的热力学能 1.5(kT)相当,这表明小粒径颗粒物主要发生初级势阱吸附,而大粒

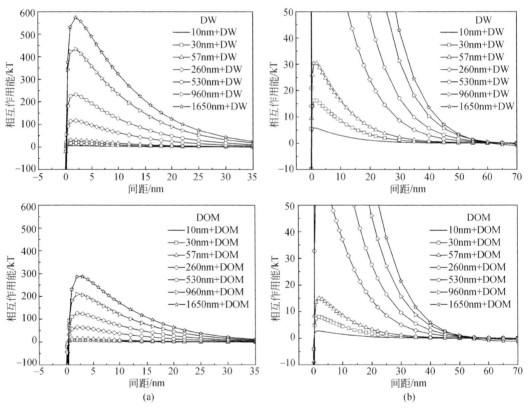

图 8.37 玻璃珠与各粒径颗粒物之间的 DLVO 势能曲线

(a)不同粒径颗粒物相互作用势能随作用间距的变化($A=1\times10^{-20}$J;$T=298$K);

(b)为了突出纳米颗粒物的排斥势垒,将图(a)进行局部放大后的势能图

径颗粒物则主要发生初级势阱吸附与次级势阱吸附。在 DOM 处理组中,颗粒物与介质之间的排斥势垒显著低于对照组,10nm、30nm、57nm、260nm、530nm、960nm 与 1650nm 颗粒物排斥势垒分别降低 3.018kT、8.164kT、15.361kT、52.036kT、106.132kT、223.487kT、287.088kT,排斥势垒高度降低了约 50%;而次级势阱深度变浅,这意味着 DOM 的存在降低了颗粒物的稳定性,使颗粒物容易越过排斥势垒发生初级势阱吸附,或者使吸附在次级势阱中的颗粒物发生解吸,重新释放进入水流中。DOM 的存在使纳米级颗粒物的排斥势垒均降低至 15kT 以下,纳米级颗粒物在初级势阱中的吸附能力增强。

　　图 8.38(a)为通过测得的电动势计算得到的石英砂与各直径颗粒物之间的 DLVO 势能曲线图,图 8.38(b)为将图(a)进行局部放大后的势能曲线图。可以看出,各直径颗粒物与石英砂介质之间的 DLVO 势能曲线与玻璃珠介质的趋势相同,同样表现为随着颗粒物直径的增大,排斥势垒增加,次级势阱加深;DOM 的存在使排斥势垒降低,次级势阱变浅。而相对于玻璃珠介质,石英砂介质中各直径颗粒物的排斥势垒增加,次级势阱加深,在 DOM 处理组中,10nm、30nm、57nm、260nm、530nm、960nm 与 1650nm 颗粒物排斥势垒分别增加 0.655kT、2.016kT、3.908kT、17.215kT、33.029kT、52.610kT、61.622kT,这种现象主要与介质表面形貌影响表面电势空间分布有关。除此之外,石英砂介质表面的低凹点位还会为颗粒物在表面的吸附提供较稳定的驻点,使颗粒物在石英砂中的滞留量增加。

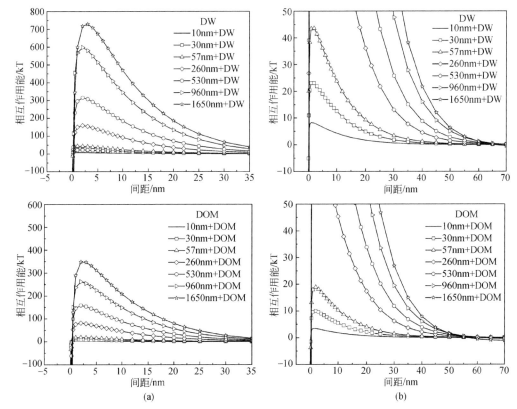

图 8.38　石英砂与各粒径颗粒物之间的 DLVO 势能曲线
(a)不同粒径颗粒物相互作用势能随作用间距的变化($A=1\times10^{-20}$ J;$T=298$ K);
(b)为了突出纳米颗粒物的排斥势垒,将图(a)进行放大后的势能图

　　总体而言,不同直径颗粒物与多孔介质之间的 DLVO 相互作用能受颗粒物直径的影响较大,颗粒物直径越大,排斥势垒越大,次级势阱越深;DOM 的存在降低了排斥势垒高度,使次级势阱深度变浅,使颗粒物在运移体系中的稳定性降低,滞留能力增强。根据 DLVO 相互作用能可推测,较小颗粒物主要发生初级势阱吸附;较大直径颗粒物除了发生初级势阱吸附,还可以发生次级势阱吸附。在一定范围内,直径越大次级势阱吸附作用越明显;DOM 的存在能够降低颗粒物排斥势垒,使颗粒物容易越过排斥势垒吸附进初级势阱,增加了颗粒物的滞留能力;尤其是纳米级颗粒物排斥势垒与布朗颗粒的热力学性能相当,会显著影响纳米颗粒物的吸附解吸性能。以上观点均可通过试验(8.2 节)与理论分析(8.3 节)得以验证。

　　2. 颗粒物在各离子强度条件下的 DLVO 势能

　　1)57nm 颗粒物与介质之间的 DLVO 势能

　　通过测得的 57nm 粒径颗粒物在 0.001mol/L、0.01mol/L、0.04mol/L、0.1mol/L 与 0.2mol/L 五种离子强度背景液中的 Zeta 电势,利用 DLVO 理论计算颗粒物与介质在不同离子强度条件下的 DLVO 相互作用势能曲线,并采用 AutoFit 软件求解颗粒物与介质之间的排斥势垒及次级势阱(表 8.16)。

表 8.16　57nm 颗粒物在不同离子强度条件下的排斥势垒以及次级势阱大小

离子强度 /(mol/L)	排斥势垒/kT				次级势阱/kT			
	玻璃珠		石英砂		玻璃珠		石英砂	
	DW	DOM	DW	DOM	DW	DOM	DW	DOM
0.001	30.359	14.998	43.629	18.906	0.002	0.001	0.002	0.001
0.01	20.049	8.593	33.627	11.009	0.020	0.026	0.018	0.024
0.04	12.177	1.092	17.373	3.395	0.134	0.214	0.116	0.172
0.1	2.080	—	5.700	0.517	0.457	—	0.394	0.527
0.2	—	—	—	—	—	—	—	—

注:“—”表示颗粒物与介质之间排斥势垒较小,主要表现为范德瓦耳斯引力,排斥势垒与次级势阱消失。

　　从图 8.39 中可以看出,随着离子强度的增加排斥势垒降低,次级势阱加深,在 0.1mol/L、0.2mol/L 较高离子强度条件下,颗粒物与介质之间排斥势垒和次级势阱消失,这表明两者之间的范德瓦耳斯引力成为主导颗粒物在介质中运移的主要作用力,颗粒物在介质中的运移主要受范德瓦耳斯引力的影响。在 DOM 处理组中,离子强度与 DOM 的耦合作用,显著降低了颗粒物的排斥势垒高度,使颗粒物容易越过排斥势垒发生次级势阱吸附;而 DOM 的存在也增加了次级势阱的深度,使颗粒物发生次级势阱的能力增加,但相对于 DOM 对排斥势垒的影响,其对次级势阱的影响较小。相对于玻璃珠介质,石英砂介质中各粒径颗粒物的排斥势垒增加,次级势阱加深,在 DOM 处理组中,0.001mol/L、0.01mol/L、0.04mol/L 背景液中的颗粒物与介质间的排斥势垒分别降低 15.361kT、11.456kT、11.0858kT,当离子强度增大至 0.1mol/L 时,排斥势垒与次级势阱消失,颗粒物变为有利条件吸附。根据 DLVO 相互作用能可预测,小粒径颗粒物主要发生初级势阱吸附,随着离子强度增加,吸附能力增强,DOM 与离子强度的耦合作用可显著增加颗粒物在初级势阱的吸附。

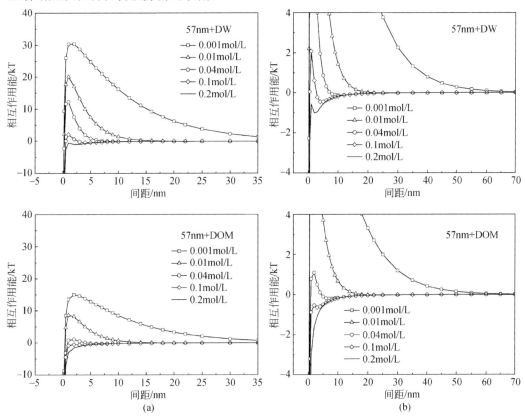

图 8.39　57nm 颗粒物与玻璃珠在各离子强度条件下的 DLVO 势能曲线

(a)颗粒物相互作用势能随作用间距的变化($A = 1 \times 10^{-20}$J;$T = 298$K);

(b)为了突出颗粒物与介质之间的次级势阱,将图(a)进行放大后的势能图

图 8.40(a)为通过测得的电动势计算得到的 57nm 颗粒物与石英砂在各离子强度条件下的 DLVO 势能曲线图,图 8.40(b)为便于观察较高离子强度条件下的次级势阱,将图(a)进行局部放大后的势能曲线图。从图中可以看出,颗粒物与石英砂介质之间的 DLVO 势能曲线随离子强度的增加表现出与玻璃珠介质中相同的趋势,由于石英砂介质表面 Zeta 电势的空间分布不均匀性,同样使颗粒物与石英砂介质之间的排斥势垒高于对照组,次级势阱深度变浅,这表明在石英砂介质中颗粒物的运移情况较对照组复杂,除受到 DLVO 势能的影响外,还受到表面粗糙性的影响。

总体而言,对 57nm 的纳米颗粒物而言,随着离子强度的增加,排斥势垒高度降低,次级势阱加深,颗粒物在介质中的初级势阱吸附与次级势阱吸附能力均增强。再生水 DOM 与离子强度的耦合作用,进一步使颗粒物在介质中的稳定性降低,主要发生初级势阱与次级势阱吸附。石英砂介质相对于玻璃珠介质,介质形貌发生变化,石英砂介质处理组中 DLVO 相互作用能曲线中的排斥势垒高度增加,次级势阱深度加深,使颗粒物在次级势阱中的吸附增加;除此之外,颗粒物在介质中的吸附除受 DLVO 势能影响外,还受

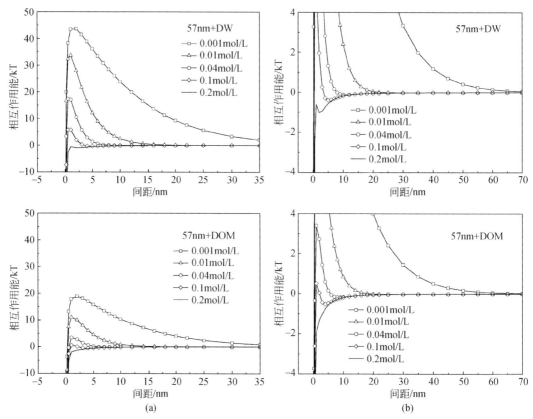

图 8.40　57nm 颗粒物与石英砂在各离子强度条件下的 DLVO 势能曲线
(a)颗粒物相互作用势能随作用间距的变化($A=1\times10^{-20}$J;$T=298$K);
(b)为了突出颗粒物与介质之间的次级势阱,将图(a)进行放大后的势能图

到介质形貌的影响。

2)260nm 颗粒物与介质之间的 DLVO 势能

通过测得的 260nm 颗粒物在五种离子强度 0.001mol/L、0.01mol/L、0.04mol/L、0.1mol/L 与 0.2mol/L 中的 Zeta 电势,运用 DLVO 理论计算 DLVO 相互作用势能曲线,排斥势垒与次级势阱大小见表 8.17。图 8.41 为通过测得的电动势计算得到的 260nm 颗粒物与玻璃珠在各离子强度条件下的 DLVO 势能曲线图。从图中可以看出,随着离子强度的增加,260nm 颗粒物排斥势垒与次级势阱的变化规律同 57nm 颗粒物,同样表现为随着离子强度的增加,排斥势垒高度降低,次级势阱深度增加。DOM 的存在,与离子强度耦合作用使排斥势垒高度降低,在 0.001mol/L、0.01mol/L、0.04mol/L、0.1mol/L 离子强度中,DOM 的存在使排斥势垒分别降低 52.097kT、32.719kT、38.947kT 与 2.922kT,次级势阱加深,在 0.2mol/L 较高离子强度条件下,颗粒物与介质之间排斥势垒与次级势阱消失,颗粒物在介质中的吸附由无利条件吸附变为有利条件吸附。在 DOM 处理组中,离子强度与 DOM 的耦合作用,显著降低了颗粒物的排斥势垒高度,使颗粒物容易越过排斥势垒发生初级势阱吸附;而 DOM 的存在也增加了次级势阱的

深度,使颗粒物发生次级势阱吸附的能力增加,但相对于 DOM 对排斥势垒的影响,对次级势阱的影响较小。

表 8.17　260nm 颗粒物在不同离子强度条件下的排斥势垒以及次级势阱大小

离子强度/M	排斥势垒/kT				次级势阱/kT			
	玻璃珠		石英砂		玻璃珠		石英砂	
	DW	DOM	DW	DOM	DW	DOM	DW	DOM
0.001	116.572	64.475	159.489	81.710	0.074	0.041	0.074	0.040
0.01	72.194	39.475	117.896	51.799	0.487	0.543	0.429	0.515
0.04	52.351	13.404	75.538	36.270	1.602	1.940	1.490	1.698
0.1	5.995	3.073	22.439	14.997	3.968	4.119	3.431	3.558
0.2	—	—	—	—				

注:"—"表示颗粒物与介质之间排斥势垒较小,主要表现为范德瓦耳斯引力,排斥势垒与次级势阱消失。

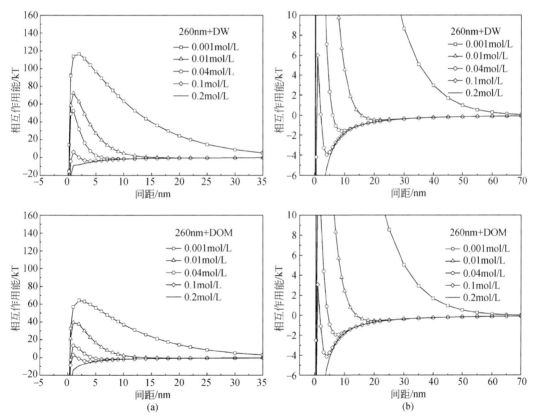

图 8.41　260nm 颗粒物与玻璃珠在各离子强度条件下的 DLVO 势能曲线
(a)颗粒物相互作用势能随作用间距的变化($A=1\times10^{-20}$J;$T=298$K);
(b)为了突出颗粒物与介质之间的次级势阱,将图(a)进行放大后的势能图

图 8.42(a)为通过测得的电动势计算得到的 260nm 颗粒物与石英砂在各离子强度条件下的 DLVO 势能曲线图,图 8.42(b)为将图(a)进行局部放大后的势能曲线图。从

图中可以看出,颗粒物与石英砂介质之间的 DLVO 势能曲线随离子强度的增加同样表现出与玻璃珠介质中相同的趋势,即排斥势垒高度均随离子强度的增加而快速降低,次级势阱加深。相对于对照组,DOM 电解质溶液条件下,石英砂介质的排斥势垒相对较高,排斥势垒高度增加在 1kT 以上,次级势阱深度变浅。这种现象是由介质表面 Zeta 电势的空间分布不均匀性产生的。

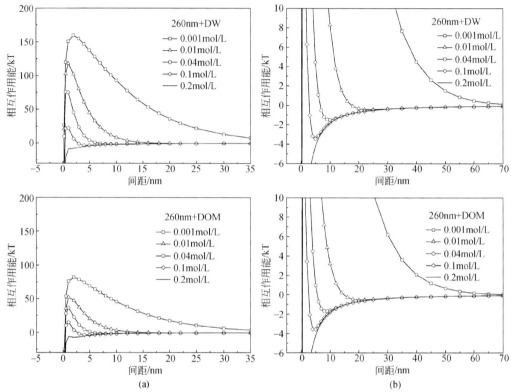

图 8.42　260nm 颗粒物与石英砂在各离子强度条件下的 DLVO 势能曲线

(a)颗粒物相互作用势能随作用间距的变化($A=1×10^{-20}$J;T=298K);

(b)为了突出颗粒物与介质之间的次级势阱,将图(a)进行放大后的势能图

总体而言,对 260nm 纳米颗粒物而言,随着离子强度的增加,排斥势垒高度降低,次级势阱加深,颗粒物在介质中的初级势阱吸附与次级势阱吸附能力均增强。再生水 DOM 与离子强度的耦合作用,进一步使颗粒物在介质中的稳定性降低,主要发生初级势阱与次级势阱吸附。石英砂介质相对于玻璃珠介质,由于介质形貌的变化,石英砂介质处理组中 DLVO 相互作用能曲线中的排斥势垒高度增加,次级势阱深度加深,使颗粒物在次级势阱中的吸附增加。

3)960nm 颗粒物与介质之间的 DLVO 势能

通过测得的 960nm 颗粒物在五种离子强度 0.001mol/L、0.01mol/L、0.04mol/L、0.1mol/L 与 0.2mol/L 中的 Zeta 电势,运用 DLVO 理论计算颗粒物与介质在不同离子强度条件下的 DLVO 相互作用势能曲线,并计算颗粒物与介质之间的排斥势垒与次级势阱(表 8.18)。

表 8.18　960nm 颗粒物在不同离子强度条件下的排斥势垒以及次级势阱大小

离子强度/M	排斥势垒/kT				次级势阱/kT			
	玻璃珠		石英砂		玻璃珠		石英砂	
	DW	DOM	DW	DOM	DW	DOM	DW	DOM
0.001	430.948	208.692	590.297	594.411	0.680	0.523	0.680	0.503
0.01	273.963	119.084	455.042	157.333	2.970	3.354	2.702	3.231
0.04	179.228	26.937	257.842	95.336	7.937	9.829	7.406	8.660
0.1	3.970	—	55.222	24.521	18.106	—	15.572	17.065
0.2	—		—					

注:"—"表示颗粒物与介质之间排斥势垒较小,主要表现为范德瓦耳斯引力,排斥势垒与次级势阱消失。

图 8.43(a)为通过测得的电势计算得到的 960nm 颗粒物与玻璃珠在各离子强度条件下的 DLVO 势能曲线图,图 8.43(b)为便于观察较高离子强度下的次级势阱,将图(a)进行局部放大后的势能曲线图。从图中可以看出,960nm 颗粒物在不同离子强度条件下的势能曲线规律与 57nm、260nm 颗粒物表现出较好的一致性,这是由于颗粒物与介质之间的 DLVO 相互作用能主要与颗粒物粒径和 Zeta 电势有关,DLVO 势能与颗粒物粒径主要呈线性变化,而与 Zeta 电势呈幂级数变化,而 Zeta 电势又与颗粒物粒径的大小一定程度上呈线性变化,因此不同粒径颗粒物的 DLVO 势能曲线的变化规律比较一致。在较大粒径中,排斥势垒高度增加,次级势阱深度增加。与对照组相比,再生水 DOM 与离子强度的耦合作用显著降低了排斥势垒的高度,次级势阱深度增加,这表明 960nm 颗粒物的稳定性降低。而研究表明,对于较大粒径颗粒物,除吸附作用外,阻塞作用是影响颗粒物在多孔介质中迁移的另一重要影响因素。因此,对于较大粒径颗粒物,颗粒物在排斥势垒与次级势阱中的吸附作用与颗粒物在介质中的阻塞作用同样应当引起重视,颗粒物粒径越大,随着排斥势垒的升高,颗粒物越过排斥势垒发生初级势阱吸附的可能性越小,阻塞作用影响效果越显著。

图 8.44(a)为通过测得的电势计算得到的 960nm 颗粒物与石英砂在各离子强度条件下的 DLVO 势能曲线图,图 8.44(b)为便于观察较高离子强度条件下的次级势阱将图(a)进行局部放大后的势能曲线图。从图中可以看出,960nm 颗粒物与石英砂介质之间的 DLVO 势能曲线随离子强度的增加表现出与对照组玻璃珠介质中相同的趋势,但相对于

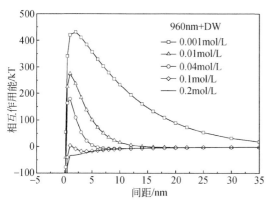
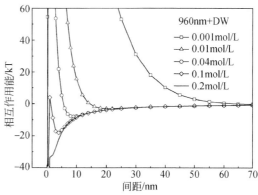

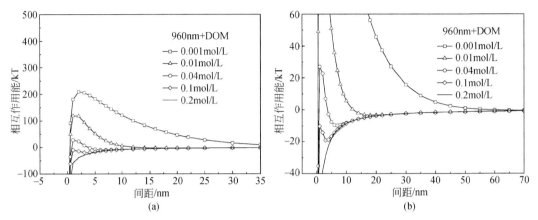

图 8.43　960nm 颗粒物与玻璃珠在各离子强度条件下的 DLVO 势能曲线

(a)颗粒物相互作用势能随作用间距的变化($A=1\times10^{-20}$J;$T=298$K);

(b)为了突出颗粒物与介质之间的次级势阱,将图(a)进行放大后的势能图

对照组,石英砂介质的排斥势垒较高,次级势阱深度变浅,这表明介质形貌对 DLVO 势能影响较大。

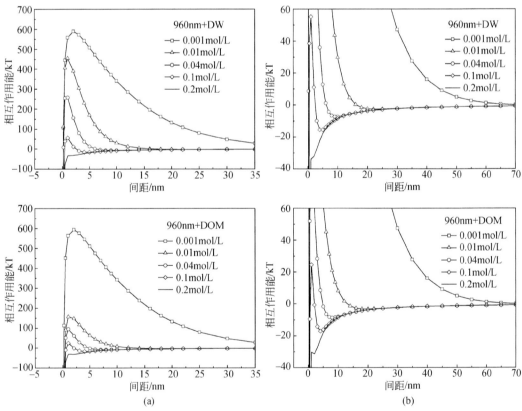

图 8.44　960nm 颗粒物与石英砂在各离子强度条件下的 DLVO 势能曲线

(a)颗粒物相互作用势能随作用间距的变化($A=1\times10^{-20}$J;$T=298$K);

(b)为了突出颗粒物与介质之间的次级势阱,将图(a)进行放大后的势能图

通过对 57nm、260nm、960nm 颗粒物在五种离子强度 0.001mol/L、0.01mol/L、0.04mol/L、0.1mol/L 与 0.2mol/L 条件下势能曲线的比较发现，颗粒物均随离子强度的增加排斥势垒高度升高，次级势阱深度增加，颗粒物稳定性降低，再生水 DOM 的存在显著降低了排斥势垒高度，次级势阱深度增加，这说明 DOM 与离子强度的耦合作用将会使颗粒物发生初级势阱吸附与次级势阱吸附的能力增大，颗粒物的滞留能力增强。颗粒物粒径越小，这种现象将会越显著。

8.5.4　基于 Maxwell 扩展模型的黏附效率分析

1. 黏附效率随 DLVO 势能的变化

图 8.45 为黏附效率随 DLVO 势能的变化。通过对式(8-13)和式(8-14)进行数值积分求解得到初级势阱黏附效率 α_{pri} 随势能 $\Delta\Phi$ 的变化曲线、次级势阱黏附效率 α_{sec} 随次级势阱 Φ_{sec} 的变化曲线，并采用玻尔兹曼因数模型(BFM)与方程(8-16)预测的理论黏附效率进行对比得到图 8.43(a)。通过图 8.43(a)中的图线 a 可以看出，初级势阱黏附效率随总势能 $\Delta\Phi$ 的增加而减小，$\Delta\Phi$ 为排斥势垒与次级势阱之和，由于次级势阱一般较小，$\Delta\Phi$ 主要表现为颗粒物与固相介质之间的排斥势垒，当 $\Delta\Phi$ 势能增大时，排斥势垒高度增加，颗粒物越过排斥势垒发生初级势阱吸附的难度越大。当 $\Delta\Phi$ 为 9kT 时，颗粒物初级势阱黏附效率接近 0，表明颗粒物难以越过排斥势垒吸附进初级势阱。

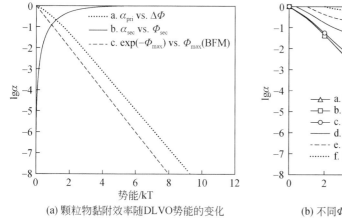

(a) 颗粒物黏附效率随 DLVO 势能的变化

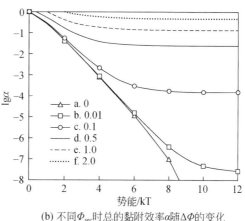

(b) 不同 Φ_{sec} 时总的黏附效率 α 随 $\Delta\Phi$ 的变化

图 8.45　黏附效率随 DLVO 势能的变化

图 8.45(a)中图线 b 为次级势阱黏附效率随次级势阱深度的变化关系，次级势阱黏附效率随次级势阱的增大而快速增大，即次级势阱深度越深，颗粒物发生次级势阱吸附的能力越强，当次级势阱为 1kT 时，预测的次级势阱黏附效率为 0.03，当次级势阱为 4kT 时，次级势阱黏附效率达到 0.8，这表明了次级势阱对颗粒物吸附有重要作用。当排斥势垒相同时，Maxwell 模型与 Boltzman 模型相比(图 8.45(a)中的图线 c)，预测的初级势阱黏附效率相对较大。图 8.45(b)为次级势阱取不同值时，总的黏附效率随 $\Delta\Phi$ 的变化。总体来说，当 $\Delta\Phi$ 为一定值时，颗粒物的黏附效率随次级势阱的增加而增大，当次级

势阱为 0.5kT 时，$\Delta\Phi$ 为 5kT 时，黏附效率为 0.03，且随后随着 $\Delta\Phi$ 的增大，黏附效率基本稳定。这表明次级势阱达到 0.5kT 时，次级势阱吸附在总吸附中发生主要作用，这种现象表明在无利条件下次级势阱吸附发挥了重要作用。

2. 再生水 DOM 影响下初级势阱黏附效率变化

图 8.46 为再生水 DOM 影响的不同离子强度和颗粒物直径条件下 Maxwell 模型预测初级势阱黏附效率。可以看出，去离子水背景溶液条件下，当离子强度为一定值时，初级势阱黏附效率随颗粒物直径的增加而减小，当离子强度达到 0.1mol/L 时，纳米级胶体初级势阱黏附效率数量级在 10^{-4} 以上，而较大粒径胶体在低离子强度条件下黏附效率较小。

图 8.46(b) 为 DOM 影响下的初级势阱黏附效率随离子强度和胶体直径的变化规律，相较于对照组，DOM 的存在使初级势阱黏附效率增加了两个数量级。较小粒径颗粒物在多孔介质中的黏附效率较高，当颗粒物在 60nm 以下时，即使在较低离子强度下，初级势阱黏附效率也在 0.001 以上；而对于较大粒径颗粒物，随着离子强度的增大呈现先增大后减小的现象，这是由于较大粒径颗粒物随着离子强度的增加排斥势垒降低，次级势阱随之加深，由于次级势阱的出现是范德瓦耳斯引力作用而呈现的，该作用力函数随距离呈现指数函数变化；而排斥势垒的出现是双电层斥力作用而呈现的，该作用力函数随距离呈现幂函数变化，因此，$\Delta\Phi$ 总体呈现降低的趋势，因此颗粒物能够越过排斥势垒吸附进初级势阱，初级势阱黏附效率开始增加。当颗粒物与介质之间电势较小时，双电层斥力减小，范德瓦耳斯引力成为颗粒物与介质之间主要的作用力，排斥势垒与次级势阱逐渐消失，初级势阱黏附效率随之减小；但这种现象并不意味着颗粒物在介质上的滞留能力减弱，相反，是对颗粒物进入有利的吸附条件。

Maxwell 扩展模型预测结果表明，较小直径颗粒物，主要发生初级势阱黏附，随着离子强度增加，初级势阱黏附效率增加；对于较大直径颗粒物，初级势阱随离子强度增加，初级势阱黏附效率增加，当离子强度增大到一定值时，颗粒物与介质之间变为有利吸附条件。再生水 DOM 的存在使颗粒物在介质中的初级势阱黏附效率增大了两个数量级。

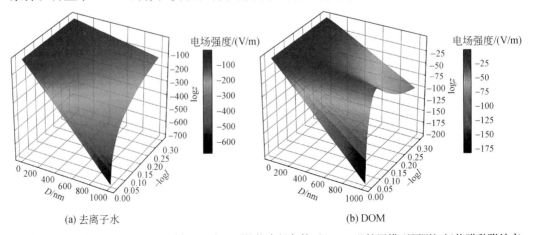

(a) 去离子水　　　　　　　　　　　　　　　(b) DOM

图 8.46　再生水 DOM 影响的不同离子强度和颗粒物直径条件下 Maxwell 扩展模型预测初级势阱黏附效率

3. 再生水 DOM 影响下次级势阱黏附效率变化

图 8.47 为再生水 DOM 影响的不同离子强度和颗粒物直径条件下 Maxwell 模型预测次级势阱黏附效率。从图中可以看出,去离子水背景液条件下(图 8.47(a)),当颗粒物直径一定时,次级势阱黏附效率随离子强度的增大而增加,60nm 纳米级颗粒物次级势阱黏附效率在较低离子强度条件下较低,当离子强度增大为 0.04mol/L 时,α_{sec} 为 0.013,胶体粒径越小,次级势阱黏附效率越低;通过图 8.47 可以发现,当次级势阱为 1kT 时,次级势阱黏附效率达 0.03,而纳米级胶体在 0.04mol/L 时,去离子水背景液中次级势阱均小于 0.134kT,小于胶体的布朗热力学能(1.5kT)。当胶体直径在 200nm 以上时,次级势阱黏附效率均在 0.3 以上。

图 8.47(b) 为 DOM 影响下的次级势阱黏附效率随离子强度和胶体直径的变化规律,相较于对照组,DOM 使颗粒物在多孔介质中的次级黏附效率增加了一个数量级。当胶体直径在 100nm 以上时,次级势阱黏附效率均在 0.4 以上。Maxwell 扩展模型预测结果表明,较大直径颗粒物次级势阱黏附效率,随离子强度增加,次级势阱黏附效率增加,当胶体直径在 100nm 以上时,次级势阱黏附效率在 0.4 以上;对于较小直径颗粒物,次级势阱黏附效率相对较低,当离子强度增大到一定值时,颗粒物与介质之间为有利吸附条件。再生水 DOM 的存在使较小直径颗粒物在多孔介质中的次级势阱黏附效率增加一个数量级。

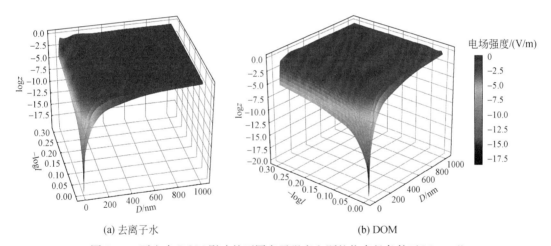

(a) 去离子水　　　　　　　　　　(b) DOM

图 8.47　再生水 DOM 影响的不同离子强度和颗粒物直径条件下 Maxwell
扩展模型预测次级势阱黏附效率

4. 再生水 DOM 影响下总黏附效率变化

图 8.48 为再生水 DOM 影响的不同离子强度和颗粒物直径条件下 Maxwell 模型预测总黏附效率。从图 8.48(a)中可以看出,去离子水背景溶液条件下,随离子强度与胶体直径的变化曲面图上出现两个峰值。当胶体直径为一定值时,在低离子强度条件下,总黏附效率随胶体直径的增加呈现先增大后减小再增加的趋势,如 10nm、60nm、500nm、

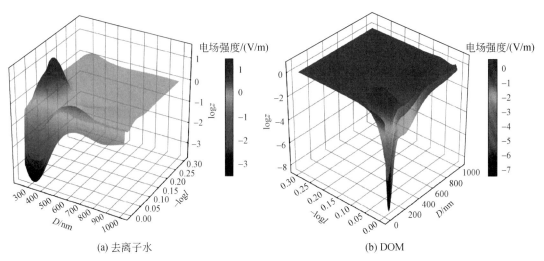

(a) 去离子水   (b) DOM

图 8.48　不同离子强度和颗粒物直径条件下 Maxwell 扩展模型预测初级势阱黏附效率

1000nm、1600nm 直径颗粒物在 0.001mol/L 条件下,总黏附效率分别为 0.001、1、0.001、0.02、0.147;这种现象是由于在较低离子强度条件下纳米级胶体随直径增大,布朗热力学动能增加,越过排斥势垒吸附进初级势阱的能力增大,而当胶体粒径继续增大时,则呈现初级势阱黏附效率逐渐降低、次级势阱黏附效率逐渐增加的过程。纳米级胶体对离子强度的变化较敏感,对一定直径纳米颗粒物,总黏附效率随离子强度的增加呈现先减小后增加的趋势,60nm 胶体在 0.001mol/L 时,总黏附效率可达到 1,而在 0.01mol/L 时,则最低;这种现象是由于胶体颗粒物在较低离子强度条件下,是一个随胶体粒径增大从以发生初级势阱吸附为主到以次级势阱吸附为主的动态过程。对于较大直径颗粒物在较高离子强度条件下,总黏附效率较高,当 500nm 胶体在 0.04mol/L 离子强度背景液条件下,总黏附效率即高达 0.883。

　　图 8.48(b)为 DOM 影响下的总黏附效率随离子强度和胶体直径的变化规律,相较于对照组,DOM 使颗粒物的总黏附效率增加了 1~2 个数量级,各粒径颗粒物随离子强度的增加总黏附效率增加;在较低离子强度条件下,随胶体直径增加呈现先减小后增加的趋势;DOM 在较低离子强度条件下对纳米胶体颗粒物的总黏附效率影响相对较大。相较于去离子水,DOM 降低了胶体的运移能力,使胶体在多孔介质中的滞留增加。Maxwell 扩展模型预测结果表明,较大直径颗粒物在较高离子强度条件下总黏附效率较高;纳米胶体颗粒物总黏附效率对离子强度条件变化较为敏感,呈现先减小后增加的趋势,最小值点出现在离子强度为 0.04mol/L,颗粒物直径为 50nm(0.04mol/L、50nm)附近;较低离子强度条件下,颗粒物随直径增加呈现先增加后减小再增大的趋势,最大值点出现在(0.003mol/L、60nm)。

　　通过 Maxwell 扩展模型预测结果发现,对于较小直径的颗粒物,主要发生初级势阱吸附,随着离子强度增加,初级势阱黏附效率增加;对于较大直径的颗粒物,颗粒物在介质中的吸附主要发生初级势阱吸附与次级势阱吸附,随着离子强度增加,次级势阱黏附效率增加。通过对比初级势阱黏附效率与次级势阱黏附效率,发现无利条件下次级势阱发挥胶体吸附的主导作用,对于 60nm 胶体在次级势阱中的吸附也有相当重要的作用。DOM 的存在使颗粒物在介质中的初级势阱黏附效率增大了两个数量级,次级势阱黏附效率增加了一个数量级,纳米级胶体颗粒物对 DOM 的存在比较敏感,总黏附效率增加了约 2 个数量级。

8.5.5　颗粒物黏附效率分析

1. 再生水 DOM 影响下不同直径胶体颗粒物黏附效率

图 8.49 为再生水 DOM 影响下不同直径颗粒物穿透的理论黏附效率和试验黏附效率的比较。从图中可以看出,对于一给定大小的介质粒径,Maxwell 扩展模型预测的理论黏附效率曲线的斜率变化非常大,说明理论黏附效率强烈依赖颗粒物的直径大小(在三个数量级内变化),而试验黏附效率对胶体直径的依赖度相对较小(在两个数量级内变化)。这种理论和试验结果差异一方面归因于物理化学机制(如表面电荷非均质和次级势阱吸附)的影响,另一方面归因于颗粒物在介质中的阻塞作用。理论黏附效率与试验黏附效率表现出随颗粒物直径的增加,黏附效率先增加后减小再增加的趋势,但理论黏附效率这种变化趋势较试验黏附效率提前。这种现象是由于黏附效率试验过程中受到表面电荷均质性和介质表面粗糙度的影响,这种影响作用延迟出现。试验黏附效率中,DOM 的存在明显增加了颗粒物的黏附效率,增加了颗粒物在介质中的滞留。石英砂介质的黏附效率相较于玻璃珠介质试验黏附效率增加,介质表面粗糙增加了对颗粒物的滞留。根据表 8.19 颗粒物黏附效率误差统计,Maxwell 扩展模型对于试验黏附效率的拟合误差统计可以接受,模型对于玻璃珠介质的拟合结果好于石英砂介质,这是 Maxwell 扩展模型将介质视作光滑表面而造成的。

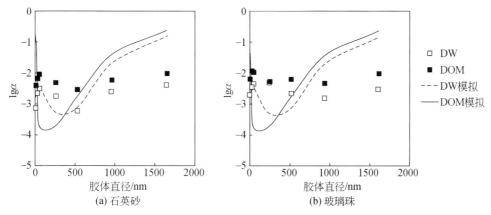

图 8.49　再生水 DOM 影响下不同直径颗粒物穿透的理论黏附效率和试验黏附效率

理论黏附效率由 Maxwell 扩展模型计算所得;Darcy 流速$=1.2\times10^{-5}$m/s,孔隙度$=0.385$,
石英砂与玻璃珠直径$=0.475$mm,离子强度为 0.001mol/L

表 8.19　颗粒物黏附效率误差统计

处理组	中号石英砂		中号玻璃珠	
	DW	DOM	DW	DOM
NRMSE	0.286	0.491	0.222	0.449
d	0.104	0.138	0.876	0.199

2. 再生水 DOM 影响下介质大小对颗粒物黏附效率的影响

图 8.50 为再生水 DOM 影响下颗粒物在各直径介质中穿透的试验黏附效率。从图中可以看出，57nm 与 260nm 颗粒物在去离子水背景液与 DOM 背景液中，均随介质粒径的增大而增大，这是由于 57nm、260nm 胶体颗粒物与 $120\sim150\mu m$、$450\sim500\mu m$、$850\sim1000\mu m$ 介质的粒径比为 10^{-5}、10^{-4}，影响颗粒物在介质中滞留的主要机理为吸附作用；相较于对照组，DOM 处理组使颗粒物在介质中的黏附效率显著增加，这是由于 DOM 使胶体与介质表面电荷量减小，双电层斥力减小，吸附作用增强。去离子水背景液条件下，960nm 颗粒物试验黏附效率表现为随介质粒径的增大呈现先增大后减小的现象。这种现象是由于 960nm 颗粒物在 $120\sim150\mu m$、$450\sim500\mu m$ 介质中的粒径比为 0.002、0.007，根据研究表明，当胶体与固相收集器粒径比在 0.0015 时，阻塞作用开始显著。

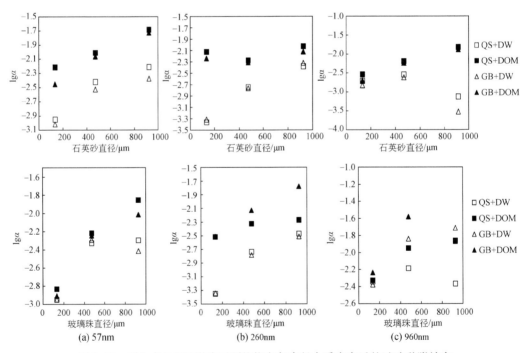

图 8.50　再生水 DOM 影响下颗粒物在各直径介质中穿透的试验黏附效率
理论黏附效率由 Maxwell 扩展模型计算所得；Darcy 流速＝1.2×10^{-5} m/s，石英砂与玻璃珠介质
直径分别为 $120\sim150\mu m$、$450\sim500\mu m$、$850\sim1000\mu m$，离子强度为 0.001mol/L

3. 再生水 DOM 影响下离子强度对颗粒物黏附效率的影响

图 8.51 为再生水 DOM 影响下颗粒物在各离子强度条件下的理论黏附效率和试验黏附效率的比较。从图中可以看出，对于一给定大小的颗粒物，Maxwell 扩展模型预测的理论黏附效率曲线的斜率变化非常大，说明理论黏附效率强烈依赖溶液离子强度（在三个数量级内变化），而试验黏附效率的依赖度相对较小（在 1～2 个数量级内变化）。这种理论和试验结果差异与不同直径颗粒物的理论黏附效率和试验黏附效率预测结果相一致。除 57nm 颗粒物外，理论黏附效率与试验黏附效率表现出随离子强度的增加而减小，Maxwell 扩展模型在 260nm 颗粒物中的预测结果相对较好，对 960nm 颗粒物黏附效率预测结果较差（表 8.20）。造成 Maxwell 模型预测值比试验黏附效率大的原因，一方面与介质和颗粒物的阻塞作用有关（粒径比为 0.002 以上），另一方面可能是在 Maxwell 模型中没有考虑水动力对吸附的颗粒物的影响。研究指出，大的颗粒物在多孔介质中受到水动力剪切力的影响要远大于小的颗粒物所受到的影响。DOM 的存在使颗粒物的黏附

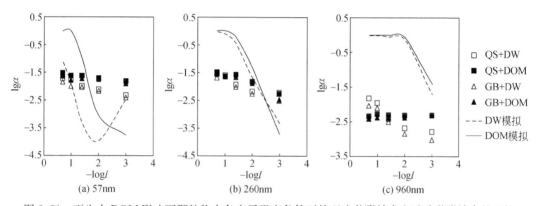

图 8.51　再生水 DOM 影响下颗粒物在各离子强度条件下的理论黏附效率和试验黏附效率的比较

理论黏附效率由 Maxwell 扩展模型计算所得；Darcy 流速＝1.2×10^{-5}m/s，石英砂与玻璃珠介质直径为 450～500μm，孔隙度为 0.385，离子强度为 0.001mol/L、0.01mol/L、0.04mol/L、0.1mol/L、0.2mol/L

表 8.20　颗粒物黏附效率误差统计

颗粒物粒径/nm	误差统计	石英砂		玻璃珠	
		DW	DOM	DW	DOM
57	NRMSE	0.370	0.618	0.357	0.611
	d	0.211	0.216	0.143	0.124
260	NRMSE	0.479	0.541	0.457	0.513
	d	0.261	0.359	0.306	0.400
960	NRMSE	0.614	0.640	0.616	0.644
	d	−3.136	−12.241	−3.550	−11.850

效率增加,离子强度越小,增加作用越明显,即 DOM 在低离子强度下对颗粒物的影响较大,这是由于随着离子强度减小和次级势阱的深度变浅,相应吸附在次级势阱中的胶体分量也减少,而 DOM 的存在使次级势阱深度增加,吸附在次级势阱中的胶体量增加。

4. 再生水 DOM 影响下流速对颗粒物黏附效率的影响

图 8.52 为再生水 DOM 影响的颗粒物在各流速条件下的试验黏附效率。从图中可以看出,对于给定大小的颗粒物,试验黏附效率随水流速的增大而减小,这表明,流速较大,对胶体的水动力剪切力较大,不利于胶体在介质表面的吸附稳定性,胶体的滞留量减小,流速对胶体的黏附效率大致呈线性减小。这是由于在一给定离子强度条件下,次级势阱吸附对于 30nm 颗粒物都有重要作用,但次级势阱相对于初级势阱距离介质表面距离较远,在 0.001mol/L 离子强度下,57nm 颗粒物的次级势阱出现距离约为 10nm,吸附在次级势阱中的胶体随水流速增加使到达介质表面的胶体数量减少,后驻点区域的体积也随之减小,从而减少了胶体在次级势阱中的吸附。而再生水 DOM 的存在使胶体的试验黏附效率增加,这是由于 DOM 使胶体与介质之间的次级势阱深度加深,相同流速条件下,对胶体的吸附能力也相应增加。

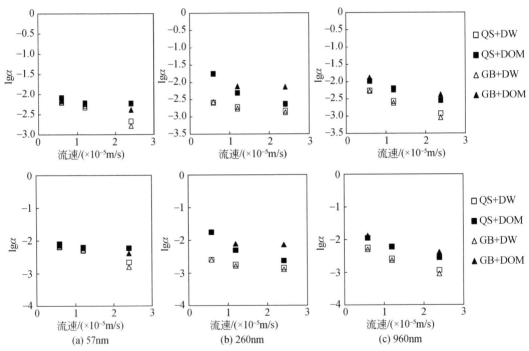

图 8.52 再生水 DOM 影响的颗粒物在各流速条件下的试验黏附效率

理论黏附效率由 Maxwell 扩展模型计算所得。Darcy 流速 $=2.4\times10^{-5}$m/s,1.2×10^{-5}m/s,0.6×10^{-5}m/s,胶体直径分别为 57nm、260nm、960nm。采用石英砂与玻璃珠介质,直径为 $450\sim500\mu$m,孔隙度为 0.385,离子强度为 0.001mol/L

8.6　再生水补给型河道的微生物减渗应用模式

在对再生水回用河道河床介质堵塞发生特性观测的基础上,通过开展室内试验揭示再生水补给型河道微生物减渗的技术效应及影响因素,明确微生物减渗层的形成机理,据此提出一种再生水补给型河道的微生物减渗作用模式(图 8.53)。

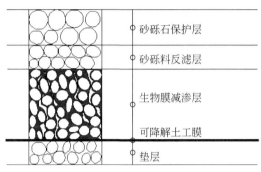

图 8.53　微生物减渗层结构图

该微生物减渗层的构建步骤主要包括:

(1)清理河道,然后在开挖清理后的河道上铺设细沙并压实得到垫层,为增加微生物的附着位点,增大接触面积,细沙的粒径不大于 20mm,垫层的厚度可为 8.12cm。

(2)在垫层上铺设可降解土工膜,土工膜可以选择再生纤维素纤维土工膜,土工膜沿着河道轴线方向水平铺展,尽量保持布面平整、均匀,并适当留有变形余量。

(3)在可降解土工膜上铺设河沙并压实得到生物膜减渗层。

(4)将煮沸过的淀粉(40~60g/L)和氯化铵(15~25g/L)加入再生水中得到微生物培养液,然后与原生芽孢乳(质量体积浓度为 15~18g/L)混合后利用行走式多功能喷灌机喷洒在生物膜层上,相邻喷洒面的缝宽度不小于 0.5m,喷洒的湿润深度不小于生物膜减渗层的厚度。

(5)经过上述处理后,在生物膜减渗层上依次铺设反滤层和保护层,即实现对再生水补给型河道的减渗处理。

该生物膜减渗层的设计方法通过河床包气带渗滤介质中添加生物菌剂并借助其自净能力,在减渗层形成大量生物膜,堵塞多孔介质,进一步达到减渗保水和去除回用水体中污染物的双重目的,可从根本上有效解决土工膜在河道减渗中去污控污效应的不足和使用寿命短的缺点,该方法使用寿命长、施工简单、成本低廉,大大节约了再生水河道治理的资金,该减渗模式的提出是再生水利用与河湖治理工程领域最为经济可行的应用模式。

8.7　小　　结

(1)北运河典型河道断面土沟与和合站表层 5m 深度处,土沟介质分别为素填土、砂质粉土,和合站介质分别为细砂、粉砂;和合站对再生水的入渗速率高于土沟,和合站穿透时间为 78.83h,土沟穿透时间为 152h。

(2)土沟与和合站累积入渗量均表现为随时间延长而增加,在 0～10d、11～75d 均表现为乘幂关系入渗,和合站累积入渗量大于土沟,分别为 789.413cm、491.522cm;试验末期入渗率分别为 4.9×10^{-3} cm/min、7.5×10^{-3} cm/min;弥散度分别增加 1.23cm、0.93cm。

(3)相对移动孔隙度的模拟结果显示,孔隙度随时间的延长而降低。Thullner(0.75)模型对孔隙度的模拟结果较为准确,土沟与和合站堵塞程度分别为 19.3%、14.4%。再生水在土沟与和合站段的渗流-堵塞过程可分为两个阶段:第一阶段(0～30d)主要发生物理堵塞,第二阶段(31～77d)主要为物理-生物堵塞。

(4)再生水回灌条件下渗滤介质相对渗透系数的变化大致呈现两个阶段,在 0～40d 波动较大,生物膜堵塞作用较小,在 41～122d 缓慢下降,生物堵塞作用开始不断增大。相对渗透系数受介质形貌、粒径大小与水力负荷影响程度不同,相对玻璃珠介质,糙壁面石英砂介质相对渗透系数降低 15.07%;介质粒径与相对渗透系数呈线性正相关关系,当粒径为 120～150μm 时,相对渗透系数降为 35.11%;2.5mL/min 水流流速更易于生物堵塞的形成。

(5)根据 Clement 模型、Thullner(0.5)模型与 Thullner(0.75)模型模拟结果,各处理相对移动孔隙平均水平分别降低为 80%、75%、85% 左右。各处理弥散度随着微生物堵塞的形成,堵塞物质的积累造成多孔介质各向异性增强,引起弥散系数逐渐增大,中砂中流速土柱弥散度在试验末期增大 1.214cm。

(6)57nm、260nm、960nm 在不同堵塞程度土柱中的迁移-滞留规律表明,随堵塞程度增加,颗粒物的出流比越小,黏附效率越大,滞留能力越强;在相对渗透系数降低为 50% 左右时,即相对移动孔隙度降低 20% 左右时,颗粒物的出流浓度接近 0。渗滤介质表面附生生物膜可促使颗粒物滞留在渗滤系统内,对渗滤系统堵塞表现为加速作用。

(7)介质粒径、离子强度、水流速度等影响因素与 DOM 的耦合作用对颗粒物滞留量影响作用显著,颗粒物直径与离子强度呈正相关关系,介质粒径、水流速度呈线性负相关关系;再生水 DOM 的存在对纳米颗粒物的运移表现为憎溶作用,对于 260nm 与 960nm 颗粒物,再生水 DOM 对低离子强度背景液中的颗粒物表现为憎溶作用,对高离子强度背景液中的颗粒物表现为促溶作用。

(8)再生水 DOM 的存在使颗粒物 Zeta 电势绝对值减小约 5.391mV,DOM 与离子强度的耦合作用使颗粒物和多孔介质之间的排斥势垒降低,次级势阱加深。对于较小直径颗粒物,主要发生初级势阱吸附;对于较大直径颗粒物,颗粒物主要发生初级势阱与次级势阱吸附;当离子强度增加时,黏附效率相应增加。DOM 的存在使颗粒物初级势阱黏附效率增大两个数量级,次级势阱黏附效率增加一个数量级。

参 考 文 献

杜新强,冶雪艳,路莹,等. 2009. 地下水人工回灌堵塞问题研究进展[J]. 地球科学进展,24(9):973-980.

李云开,郎琪,樊晓璇,等 .2013. 一种多孔介质生物堵塞模拟测试装置及模拟测试评估方法:

CN102866093A[P]. 2013-01-09.

李云开,杨培岭,刘澄澄,等. 2012. 河湖包气带渗滤性能的模拟调控系统及其方法:CN102359084A[P].
　　2012-02-22.

路莹. 2009. 北京平谷地区雨洪水地下回灌堵塞机理分析与模拟研究[D]. 长春:吉林大学.

田燚. 2012. 北京市平原典型岩性地下水回灌堵塞及防治的沙柱试验[D]. 北京:中国地质大学.

Beek C G E M, Breedveld R J M, Juhász H M, et al. 2009. Cause and prevention of well bore clogging by
　　particles[J]. Hydrogeology Journal, 17(8):1877-1886.

Clement T P, Hooker B S, Skeen R S. 1996. Macroscopic models for predicting changes in saturated
　　porous media properties caused by microbial growth[J]. Ground Water, 34(5):934-942.

Dong D M, Ji L, Hua X Y, et al. 2004. Studies on the characteristics of Co, Ni and Cu adsorption to
　　natural surface coating[J]. Chemical Research in Chinese University, 25(2):247-251.

Dong D, Li Y, Hua X, et al. 2002. Relationship between chemical composition of coating and waters in
　　natural waters[J]. Chemical Journal of Chinese University, 54(1):400-402.

Frens G, Overbeek J T G. 1972. Repeptization and the theory of electrocratic colloids[J]. Journal of
　　Colloid & Interface Science, 38(2):376-387.

Gregory J. 1981. Approximate expressions for retarded van der Waals interaction[J]. Journal of Colloid
　　& Interface Science, 83(1):138-145.

Hahn M W, Abadzic D, O'Melia C R. 2004. Aquasols: On the role of secondary minima [J].
　　Environmental Science & Technology, 38(22):5915-5924.

Kang C L, Su C Y, Guo P, et al. 2006. Studies on Pb^{2+} and Cd^{2+} adsorption by extracellular protein of
　　natural biofilm[J]. Chemical Journal of Chinese University, 27(7):1245-1246.

Kildsgaard J, Engesgaard P. 2001. Numerical analysis of biological clogging in two-dimensional sand box
　　experiments[J]. Journal of Contaminant Hydrology, 50(3-4):261-285.

Pavelic P J, Dillon M, Mucha T, et al. 2011. Laboratory assessment of factors affecting soil clogging of
　　soil aquifer treatment systems[J]. Water Research, 45(10):3153-3163.

Shen C, Li B, Huang Y, et al. 2007. Kinetics of coupled primary- and secondary-minimum deposition of
　　colloids under unfavorable chemical conditions[J]. Environmental Science & Technology, 41(20):
　　6976-6982.

Siriwardene N R, Deletic A, Fletcher T D. 2007. Clogging of stormwater gravel infiltration systems and
　　filters: Insights from a laboratory study[J]. Water Research, 41(7):1433-1440.

Thullner M, Martin H S, Zeyer J, et al. 2004. Modeling of a microbial growth experiment with
　　bioclogging in a two-dimensional saturated porous media flow field [J]. Journal of Contaminant
　　Hydrology, 70(1-2):37-62.

Tufenkji N, Elimelech M. 2004. Correlation equation for predicting single-collector efficiency in
　　physicochemical filtration in saturated porous media[J]. Environmental Science and Technology, 38(2):
　　529-536.

Vigenswaran S, Suazo R B, Tonillo B S. 1987. A detailed investigation of physical and biological clogging
　　during artificial recharge[J]. Water, Air and Soil Pollution, 35(1):119-140.

White D C, Headley J V, Gandrass J, et al. 1998 Rates of sorption and partitioning of contaminants in
　　river biofilm[J]. Environmental Science Technology, 32(24):3968-3973.

第9章　再生水补给型河湖水生态修复与水质改善技术

防止再生水回用河湖水体的富营养化,修复和改善受污染水体主要是解决水体的氮磷污染问题。通常需要对河湖的外源污染和面源污染进行控制,其次是对内源污染负荷的去除。作为再生水回用河湖,通过水质强化处理技术提升再生水水质是控制回用河湖污染的基础(详见第10章);对于再生水长期回用条件下造成的内源污染负荷方法有物理方法、化学方法、生物方法、生物操纵方法等。各种方法对再生水回用河湖的水质净化效果也得到深入研究:丛海兵等(2006)研究了扬水曝气技术对水质的改善作用,发现扬水曝气技术控制了水体表层的藻类数量,将藻类叶绿素 a 含量降低了 13.96%。楼春华等(2012)研究了水下推流对北京筒子河水质及藻类生长的影响。结果表明,水下推流能够较好地达到推动水面流动的作用,有效增加上下水体混合,提高水体底层 DO 浓度,抑制藻细胞生长聚集,减少水华发生。常会庆等(2007)系统研究了水体植物-微生物联合作用对富营养化水体中氮磷的去除和修复效应。结果表明,通过接种固定化氮循环菌和浮水植物凤眼莲都有较大的净化水质的潜能,并且两者结合表现出最佳的净水效果,可使总氮浓度降低 70.21%,亚硝态氮和氨氮浓度分别降低 92.21% 和 50.91%。徐后涛等(2015)依据水生生物食物链及生物操纵理论进行水生态系统构建,结果表明,采用以人为构建各营养级的水生态修复技术,对湖泊水质净化具有良好的效果。随着对再生水补给型河道水质净化方法的研究,发现各种方法均有其适用条件及优缺点。本章重点研究水生植物、微生物及其联合施用对再生水回用水体的净化效果,提出再生水补给型河道水体修复最优配置模式,并简单介绍其他水质改善处理技术,以及常见再生水补给型河道水质改善的水生植物,为再生水回用河湖水体修复提供参考依据。

9.1　水生植物与复合微生物制剂对再生水体中污染物的去除效应

9.1.1　常见水生植物

1. 挺水植物

常见挺水植物如图 9.1 所示,分别介绍如下。
(1)香蒲,香蒲科,多年生落叶、宿根性挺水单子叶植物,喜温暖、光照充足的环境。
(2)菖蒲,天南星科,多年生湿生或挺水宿根草本植物,叶茂株高,喜冷凉湿润气候,耐寒。
(3)千屈菜,千屈菜科,多年生草本植物,喜温暖及光照充足、通风好的环境,喜水湿,耐寒。
(4)花叶芦竹,禾本科,多年生挺水草本观叶植物,喜光、喜温、耐湿,也较耐寒。

(a) 香蒲

(b) 菖蒲

(c) 千屈菜

(d) 花叶芦竹

(e) 慈姑

(f) 水芹菜

(g) 芦苇   (h) 水葱

图 9.1　常见挺水植物

(5)慈姑,泽泻科,多年生挺水草本植物,喜温暖及光照充足,喜水湿。

(6)水芹菜,伞形科,多年水生宿根草本植物,可食用、药用,喜水湿。

(7)芦苇,禾本科,多年水生或湿生的高大禾草,生长于池沼、河岸多水地区,常形成苇塘。

(8)水葱,莎草科,多年生宿根挺水草本植物,可药用,喜水湿,耐低温。

2. 浮水植物

常见浮水植物如图 9.2 所示,分别介绍如下。

(1)凤眼莲,雨久花科,多年生宿根浮水草本植物,喜暖湿、阳光充足的环境,适应性很强。

(2)浮萍,浮萍科水面浮生植物,喜温、喜潮湿,忌严寒。

(a) 凤眼莲   (b) 浮萍

(c) 睡莲　　　　　　　　　　　　　　(d) 荇菜

图 9.2　常见浮水植物

（3）睡莲，睡莲科，多年生浮叶型水生草本植物，喜阳光和通风良好的水中。

（4）荇菜，龙胆科，多年生浮水水生植物，可食用、药用，喜暖湿、阳光充足的环境。

3. 沉水植物

常见沉水植物如图 9.3 所示，分别介绍如下。

（1）狐尾藻，小二仙草科，多年生粗壮沉水草本植物，喜阳光，喜暖湿。

（2）菹草，眼子菜科，多年生沉水草本植物，喜阳光，喜微酸至中性水体。

（3）竹叶眼子菜，眼子菜科，多年生浮叶或沉水草本植物，喜暖湿，适应性强。

（4）黑藻，水鳖科，单子叶多年生沉水植物，喜温暖，耐寒。

(a) 狐尾藻　　　　　　　　　　　　　　(b) 菹草

(c) 竹叶眼子菜　　　　　　　　　　　　(d) 黑藻

图 9.3　常见沉水植物

9.1.2　材料与方法

1. 试验材料

在对常见水生植物进行调查了解的基础上,本试验选择六种供试植物和三种复合微生物制剂(表 9.1):三种挺水植物分别为香蒲(*Typha angustifolia*)、水葱(*Scirpus validus*)、鸢尾(*Iris tectorum maxim*);三种浮水植物分别为水葫芦(*Water hyacinth*)、荇菜(*Nymphoides peltatum*)、浮萍(*Lemna minor*);三种复合微生物制剂分别为光合细菌制剂(photosynthetic bacteria preparation)、亚硝净制剂(nitrite bacteria preparation)和原生芽孢乳制剂(primary bacillus preparation)。试验前对所有水生植物进行为期 30d 的预培养(自来水培养)。复合微生物制剂由北京中泓鑫海生物技术有限公司提供。底泥取自北京市永定河,试验用再生水由北京京城中水技术有限责任公司提供。

表 9.1　供试植物与复合微生物制剂

种类	所属科名/主要菌群	生活类型/形态	主要用途
香蒲(*Typha angustifolia*)	香蒲科	挺水植物	快速净化,景观效应良好
水葱(*Scirpus validus*)	莎草科	挺水植物	较寒冷地区净化效果良好
鸢尾(*Iris tectorum Maxim*)	鸢尾科	挺水植物	净化水质,景观效应较佳
水葫芦(*Water hyacinth*)	雨久花科	浮水植物	紫色花朵,景观效应良好
荇菜(*Nymphoides peltatum*)	龙胆科	浮水植物	绿化美化水面,净化水质
浮萍(*Lemna minor*)	浮萍科	浮水植物	鱼类食物,净化水质

续表

种类	所属科名/主要菌群	生活类型/形态	主要用途
光合细菌制剂（photosynthetic bacteria preparation）	光合细菌、发酵代谢产物	棕红色液体	净化水质,常用作水产养殖水体
亚硝净制剂（nitrite bacteria preparation）	硝化菌、反硝化菌	黄色至黄褐色干燥粉末	加速水体氮循环,有效分解水体中的有机物
原生芽孢乳制剂（primary bacillus preparation）	芽孢杆菌、酵母菌、放线菌等	浅黄色或棕黄色液体	净化浓浊水质,改良底质,降解有机物

2. 试验设计

试验共设置 16 种配置模式,水生植物的种类、种植密度以及复合微生物制剂施用浓度见表9.2,每种处理设三个重复。试验装置采用底部直径为 30cm、顶部直径 40cm、高40cm 的砖红色花盆。在装置中放 15cm 永定河表层土(过 1cm 筛,分层压实),放入25cm 深的再生水。在施用微生物制剂的处理中,栽种高 40cm,直径 14cm 的人工水草,布置密度为 4 株/盆。复合微生物制剂每 10 天泼洒一次。试验在自然条件下进行,顶部配有塑料棚遮雨。试验运行 60d,从 6 月末至 8 月末,以 30d 为一个换水周期,共 30～60d、60～90d 两个换水周期。

表 9.2　试验处理设计

序号	种类	配置模式	编号	种植密度/施用浓度
1		空白对照	CK	—
2		香蒲	TA	20株/盆
3	挺水植物	水葱	SV	20株/盆
4		鸢尾	IM	20株/盆
5		水葫芦	WH	40g/盆
6	浮水植物	荇菜	NP	40g/盆
7		浮萍	LM	40g/盆
8		光合细菌浓度1	PB-15	15mL/m³
9	光合细菌制剂	光合细菌浓度2	PB-30	30mL/m³
10		光合细菌浓度3	PB-60	60mL/m³
11		亚硝净浓度1	TE-4	4g/m³
12	亚硝净制剂	亚硝净浓度2	TE-8	8g/m³
13		亚硝净浓度3	TE-16	16g/m³
14		原生芽孢乳浓度1	NM-1.5	1.5mL/m³
15	原生芽孢乳制剂	原生芽孢乳浓度2	NM-3	3.0mL/m³
16		原生芽孢乳浓度3	NM-6	6.0mL/m³

注:"—"表示不采取任何处理。

　　3. 检测项目和方法

　　在试验进行的第一个换水周期,分别在第 1d、3d、6d、9d、15d、22d、30d 测定所有处理的水质;第二换水周期分别在 1d、3d、15d、30d 测定所有处理的水质。每次取水样之前都将上覆水体轻轻搅拌一下,从各个处理的中心位置,用取样瓶取 200mL 水样送入实验室测定水质指标。水质测定项目有氨氮、硝态氮、TN、TP、pH、溶解氧(DO)。氨氮、硝态氮采用紫外分光光度计,TN 采用紫外比色法,TP 采用钼锑抗分光光度法,pH 采用 pH 便携测定仪,DO 采用便携式溶氧仪。

　　对试验数据进行去除率与差异显著性分析(SPSS17.0)。

9.1.3　对上覆水体中硝态氮的去除效应

　　水生植物处理组对上覆水体硝态氮的净化效果如表 9.3 和图 9.4(a)、(b)所示。水生植物处理组中硝态氮在换水周期内随时间延长含量快速下降。在两个换水周期内挺水植物对硝态氮均具有较好的去除效果,去除率在 92.40%～99.76%,香蒲、鸢尾在第一换水周期对硝态氮的净化均显著高于空白对照($p < 0.05$,表 9.3),主要是由于香蒲、鸢尾根系能快速地吸收、分解污染物质,明显改善水质(付春平等,2006)。浮水植物处理组硝态氮含量在第一换水周期对硝态氮的去除率均在 90% 左右;在第二换水周期,水葫芦继续保持较好的去除效果,而荇菜、浮萍劣于空白对照组,这主要是由于试验处于夏季水体温度较高。蔡树美等(2011)发现高温会对浮萍生长产生抑制作用。而且高温条件下易生长藻类,藻类可以通过释放毒素抑制浮萍、荇菜的生长,至生长周期末荇菜基本死亡。

　　三种复合微生物制剂对硝态氮的净化效果如图 9.4(c)、(d)、(e)和表 9.3 所示,施用制剂均对硝态氮具有一定的净化效果。光合细菌制剂在换水周期的前 15d 优于空白对照,但在后期劣于空白对照。试验过程中发现在光合细菌处理装置的内壁、沉积物-上覆水体的交界面以及仿生材料表面有大量藻类附着,藻类有与光合细菌竞争营养物质的特点,导致光合细菌净化作用下降。亚硝净制剂在第一换水周期对硝态氮去除率均在 93.89% 以上,其中 8g/m³ 亚硝净制剂处理方式能使上覆水体中硝态氮浓度由 21.10mg/L 降至 0.83mg/L,去除率达到 96.07%;第二换水周期对硝态氮的去除率有所下降,但仍保持在 90.40% 左右。亚硝净制剂对硝态氮的净化较好主要是由于制剂中包含硝化菌、反硝化菌,通过对氮素的硝化反硝化作用,能够有效降低氮素含量(常会庆等,2007)。原生芽孢乳制剂在第二换水周期对硝态氮的净化效果优于第一换水周期,在第一换水周期 6mL/m³ 处理方式最优,去除率为 90.76%;而在第二换水周期 1.5mL/m³ 去除率升高至 93.79%。这一方面说明微生物制剂需要一定的生长时间形成优势菌群,近而促进生物降解(庞金钊等,2003);另一方面是由于微生物主要以附着形式存在于介质表面(刘耀兴等,2014)形成生物膜发挥净化作用。

表 9.3　各处理对硝态氮的去除率　　　（单位：%）

换水周期	CK	挺水植物			浮水植物			光合细菌制剂			亚硝净制剂			原生芽孢乳制剂		
		TA	SV	IM	WH	NP	LM	PB-15	PB-30	PB-60	TE-4	TE-8	TE-16	NM-1.5	NM-3	NM-6
一	82.44*	99.36	95.77	99.18	91.47	90.83	87.03	−76.71	82.44	83.91	93.88	96.07	95.12	83.62	83.5	90.76
二	85.79	99.69	92.4	99.76	91.07	86.08	−63.75	87.59	89.86	96.51	89.46	91.96	89.79	93.79	86.08	87.73

注：负数表示去除率低于空白对照；＊表示 TA、IM 与 CK 间 5%水平上差异显著。

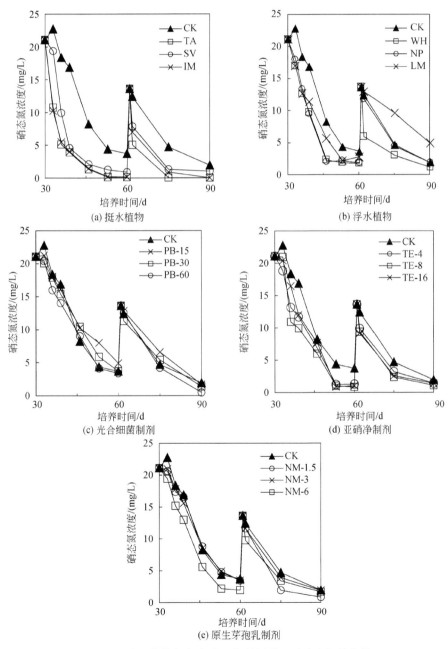

图 9.4　水生植物与复合微生物制剂处理对硝态氮的净化

9.1.4　对上覆水体中氨氮的去除效应

水生植物与复合微生物制剂各处理对氨氮的净化效果见表 9.4 和图 9.5,水生植物对氨氮的净化效果第二换水周期优于第一换水周期。在第一换水周期,各处理组在前 3d 对氨氮的去除率已达到 83.23% 以上,之后处于较低的水平。但各处理中并未达到显著性差异($p<0.05$)。杨彦军等(2009)研究表明氨氮在湿地系统中的去除主要是通过硝化与反硝化作用的连续反应(黄蕾等,2005);而试验过程中覆水体 pH 在 7.5~8.5,水体呈弱碱性,硝化细菌在较高温度和微碱环境中,强烈的硝化作用使得氨氮含量迅速减少。至第二换水周期将原上覆水体排空换入新的再生水,各处理在前期也表现出快速下降,之后一直处于降低状态,整体去除率在 98% 左右;这说明微生物并没有随水体的排空而消失,而是经过第一换水周期的生长,以附着形式存在于水生植物茎叶、沉积物以及仿生材料表面,形成生物膜发挥出良好的净化作用。

表 9.4　各处理对氨氮的去除率　　　　　　（单位:%）

换水周期	CK	挺水植物			浮水植物			光合细菌制剂			亚硝净制剂			原生芽孢乳制剂		
		TA	SV	IM	WH	NP	LM	PB-15	PB-30	PB-60	TE-4	TE-8	TE-16	NM-1.5	NM-3	NM-6
一	77.02*	90.37	86.65	85.09	90.37	83.23	91.93	78.26	−59.32	77.95	94.1	93.17	88.2	87.89	88.82	89.44
二	86.64	97.15	96.79	96.62	99.38	95.73	98.49	97.42	96.26	98.04	96.35	98.58	97.15	98.4	99.42	97.6

注:负数表示去除率低于空白对照;* 表示 TA、IM 与 CK 间 5% 水平上差异显著。

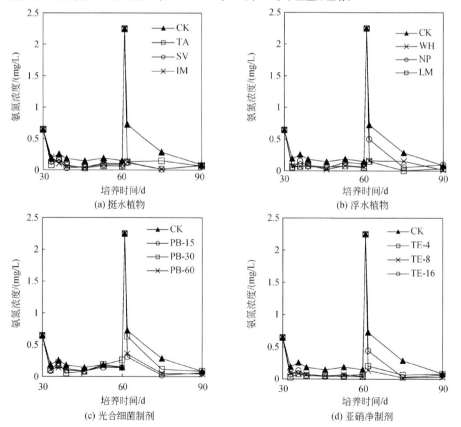

(a) 挺水植物　　　(b) 浮水植物

(c) 光合细菌制剂　　　(d) 亚硝净制剂

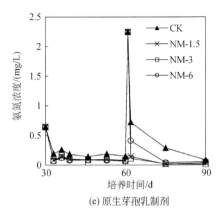

(e) 原生芽孢乳制剂

图 9.5　水生植物与复合微生物制剂处理对氨氮的净化

9.1.5　对上覆水体中总氮的去除效应

水生植物各处理对总氮的净化效果如表 9.5 和图 9.6(a)、(b)所示,挺水植物处理对总氮均具有较好的净化效果,在第一换水周期前 15d 呈现不断下降的趋势,随后一直保持在较低水平;整个换水周期表现为香蒲(97.40%)>鸢尾(95.42%)>水葱(93.52%);第二换水周期继续保持良好的净化效果。3 种浮水植物在第一换水周期对总氮的净化效果均优于空白对照,水葫芦对总氮的去除率达 97.38%,在第二换水周期,荇菜(87.71%)与浮萍(73.81%)对总氮的净化效果劣于空白对照(88.86%),而水葫芦继续保持较好的净化效果,去除率为 90.48%。总体而言,水生植物对总氮的净化效果与对硝态氮(图 9.4)的净化效果相一致。

3 种复合微生物制剂处理对总氮的去除(表 9.5 和图 9.6(c)～(e))与对硝态氮的去除(表 9.3 和图 9.4(c)～(e))相一致,均具有较好的效果。由图 9.6(c)～(e)可知,亚硝净制剂与原生芽孢乳制剂净化效果优于空白对照,光合细菌制剂劣于空白对照,但每种制剂的三个浓度处理之间均未达到显著性差异($p < 0.05$)。另外,对总氮的净化表现出随施用浓度的增大净化效果增强的现象,以亚硝净制剂浓度 3 处理(97.56%)与原生芽孢乳浓度 3 处理(96.75%)对总氮的去处效果最优。

表 9.5　各处理对总氮的去除率　　　　　　　　（单位:%）

换水周期	CK	挺水植物			浮水植物			光合细菌制剂			亚硝净制剂			原生芽孢乳制剂		
		TA	SV	IM	WH	NP	LM	PB-15	PB-30	PB-60	TE-4	TE-8	TE-16	NM-1.5	NM-3	NM-6
一	94.56*	97.40	—93.53	95.42	97.38	94.66	—91.57	—91.27	—88.58	96.03	97.49	94.9	97.56	96.75	—93.48	—93.53
二	88.86	98.62	94.1	98.29	90.48	—87.71	—73.81	—88.00	92.38	91.05	93.82	93.5	94.09	91.9	92.29	92.00

注:负数表示去除率低于空白对照;* 表示 TA、IM 与 CK 间 5%水平上差异显著。

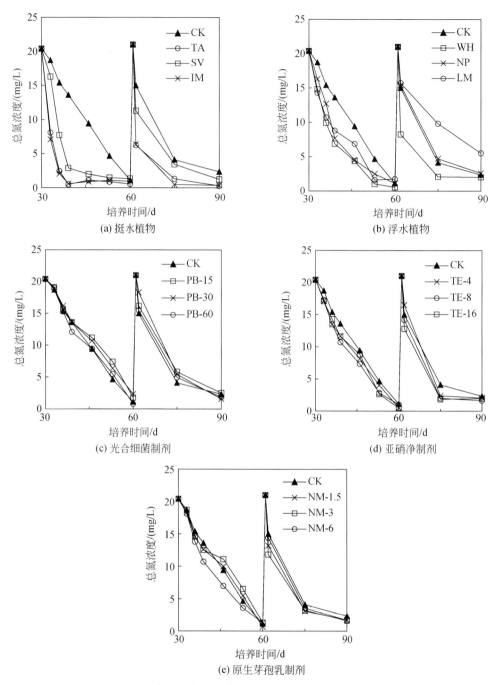

图 9.6 水生植物与复合微生物制剂处理对总氮的净化

9.1.6 对上覆水体中磷酸盐的控制效应

水生植物与复合微生物制剂对上覆水体磷素的控制效果如表 9.6、图 9.7 所示,各处理方式在试验开始的前 3d 对总磷的去除就表现出较好的效果,去除率达整个换水周期的 80% 以上,主要与底泥对上覆水体磷素的吸附作用有关;之后保持在较低的水平。但由于沉积物对部分磷的释放,加上上覆水体初始的总磷浓度不高,聚磷菌在好氧状态下吸附过量的磷(常会庆等,2007),而在厌氧状态下,又将磷释放出来,扩散到上覆水体中,导致上覆水体中磷素波动较大。第二换水周期对总磷的去除率略低于第一换水周期。对各种处理中再生水体中总磷含量在置信度为 0.05 水平下进行显著性检验,发现各处理均未达到显著性差异,各处理组对再生水中总磷的去除并未起到积极作用。

表 9.6　各处理对总磷的去除率　　　　　(单位:%)

换水周期	CK	挺水植物			浮水植物			光合细菌制剂			亚硝净制剂			原生芽孢乳制剂		
		TA	SV	IM	WH	NP	LM	PB-15	PB-30	PB-60	TE-4	TE-8	TE-16	NM-1.5	NM-3	NM-6
一	89.09	91.82	92.73	−85.45	89.09	90.91	89.09	96.36	92.73	94.55	92.73	−81.82	92.73	90.91	94.55	−80.00
二	84.21	−73.68	−57.89	−76.32	86.84	78.95	−81.58	92.11	92.11	94.74	84.21	−81.58	−68.42	84.21	84.21	92.11

注:负数表示去除率低于空白对照。

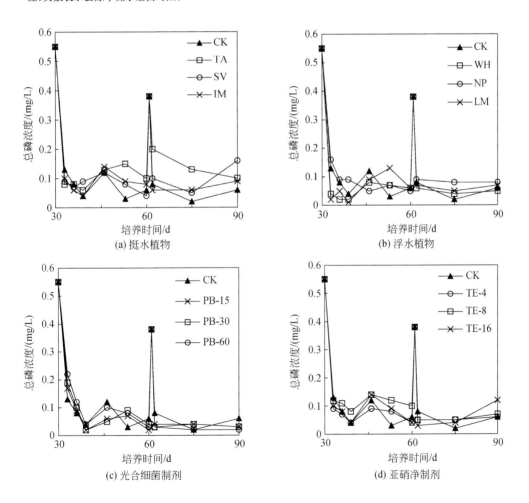

(a) 挺水植物　　　(b) 浮水植物　　　(c) 光合细菌制剂　　　(d) 亚硝净制剂

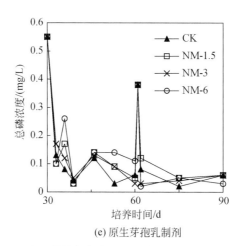

(e) 原生芽孢乳制剂

图 9.7　水生植物与复合微生物制剂处理对总磷的净化

9.1.7　对上覆水体中 pH 和 DO 的影响

　　水生植物对上覆水体中 pH 的影响如图 9.8(a)、(b)所示,挺水植物处理在第一、二换水周期 pH(7.5~8.5)明显低于空白对照(8.01~9.39),浮水植物水葫芦处理 pH 也能维持在 7.5~8.5,有效降低再生水体的 pH。主要是水生植物,如香蒲、水葫芦,发达的根系为大量微生物提供附着场所,使得根系释放糖类以及氨基酸等酸性物质(付春平等,2006),导致水体 pH 降低;同时,pH 在 8 左右,适合进行硝化和反硝化反应,有利于微生物对污染物的降解作用。三种复合微生物制剂对 pH 的影响如图 9.8(c)、(d)、(e)所示,施用制剂各处理水体 pH 在 9.7 左右,明显高于空白对照(8.01~9.39),比水生植物处理高了约 2 个单位。施用光合细菌制剂、亚硝净制剂和原生芽孢乳制剂的 pH 最大值达到10.39、10.56、10.55,严重增加了水体的碱性,不利于水生植物和水生动物的生长发育,对水生态系统健康产生威胁。总体而言,单纯施用复合微生物制剂会有增加 pH 的风险,而水生植物香蒲、鸢尾、水葫芦可以有效降低水体的 pH,建议在施用复合微生物制剂进行水体净化时搭配种植水生植物,不仅能起到良好的净化效果,而且可避免水体 pH 过高。

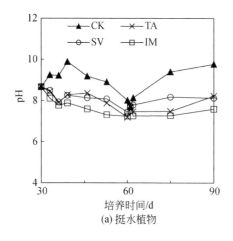

(a) 挺水植物

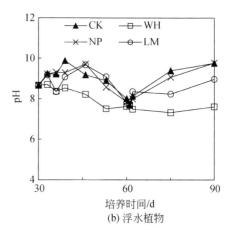

(b) 浮水植物

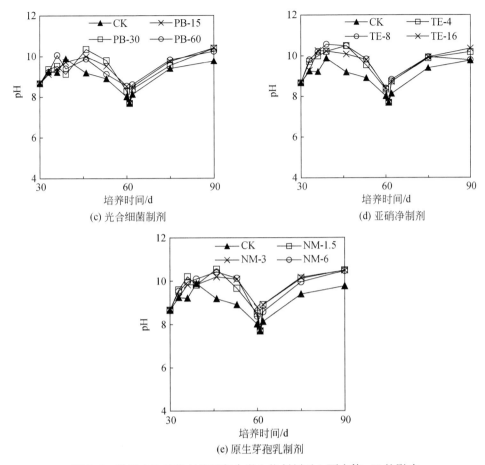

(c) 光合细菌制剂　　　　　　　　　(d) 亚硝净制剂

(e) 原生芽孢乳制剂

图 9.8　种植水生植物与施用复合微生物制剂对上覆水体 pH 的影响

水生植物对上覆水体 DO 的影响如图 9.9(a)、(b)所示,水生植物各处理的 DO 均明显低于空白对照,这与水生植物呼吸作用与微生物硝化作用对氧气的消耗有关。挺水植物鸢尾、浮水植物浮萍处理中 DO 浓度较低,在第一换水周期 DO 最低降至 2mg/L 左右。

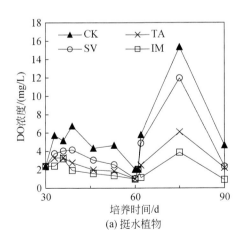

(a) 挺水植物

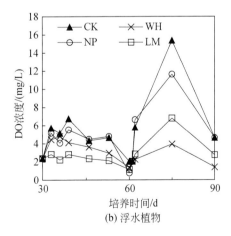

(b) 浮水植物

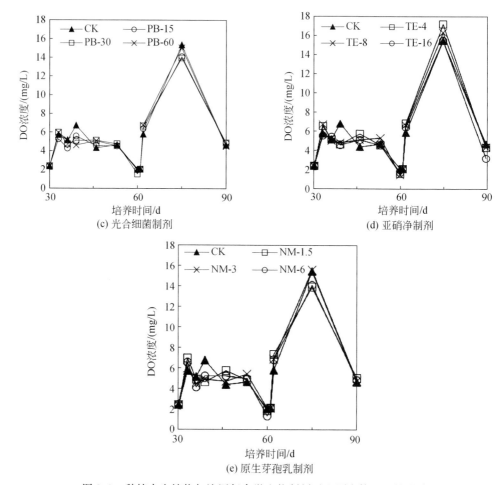

图 9.9 种植水生植物与施用复合微生物制剂对上覆水体 DO 的影响

水体中 DO 浓度是反映水体受到有机污染程度的一个重要指标,当水体 DO 在 3mg/L 以下时,将不利于鱼类等水生动物的生长。建议将鸢尾与浮萍用于再生水体净化时,应注意避免 DO 浓度过低。复合微生物制剂各处理中 DO 浓度水平如图 9.9(c)、(d)、(e)所示,光合细菌进行不放氧的光合作用,因此不同浓度处理对 DO 影响不大;亚硝净制剂与原生芽孢乳制剂处理组 DO 浓度水平与空白对照无显著差异($p \leqslant 0.05$)。

9.2 水生植物配置模式对再生水体中污染物的去除效应

9.2.1 材料与方法

1. 供试材料

根据试验时间、来源广、易繁殖和美观等原则,研究确定了四种供试植物,见表 9.7。

为保证水生植物的生长状态良好,试验前对所有水生植物进行为期 30d 的自来水预培养。

表 9.7　供试植物

植物名称	科名	生活类型	主要用途
水葱(*Scirpus validus*)	莎草科	挺水植物	较寒冷地区净化效果仍良好
香蒲(*Typha angustifolia*)	香蒲科	挺水植物	快速净化,景观效应优良
菹草(*Potamogeton crispus L*)	眼子菜科	沉水植物	鱼类食物,形成生态景观
水葫芦(*Water hyacinth*)	雨久花科	浮水植物	开紫色花朵,景观效应优良

植物在自然条件下培养,顶部配有塑料棚遮雨,试验用的再生水来源为北京清源中水技术开发有限公司。试验运行 120d,从 7 月末至 11 月末,以 30d 为一个换水周期,挺水植物配置试验共持续四个换水周期,而沉、浮水植物配置由于其耐寒性差,死亡率高,试验进行三个换水周期。

2. 试验设计

本试验采用自行设计的模拟系统装置精细研究水生植物及其配置模式对再生水水质的净化效应。每个模拟装置采用白色塑料桶(边长 40cm),共计 40 个,其中高度为 130cm 和 90cm 的装置各 20 个。每个桶内放置厚度为 40cm 的永定河河床沉积物,过 1mm 筛,分层装土 57kg。试验装置如图 9.10 所示。在桶身设置排水阀门,在每个换水周期结束时完全泄空桶内的水分,以完成再生水的更换。试验用再生水储存于蓄水罐中,每罐盛水体积为 1t,共 5 个,利用管道串联连接在一起,采用离心泵供水。

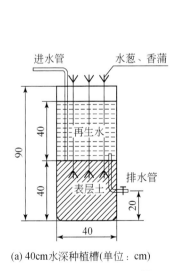

(a) 40cm水深种植槽(单位：cm)

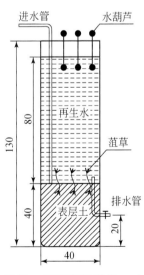

(b) 80cm水深种植槽(单位：cm)

图 9.10　试验装置图

试验考虑 40cm、80cm 两种水深,并针对两种水深设计了香蒲、水葱、香蒲＋水葱、菹草、水葫芦、菹草＋水葫芦等 8 种处理,详细处理见表 9.8。40cm 水深处理主要考虑种植挺水植物及其配置,由于其株间易分离,各处理植物选择种植大小一致的水生植物 20株,水生植物组合处理中两种植物各 10 株;80cm 水深主要考虑种植沉水、浮水植物及其配置,由于其生长方式为团簇状或连株式,株间难于区分,故各处理考虑水生植物重量一致,种植密度均为每桶 40g,组合处理中为 2 种植物各 20g。每个处理设计 5 次重复,一个重复长期用于测试水质的变化,而另外四个重复均用于破坏性取样。试验总体布置情况如图 9.11 所示。

表9.8　试验处理设计

序号	水深	植物配置模式	处理编号
1		水葱(*Scirpus validus*)	SV
2	40cm	香蒲(*Typha angustifolia*)	TA
3		水葱＋香蒲组合	SV＋TA
4		空白对照	CK-40
5		菹草(*Potamogeton crispus L*)	PC
6	80cm	水葫芦(*Water hyacinth*)	WH
7		菹草＋水葫芦组合	PC＋WH
8		空白对照	CK-80

注:SV(SV＋TA)表示水葱＋香蒲混植中的水葱相关指标;TA(SV＋TA)表示水葱＋香蒲混植中的香蒲相关指标;PC(PC＋WH)表示菹草＋水葫芦混植中的菹草相关指标;WH(PC＋WH)表示菹草＋水葫芦混植中的水葫芦相关指标。

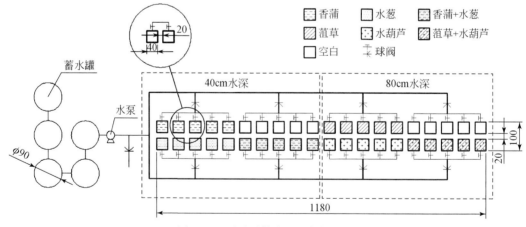

图 9.11　试验总体布置(单位:cm)

3. 测试方法

试验期内,对上覆水体分别在第一换水周期的 1d、3d、5d、7d、9d、15d、20d、25d、30d,以及其余换水周期的 1d、3d、15d、30d 取样,对总氮、总磷含量进行测定。各换水周期末,对每组处理进行破坏性取样,每次破坏一桶,于四个换水周期的 1d、30d、60d、90d、120d 对间隙水(离心条件为 4000r/min,20min)、沉积物、植物体本身测定总氮、总磷含量。

总氮采用过硫酸钾消解,紫外比色法测定;总磷采用过硫酸钾消解,钼锑抗分光光度法测定。

9.2.2　再生水对水生植物配置模式生理指标的影响

1. 不同植物配置模式株高比较

除水葫芦外,各配置模式中受试植物在试验初期株高均有大幅度增加(图 9.12),且单植模式的增幅均大于混植,之后挺水植物配置方式株高值逐渐趋于平稳,且水葱株高值一直在其所处配置中处于一种优势的地位。水葫芦、菹草混植方式抑制了菹草的生长,而对水葫芦影响不大,考虑水葫芦枝叶宽大,漂浮于水面生长,减少了光和氧的进入,影响了处于水中生长的菹草。水葫芦单植抑或混植方式,其株高值全期处于减小状态,生长状况堪忧。

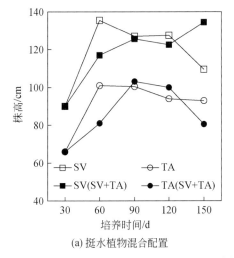
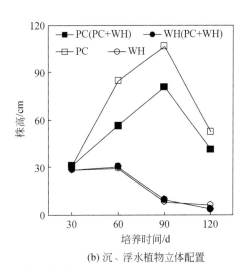

(a) 挺水植物混合配置　　　　　　　　(b) 沉、浮水植物立体配置

图 9.12　不同植物配置方式株高变化

2. 不同植物配置模式生物量比较

图 9.13 是 4 种受试植物在各试验阶段干生物量的变化情况。可明显看出,单植水葱生物量除在第一换水周期内由于对生长环境改变的适应而稍有下降外,之后即使在第四个换水周期(11 月末)也一直呈上升趋势,表明水葱耐寒性较强。单植香蒲生物量在第一、二换水周期增加显著,环比达到 260.1%,说明其适应性较强。在挺水植物配置模式下,混植方式两种植物的总干生物量始终处于一种优势的地位,尤其是末期这种优势更加明显,超过单植方式的 1.6 倍以上,表明混植方式利于挺水植物生物量的累积。沉、浮水植物配置方式,水葫芦、菹草除第一换水周期有所增加外,之后基本呈下降的趋势,且混植方式始终处于居中的地位,少于单植方式。

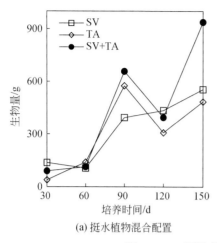 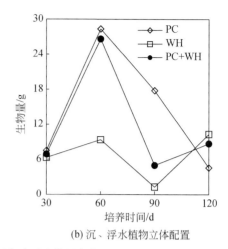

(a) 挺水植物混合配置　　　　　　　　(b) 沉、浮水植物立体配置

图 9.13　不同植物配置方式干生物量变化

9.2.3　氮在水生植物-水-土系统中的迁移与累积效果

对各处理上覆水体总氮浓度在置信度 $\alpha=0.05$ 水平下进行显著性检验,发现各处理与空白对照之间并未出现显著性差异,这表明不同处理对上覆水体的影响较小。由图 9.14(a)、和图 9.15(a)可知,种植 90d 内各处理均对上覆水体有良好的净化效果,这是因为虽然底泥环境改变,使得初期总氮浓度出现了短暂的升高,但随着水生植物的生长代谢、微生物硝化-反硝化作用的不断加强,氮素以气态形式逸出液面进入大气(von Schulthess,1994;范成新等,1997),水中总氮浓度不断下降,在挺水植物配置中以香蒲处理效果优异,而在沉、浮水植物配置中,菹草处理效果显著,而水葫芦和水葫芦+菹草处理仅在种植后 60~90d 存在一定差异,而在 90d 后 8 组处理净化效果均不明显。

8 组处理间隙水总氮浓度在 60d 内迅速递减,而后维持稳定(图 9.14(b)、图 9.15(b)),各处理与对照之间差异显著,挺水植物配置中,植物处理最高优于对照 5.5mg/L,而沉、浮水植物配置中,植物处理最高优于对照 2.7mg/L,但各处理间差异不显著。沉积物中总氮浓度如图 9.14(c)和图 9.15(c)所示,8 组处理均表现为前期迅速下降,之后缓慢提升,挺水植物配置中植物处理总氮含量一直低于对照处理,前期净化效果以单植方式居优,后期则转为混植方式,而沉、浮水植物配置中沉积物总氮含量,混植方式始终处于一种居中的状态,主要是由上覆水体、沉积物和间隙水中污染物的传输引起的。

有研究表明,植物可通过根系吸收大量的营养物质(吴晓磊,1995),水葱、香蒲根系直接与沉积物接触,且根据其生长习性的需要,其茎叶都基本位于水层以上,因此,起主要累积作用的为挺水植物地下部分,即根。前 30d 为挺水植物对总氮的迅速吸收时期(图 9.14(d)),去除了大量上覆水体、间隙水和沉积物中的总氮;第二次换水后,上覆水体中的污染物进入沉积物和间隙水后被植物吸收利用,间隙水能够基本维持稳定,而沉积物中的总氮浓度呈现缓慢递增的趋势,但由于这一阶段植物生长迅速,稀释植物体内总氮浓度,达到最低值;后期植物生长缓慢,导致去除效应较低,上覆水体中的氮素通过扩散作用进入沉积物内部。菹草、水葫芦植物配置植物体内总氮浓度如图 9.15(d)所示,第

一个换水周期下降,之后大幅上升;在第 2 个周期 4 组处理均表现出较好的累积作用,但
菹草、水葫芦本身总氮浓度始终低于各自本底值,于水质净化不利,且沉水和浮水植物体
内总氮的分布情况随着沉积物中总氮的变化而变化。

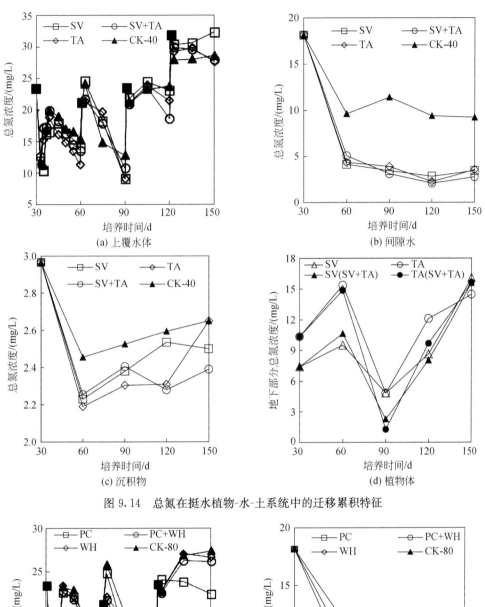

图 9.14　总氮在挺水植物-水-土系统中的迁移累积特征

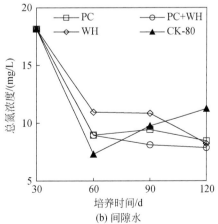

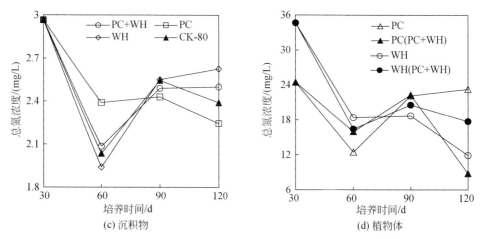

图 9.15　总氮在沉、浮水植物-水-土系统中的迁移累积特征

　　综上可知,植物中吸收的氮素主要是由于上覆水体与间隙水之间进行通量转移后被植物吸收利用的,且综合考虑上覆水体、沉积物及间隙水的净化氮素效果,挺水植物较沉、浮水植物积累效果更好,以三个月为收割频率期最为适宜。

9.2.4　磷在水生植物-水-土系统中的迁移与累积效果

　　由图 9.16(a)、图 9.17(a)可知,8 组处理在第一个换水周期由于人工湿地特殊的好氧、厌氧状态,聚磷菌好氧嗜磷,厌氧释磷(Paresh et al.,2006),从而导致上覆水体总磷情况出现上下波动的现象,但整体呈下降趋势。水生植物的种植对于改善上覆水体中的总磷效果不显著,尤其在 90d 后上覆水体中总磷浓度显著高于对照,尤其是水葱因天气转冷,风力系数高,而水葱茎长且中空易吹断,死亡概率加大,使得该处理在试验末期高出对照达 433.33%。

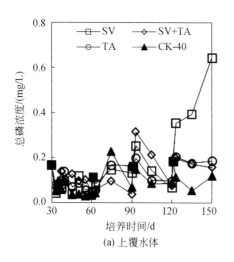

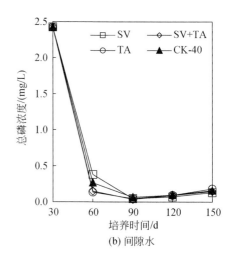

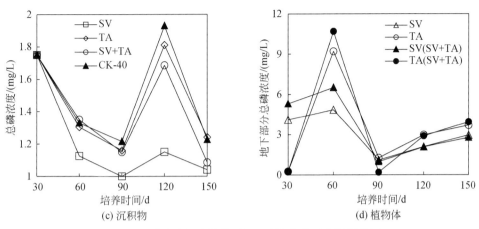

(c) 沉积物　　　　　　　(d) 植物体

图 9.16　总磷在挺水植物-水-土系统中的迁移累积特征

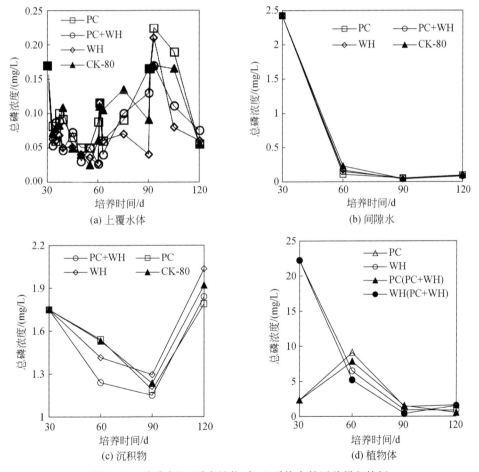

(a) 上覆水体　　　　　　　(b) 间隙水

(c) 沉积物　　　　　　　(d) 植物体

图 9.17　总磷在沉、浮水植物-水-土系统中的迁移累积特征

　　就去除间隙水中的总磷效果而言,各处理与对照间差异不显著,如图 9.16(b)和图 9.17(b)所示,均为第一换水周期下降迅速,之后趋于平缓,始终保持在较低水平,说明总磷的沉积及吸收在开始时作用强烈,使得进入间隙水中的总磷很快转化,所以其浓度不断下降,但随时间的延长,各种作用均趋向于平稳,界面交换达到平衡,使得总磷浓度保持在一定范围。8 组处理在沉积物的累积程度上都表现出同样的特点(图 9.16(c)和图 9.17(c)):在 90d 达到累积底值,120d 达到峰值,且以水葱处理方式降幅最为明显。植物体内总磷的变化并未随着间隙水和沉积物内部总磷的变化而变化(图 9.16(d)和图 9.17(d)),挺水植物配置表现出先快速增加后迅速降低,最后缓慢提升的变化趋势,呈现出混植优于单植,香蒲优于水葱的累积磷素态势;沉、浮水植物配置方式中,除菹草处理在第一换水周期有所增加外,其余时间各组植物对总磷一直呈释放状态,这与水体中总磷浓度始终不高,植物中的磷会向水中输送以达到系统平衡有着密切的关系。

　　综上可知,水生植物对磷素的累积效果以挺水植物混植方式最优,且综合考虑上覆水体、沉积物及间隙水的净化磷素效果,以两个月为收割频率期较为适宜。

9.2.5　水生植物优化配置模式

　　湿地系统中的水生植物在污水净化过程中起着至关重要的作用,其本身不仅可以吸收、同化大量水体中的污染物,而且发达的根系为微生物提供了生存的优良环境,改变基质通透性,增加了对污染物的吸收和沉淀能力(Sarah,2004;Nina et al.,2004)。于水体中适当布置具有观赏价值及净化能力的水生植物,既可以增强对再生水的生物净化功能,对抑制富营养化发生起到积极的作用,又可作为水景观的一部分,起到美化环境的作用,成为景观中的另一道风景。因此,在对水生植物对再生水净化效果研究的基础上,分析各种水生植物对污染物的净化效果,提出再生水补给型河道水质改善水生植物优化配置模式。

　　研究发现,对上覆水体中总氮、总磷的最优去除时间分别为第二、三换水周期,各配置中的最高去除率分别为 57.1% 及 58.8%。磷素的最佳去除效果时期要晚于氮素,但两者都以单植挺水植物栽种方式效果突出。

　　植物通过根系、茎叶等器官的体表对氮磷进行吸收,以完成自身生长的需要及营养的补给,但是同一植物在不同的季节对氮、磷的吸收程度不同(高吉喜等,1997),在衰老和死亡阶段,水生植物会将所固定的氮、磷等营养盐释放回水体中,使得水质迅速恶化,使湖水水色加深,有时还伴随藻类及原生动物的大量生长,严重时下层湖水缺氧,引起鱼虾大量死亡。本研究探索性地对水葱、香蒲、菹草、水葫芦 4 种水生植物及其组合的植物体本身氮、磷的含量变化情况进行分析,研究发现,挺水植物体对于氮素、磷素的累积峰期分别为第四、第一换水周期,并表现出香蒲优于水葱的效果,在植物类型选择及收割频率计划的应用中,应结合实际情况,灵活运用,避免对可利用资源的过量、过早或者过晚回收,建议在天然河湖中在夏秋季节 15~20d 收割一次,冬季沉水植物以 2 个月收割一次为宜。

9.3　水生植物联合复合微生物制剂对再生水体中污染物的去除效应

9.3.1　材料与方法

1. 试验材料

在本试验开展之前,开展 6 种水生植物与 3 种微生物制剂对水体富营养化的控制效果比较试验(Yang et al.,2013),根据筛选结果进行该试验。供试植物与微生物制剂分别为挺水植物香蒲($Typha\ angustifolia$)、沉水植物狐尾藻($Myriophyllum\ spicatum$)、氮循环菌(nitrogen-cycling bacteria)(表 9.9)。试验前对水生植物进行为期 30d 的预培养(自来水培养),复合微生物制剂由北京中泓鑫海生物技术有限公司研发提供。底泥取自北京市永定河,试验用再生水由北京京城中水技术有限责任公司提供。

表 9.9　供试植物与微生物

种类	科名/属名/主要菌群	生活类型/形态	主要用途
香蒲($Typha\ angustifolia$)	香蒲科	挺水植物	快速净化,景观效应良好
狐尾藻($Myriophyllum\ spicatum$)	狐尾藻属	沉水植物	观赏价值高,净水效果佳
氮循环菌(nitrogen-cycling bacteria)	氨化细菌、硝化菌、亚硝化细菌和反硝化菌	黄色至黄褐色干燥粉末	加速水体氮循环、有效分解水体中的有机物

2. 试验设计

本试验在水生植物配置试验(见 9.2 节)完成后进行,试验装置同 9.2.1 节所述试验装置。

试验针对挺水植物与沉水植物设置两种水深(表 9.10 和图 9.18),每种处理设计 5 次重复。挺水植物香蒲株间易分离,种植密度以株/桶计,狐尾藻其生长方式为团簇状或连株式,株间难于区分,故各处理考虑水生植物重量一致,以 g/桶计。投加氮循环菌处理每 10d 投加一次等量氮循环菌。两种水深设置如下。

45cm 水深:空白对照(CK-45),单植香蒲(20 株/桶,TA),香蒲(10 株/桶)+氮循环菌(4g/m³)(TA+NCB-Low),香蒲(20 株/桶)+氮循环菌(8g/m³)(TA+NCB-High)。

85cm 水深:空白对照(CK-85),单植狐尾藻(40g/桶,MS),狐尾藻(20g/桶)+氮循环菌(4g/m³)(MS+NCB-Low),狐尾藻(40g/桶)+氮循环菌(8g/m³)(MS+NCB-High)。

表 9.10　试验处理设计

序号	水深/cm	植物配置模式	编号
1		空白对照	CK
2	45	香蒲	TA
3		香蒲+氮循环菌 0.5∶0.5 配置	TA+NCB-Low
4		香蒲+氮循环菌 1∶1 配置	TA+NCB-High
5		空白对照	CK
6	85	狐尾藻	MS
7		狐尾藻+氮循环菌 0.5∶0.5 配置	MS+NCB-Low
8		狐尾藻+氮循环菌 1∶1 配置	MS+NCB-High

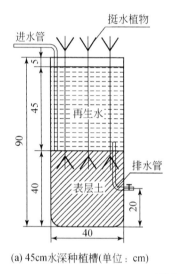

(a) 45cm水深种植槽(单位：cm)

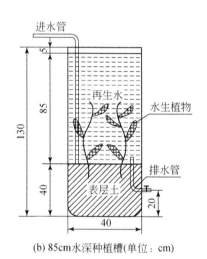

(b) 85cm水深种植槽(单位：cm)

图 9.18　试验装置

3. 检测项目和方法

　　试验共运行 120d,从 7 月下旬至 11 月下旬,以 30d 为一个换水周期。挺水植物各配置由于生长周期的限制,共进行三个换水周期;沉水植物各配置共进行四个换水周期。在试验过程中保持水位不变,当水位降低 1~2cm 时应及时补充再生水至设定水位。

　　试验期内,对上覆水体分别在第一个换水周期 1d、3d、6d、9d、15d、22d、30d,其余换水周期 1d、15d、30d 取样,对总氮、总磷、BOD_5、pH、溶解氧(DO)浓度进行测定。各换水周期末,对每组处理进行破坏性取样,每次破坏一桶,于四个换水周期的 1d、30d、60d、90d、120d,对间隙水(离心条件为 4000r/min,20min)、沉积物、植物体本身测定总氮、总磷浓度。所有化学分析项目的依据是《水和废水监测分析方法》(国家环境保护总局《水和废水监测分析方法》编委会,2002)。

9.3.2　再生水对各配置中水生植物干生物量的影响

水生植物＋氮循环菌配置中植物体干生物量的变化规律如图 9.19 所示。各处理在 30～90d 水生植物干生物量持续增长，而 90～120d 开始降低；这与水生植物生长受季节温度影响降低水生植物和氮循环菌活性有关。挺水植物＋氮循环菌配置中，TA＋NCB-High 配置干生物量增长最快，在 60～90d 环比增长达 221.1%，TA 配置增长幅度次之，TA＋NCB-Low 配置增长幅度最小。至 90～120d 时，香蒲受低温影响开始腐败降解，造成生物量下降。在沉水植物＋氮循环菌配置中（图 9.19(b)），第二换水周期狐尾藻干生物量增长迅速，其中 MS＋NCB-Low 配置增长最快，增长率达 857.1%，MS＋NCB-High 配置次之，MS 配置最低；表明合理的配置比例对狐尾藻吸收水系统中氮磷元素促进自身生长至关重要。而与挺水植物在第四换水周期腐败死亡现象不同，狐尾藻在 120～150d 干生物量增加，说明狐尾藻联合氮循环菌较适宜低温环境水体净化。

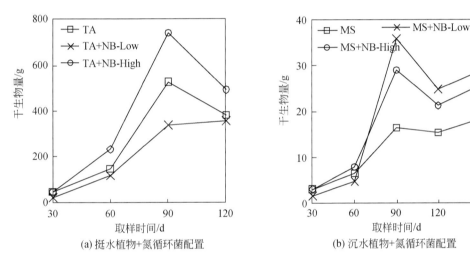

图 9.19　水生植物＋氮循环菌配置中植物体干生物量的变化

9.3.3　氮在水生植物-水-土系统中的迁移与累积效果

总氮在挺水植物-水-土系统中的迁移累积特征如图 9.20 所示。挺水植物＋氮循环菌配置在试验 120d 内均对上覆水体有良好的净化效果（图 9.20(a)），各换水周期去除率高于 60%。各处理相较以 TA＋NCB-High 处理效果优异，在 30～60d、60～90d 对总氮的去除率达到 84.63%、91.76%，且各处理与空白对照之间达到显著性差异（$\alpha=0.05$），表明各处理对上覆水体中总氮的去除影响显著。沉水植物＋氮循环菌配置在 30～60d 以 MS＋NCB-High 处理对上覆水体中总氮去除效果最好（图 9.21(a)），去除率达到 32.76%；而在 60～150d，则以 MS＋NCB-Low 的去除效果优异（在三个换水周期去除率分别为 25.49%、29.09% 和 12.84%）。表明狐尾藻与氮循环菌合理的配置量对上覆水体中总氮的去除具有重要作用。

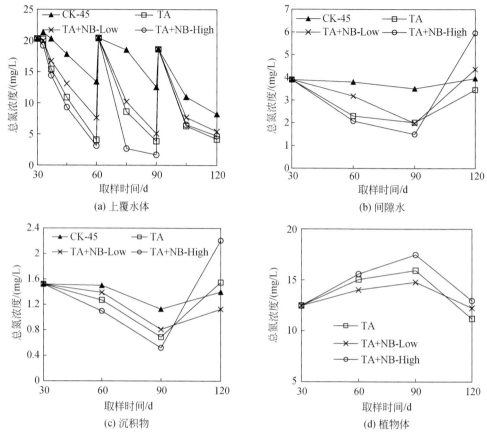

图 9.20 总氮在挺水植物-水-土系统中的迁移累积特征

各处理中总氮在间隙水中的变化规律如图 9.20(b)、图 9.21(b)所示。挺水植物＋氮循环菌配置(图 9.20(b))在 30～60d、60～90d 两阶段,各处理均能够降低间隙水中总氮浓度,TA＋NCB-High 对总氮的去除效果最好,去除率高达 61.54%,表明较高的挺水植物与氮循环菌配置量有利于降低间隙水中总氮浓度。而在 90～120d 内总氮则由于水生植物腐败,植物根系释放氮素进入间隙水从而使间隙水中总氮浓度上升。沉水植物＋氮循环菌配置(图 9.21(b))各处理与对照相比对间隙水中总氮的去除差异不显著,这是由于狐尾藻主要靠茎叶吸收营养元素供自身生长,而狐尾藻根系细小,主要起到固定作用,因此狐尾藻配置模式对间隙水中总氮去除效果不佳。

各处理中总氮在沉积物中的变化规律如图 9.20(c)、图 9.21(c)所示。挺水植物＋氮循环菌配置(图 9.20(c))对沉积物中总氮的影响规律与间隙水相似,各处理在 90d 内均能够有效降低沉积物中总氮浓度,以 TA＋NCB-High 对总氮去除效果最佳(去除率达 65.79%),单植香蒲次之,TA＋NCB-Low 最低。沉水植物＋氮循环菌配置(图 9.21(c))在 90d 内总氮浓度降低,但各处理间差异不显著。总体来看,含有氮循环菌的配置对总氮的去除效果优于单植香蒲模式,表明氮循环菌能够促进对总氮分解转化利用,对降低内源污染具有一定作用。

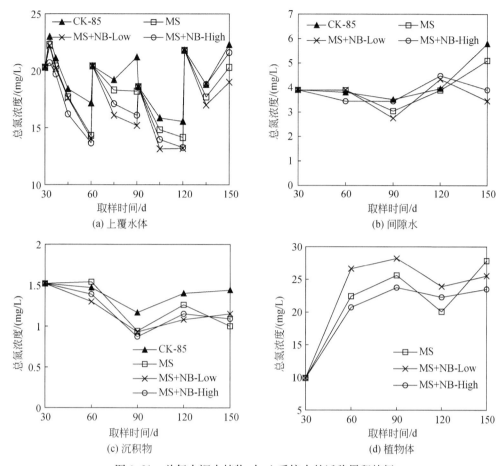

图 9.21　总氮在沉水植物-水-土系统中的迁移累积特征

总氮在水生植物体中的累积效果如图 9.20(d)、图 9.21(d)。香蒲、狐尾藻在 90d 内植物体总氮浓度不断增加,至 90～120d 总氮浓度降低,这与总氮在上覆水体、沉积物、间隙水中的总体变化规律相反,主要是由于植物体在氮循环菌的协同作用下前期生长旺盛吸收大量氮素促进自身生长,在生长衰亡期消耗、释放自身营养物质,使氮素浓度降低。在挺水植物＋氮循环菌配置中(图 9.21(d)),香蒲根系直接与沉积物接触,且根据其生长习性需要,茎叶都基本位于水层以上,因此根系在吸收与累积营养物质中起到重要作用,进而香蒲对总氮的累积作用大体表现为 TA＋NCB-High＞TA＞TA＋NCB-Low,这与挺水植物＋氮循环菌配置对上覆水体、间隙水和沉积物中总氮的去除效果相对应(图 9.20(a)、(b)、(c))。沉水植物＋氮循环菌配置中,90d 内植物体全氮增加,MS＋NCB-Low 处理对总氮累积效果最好;90～120d 由于气温降低,狐尾藻消耗自身氮素产生抗逆性物质适应低温环境,120～150d 时,又继续对氮素表现为累积作用。

综上可知,挺水植物＋氮循环菌配置中香蒲吸收的氮素主要是由于上覆水体、间隙水与沉积物之间进行通量转移后被植物吸收利用,而沉水植物＋氮循环菌配置中狐尾藻吸收的氮素主要是上覆水体中氮素,对间隙水、沉积物中氮素利用效果不佳。综合考虑上覆水体、沉积物及间隙水的净化氮素效果,挺水植物＋氮循环菌配置较沉水植物＋氮循环菌配置,对总氮累积效果较好,并以生长90d为对上覆水体净化的最优时期。狐尾藻具有较好的耐低温性,在低温环境下仍有一定的净化效果,适用于冬季河湖水体净化植物。

9.3.4　磷在水生植物-水-土系统中的迁移与累积效果

总磷在上覆水体中的变化特征如图9.22(a)、图9.23(a)所示。在挺水植物＋氮循环菌配置中(图9.22(a)),各处理对上覆水体中总磷在30~60d有一定的净化效果,TA＋NCB-High效果优异,但在60~120d,各处理上覆水体中总磷浓度均大于对照处理,净化效果不佳。而在沉水植物＋氮循环菌配置中(图9.23(a)),在四个换水周期内,各处理均能够有效降低总磷浓度,但各处理对总磷的净化效果差异不显著,这是因为所施用主要为氮循环菌,主要对氮素的硝化-反硝化作用较好,系统中磷元素主要依靠狐尾藻悬浮于水中的茎叶部分吸收利用。

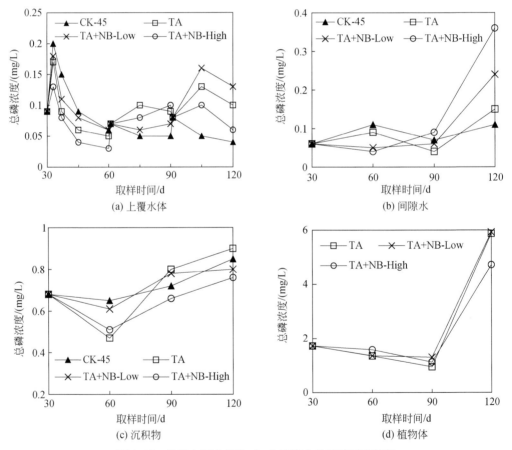

图9.22　总磷在挺水植物-水-土系统中的迁移累积特征

各处理模式对控制间隙水、沉积物中总磷的效果如图9.22(b)、(c)和图9.23(b)、(c)所示。在整个试验周期内,总磷始终呈缓慢释放状态,各处理均对抑制磷素释放起一定的作用,但各处理间未达到显著性差异。挺水植物＋氮循环菌配置在 90d 内对间隙水、沉积物中的总磷有一定的净化效果;而在 90～120d 内,各处理中磷元素浓度急剧增加,这是由于香蒲在第三换水周期腐败分解,释放磷素进入间隙水中。而在沉水植物＋氮循环菌配置中(图 9.23(b)),除在 90～120d 间隙水中总磷浓度增加外,其余三个换水周期内总磷浓度均呈现降低趋势,而在整个试验期内各处理均能使沉积物中总磷浓度低于对照,这是由于沉积物中总磷扩散进入间隙水,而间隙水中总磷可以通过扩散作用进入上覆水体,狐尾藻通过茎叶的吸收利用降低了总磷含量。在各处理中,以 MS＋NCB-Low 对间隙水中总磷净化效果最好。并且,与挺水植物＋氮循环菌配置相比,沉水植物＋氮循环菌配置均能使间隙水中总磷浓度控制在 0.03～0.1mg/L,能够有效控制磷素内源污染。

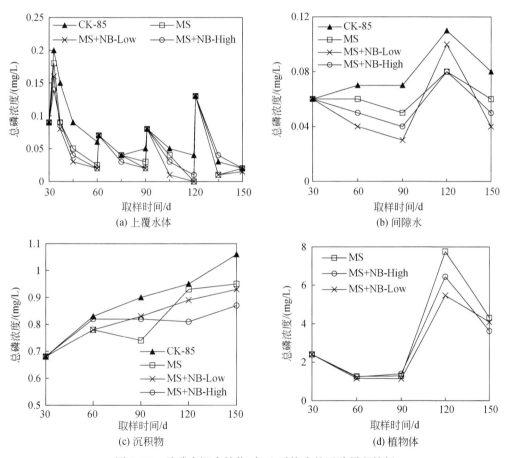

图 9.23　总磷在沉水植物-水-土系统中的迁移累积特征

各处理中植物体内总磷浓度变化规律如图 9.22(d)、图 9.23(d)所示。各处理在 90d 内总磷浓度呈降低趋势,而在 90～120d 内快速升高,但各处理间对植物体内总磷的影响差异并不大。主要是由于试验初期植物生长迅速,植株体内磷元素被稀释,另一方面由于上覆水中磷浓度始终不高,植物体内磷也会向水中进行输送,从而导致植物对总磷累积量减小。在 90～120d 植物为适应生长条件的变化,对磷元素吸收量变大,表现为积极的累积作用。而在120～150d,沉水植物狐尾藻适应低温环境,又表现为积极的生长作用,但由于这一阶段植物生长迅速,稀释了植物体内的总磷浓度(杨志敏等,1999)。

综上可知,挺水植物+氮循环菌配置与沉水植物+氮循环菌配置中水生植物对磷素累积效果欠佳,但综合考虑上覆水体、沉积物及间隙水中净化磷素效果,以沉水植物+氮循环菌配置在第二个换水周期为净化最优期。

9.3.5 不同配置模式对上覆水体其他指标的影响

1. BOD₅

挺水植物+氮循环菌配置如图9.24(a)所示,各配置在前90d能够将BOD₅控制在较低水平,至第三换水周期,各处理显著高于空白对照,为初始值的3～5倍,最高值达48mg/L,这与香蒲在生长周期末腐败,释放大量有机质进入上覆水体有直接关系,据此应根据植物的生长周期制定合理的收割频率,避免水生植物对水体造成二次污染。沉水植物+氮循环菌配置对BOD₅的去除均有一定效果(图9.24(b)),以MS+NCB-Low处理效果显著,去除率最高达70.41%。相较于挺水植物+氮循环菌配置,沉水植物+氮循环菌配置能够将BOD₅控制在较低水平,对富含有机质类型的再生水具有较好的控制效果。这与狐尾藻根系和茎叶部可为微生物提供附着环境,利于微生物进行硝化和反硝化作用降解有机质有关。

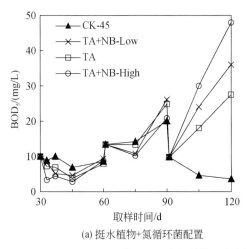

(a) 挺水植物+氮循环菌配置

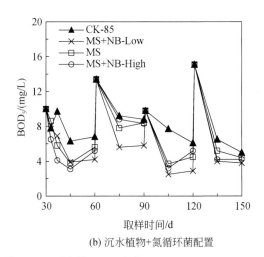

(b) 沉水植物+氮循环菌配置

图9.24 水生植物+氮循环菌配置上覆水体BOD₅变化

2. pH

水生植物+氮循环菌配置上覆水体pH变化规律如图9.25所示。挺水植物+氮循环菌配置(图9.25(a))pH保持在6.5～8,处于多数水生植物对pH的适宜范围(6～10),显著降低上覆水体pH,但各处理相比差异不显著。沉水植物+氮循环菌配置(图9.25(b))pH都维持在7～10,利于喜碱性微生物的存在,对氮素的去除效果较好。在前三个换水周期,pH 远高于空白对照,这与沉水植物通过光合作用吸收二氧化碳释放氧气造成水体碱性升高有关。

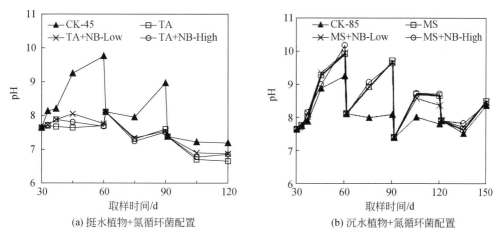

(a) 挺水植物+氮循环菌配置　　　　　　　(b) 沉水植物+氮循环菌配置

图 9.25　水生植物＋氮循环菌配置上覆水体 pH 变化

3. DO

水生植物＋氮循环菌配置上覆水体 DO 变化规律如图 9.26 所示。与对照相比,挺水植物＋氮循环菌配置(图 9.26(a))能够显著降低上覆水体中 DO 浓度,这是因为氮循环菌部分菌群为好氧微生物,会利用 DO 进行硝化作用,从而降低上覆水体 DO 浓度。沉水植物＋氮循环菌配置(图 9.26(b))中,上覆水体中 DO 变化趋势一致,DO 浓度略高于空白对照处理,这是因为狐尾藻茎叶位于水面以下,光合作用释放氧进入水体,可提高上覆水体 DO 浓度,利于氮循环菌的生长繁殖,能够促进氮微生物的硝化和反硝化过程,但总体而言各处理间 DO 浓度差异并不显著。

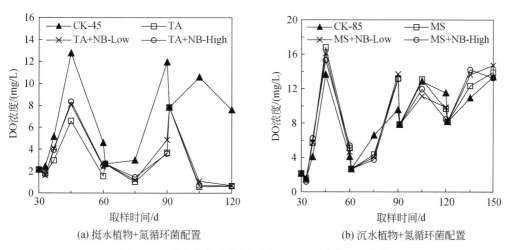

(a) 挺水植物+氮循环菌配置　　　　　　　(b) 沉水植物+氮循环菌配置

图 9.26　水生植物＋氮循环菌配置上覆水体 DO 变化

9.3.6　水生植物联合微生物优化配置模式

1)净化效果

本研究对上覆水体总氮去除在前 90d 效果较好,挺水植物＋氮循环菌配置对上覆水体净化效果优于沉水植物＋氮循环菌;TA＋NCB-High 配置对总氮去除率高达 91.76％;MS＋NCB-Low 在试验周期内对总氮去除率约为 25％。研究表明,接种氮循环微生物由于增加了水体中这些微生物菌群的数量,水体中氮循环菌便借助植物根、茎、叶的表面和装置内壁作为它们的吸附介质,在所形成的微区中进行硝化和反硝化作用,从而将氮以气态的形式从水体中去除(Brix,1997)。对总磷的净化效果以 MS＋NCB-Low 配置较好。各配置对上覆水体有机物 BOD_5 具有一定的净化效果,挺水植物＋氮循环菌在 30～60d 净化效果较好,沉水植物＋氮循环菌配置在试验期内能够将 BOD_5 控制在较低水平。本试验是在封闭的人工模拟湿地装置中进行的,所以基本上可以排除外源污染的影响。因此,底泥对磷的释放和吸收将成为影响水体中磷的一个重要原因。狐尾藻茎叶不仅可吸收大量磷素用于自身生长,还会向水体和底泥中释放氧气增加溶解氧水平进而抑制底泥中磷的释放(Lu et al.,2009)。因此,沉水植物对于维持水体中的总磷有明显作用,而且接种微生物可以通过对有机质的分解,促使沉水植物对有机磷的吸收利用,以及其形成生物膜的脱落沉积,都有利于水体中总磷浓度的降低。但是对照发现各配置对总氮、总磷净化效果及去除最优时期均要弱于或晚于国内外水生植物对污水的研究(Juwarkar et al.,1995;Mannino et al.,2008;Gottschall et al.,2007),可能因为再生水所含氮磷元素浓度低于污水,从而减缓了生态系统对氮磷的吸收转化。且磷素的最佳去除效果时期(90～120d)要晚于氮素(30～60d),从而可知不同配置方式对氮磷的去除存在差异。

2)收割时间

植物通过根系、茎叶等器官的体表对氮磷进行吸收,以完成自身生长的需要及营养的补给,但是同一植物在不同季节对氮、磷的吸收程度不同,在衰老和死亡阶段,水生植物会将所固定的氮、磷等营养盐释放回水体中,使得水质迅速恶化。对东太湖的研究表明,干重 $500g/m^2$ 的水生植物残留量便可引起严重的茭黄水(李文朝,1997),一般湖泊水生植物的单位面积生产量均高于这个数字,因此必须定期对大型水生植物进行收割利用。本章研究发现,挺水植物体对于氮素的累积峰期为30～90d,对于磷素的累积峰期为30～60d;沉水植物体对氮素、磷素的累积峰期在 30～60d。在植物联合微生物类型选择及收割频率计划的应用中,应结合实际情况,灵活运用,避免对可利用资源的过量、过早回收。但若收割不及时,就会造成沉积物承载能力超荷,产生内源污染,于水质净化不利。

3)季节

所有水生植物都有适宜其生长的季节和温度,这是其生长的必要因素,也影响植物对再生水的净化效果及其本身累积污染物的能力。随着温度的升高,植物生长速度加快,其对氮、磷等污染物的累积能力也加强。同时,随温度升高,微生物以及土著微生物活性增强,间隙水耗氧速率加快,水体中溶解氧减少,有利于氮、磷的释放。香蒲在 90～

120d 内,出现植物腐败现象,造成内源污染,应注意避免在秋季将香蒲用作景观植物;而狐尾藻即使在 120~150d 时低温条件下,也能保持对氮磷一定的净化效果,适于作为冬季河湖水体净化的景观植物(汪秀芳等,2013)。

4)配置量

合理的配置量有助于有效地利用光能,充分利用空间,保证单位面积上微生物的净化效果最优,以及水生植物对氮磷元素的累积,有效调节个体与群体的关系,使两者能够均衡协调发展(Luo et al.,2011),以便充分利用空间、阳光和氮磷元素。TA+NCB-High 配置对氮磷元素的累积优于 TA+NCB-Low 配置,表明香蒲(20 株/桶)+氮循环菌(8g/m³)配置对氮磷元素的去除效果较好,而狐尾藻(20g/桶)+氮循环菌(4g/m³)配置去除氮磷效果优异,这与狐尾藻主要是生长于水面以下(香蒲高大,茎叶部分主要在水面以上,可以有效利用水面以上空间),对空间的需求竞争较大,增大狐尾藻的种植密度和微生物制剂的施用浓度则不利于氮磷元素的净化。

综上所述,对于总氮的净化效果以 TA+NCB-High 配置最优,去除率在 65% 以上;沉水植物+氮循环菌能够将总氮控制在 0.03~0.1mg/L,MS+NCB-Low 配置对 BOD₅ 的去除率最高,达 70.41%。对于沉积物、间隙水中的总氮的净化,以 30~90d 挺水植物+氮循环菌配置较优,且以 TA+NCB-High 配置净化效果最优;对于间隙水总磷的净化以沉水植物+氮循环菌配置效果突出。植物体对总氮累积效果以 30~60d,TA+NCB-High 配置最优。狐尾藻+氮循环菌配置在低温条件下对上覆水体也有一定的净化效果,适宜作为冬季河湖景观植物。

9.4　小　　结

(1)水生植物在第一、二换水周期内,对硝态氮、氨氮、总氮、总磷去除率分别为 63.75%~99.76%、83.23%~98.49%、73.81%~98.62%、57.89%~92.73%;挺水植物对氮素的净化效果优于浮水植物,并能将 pH 维持在 7.5~8.5。其中,挺水植物香蒲、浮水植物水葫芦能有效控制氮素污染,将 pH、溶解氧维持在较适宜水平。

(2)三种复合微生物制剂对氮磷污染的控制均有一定的效果,表现为亚硝净制剂>原生芽孢乳制剂>空白对照>光合细菌制剂;施用复合微生物制剂的上覆水体 pH 普遍在 9.5 以上,有使再生水碱性增大的风险,建议谨慎施用。

(3)从景观效应和净化能力两方面看,挺水植物香蒲、浮水植物水葫芦更适宜作为夏秋季节净化再生水的水生植物品种;而亚硝净制剂 8g/m³ 处理方式能有效促进上覆水体中氮素的转化分解。因此,建议将水生植物与亚硝净制剂联合使用,建立以植物-微生物为基础的既可降低水体营养盐水平又具有良好景观效果的的原位水质改善技术。

(4)各植物系统对再生水总氮、总磷的去除率随试验阶段的不同而不同,且不同植物系统的去除效果也是不同的。对于总氮以挺水植物单植方式去除效果突出;上覆水体总磷浓度则在第三换水周期才表现出明显的下降趋势。

(5)对于沉积物、间隙水中总氮的去除,均以第一换水周期最好,且分别以单植水葱和水葫芦方式最优,而沉积物总磷的去除高峰为第二换水周期,以单植水葱方式最优,浓度可达 1.0mg/kg,对于间隙水总磷浓度以第一换水周期去除效果突出,但各植物系统与对照之间无明显差距,不能作为净化内源污染的筛选指标。就植物体本身累积效果而言,对于沉、浮水植物配置,全期累积氮磷效果差,始终低于其本底值;而挺水植物配置方式累积效果良好,并大体呈现出香蒲优于水葱的态势。

（6）挺水植物配置方式以植物累积作为其氮磷的最终归宿,可针对主要去除指标植物的累积峰期(总氮为试验末期,总磷为第一换水周期末)制订收割频率计划,从而达到彻底净化水质的目的。而沉、浮水植物配置方式中氮、磷的去除则以沉积物累积为主,植物体生长消耗为辅,不宜在大型湖泊、风扰动强的水域中推广应用,避免造成二次污染。

（7）各水生植物＋氮循环菌配置模式对湿地上覆水体总氮、总磷、BOD$_5$的去除率随试验阶段的不同而不同,且不同配置模式的去除效果也是不同的。对于总氮的净化效果以 TA＋NCB-High 配置最优,去除率在65%以上;沉水植物＋氮循环菌能够将总磷控制在 0.03~0.1mg/L,MS＋NCB-Low 配置对 BOD$_5$的去除率最高,达70.41%。

（8）对于沉积物、间隙水中总氮的净化,以 30~90d 挺水植物＋氮循环菌配置较优,且以 TA＋NCB-High 配置净化效果最优;对于间隙水总磷的净化以沉水植物＋氮循环菌配置效果突出,但各植物系统与对照之间无明显差距,不能作为净化内源污染的筛选指标。

（9）植物体对总氮累积效果以 30~60d,TA＋NCB-High 配置最优,表明挺水植物＋氮循环菌配置以植物体累积作为其氮的最终归宿,而沉水植物＋氮循环菌配置对总磷在120~150d 表现为相对累积作用。可针对主要去除指标植物的累积峰期制订收割频率计划,从而达到彻底净化水质的目的。狐尾藻＋氮循环菌配置在低温条件下对上覆水体也有一定的净化效果,适宜作为冬季河湖景观植物。

参 考 文 献

蔡树美,张震,辛静,等.2011.光温条件和 pH 对浮萍生长及磷吸收的影响[J].环境科学与技术,(6):63-66.

常会庆,丁学峰,蔡景波.2007.水生植物分泌物对微生物影响的研究[J].水土保持研究,(4):57-60.

丛海兵,黄廷林,赵建伟,等.2006.扬水曝气技术在水源水质改善中的应用[J].环境污染与防治,28(3):215-218.

范成新,相崎守弘.1997.好氧和厌氧条件对霞浦湖沉积物-水界面氮磷交换的影响[J].湖泊科学,9(4):337-342.

付春平,唐运平,陈锡剑,等.2006.香蒲湿地对泰达高盐再生水景观河道水质净化效果的研究[J].农业环境科学学报,25(21):186-190.

高吉喜,杜娟.1997.水生植物对面源污水净化效率研究[J].中国环境科学,17(3):247-251.

国家环境保护总局《水和废水监测分析方法》编委会.2002.水和废水监测分析方法[M].4版.北京:中国环境科学出版社.

黄蕾,翟建平,聂荣,等.2005.5 种水生植物去污抗逆能力的试验研究[J].环境科学研究,(3):33-38.

李文朝.1997.东太湖沉积物中氮的积累与水生植物沉积[J].中国环境科学,17(5):418-421.

刘耀兴,吴晓云,廖再毅,等.2014.牡蛎壳填料曝气生物滤池对城市生活污水的处理[J].水处理技术,40(4):83-86.

楼春华,李其军,宋双艳,等.2012.水下推流对北京筒子河水质及藻类生长影响研究[J].北京水务,

(6):23-26.

庞金钊,杨宗政,曹式芳.2003.微生物制剂在城市湖泊水体生物修复中的作用[J].环境污染与防治, (5):301-302,305.

汪秀芳,许开平,叶碎高,等.2013.四种冬季水生植物组合对富营养化水体的净化效果[J].生态学杂志,32(2):401-406.

吴晓磊.1995.人工湿地废水处理机理[J].环境科学,16(3):83-86.

徐后涛,赵风斌,张玮,等.2015.城市人工湖生态治理方式探讨[C].2015年中国环境科学学术年会,深圳.

杨彦军,韩会玲,龚欣欣.2009.不同植物净化富营养化水体的静态试验研究[J].中国农村水利水电, (4):28-30.

杨志敏,郑绍建,胡霭堂.1999.植物体内磷与重金属元素锌,镉交互作用的研究进展[J].植物营养与肥料学报,5(4):79-89.

Brix H. 1997. Do macrophytes play a role in constructed treatment wetlands[J]. Water Science and Technology,35(5):11-17.

Gottschall N, Boutin C, Crolla A, et al. 2007. The role of plants in the removal of nutrients at a constructed wetland treating agricultural (dairy) wastewater, Ontario, Canada [J]. Ecological Engineering,29(2):154-163.

Juwarkar A S, Oke B, Juwarkar A, et al. 1995. Domestic wastewater treatment through constructed wetland in India[J]. Water Science and Technology,32(3):291-294.

Lu S Y, Wu F C, Lu Y F, et al. 2009. Phosphorus removal from agricultural runoff by constructed wetland[J]. Ecological Engineering,35(3):402-409.

Luo S, Zhang Y, Li J, et al. 2011. Effect of combination of submerged macrophyte with ecological floating bed on aquacultural pollution controlling[J]. Journal of Ecology and Rural Environment,27(2):87-94.

Mannino I, Franco D, Piccioni E, et al. 2008. A cost-effectiveness analysis of seminatural wetlands and activated sludge wastewater-treatment systems[J]. Environmental Management,41(1):118-129.

Nina C, Jens C S, Niels H S. 2004. Sensitivity of aquatic plant to the herbicide metsulfuron-menthyl[J]. Ecotoxicology and Environmental Safety,57(2):153-161.

Paresh L, Bill F. 2006. Relationships between aquatic plants and environmental factors along a steep Himalayan altitudinal gradient[J]. Aquatic Botany,84(1):3-16.

Sarah J. 2004. Effects of water level and phosphorus enrichment on seedling emergence from marsh seed banks collected from northern Belize[J]. Aquatic Botany,79(4):311-323.

von Schulthess R, Wild D, Gujer W. 1994. Nitric and nitrous oxides from denitrifying activated sludge at low oxygen concentration[J]. Water Science & Technology,30(6):123-132.

Yang P L, Ren S M, Lang Q, et al. 2013. Improvements on reusing reclaimed water in rivers and lakes by different kinds of aquatic plants and compound microbiological preparations[J]. Applied Mechanics and Materials,316:408-414.

第 10 章　再生水水质强化处理新技术、新方法及新工艺

　　水质强化处理一般是污水回用必需的处理工艺,它将二级处理出水再进一步进行物理化学和生物处理。强化处理通常由以下单元技术优化组合而成:混凝、沉淀(澄清、气浮)、过滤、活性炭吸附、脱氨、离子交换、微滤、超滤、纳滤、反渗透、电渗析、臭氧氧化、消毒等。效果较好的强化处理技术包括臭氧-生物活性炭(O_3-BAC)处理技术和高效土壤生物过滤器。O_3-BAC 处理技术是基于 O_3 氧化水中有机物,并提高生化特性转变的一种强化处理工艺。高效土壤生物过滤器充分利用生态系统中土壤-微生物-植物系统的自我调控和对污染物的综合净化功能来处理污水。过滤器一系统的污水投配负荷一般较低,渗滤慢,故污水净化效率高,出水水质优良。本章采用 O_3-BAC 工艺和高效土壤生物过滤器两种方法对再生水进行深度处理,详细揭示再生水中污染物的生物降解机理。

10.1　臭氧-活性炭吸附法水质强化处理技术

　　1961 年,德国慕尼黑第一次使用了 O_3-BAC 处理技术(胡静等,2002)。1978 年,美国学者 Miller 和瑞士学者 Rice 首次采用生物活性炭(biological activated carbon,BAC)这一概念。20 世纪 70 年代初开始,O_3-BAC 已被美国、日本、加拿大、欧洲等技术先进的国家和地区广泛应用到饮用水的强化处理工艺中,并且取得良好的净化效果,该工艺已广泛应用于欧洲国家上千座水厂中。例如,20 世纪 70 年代联邦德国 Bremen 市的 Aufdem Werde 的半生产性和 Mulheim 市 Dohne 水厂的中试及生产性规模的应用。南非、纳米比亚、中国等发展中国家的应用也较为广泛(李秋瑜等,2005)。我国在南京炼油厂、大庆石化总厂等采用了 O_3-BAC 处理技术,取得了较好的处理效果。同时,有学者将 O_3-BAC 工艺应用于强化处理东江水和受污染的黄河水,结果表明该工艺对有机物具有良好的去除效果;还有学者采用该工艺预处理克林霉素制药废水和石化废水,以提高废水的可生化性,为后续生物处理过程创造了良好的进水水质条件。

　　O_3-BAC 技术是一种用于水强化处理的臭氧氧化与活性炭吸附的组合方法,先进行臭氧氧化,后进行活性炭吸附,在活性炭吸附中又继续臭氧氧化。这样先通过臭氧氧化,一方面可降低水中部分有机污染物的浓度,同时将部分活性炭难吸附的大分子有机物氧化降解成为易于被活性炭吸附的小分子有机物质,可增强活性炭难吸附有机物的吸附能力;另一方面,在活性炭吸附中继续臭氧氧化,可将吸附在活性炭大孔内与炭表面的有机物进一步继续氧化分解,减轻了活性炭的负担,使活性炭充分吸附未被氧化的有机物。在 O_3-BAC 处理技术中,臭氧可使水中的大分子有机物转化为小分子有机物,改变其分子形态结构。这不仅能提高有机物进入较小孔隙的可能性,还可以提高有机物的可生化性,能充分发挥活性炭吸附作用和生物降解作用,同时提高溶解氧浓度以促进附着微生

物的代谢活性,从而达到提高出水水质的目的(张岳,1998;李生荣,2009)。O_3-BAC 处理技术可充分发挥臭氧和活性炭在水处理中的各自所长,克服各自之短,使活性炭的吸附作用发挥得更好。有研究者对利用臭氧活性炭联用去除水中腐殖酸和富里酸进行了研究。结果表明,原水中所含的高分子腐殖酸和富里酸不易被活性炭吸附,但经臭氧氧化分解后,变成了易于被活性炭吸附的小分子物质,提高了活性炭的去除效果。O_3-BAC 处理技术将臭氧氧化、活性炭吸附、生物氧化降解、臭氧消毒等功能合为一体,因其除污高效性而成为当今各国饮用水强化处理的主流工艺,该工艺能有效去除水中的总有机碳和氨氮(李伟光等,2005;Shammas et al.,2009;王占生等,2005)。研究表明,O_3-BAC 处理技术对总有机碳(TOC)的去除率为 30%~75%,对氨氮的去除率为 70%~90%,同时其对除草剂、水体中的叶霉臭味也有很好的去除效果(王晟等,2004)。根据实际运行经验,O_3-BAC 处理技术具有其独特的技术优势,具体表现在以下几方面:①能更有效去除溶解性有机物;②O_3 可以提高生物活性炭的吸附容量,延长活性炭的使用寿命;③氨氮通过生物转化的方式得以去除,取代了折点加氯法去除氨氮,避免大量有机氯化物形成;④O_3 总投量比单独使用时少,比单一使用 O_3 或活性炭费用低且效果好;⑤处理后的水质可全面提高,而且出水水质稳定、运行管理方便。只需投加少量消毒杀菌剂就可保证整个配水系统的全面卫生及生物安全性。

O_3-BAC 处理技术能高效地去除水中有机污染物质,而且简单、经济、可靠。我国地域广阔,水质多样,O_3-BAC 处理技术在我国还没有得到广泛应用,在实际应用中仍存在很多问题,例如,针对特定水体,在满足在水质要求的前提下,仍需确定活性炭工艺前投加臭氧的必要性、经济性以及臭氧投加量,以及所选择的活性炭炭种类型等。

10.2 电化学氧化法水质强化处理技术

电化学氧化又称电化学燃烧,是环境电化学的一个分支。其基本原理是在电极表面的电催化作用下或在由电场作用产生的自由基作用下使有机物氧化。除可将有机物彻底氧化为 CO_2 和 H_2O 外,电化学氧化还可作为生物处理的预处理工艺,将非生物相容性的物质经电化学转化后变为生物相容性物质。按氧化机理的不同,可以分为电化学直接氧化法和电化学间接氧化法。电化学直接氧化法是利用阳极的高电势氧化降解废水中的有机或无机污染物,在反应过程中污染物直接与电极进行电子传递。在氧化过程中,污染物被氧化的程度不尽相同。有些有毒污染物在反应中被氧化为无毒污染物,或把不可生化处理的污染物氧化为可生化处理的物质,有利于进一步生化处理。这样污染物得到转化,称为电化学转化。而有一些污染物则完全被氧化为稳定的无机物,称为完全氧化(矿化)。电化学间接氧化法是通过阳极反应产生具有强氧化作用的中间产物或发生阳极反应之外的中间产物,使污染物被氧化,最终达到氧化降解污染物的目的。电化学氧化法具有能量利用率高、低温下也可进行的特点。

10.3 光化学催化氧化法水质强化处理技术

研究较多的光化学催化氧化法主要分为 Fenton 试剂法、类 Fenton 试剂法和以 TiO_2 为主体的氧化法。Fenton 试剂法由 Fenton 在 20 世纪发现,如今作为废水处理领域中有意义的研究方法重新被重视起来。Fenton 试剂依靠 H_2O_2 和 Fe^{2+} 盐生成·OH,对废水处理来说,这种反应物是一个非常有吸引力的氧化体系,因为铁是很丰富且无毒的元素,而且 H_2O_2 也很容易操作,对环境是安全的。Fenton 试剂能够破坏废水中苯酚和除草剂等有毒化合物。国内对 Fenton 试剂用于印染废水处理方面的研究很多,证明 Fenton 试剂对印染废水的脱色效果非常好。另外,国内外的研究还证明,用 Fenton 试剂可有效地处理含油、醇、苯系物、硝基苯等物质的废水。类 Fenton 试剂法具有设备简单、反应条件温和、操作方便等优点,在处理有毒有害难生物降解有机废水中极具应用潜力。该方法实际应用的主要问题是处理费用高,只适用于低浓度、少量废水的处理。将其作为难降解有机废水的预处理或强化处理方法,再与其他处理方法(如生物法、混凝法等)联用,则可以更好地降低废水处理成本、提高处理效率,并拓宽该技术的应用范围。光催化法是利用光照某些具有能带结构的半导体光催化剂如 TiO_2、ZnO、CdS、WO_3 等诱发强氧化自由基·OH,使许多难以实现的化学反应能在常规条件下进行。锐钛矿中形成的 TiO_2 具有稳定性高、性能优良和成本低等特征。在全世界范围内开展的最新研究是获得改良的(掺入其他成分)TiO_2,改良后的 TiO_2 具有更宽的吸收谱线和更高的量子产生率,表 10.1 为 TiO_2 光催化氧化法在水质强化处理中的研究进展。

表 10.1 TiO_2 光催化氧化法在水质强化处理中的研究进展

废水类型	处理对象	催化剂
染料废水	甲基橙;罗丹明-6G;甲基蓝;罗丹明 B;水杨酸;羟基偶氮苯;含磺酸基的极性偶氮染料(酸性橙 7 等);染料中间体 H 酸	TiO_2/SiO_2;TiO_2 负载于沙子;TiO_2 悬浊液
农药废水	除草剂 atrazine;二氯二苯三氯乙烷(DDT);三氯苯氧乙酸;2,4,5-三氯苯酚;敌敌畏(DDVP);敌百虫(DTHP);有机磷农药	TiO_2/ZnO;TiO_2 及 TiO_2/Pt 等悬浊液;TiO_2 悬浊液;TiO_2 负载于玻璃纤维
表面活性剂	十二烷基苯磺酸钠(阴离子型);氯化卞基十二烷基二甲基胺(阳离子型);壬基聚氧乙烯苯(非离子型);乙氧基烷基苯酚	TiO_2 悬浊液;TiO_2 薄膜电极
卤代物	三氯乙烯;三氯代苯;三氯甲烷;四氯化碳;4-氯苯酚;3,3′-二氯联苯;四氯联苯;氟利昂(CFC113 等);十氟代联苯;五氟苯酚;氟代烯烃、氟代芳烃	TiO_2/SiO_2;TiO_2 负载于 Ni-聚四氟乙烯;TiO_2 悬浊液;TiO_2 薄膜电极;TiO_2 及 TiO_2/Pt 等悬浊液;TiO_2 掺杂金属或金属氧化物
油类	水面漂浮油类及有机污染物	TiO_2 粉末黏附于木屑;纳米 TiO_2 偶联于硅铝空心球;TiO_2 薄膜负载于空心玻璃球
无机污染废水	CN^-;I^-;SCN^-;$Cr_2O_7^{2-}$	TiO_2/SnO_2;ZnO/TiO_2;TiO_2 悬浊液

文献来源:孙晓君等(2001),许士洪等(2008)。

10.4　MBR-RO 活性污泥法与膜过滤工艺

膜生物反应器(membrance bio-reactor,MBR)工艺是传统活性污泥法与膜过滤工艺的有机结合。与传统二级处理-微滤/超滤过滤相比,其结构更为紧凑,操作更为简便,不但产泥率低,而且不用混凝等工艺,节省了大量化学药品,节约了运行成本。因此,将MBR 作为反渗透(RO)的预处理技术构成 MBR-RO 组合工艺,受到越来越广泛的关注与研究。MBR 可以去除污水中绝大部分的 SS、BOD_5 和大部分的 COD,RO 进一步去除水中的金属离子和残余的有机物,使污水得到强化处理。曹斌等应用强化脱氮除磷的MBR-RO 组合工艺处理污水,考察 MBR 作为 RO 预处理工艺的可行性和组合工艺对污染物的处理能力。结果显示,在硫酸酸洗条件的控制下,RO 可稳定运行,无严重的膜污染发生;MBR-RO 工艺不但可以去除污水中的有机物,还可去除营养物,其出水完全满足生活饮用水水质标准,也可满足工业超纯水的需要。Dialynas 等(2008)仔细考察了 MBR出水和 RO 出水的各项污染物指标,发现组合工艺对重金属和有机物有非常好的去除效果,出水水质很好。

10.5　臭氧-生物活性炭水质强化处理技术

O_3-BAC 技术采用臭氧氧化和生物活性炭滤池联用的方法,将臭氧氧化、臭氧灭菌消毒、活性炭物理化学吸附和生物氧化降解四种技术合为一体。其主要目的是在常规处理之后进一步去除水中的有机污染物、氯消毒副产物的前体物以及氨氮。在 O_3-BAC 技术中,活性炭、微生物和臭氧是其构成的三个基本部分(田晴等,2006),各部分对于去除有机物所起的作用是不一样的。臭氧主要是使水中难降解的有机物氧化,改善进水水质的可生化性,并为微生物提供充足的氧气,活性炭主要是利用其吸附性能吸附水中的有机物质,为微生物生长提供载体和食物,而微生物主要是对水中和活性炭吸附的有机物质进行生物氧化,实现活性炭的生物再生,这几部分相互补充,扬长避短,共同构成了生物活性炭净水技术。生物活性炭的吸附作用和生物降解作用相互影响,生物对活性炭的再生影响活性炭的吸附能力,同时活性炭的吸附能力、活性炭的微孔结构和表面基团性质又影响炭床上的生物分布。

由于臭氧的强氧化性,臭氧易与水中还原性物质发生反应,把芳香族和脂肪族等难生物降解的有机物通过氧化分解,使之开环、断链生成易生物降解的小分子有机物,从而提高水中有机物的可生化降解性能。臭氧在水中同时还有充氧的作用,臭氧化后水中溶解氧充足,有利于微生物的生长繁殖,增强活性炭表面微生物的活性,加快降解有机物,延长活性炭的再生周期(王占生等,1999)。因此 O_3-BAC 技术被认为是 21 世纪在水的强化处理方面,最具有发展前途的工艺之一。O_3-BAC 技术 20 世纪 80 年代就已经在我国得到了应用,其主要优势有(徐越群等,2010):① O_3-BAC 技术工艺比单独臭氧或活性炭处理费用更低,效果更好,臭氧投量更少;②臭氧化后残留臭氧可以提高活性炭床中炭的吸附容量,延长活性炭的反冲周期和使用寿命;③氨氮在微生物的氨化和硝化反应下得以去除,取代了氨氮的折点加氯去除法,抑制了有机氯化物的形成;④溶解性有机物能得到更好的去除;⑤处理后水质可明显提高,耐冲击负荷较强,而且出水稳定、管理方便;⑥臭氧具有消毒功能,经 O_3-BAC 工艺处理过的水病毒含量少,保证了整个系统的安全卫生。

10.5.1　材料与方法

1. 试验用水

根据永定河的生态用水规划,主要以清河和小红门的再生水作为永定河生态用水,清河再生水厂、小红门再生水厂出水指标与北京市环境保护科学研究院(BMIEP)小区再生水水质指标及相关标准见表 10.2,水质比较相近(总氮除外,但该指标非本试验考察重点,故不作考虑),故以 BMIEP 小区再生水作为实验用水。

表 10.2　水质指标比较

水源类别	pH	色度/度	BOD$_5$/(mg/L)	COD$_{Cr}$/(mg/L)	COD$_{Mn}$/(mg/L)	NH$_4^+$-N/(mg/L)	TN/(mg/L)	NO$_3^-$-N/(mg/L)	TP/(mg/L)
清河再生水	8.5	—	5	16.3	—	0.36	21.2	30	0.12
小红门再生水	8.1	—	6	15.9	—	2.79	19.6		0.29
BMIEP 小区再生水	<8	<50	<10	15~30	—	1~5	50~70		<5
地表水Ⅲ类	6~9	—	≤4	≤20	≤6	≤1	≤1.0		≤0.2
地下水Ⅲ类	6.5~8.5	≤15	—	—	≤3.0	≤0.2	—	≤20	—

2. 试验装置

O_3-BAC 装置主要包括臭氧接触反应柱、生物活性炭柱、臭氧投加系统(包括臭氧发生器及空气气源,由无油空压机提供)和反冲洗系统等。试验装置及规格如下。

(1)臭氧接触反应柱:有机玻璃柱直径为 100mm,柱高 3.0m。上部进水,下部出水,底部装有钛板曝气头使气泡均匀,以提高臭氧的传质效率,气源为压缩空气。

(2)生物活性炭柱:有机玻璃柱直径 150mm,柱高 3.0m。上部进水,下部出水。活性炭填充高度 2.0m,活炭层下部为 300mm 厚的石英砂作为承托层,以免活性炭泄漏。柱子上部设有溢流口。在活性炭柱上沿距进水口 10cm、30cm、60cm、90cm、120cm、150cm 处设有活性炭取样口,同时也作为取水口,以便对炭柱不同高度水质变化情况进行监测。

(3)臭氧投加系统:臭氧发生器型号为 CF-G-50(北京源可原环保科技发展有限公司),系统冷却形式为水冷。气源为压缩空气,通过无油空压机系统产生,无油空压机型号为 ACO-016(浙江森森实业有限公司),功率:520W,电源 220V AC/50Hz,排气量 450L/min,空气经过无油空压机后进入吸附干燥器,之后作为气源进入臭氧发生器。

(4)进水泵:型号 12WG-8(上海加兴泵业有限公司),最大流量 20L/min,最大扬程

10m,额定流量 8L/min,额定扬程 8m,输入功率 80W,额定电压 220V,额定电流 0.5A,额定频率 50Hz,额定转速 2800r/min,绝缘等级 B,热保护型 TP111,环境温度 40℃,防护等级 1P44,电容 3.5μF/400V AC。

(5)反冲洗系统:采用气水反冲,将反冲洗水管直接与自来水管连接,利用自来水的压力进行反冲洗,气源来自空压机。

将再生水泵入臭氧接触柱内,采用气水逆流方式使水与臭氧充分混合,臭氧化后的出水自流进入生物活性炭柱,在生物活性炭柱中发生一系列反应后,出水排放。设计进水流量为 50L/h,生物活性炭柱内曝气量为 150L/h。试验流程图如图 10.1 所示。

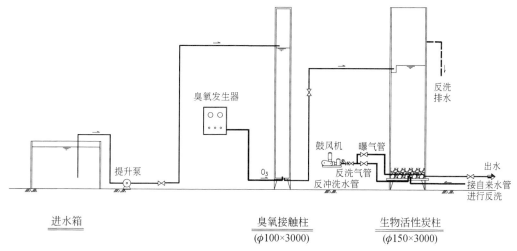

图 10.1　臭氧-生物活性炭试验流程

3. 臭氧投加静态试验

采用静态试验考察最佳臭氧投加量和臭氧接触时间。首先固定臭氧接触时间为 20min,臭氧投加量为 1mg/L、2mg/L、3mg/L、4mg/L 和 5mg/L,测定指标包括色度、COD_{Cr} 和氨氮。之后根据确定的最佳投加量,改变接触时间,分别为 20min、40min 和 60min,确定最佳接触时间。

4. BAC 柱内微生物的培养

为了使生物活性炭柱正常运行,向炭柱内添加易被微生物利用的碳源(甲醇)和酵母浸粉进行闷曝,共培养了 4 个周期,每个周期约为一周时间。

5. 试验运行

培养期结束后,结合已确定的最佳臭氧条件开始进行连续运行试验。将再生水泵入臭氧接触柱,在柱内通过水气逆流接触,完成传质过程,臭氧尾气通过顶部放气管排入大气;臭氧接触柱出水由 BAC 柱上部的进水口进入生物活性炭柱。试验装置及取样调试如图 10.2 所示。

图 10.2　试验装置及取样调试

10.5.2　臭氧投加量和接触时间对水质的影响

1. 投加量

O_3-BAC 技术有良好的脱色效果,臭氧对原水色度的去除效果明显(图 10.3),在臭氧投加量为 4~5mg/L 条件下,色度去除效率可以达到 83.3% 左右,这是因为水中能产生色度的物质多是带有生色基团的有机物,如重氮、偶氮化合物等及天然有机物(腐殖酸、黄腐酸和富里酸等),这些物质含量不同会产生不同程度的颜色,这些物质都带有不饱和键。臭氧可以有选择地与不饱和键反应,生成酮类、醛类或羧酸类物质。一旦这种共轭部分通过氧化被破坏,颜色就随之消退,但这并不意味着引起色度的有机物能够被彻底氧化为 CO_2 和 H_2O,只是发色团受到破坏而已。由图 10.3 可以看出,COD_{Cr} 的浓度随 O_3 投加量增大而降低,但当投加量超过 3mg/L 时 COD_{Cr} 的浓度变化不大。经臭氧氧化后 COD_{Cr} 的变化并不明显、只能将很少一部分有机物氧化去除,是因为在臭氧氧化过程中,臭氧同有机物发生了复杂的化学反应,不稳定的臭氧分子在水中很快发生链式反应,生成对有机物起主要作用的羟基自由基(·OH),将非饱和有机物氧化成饱和有机物,将大分子有机物氧化分解成小分子有机物(为其在后续生物活性炭处理过程创造条件)。实验结果表明,依赖增加臭氧投加量提高 COD_{Cr} 的去除效率是不可行的。对于不同的水质,存在不同的最佳投加量,超过这个范围的臭氧过量投加,不仅不经济,而且也可能由于产生过量剩余臭氧,降低后续生物活性炭中微生物去除污染物的效率。氮在污水中存在的形式有多种,可分为有机氮和无机氮,试验原水为再生水厂处理出水,水中有机氮和无机氮均有存在。氨氮是再生水中主要的无机氮类污染物之一,在好氧环境下,可以被细菌转化为硝酸盐和亚硝酸盐。臭氧对氨氮的去除效果(图 10.3)良好,当 O_3 投加量为 3mg/L 时,氨氮去除率可达 39.6%,进一步加大 O_3 投加量,氨氮去除率增加不显著。根据以上 3 个指标的处理效果,确定最佳臭氧投加量为 3mg/L。

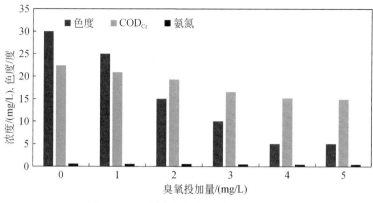

图 10.3　不同臭氧投加量各指标的变化

2. 接触时间

以最佳投加量为 3mg/L，确定 O_3 最佳接触时间，分别选择 20min、40min 和 60min，同样对以上 3 个指标进行分析，结果见图 10.4 所示。随着接触时间的增加，色度、COD_{Cr} 和氨氮的去除率均有所增加，但是超过 20min 后，增加趋势不太明显，因此，确定最佳接触时间为 20min。

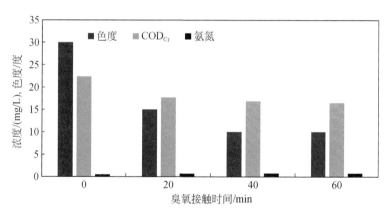

图 10.4　不同臭氧接触时间各指标的变化

10.5.3　臭氧-生物活性炭水质强化处理效果

对原水、投加臭氧后的水及 BAC 柱出水的 COD_{Cr}、COD_{Mn} 和氨氮等水质指标取样分析，结果如下。

1. COD_{Mn}

COD_{Mn} 浓度及其去除率变化曲线见图 10.5 和图 10.6。臭氧柱进出水的 COD_{Mn} 浓度变化不大，COD_{Mn} 主要在生物活性炭柱中被去除。实验运行期间 COD_{Mn} 浓度去除效果较好，基本在 3.0mg/L 以下，满足地下水Ⅲ类标准。运行过程中会因频繁反冲洗造成活性炭损耗,降低反冲洗频率可能引起炭层板结,这些都会影响处理效果,长期运行效果有待进一步考察。

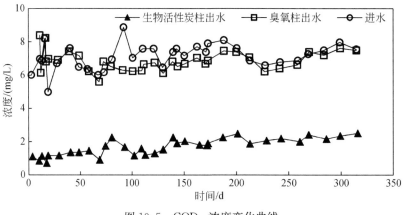

图 10.5 COD_{Mn}浓度变化曲线

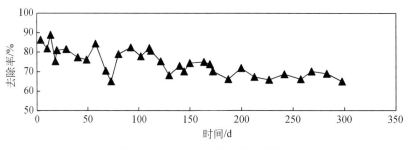

图 10.6 COD_{Mn}去除率变化曲线

2. COD_{Cr}

COD_{Cr}浓度及其去除率变化曲线如图 10.7 和图 10.8 所示。在整个试验期间出水

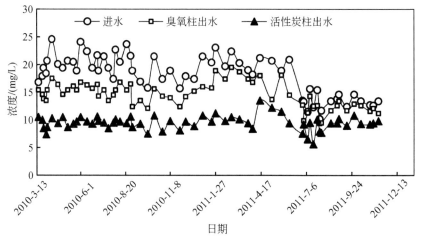

图 10.7 COD_{Cr}浓度变化曲线

COD_{Cr} 浓度基本都在 10mg/L 以下。可见，O_3-BAC 技术对再生水中 COD_{Cr} 去除效果良好。前期进水 COD_{Cr} 浓度大都在 15mg/L 以上，后期进水 COD_{Cr} 浓度有所下降，大都低于 15mg/L，最终出水在 10mg/L 左右，平均 COD_{Cr} 浓度为 9.2mg/L。在试验过程中，COD_{Cr} 去除率最高为 66.4%，平均去除率为 43.1%。经过臭氧柱，COD_{Cr} 浓度有所下降，但去除率不高；大部分 COD_{Cr} 是在生物活性炭柱中被去除的。

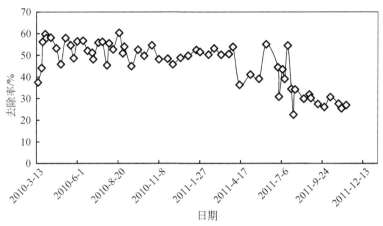

图 10.8　COD_{Cr} 去除率变化曲线

3. 氨氮

氨氮浓度及其去除率变化曲线如图 10.9 和图 10.10 所示。

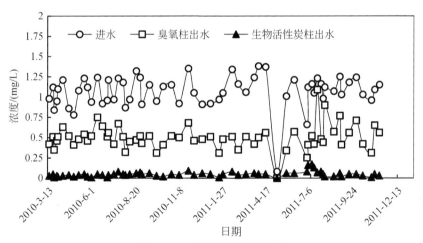

图 10.9　氨氮浓度变化曲线

从图 10.9 和图 10.10 可以看出，臭氧柱和生物活性炭柱对氨氮都有一定的去除。尽管进水氨氮浓度有所波动，一般在 1.0mg/L 左右，最高达到 1.38mg/L，但出水浓度相对比较稳定，基本在 0.1mg/L 以下，平均出水浓度为 0.05mg/L。氨氮去除率大部分都在 90% 以上，最高去除率接近 100%，平均去除率为 95.6%，说明 O_3-BAC 工艺对再生水中氨氮具有很好的去除效果，出水可以满足地下水Ⅲ类标准（<0.2mg/L）。

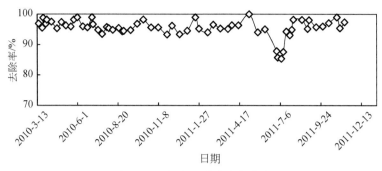

图 10.10　氨氮去除率变化曲线

10.5.4　生物活性炭层微生物数量和菌群分布特征及影响

1. 生物炭平板计数结果

生物炭平板计数结果见表 10.3,1~5 号分别为距活性炭顶层 30cm、60cm、90cm、120cm、150cm 处的取样口,根据取样口炭样分析结果,分别绘制细菌总数及总数的对数随强化变化的关系图(图 10.11、图 10.12),得出生物活性炭柱某一层位上可培养细菌的数量随滤层强化增加是呈负指数关系递减的,这与利用基质浓度沿再生水渗滤方向上的变化规律,即一级反应动力学方程与微生物生长消亡之间的关系得到的结论一致。

表 10.3　可培养细菌平板计数结果

样品编号	取样强化/cm	检测结果/($\times 10^4$cfu/g)
1	30	389.2
2	60	84.2
3	90	48.3
4	120	34.8
5	150	20.9

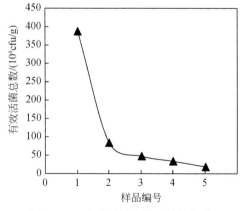

图 10.11　生物活性炭柱可培养细菌
总数随强化变化

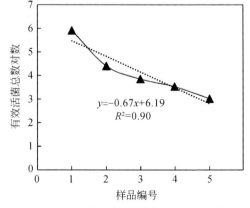

图 10.12　生物活性炭柱可培养细菌总数
对数随强化变化

不同炭层可培养微生物照片如图 10.13 所示。不同炭层出水指标与微生物数量的关系如图 10.14 和图 10.15 所示。可见随着炭层强化增加,可培养微生物数量逐渐减少,对 COD_{Cr} 和氨氮浓度的去除能力也逐渐降低,这说明 COD_{Cr} 和氨氮的降解与微生物量呈正相关关系。为了有效地处理 COD_{Cr} 和氨氮,在实际工程应用时,炭层厚度应分别不小于 90cm 和 60cm。

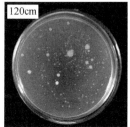 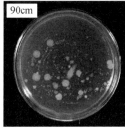 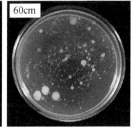 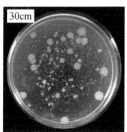

图 10.13 可培养细菌

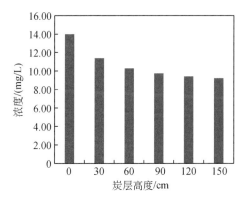

图 10.14 不同炭层 COD_{Cr} 浓度的变化情况

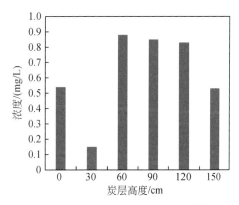

图 10.15 不同炭层氨氮浓度的变化情况

2. O_3-BAC 中微生物种群分布规律

1)样品总 DNA 提取及纯化结果

电泳检测结果见图 10.16,得到条带 23kb 左右,满足后续试验要求。分别测 DNA 粗提液在 260nm、280nm 和 230nm 的吸光度 A,并计算 A_{260}/A_{280}(核酸与蛋白质之比)和 A_{260}/A_{230}(核酸与腐殖质等杂质之比),结果见表 10.4。

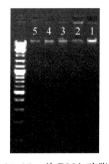

图 10.16 总 DNA 琼脂糖凝胶电泳图像

由表 10.4 可见 A_{260}/A_{280} 的值小于 2,可能是由于微生物代谢旺盛产生大量的胞外聚合物,使 DNA 抽提不彻底;A_{260}/A_{230} 的值也较小,是微生物在代谢中产生的腐殖质等物质造成的,同时由于生物炭中含有的腐殖酸类化合物可以和 DNA 共价结合并使其氧化,对 DNA 的损伤较大,并且在 DNA 提取过程中加入的某些试剂也是 PCR 扩增反应和 Taq 酶、内切酶活性的抑制剂,对后续试验有严重的影响,因此需要进行纯化。纯化后的 DNA 产量有所损失,但为后续试验提供了较为理想的 DNA 模板。

表 10.4　生物炭 DNA 粗提液纯度比较

样品编号	1	2	3	4	5
A_{260}/A_{280}	1.363	1.361	1.421	1.325	1.393
A_{260}/A_{230}	1.254	1.261	1.256	1.192	1.226

2)样品 PCR 扩增结果

以纯化后的总 DNA 为模板进行 PCR 扩增,扩增产物进行电泳检测,得到的条带大小约 220bp(图 10.17),为 16S rDNA V3 区(含"GC 夹子")特异性片段。Reconditioning PCR 扩增结果如图 10.18 所示。由电泳图像可以看出,条带大小约 220bp,阴性对照未出现条带,PCR 产物可以作为 DGGE 的样品,进行下一步试验。

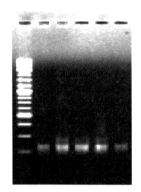

图 10.17　16S rDNA V3 区 PCR 产物
琼脂糖凝胶电泳图像

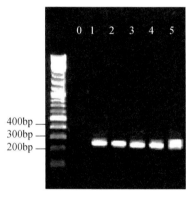

图 10.18　Reconditioning PCR 产物
琼脂糖凝胶电泳图像

3. DGGE 指纹图谱分析与优势条带的回收测序

生物炭 16S rDNA V3 区 PCR 产物在垂直胶中经银染后呈 S 形的曲线(图 10.19),据此确定水平胶所用的变性范围为 25%~60%,但在后续的试验中发现,变性范围在 35%~60% 的分离效果更理想,因此 DGGE 垂直胶只能确定一个大致的范围。

10 个样品 16S rDNA V3 区的 DGGE 指纹图谱如图 10.20 所示。从图谱中可知,不同强化的样品经过 DGGE 后都可以分离出数目不等的电泳条带,且条带的强度和迁移速率也不相同。O₃-BAC 系统中微生物菌群种类沿垂直方向变化不大,数量随着强化的增加逐渐减少,在 BAC 柱 90cm 强化范围内,微生物群落组成至少有 40 种,而在 90cm 及更深范围微生物种数减少至 30 种左右,BAC 柱上、下层之间表现出不同的微生物多样性。同时,除少数菌随着强化的增加逐渐消亡或产生外,大部分菌群贯穿所有样品,这与污水的水质沿水流方向变化幅度不大有直接关系。选取部分优势条带进行回收测序,将测序结果进行 BLAST 比对。结果表明,在 BAC 柱中大部分是不可培养细菌(uncultured bacterium),主要包括某些属于厚壁菌门(*Firmicutes*)、α-变形菌(*Alpha proteobacterium*)的不可培养的异养菌,是 COD 降解的主要参与者;检测还发现少量 *Acidovorax* sp.、*Nitrospira* sp. 等不可培养种属,其中 *Nitrospira* sp. 是硝化螺旋菌属,有一定的硝化能力。

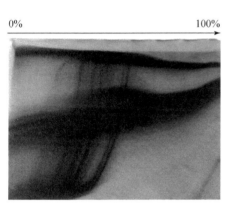

图 10.19　生物炭 DGGE 垂直胶电泳图

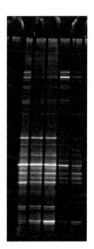

图 10.20　DGGE 水平胶指纹图谱

4. DGGE 指纹图谱的 UPGMA 聚类分析

用 BIO-RAD QUANTITY ONE4.5.1 软件对 DGGE 指纹图谱进行相似性分析(表 10.5)。运用算术平均数的未加权对群法(unweighted pair group method with arithmetic,UPGMA 算法),对 DGGE 指纹图谱进行聚类分析(图 10.21)。由图 10.21 可见,从 BAC 柱的 0～90cm 强化获取的 1～3 号样品,它们的 DGGE 指纹图谱相似性很高,说明 BAC 柱上层约 90cm 内微生物菌群变化不明显;90cm 以下采集的 4 号和 5 号样品之间的相似性也较高,说明 BAC 柱下部的微生物菌群结构相对稳定;但上层和下层之间的相似性存在差异,表明其中的微生物菌群结构发生变化,上、下层内的微生物呈现出不同的菌群组成。其原因与 O_3-BAC 系统中水质不断发生变化有直接关系,O_3-BAC 系统采用下向流的布水方式,在再生水下渗过程中,污染物发生物理、化学、生物等作用而发生变化,因此,降解这些污染物的微生物也相应发生改变,最终形成稳定的群落结构。

表 10.5　DGGE 指纹图谱相似性矩阵

泳道	1	2	3	4	5
1	52.8	60.8	60.7	83.4	100.0
2	65.4	70.6	72.2	100.0	83.4
3	84.3	96.1	100.0	72.2	60.7
4	83.0	100.0	96.1	70.6	60.8
5	100.0	83.0	84.3	65.4	52.8

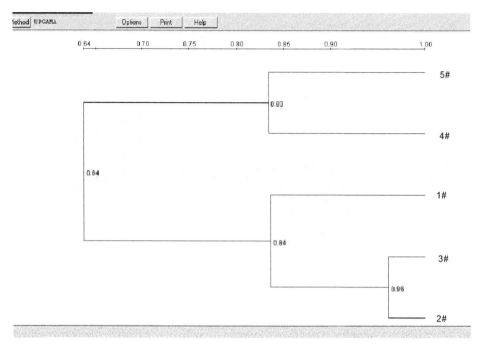

图 10.21　DGGE 指纹图谱的 UPGMA 聚类分析

10.6　高效土壤生物过滤器水质强化处理技术

高效土壤生物过滤器是将污水有控制地投配到具有良好渗滤性能的土壤表面,污水在向下渗透的过程中由于生物氧化、硝化、反硝化、过滤、沉淀、氧化和还原等一系列作用而得到净化的一种污水土地处理工艺类型。具有造价低、结构简单、运行维护方便、处理效果好等优点。作为生态处理方法,实际上是追求土壤、含水层和植物的"处理"和"利用"两个功能的整体实现,是把污水有控制地投配到土地上,利用土壤微生物、植物系统的陆地生态系统的自我调控机制和对污染物的综合净化功能处理城市污水及一些工业废水,使水质得到不同程度的改善,实现废水资源化与无害化的常年性生态系统工程。它包括物理过程中的过滤、吸附,化学过程中的化学反应与化学沉淀,以及生物过程中的微生物代谢分解有机物等作用,在各种去除机制中,生物作用是最重要的。高效土壤生物过滤器大多数污染物的去除主要发生在地表下 30～50cm 处具有良好结构的土层中,该层土壤、植物、微生物等相互作用,从土表层到土壤内部形成了好氧、缺氧和厌氧的多相系统。在运行过程中,滤料表面生长着生物膜,当污水流过时,通过吸附和过滤作用截留污水中的悬浮物和部分溶解性污染物,同时,因滤料表层(特别是渗池上部滤料表面)生长着丰富的生物膜,当污水流过滤料时,利用滤料的高比表面积形成的生物膜的降解能力对污水进行快速净化。

10.6.1　材料与方法

氮是水环境最重要的指标之一,总氮在高效土壤生物过滤器中有较好的去除效果,是本试验的重点考察内容。根据表 10.2,清河和小红门再生水厂总氮浓度为 20mg/L 左右,本试验进水采用 BMIEP 再生水进行稀释,COD_{Cr} 和氨氮浓度不足的添加 COD_{Cr}(甲醇,分析纯)和氨氮(氯化铵,分析纯)补充。主要考察的出水指标为总氮和氨氮。采用有机玻璃柱,进行了三种不同土壤样品(壤土与砂土的混合土、壤土、细砂)对再生水处理试验,装置如图 10.22～图 10.24 所示。

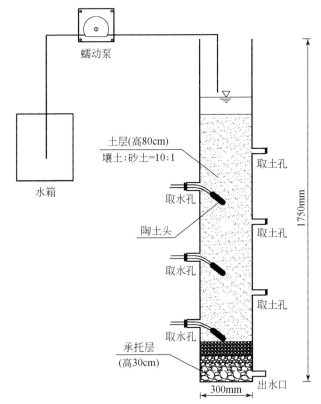

图 10.22　1 号柱(壤土和砂土的混合样)装置图

主要装置及材料如下:

(1)1 号柱:ϕ300mm×1750mm,底部填充 30cm 的承托层(自下而上砂石的粒径依次减小),上部填约 80cm(根据文献资料,土壤含水层处理系统的净化能力主要发生在土层 50cm 以内)的样品(壤土:砂土＝10:1,体积比)。

(2)2 号柱:ϕ300mm×1750mm,底部填充 30cm 的承托层(自下而上砂石的粒径依次减小),上部填约 80cm 的样品(壤土)。

(3)3 号柱:ϕ300mm×1250mm,底座为 25cm,底座与上部柱体之间有一承托板,在承托板上面填 5cm(自下而上砂石的粒径依次减小)的承托层。在承托层上部填约 80cm 的样品(细砂)。

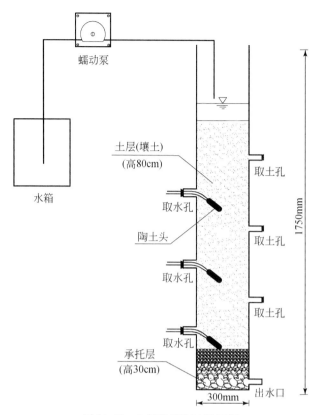

图 10.23 2号柱(壤土)装置图

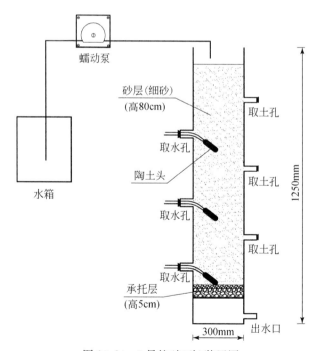

图 10.24 3号柱(细砂)装置图

（4）蠕动泵：3 台，每台流量为 0～50mL/min。

（5）陶土头：9 个，为避免在有机玻璃柱壁打孔取样的边壁效应，在不同高度采用陶土头从土层的中间取水。

填料选用壤土、砂土及细砂，在实验室内自然风干后，将大块碾碎，然后用 5cm 的筛子筛分，将样品中的杂质（树根、树枝、杂草等）筛除，然后分别取出一定量的样品，分析样品的理化性质，结果见表 10.6～表 10.8。2 号柱中的有机质含量最高，粒径较小的组分所占比例高，1 号柱次之，3 号柱最低。

表 10.6　1 号柱土壤样品理化性质

分析项目		数值	分析项目	数值
粒度分布 (g/kg)	2.0～1.0mm	1.5	pH	7.9
	1.0～0.5mm	4.0	总氮浓度/(g/kg)	0.92
	0.5～0.25mm	75.3	总磷浓度/(g/kg)	0.95
	0.25～0.05mm	669.2	有机质浓度/(g/kg)	12.6
	0.05～0.02mm	41.8	容重/(g/cm³)	1.35
	0.02～0.002mm	135.5	孔隙度/%	44.2
	<0.002mm	72.7	阳离子交换量/(cmol(+)/kg)	7.71
	2.0～0.05mm	750.0	渗透速率/(cm/h)	3.2
	0.05～0.002mm	177.3		

表 10.7　2 号柱土壤样品理化性质

分析项目		数值	分析项目	数值
粒度分布 (g/kg)	2.0～1.0mm	4.1	pH	7.9
	1.0～0.5mm	21.0	总氮浓度/(g/kg)	0.98
	0.5～0.25mm	300.2	总磷浓度/(g/kg)	0.87
	0.25～0.05mm	337.9	有机质浓度/(g/kg)	14.6
	0.05～0.02mm	88.0	容重(g/cm³)	1.45
	0.02～0.002mm	174.0	孔隙度/%	40.1
	<0.002mm	74.8	阳离子交换量/(cmol(+)/kg)	9.36
	2.0～0.05mm	663.2	渗透速率/(cm/h)	2.6
	0.05～0.002mm	262.0		

表10.8　3号柱土壤样品理化性质

分析项目		数值	分析项目	数值
粒度分布 (g/kg)	2.0~1.0mm	8.6	pH	8.4
	1.0~0.5mm	38.5	总氮浓度/(g/kg)	0.56
	0.5~0.25mm	899.4	总磷浓度/(g/kg)	0.87
	0.25~0.05mm	5.5	有机质浓度/(g/kg)	4.61
	0.05~0.02mm	8.8	容重/(g/cm³)	1.92
	0.02~0.002mm	0.4	孔隙度/%	28.1
	<0.002mm	38.8	阳离子交换量/(cmol(+)/kg)	4.97
	2.0~0.05mm	952.0	渗透速率/(cm/h)	18
	0.05~0.002mm	9.2		

　　进水方式采用间歇进水,用蠕动泵将一定量的水投配到各个柱内,关闭出水口,使其处于淹水状态,待淹水期结束,将出水口打开,排水,进入落干期。一个干周期和一个湿周期组成一个完整的运行周期。干湿周期是高效土壤生物过滤器工艺的重要参数。干化的目的是缓解污水的连续投配而造成的砂层堵塞问题,使土层恢复好氧状态,提高微生物的活性及其处理能力,使土层能够长期保持高的渗透速率。根据文献,一般湿干比为3:1较为合适。通过湿干比分别为3:1(1#)、2:2(2#)、3:2(3#)、4:3(4#)的试验,来确定最佳湿干比,结果如图10.25所示。可以看出,相对于其他湿干比,湿干比为3:2时,各指标去除率相对较高。本试验选用湿干比为3:2,即淹水期为3d,落干期为2d。出水COD$_{Cr}$高于进水COD$_{Cr}$,去除率为负值的原因是土壤样品中有机质含量较高,因此浸泡样品后有机物溶出。本试验自2011年3月运行以来,共运行了42个周期。试验装置及取样调试如图10.26所示。

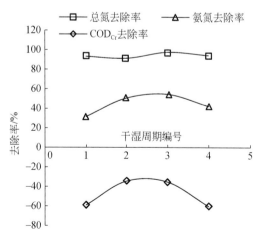

图10.25　不同干湿周期下各指标去除率情况

图10.26　试验装置及取样调试

10.6.2　高效土壤生物过滤器的水质处理效果

1. COD_{Cr}

高效土壤生物过滤器对土柱进出水中 COD_{Cr} 的去除效果如图 10.27 和图 10.28 所示。

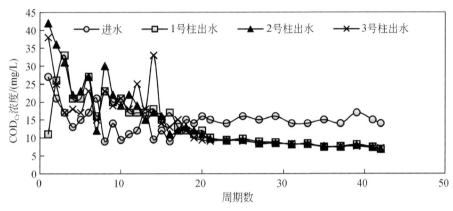

图 10.27　三个土柱 COD_{Cr} 浓度变化曲线

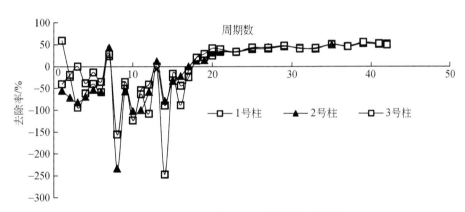

图 10.28　三个土柱 COD_{Cr} 去除率变化曲线

高效土壤生物过滤器对 COD_{Cr} 的去除主要是靠微生物的作用,在好氧环境中,微生物消耗水中污染物质的同时,自身不断繁殖生长,形成生物膜,从而使污染物在土壤中发生过滤、吸附和生物氧化作用。由图 10.27 和图 10.28 可以看出:①试验前期,3 个土柱的出水 COD_{Cr} 浓度均高于进水浓度,出水 COD_{Cr} 浓度高的原因是土壤介质中有机质溶出。根据土壤样品的物理化学性质,1 号柱和 2 号柱的有机质含量较高(分别为 12.6g/kg 和 14.6g/kg),3 号柱有机质含量较低(4.61g/kg),因此,前期 2 号柱(壤土)出水 COD_{Cr} 浓度最高(最高达到 42mg/L),1 号柱(壤土∶砂土=10∶1)次之,3 号柱(细砂)最低(仍然比进水浓度高)。到第 10 个周期以后,3 个土柱出水 COD_{Cr} 浓度基本接近,15 个周期以后,出水 COD_{Cr} 浓度低于进水 COD_{Cr} 浓度,说明土壤样品中的大部分有机质溶出,出水 COD_{Cr} 指标趋于稳定。②试验后期,大部分有机质溶出后,COD_{Cr} 去除率逐渐升高,1 号、2 号和 3 号柱的最高去除率分别为 51.4%、53.5% 和 55.3%,差异不大,出水 COD_{Cr} 浓度都低于 10mg/L,说明土壤中大部分有机质都已溶出。

2. 总氮

在高效土壤生物过滤器系统中形成了好氧、缺氧和厌氧的多相系统,有利于总氮的去除。在好氧的条件下,氨氮由硝化菌将其转化为硝态氮;在厌氧的条件下,由反硝化菌将硝酸盐氮转化为氮气而被去除。3 个土柱中总氮浓度变化与去除率变化如图 10.29 和图 10.30 所示。可以看出,2 号柱出水总氮浓度最低(最低时为 0.85mg/L),去除效果最好,1 号柱次之,3 号柱最差。其中,2 号柱总氮最高去除率为 95.1%,平均去除率为 90%;1 号柱总氮的平均去除率在 84.7%,3 号柱总氮的平均去除率为 16%。这与土壤介质的性质有很大关系,2 号柱土壤介质的有机质浓度高,在淹水期,厌氧条件下,为反硝化反应提供的碳源多,因此总氮去除效果最好,而 3 号柱土壤介质的有机质浓度较低,因此反硝化碳源不足,处理效果相对较差。设计出水总氮浓度为 1.0mg/L(地表水Ⅲ类),目前 1 号、2 号柱出水总氮去除率较高,前期一些数据满足地表水Ⅲ类水质标准,但是后期浓度有所升高,高于地表水Ⅲ类限值。可能是由于后期,土壤介质中的大部分有机质被消耗,无法为反硝化提供足够的碳源。

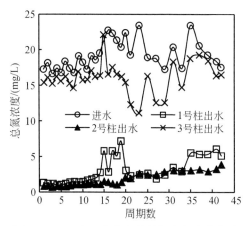

图 10.29 3 个土柱进出水总氮浓度变化曲线

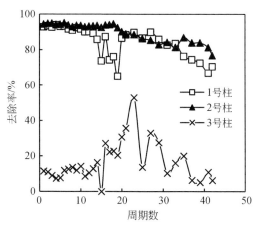

图 10.30 3 个土柱总氮去除率变化曲线

3. 氨氮

由图 10.31 和图 10.32 可以看出,3 个土柱对氨氮有良好的处理效果。1 号、2 号和 3 号柱的氨氮平均去除率分别为 75.2%、74.6% 和 74.8%。出水氨氮虽未达到地表水Ⅲ类要求(≤0.2mg/L),但浓度接近 0.2mg/L,且处理效果稳定。

4. 总磷

总磷的浓度变化见图 10.33。由于总磷设计的进水指标已经低于设计的出水指标

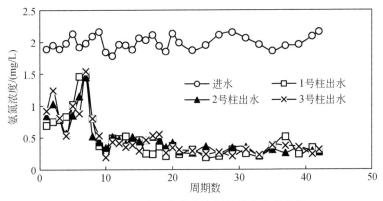

图 10.31　3 个土柱进出水氨氮浓度变化曲线

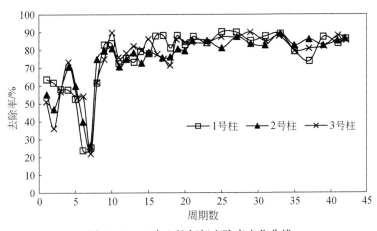

图 10.32　3 个土柱氨氮去除率变化曲线

（地表水Ⅲ类），所以本试验中总磷并不是主要考察指标。3 个土柱的出水总磷浓度波动较大，且 2 号柱出水浓度有上升的趋势，原因可能是填充介质中有一些含磷物质释放，但未做深入分析；1 号、3 号柱对总磷有一定的去除效果，但不显著。

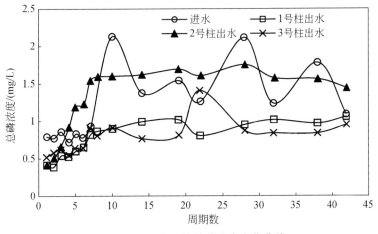

图 10.33　3 个土柱总磷浓度变化曲线

10.6.3 不同处理高度对水质处理效果的影响

土柱装填高度为80cm,为了确定处理高度,对不同高度的取样口取样分析总氮、CODₐ浓度的变化情况,由于3号柱(细砂)效果不显著,故未分析。

1.1号柱

取样口1、2和3分别距土层表面10cm、30cm、50cm。取样口1与进水中的总氮浓度(图10.34)接近,取样口2中的总氮浓度有明显下降,与出水总氮浓度基本一致,进水中90%以上的总氮在距土壤介质表面30cm以内被去除。取样口1中的氨氮浓度基本接近出水浓度(图10.35),进水中75%左右的氨氮在距土壤介质表面10cm以内被去除,这是因为离液面越近,溶解氧浓度越高,越利于发生氨氧化反应,使得氨氮浓度很快下降。

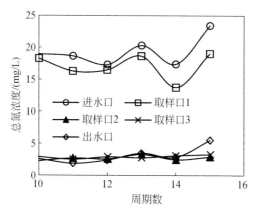

图 10.34 1号柱不同取样口总氮浓度的变化曲线

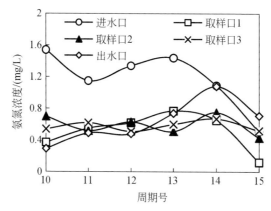

图 10.35 1号柱不同取样口氨氮浓度的变化曲线

2.2号柱

2号柱的变化趋势与1号柱相似(图10.36和图10.37)。

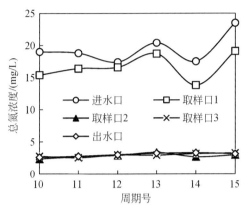
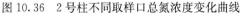
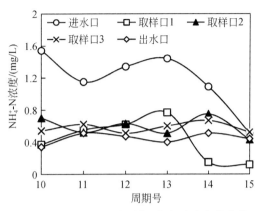

图 10.36　2 号柱不同取样口总氮浓度变化曲线　　　图 10.37　2 号柱不同取样口氨氮浓度变化曲线

10.7　小　　结

（1）利用 O_3-BAC 和高效土壤生物过滤器技术作为再生水强化处理工艺技术可行，对升级改造再生水厂出水水质总氮、COD_{Cr} 和氨氮深度净化效果显著，COD_{Cr} 和氨氮去除率分别在 50% 和 90% 以上，可以作为再生水补给型河湖生态用水稳定和安全的保障技术。

（2）与普遍采用的 BAF＋过滤深度处理工艺相比，O_3-BAC 工艺出水稳定，具有基本建设费用少（800～1000 元/m^3）、运行费用低（0.20 元/m^3）、占地面积小（0.12～0.15m^2/m^3）等优点。采用 O_3-BAC 对再生水进行深度处理后，可以保障再生水补给型河道用水水质稳定和安全。

参 考 文 献

胡静,张林生 . 2002. 生物活性炭技术在欧洲水处理中的应用与发展[J]. 环境卫生工程,10(4): 200-203.

李秋瑜,胡中华,刘亚菲,等 . 2005. 生物活性炭纤维处理微污染源水[J]. 环境保护科学,31(6):34-36.

李生荣 . 2009. 我国水资源的现状与对策——水资源短缺制约着我国经济社会的发展[J]. 延安职业技术学院学报,6:101-103.

李伟光,谭立国,何文杰,等 . 2005. 臭氧-活性炭深度处理滦河水的试验研究[J]. 给水排水,31(1): 47-50.

孙晓君,蔡伟民,井立强,等 . 2001. 二氧化钛半导体光催化技术研究进展[J]. 哈尔滨工业大学学报,33 (4):534-541.

田晴,陈季华,张华 . 2006. Enriched oxygen BAC method in advanced treatment of textile dyeing-printing & alkali-peeling wastewater[J]. Journal of Donghua University,(1):84-88.

王晟,徐祖信,王晓昌 . 2004. 饮用水处理中臭氧-生物活性炭工艺机理[J]. 中国给水排水,20(3): 33-35.

王占生,刘文君 . 1999. 微污染水源饮用水处理[M]. 北京:中国建筑工业出版社 .

王占生,刘文君.2005.我国给水深度处理应用状况与发展趋势[J].中国给水排水,21(9):29-33.

徐越群,赵巧丽.2010.臭氧/生物活性炭联用工艺在水处理中的应用[J].石家庄铁路职业技术学院学报,9(4):34-37.

许士洪,上官文峰,李登新.2008.TiO$_2$光催化材料及其在水处理中的应用[J].环境科学与技术,31(12):100-106.

张岳.1998.中国水资源与可持续发展[J].中国农村水利水电,27(5):3-6.

Dialynas E,Diamadopoulos E.2009.Integration of a membrane bioreactor coupled with reverse osmosis for advanced treatment of municipal wastewater[J].Desalination,238(1-3):302-311.

Shammas N K,Wang L K.2009.Emerging attached-growth biological processes[C]//Wang L K,Shammas N K,Hung Y T.Advanced Biological Treatment Processes.Clifton:Humana Press.

第 11 章　结论与展望

11.1　结　　论

本书重点关注再生水作为河湖生态用水的环境影响与控制技术。通过构建再生水回用区环境影响监测网络,明确北京再生水回用区主要风险因子;揭示再生水中主要污染物(氮、磷、佳乐麝香、布洛芬、DMP 以及重金属等)在河湖沉积物中的环境行为与屏蔽作用;从河道内微生物净污、水生植物净污、河床包气带模拟系统渗滤介质净污三个方面摸清再生水回用条件下河道的自净能力;构建包气带中水分和污染物运移的模拟模型以及再生水对地下水环境影响预报的模拟模型,提出协调地下水水质安全和地下水补给需求的再生水控制指标阈值、减渗控制目标,揭示再生水补给型河道河床介质堵塞机理;探究再生水回用永定河生态用水后,对水生态系统健康及邻近区域人居环境的影响;从水生植物配置模式、水生植物+复合微生物制剂配置模式以及再生水生态强化处理技术三方面建立再生水回用于生态用水的水质控制技术。主要包括以下研究结论。

(1)实现了对再生水从源头到回用区的全方位监测,重点在永定河及北运河回用区开展环境影响网络构建,分析其主要风险因子。结果表明,在两河流域再生水回用过程中,应重点关注氮污染源,包括氨氮、硝态氮以及总氮;磷污染源;有机污染源,包括 COD_{Cr} 以及 BOD_5 等污染物指标,结合回用区河湖水及地下水水质变化趋势,聚焦以再生水作为生态补水的河湖水质改善措施和污染控制原理。

(2)通过对再生水中主要污染物(氮、磷、佳乐麝香、布洛芬、DMP 及 DOP 等)在河湖沉积物中的环境行为研究,发现典型河道断面不同深度沉积物对氨氮、磷酸盐的吸附-解吸过程中吸附-解吸量均呈现随初始污染物质量浓度的升高而升高,吸附存在快反应阶段与慢反应阶段;对污染物的吸附-解吸结果表明在现状水体条件下,土沟断面沉积物会增加水体污染的风险,榆林庄及和合站断面沉积物会有净化水质的可能性。

(3)针对再生水中主要污染风险因子,通过构建包气带净污效应研究大型土柱模拟系统,开展北京市永定河和北运河典型河段河湖包气带介质对再生水中主要污染物的净化效应。研究发现,适当河床沉积物厚度能够起到控渗和净污效果,渗滤系统上层断面是污染物去除的主要部位;在 3cm 河床沉积物条件下,5m 高度河床包气带介质对氨氮的去除率介于 16%～42%,对硝态氮、总氮的去除率均为 20% 左右,对有机质有较好的去除效果,对和合站 BOD_5、COD_{Cr} 平均去除率分别为 40% 和 32%;除此之外,渗滤系统对磷素表现出明显的淋溶现象,淋出量相对于入流量增加了约 50%。

(4)为探索再生水补给河湖生态用水对邻近区域地下水环境的影响风险,研究先后监测了典型污染河段地表水与地下水关系,开展了特征污染物对地下水环境影响的预测与评估,并开展了典型污染河段地下水力调控试验。土沟段、杨堤段及和合站段三个典型河段水位监测结果显示,各河段的水位波动较平缓,且水位变化趋势比较接近。三个典型河段地下水水质综合质量评价结果均为Ⅴ类,无机超标指标主要为溶解性总固体、总硬度、高锰酸盐指数、氨氮和亚硝酸盐,有机检出指标主要为总有机碳。结合地下水位变化,分析确定污染物影响距离以及影响深度,氨氮和高锰酸盐指数 6.5 年后的影响距离约为 240m。在地下水持续开采、河水现状条件不变的情况下,模型预测 2016～2025 年的结果表明研究区 60m 以上含水层水位略有上升,而 60m 以下承压含水层水位处于下降趋势,但其下降趋势较缓慢,平均下降速率约为 0.28m/a,在 10 年间水位降幅为 3～6m。

(5)系统建立了河湖水体微生物生物膜的测试方法,构建了基于生物膜法的水生态系统健康评价方法。再生水回用增加微生物种类与数量,但会显著抑制河湖地表水体中微生物生物膜对氮、磷等污染物的自净能力。

(6)根据永定河河床介质特征,若直接回补再生水作为其生态用水,形成的地表水经包气带下渗的过程将极为迅速,过快的水分入渗速率不仅会造成地表水体达不到规划水位,影响其景观效应,还将导致包气带净污时间缩短,河流渗滤作用难以充分发挥,因此必须采取适宜的减渗措施。工业 CT 扫描技术可以应用于河湖包气带介质微观孔隙结构特征研究,包气带介质也如同土壤、沉积物、滤饼等多孔介质一样具有明显的分形特征。

(7)膨润土和黏土混合减渗材料、沉积物是河床包气带渗滤系统净污的主要发生部位,对 BOD_5 和 COD_{Cr} 去除率可达到 50% 以上,三氮去除率 20% 以内;采用膨润土与黏土混配是协调永定河地下水补给需求和地下水水质安全的工程治理合理减渗模式,混配比例 19∶81 是适宜的混配比例;根据河床渗滤介质中微生物生长造成生物-物理耦合堵塞模拟试验,提出一种微生物减渗模式。

(8)再生水补给北运河典型河道断面渗滤介质堵塞研究表明,渗滤介质堵塞程度约为 17%,初期以物理堵塞为主,中后期以物理-生物堵塞为主。室内模拟试验表明渗滤系统堵塞程度与介质形貌、粒径大小与水力负荷等条件显著相关;综合相对孔隙度与弥散度模拟结果,土柱孔隙堵塞约 20%;随着堵塞程度增加颗粒物的滞留能力增强,微生物堵塞可显著促使颗粒物滞留在渗滤系统内,对渗滤系统堵塞发生具有加速作用。

(9)再生水 DOM 的存在使颗粒物与介质 Zeta 电势减小,颗粒物稳定性降低;对于较小直径颗粒物,主要发生初级势阱吸附;对于较大直径颗粒物,主要发生初级势阱与次级势阱吸附;当离子强度增加时,黏附效率相应增加。DOM 的存在使颗粒物初级势阱黏附效率增大两个数量级,次级势阱黏附效率增大一个数量级。

(10)永定河坑塘系统内可适度种植香蒲和水葫芦等水生植物,针对总氮、硝态氮、氨氮型污染建议采用挺水植物配置香蒲+16g/m³ 亚硝净制剂联合使用;针对 BOD_5、COD_{Cr} 等有机型污染建议采用香蒲+水葱混植方式。建议针对水生植物的生长季节与水生植物的生长特性,制定合理的打捞收割制度,以免水生植物腐败对水体造成二次污染。

(11)臭氧-生物活性炭(O_3-BAC)处理技术在满足 COD_{Cr} 排放标准的同时,降低出水氨氮(总氮)浓度。高效土壤生物过滤器系统的污水投配负荷一般较低,渗滤速度慢,故污水净化效率高,出水水质优良,满足出水相关限值要求,建议作为永定河再生水强化处理,保障永定河生态用水稳定和安全。

11.2　未来研究重点建议

1. 再生水补给型河道减渗新材料开发与应用

本研究整理汇编大量试验数据及宝贵结论,对当前生态减渗材料应用于再生水回用河道的现状进行全面透彻的分析,并结合项目中涉及减渗的其他控制性因素,对生态减渗科学研究与技术应用做了系统性的总结,并对再生水补给型河道减渗的新材料开发与应用提出重点建议。

1)发挥固有功能

由第 7 章的研究可以看出,无论是混配的膨润土-黏土减渗材料,还是凹凸棒黏土-三维网络吸附剂减渗材料,其减渗的生态性能,控渗性能,污染物迁移转化、吸附降解性能均表现出良好的效果,能够满足当前河湖生态修复减渗方面的要求,因此在掌握其机理的前提下,应当充分发挥其优势,应用在实际工程中。

2)取长补短,创新改性

由第 4 章的研究可以看出,河道天然沉积物的减渗效果优良,天然沉积层是河流中的各种动植物残骸经过足够长时间的沉降,在底泥中形成的复杂有机土体,富含微生物,通过试验研究也可以看出,其减渗净污性能极好,因此减渗材料在创新升级改性时,应当充分借鉴沉积层,发挥微生物净污控渗优势,积极探索新型的减渗材料。

3)尝试更多的混配模式

运用新型减渗材料时,建议尝试更多的混配及对照模式,并引入微生物,对混配减渗材料的控渗净污效应进行系统研究,形成完整的减渗材料混配模式研究及最优配置体系,并在实践中不断完善成熟,最终形成独立的体系。

4)因地制宜

由永定河及北运河两河的研究可以看出,不同的地理位置、不同的研究目的、不同的包气带宏观结构,对减渗的要求均带来较大的差异,因此在应用生态减渗材料时,要综合考虑目标生态系统现状,包括地质状况,包气带结构,沉积层现状,水生动植物状况,地下水状况,河湖景观要求等多方面条件,最终提出适宜的生态减渗最优配置方案。

2. 再生水补给型河湖水生态监测技术与健康评价方法

生物膜可综合反映水生态系统状态,具有作为快速水生态监测对象的优势,虽然对生物膜的研究已经有相当长的历史,但将其与水生态系统过程监测与健康评价结合起来还是近些年才开始的。本书采用现代分子学生物膜手段探究生物膜内的微生物群落结构特征,并基于此建立生物膜法水生态系统健康评价。建议下一步对水体中多介质(颗粒物、表层沉积物)表面生物膜对污染物的吸附机理进行深入研究,能够准确描述水环境中污染物的迁移变化规律;对于生物膜的组分需要进行进一步详细的研究,分析生物膜内组分的变化同水环境变化的相关性,选择敏感指标,完善生物膜法评价水生态系统健康评价体系;深入研究构建再生水回用河道生态用水对生态环境改善和人群健康风险评价方法和数据库,开发再生水回用河道生态用水的评价信息系统。

3. 再生水补给型河湖生态用水对地下水环境影响的分析技术

开展减渗处理条件下包气带中入渗、污染物运移的土柱模拟试验,并联合应用基于HYDRUS-1D 的一维积水入渗模型和 MT3D 地下水水质模拟模型,提出了能够协调满足地下水补给需求和保障地下水水质安全的包气带合理减渗模式,明确了再生水入渗补给对地下水环境的影响范围。本书重点对氮、磷等典型污染物做了模拟分析,对其余污染物在地下水中的运移及其影响范围缺少深入研究,为保障再生水安全利用、减小再生水回灌风险,建议今后需加强以下几方面的研究。

(1)新型污染物是研究的热点,其对地下水风险存在很多的不确定性,病原性微生物对地下水的污染风险较小但不能排除一些活性较强的病毒等污染地下水。加强新型污染物与病原性微生物的研究,通过耦合实验室模拟、野外调查研究、模型模拟研究、同位素示踪技术等,揭示再生水回灌下污染物的迁移转化规律及其影响因素(水质、土壤性质、包气带厚度),为再生水安全回用提供科学支撑。

(2)本书多基于实验室土柱研究以及再生水回灌对地下水水质的影响模拟,与再生水回灌地下水项目有一定的差距;同时,一些污染物形成风险需要较长的时间才能表现出来。因此,建议选取特定回灌项目开展长期定位跟踪研究,为再生水安全回灌提供基础数据,并开展仿真模型和模型评价研究,弥补相关数据的不足。

4. 再生水补给型河湖地表水质保障技术

1)研究建立完善的补给型河湖再生水水质跟踪监测网络

由于再生水水质污染指标不单一,且可能部分超标,需要对再生水回用河湖进行严格监控;建立再生水、地表、地下水联合的自动监控系统,实时反馈水环境数据,建立完善的地下水水质跟踪监测网络,为再生水的安全使用提供保障。

2)研究建立 O_3-BAC 再生水水质强化处理模型

国内外大多数水厂的 O_3-BAC 工艺运行参数都是通过经验获取的,没有建立确切的运行模型,当再生水原水水质发生变化时,因难以迅速调整运行参数而滞后性大,导致处理效果较差,运行费用较高。因此,迫切需要建立 O_3-BAC 工艺运行参数与原水水质水量的模型关系,根据原水水质条件自动调整工艺运行参数,降低能耗,保障再生水水质以及再生水补给型河湖地表水回用安全高效。

3)研究再生水中微量有毒有机污染物等在地表水体—包气带—地下含水层中的自净与衰减机制

在深化现有关于有毒有机污染吸附、降解等自净关键过程研究的基础上,以部分难降解有机物为研究对象,系统研究其在再生水这种多物质共存体系中的河道多介质的吸附—解吸特征及动力学行为,与微生物间的相互作用及其生物转化降解机制,探索再生水补给型河道内多介质表面微生物膜的形成规律及其对污染物自净行为。摸清再生水中微量有毒有机污染物等在地表水体—包气带—地下含水层中的自净与衰减机制。

　　4)研究开展回用区河湖水质改善与水生态系统修复技术

　　开展与河道整治、景观营造、生态建设相结合的城市地表水体综合整治技术研究,重点突破多自然型河道形态与生境恢复、湿地－坑塘复合系统水质净化、生态缓冲带建设、重要功能水生植物物种选择及群落结构优化配置与组建、生物浮床和沉床构建等河湖水质原位净化与水生态修复关键技术,形成集污水深度处理、低污染水生态处理、水生态净化三位一体的回用区水质改善与生态修复技术。

　　5.再生水中新型微量污染物控制技术

　　再生水中新型微量污染物控制技术主要有以下几点。

　　1)膜技术

　　利用高压膜如纳滤(NF)膜、反渗透(RO)膜等去除再生水中的化学污染物,因膜孔径、膜材料及不同种类微量有机化合物的物理化学性质都会对膜的去除效果产生影响,在采用膜技术处理再生水中微量有机化合物时,需综合考虑以上因素。利用膜技术处理再生水中微量有机污染物的去除机制主要有空间位阻效应、静电相互作用、化合物和膜之间的疏水相互作用,研究发现,反渗透膜工艺对于微量有机化合物的去除有很高的效率。利用膜生物反应器(MBR)技术将生物处理和膜过滤技术相结合,利用膜截留水中微生物和其他污染物,有效提高反应器中污泥的浓度,增强了对污染物的降解,作为一种新型水处理技术,广泛应用于再生水中新型微量污染物的处理。

　　2)吸附技术

　　能用于再生水处理中微量有机化合物去除的吸附工艺主要是活性炭吸附和离子吸附。活性炭吸附技术可用于去除水中许多疏水性药品。活性炭吸附处理系统的有效去除特性取决于吸附剂的性质和化合物的特性,如吸附剂的表面积、孔隙度、表面极性、物理形状,化合物的形状、大小、电荷、疏水性等。吸附机理主要包括物理化学作用和吸附剂表面分子物理绑定作用两种,后者由于形成多层绑定往往吸附能力更强。离子交换的主要机制是用离子去除抗生素。许多抗生素,包括四环素和磺胺类药物在污水处理正常运行的 pH 条件下往往以带负电荷的形式存在,因此使用离子处理工艺,可有效地去除这些微量阴离子。

　　3)高级氧化(AOPs)及光化学氧化技术

　　高级氧化技术是利用活性极强的自由基(如·OH)氧化分解水中有机污染物的新型氧化技术。·OH 是强氧化剂,能与水体中的许多高分子有机物发生反应。尽管高级氧化技术在工业废水处理和再生水的处理中有很大优势,但由于其会产生有毒副产物、催化剂的高度选择性以及难于分离回收、处理成本高、难以工程化等问题,实际应用并不是很多。紫外线照射也是一种经常使用的去除微量有机污染物的技术,紫外线可降解水中的有机化工原料。由于在二级出水中经常存在比抗生素等微量化合物浓度高很多的DOC,它会与抗生素等竞争紫外辐射剂量,从而使得紫外线照射工艺对抗生素的去除率较差,仅达到 25％～50％。

　　污水再生利用中含有的微量有机污染物是再生水扩大应用的瓶颈,在未来的新型微量污染物处理系统中,有必要研发各种不同工艺的优化组合,发挥其协同作用,改进常规技术的同时,更应加强对膜技术、吸附技术和高级氧化及光化学氧化技术等关键技术组合工艺的研究,加强对再生水中微量有机污染物的控制,以此保证再生水作为河湖生态用水的环境生态安全。